同步发电机励磁系统基本理论与设计

郭春平　高晓芳　编著

U0380200

东南大学出版社
SOUTHEAST UNIVERSITY PRESS
·南京·

内 容 提 要

本书较为系统地重点讨论了同步发电机励磁系统的基本理论与设计。同时,对励磁系统试验也作了简单介绍。

全书共 9 章及 10 个附录,分为两大部分。第一部分重点介绍了同步发电机励磁系统的基本理论,由第 1 章～第 5 章组成。第 1 章是预备知识,主要说明同步发电机励磁系统的发展、分类、作用及对其基本要求;第 2 章和第 3 章分别就同步发电机(包括同步电动机和同步调相机)和整流电路的有关基本内容进行了介绍;第 4 章和第 5 章分别对励磁控制系统的性能和励磁控制对电力系统稳定性的影响进行了详细的分析。第二部分是同步发电机励磁系统设计和试验,由第 6 章～第 9 章组成。第 6 章重点讨论了常规同步发电机的励磁系统设计;第 7 章分别就抽水蓄能发电电动机、燃气轮发电机和核电汽轮发电机,以及同步调相机、应急柴油发电机和同步电动机的励磁系统设计进行了讨论;第 8 章简单介绍了智能发电厂(站)中的励磁系统设计;第 9 章对励磁试验作了简单介绍。

本书可供研究同步发电机励磁系统基本理论和设计者学习,以及作为新入职励磁系统行业等工程技术人员的参考书目和培训教材,也可供高等院校"电气工程及其自动化""自动化"等专业师生学习和了解同步发电机励磁系统之用。

图书在版编目(CIP)数据

同步发电机励磁系统基本理论与设计 / 郭春平,高晓芳编著. —南京 : 东南大学出版社,2019.9
 ISBN 978 - 7 - 5641 - 8545 - 9

Ⅰ. ①同… Ⅱ. ①郭… ①高… Ⅲ. ①同步发电机–励磁系统–研究 Ⅳ. ①TM341.033

中国版本图书馆 CIP 数据核字(2019)第 201046 号

同步发电机励磁系统基本理论与设计 Tongbu Fadianji Licixitong Jiben Lilun Yu Sheji

出版发行	东南大学出版社	
地 址	南京市四牌楼 2 号 邮编:210096	
出 版 人	江建中	
网 址	http://www.seupress.com	
经 销	全国各地新华书店	
印 刷	江苏凤凰数码印务有限公司	
开 本	787mm×1092 mm 1/16	
印 张	22.25	
字 数	541 千字	
版 次	2019 年 9 月第 1 版	
印 次	2019 年 9 月第 1 次印刷	
书 号	ISBN 978 - 7 - 5641 - 8545 - 9	
定 价	89.00 元	

(本社图书若有印装质量问题,请直接与营销部联系,电话:025 - 83791830)

前　　言

伴随同步发电机的发明,励磁系统也应运而生,至今已有百余年。随着电力系统的发展和同步发电机容量的增大(汽轮和水轮发电机单机额定容量均已达百万千瓦级水平),对励磁系统提出了新的要求,使其继续散发着活力。

励磁系统是同步发电机的重要组成部分,它不仅直接影响同步发电机的运行特性,还对电力系统的稳定性起着重要的作用。同步发电机励磁系统涉及电(磁)路理论、电机学、电力电子技术、控制理论、电力系统分析、计算机数值(或仿真)计算,以及电子技术、通信技术和嵌入式系统等多方面的知识,理论和技术性很强。其中,同步发电机、整流电路和自动控制原理是理论基本功。

在过去的近几十年里,有关同步发电机励磁系统的研究,业内取得了丰硕的成果,文稿浩如烟海,我国电力科技工作者也为此作出了重要贡献。因此,对前期工作进行梳理和总结,显然成为了时代发展的必然要求。也正是缘于此,笔者对其中涉及同步发电机励磁系统基本理论与设计的主要内容进行了初步、尝试性的提炼与概括,并给出了个人的一些看法。

工作之余,用时近两年才得以锱铢积累地将本书写完。本书的出版希望对这一行业的广大工作者有所裨益。期望对已熟悉同步发电机励磁系统基本理论与设计的人员,该书能够成为身边的备忘录,对刚入职励磁系统行业者,能够提供学习和指引的价值!

本书共9章和10个附录,分为两大部分。第一部分重点介绍了同步发电机励磁系统的基本理论,由第1章～第5章组成。第1章是预备知识,主要说明同步发电机励磁系统的发展、分类、作用及对其基本要求;第2章和第3章分别就同步发电机(包括同步电动机和同步调相机)和整流电路的有关基本内容进行了介绍;第4章和第5章分别对励磁控制系统的性能和励磁控制对电力系统稳定性的影响进行了详细的分析。第二部分是同步发电机励磁系统设计和试验,由第6章～第9章组成。第6章重点讨论了常规同步发电机的励磁系统设计;第7章分别就抽水蓄能发电电动机、燃气轮发电机和核电汽轮发电机,以及同步调相机、应急柴油发电机和同步电动机的励磁系统设计进行了讨论;第8章简单介绍了智能发电厂(站)中的励磁系统设计;第9章对励磁试验作了简单性介绍。全书由郭春平和高晓芳完成,其中的第3、5和9章由高晓芳编写,其余章节及附录由郭春平编写,最终由郭春平负责全书的统稿。

在作者以往工作中，多次得到南瑞集团有限公司电气控制分公司余振经理的举荐，才得以作了很多有意义的事情，在本书酝酿期他给出了许多宝贵的意见，对其的感谢之情无以言表。此外，还要向公司的许其品、耿敏彪、朱宏超、黄卫平、何靖、史玉华、殷修涛、谢燕军、李勇泉、林元飞、孙延昭、李潇洛、徐春建、马腾宇、郝勇、吴杰、安宁、季婷婷、杨铭、杨玲、王啸等领导和同事，在以往的工作交流中对本书编写所带来的启发，以及湖北台基半导体股份有限公司的吕建忠、安徽徽电科技股份有限公司的陈玲和英国M&I公司国内代理商深圳克拉克自动化控制有限公司的刘晓鸿等提供的技术支持，与书后所列参考文献的各位作者，尤其是励磁行业内资深专家李基成老先生不厌其烦的解惑，一并致以最诚挚的谢意。最后，还要特别感谢南瑞集团有限公司电气控制分公司和国家电投宁夏能源铝业临河发电分公司所提供的平台和帮助，对家人在成书过程中的耐心支持表示深深的感激。

限于本人理论水平和实践经验，本书内容仅为管中窥豹，存在的不足和待改进之处，还望各位同行批评指正，不吝赐教。热忱欢迎大家来函交流，笔者E-mail：auto014@163.com。

郭春平

2018 年 12 月 29 日丑时于南京家中

目　录

第一章　绪论

同步发电机是电力系统的主要设备之一,它实现了机械能到电能的转化。为完成这一转化,它需要一个直流磁场,产生这一磁场的直流电流称之为励磁电流,由励磁系统提供。同步发电机励磁系统的基本工作原理如图1-0所示。

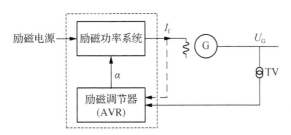

图1-0　同步发电机励磁系统基本工作原理

可见,同步发电机励磁系统(图中虚线框部分)主要由励磁功率系统和励磁调节器(即励磁控制部分)两部分构成,其作用分别为:

励磁功率系统负责向同步发电机励磁绕组提供直流励磁电流,并在同步发电机故障、异常运行和停机等工况时,实现灭磁、保护和制动等功能。一般由励磁变压器、直流励磁机、交流励磁机或半导体静止整流装置、灭磁装置及过电压保护、起励装置、制动装置及母线导体等设备(或其中部分设备)组成。其中的励磁变压器、直流励磁机、交流励磁机或半导体静止整流装置,有时又习惯称之为励磁机。

励磁调节器(简称调节器、AVR)依据输入的端电压(包括励磁电流,图中虚线)和给定的调节与控制准则,实时地控制励磁功率系统的电压输出,从而实现调节发电机励磁电流大小的目的。

按照自动控制原理来划分,同步发电机是控制对象,调节器是控制器,励磁功率系统是执行机构,它们组成一个完整的励磁控制系统。严格地讲,励磁控制系统还应包括发电机并网后的电力网和负荷。

以上内容是阅读本书之前所必须先要建立的基本概念。

第一节　励磁系统的发展

随着电力系统的互联和单机容量的增大,同步发电机励磁系统也相应地发生了深刻的变化。以下从励磁功率系统和励磁调节器两个角度予以说明,具体表现为:

一、励磁功率系统

励磁系统应能够给同步发电机励磁绕组提供足够的、可靠的及连续可调的直流电流。励磁系统的额定容量一般约为发电机额定容量的1‰。

20世纪50年代初期，励磁系统都是由同轴直流励磁机供电。当发电机容量超过200 MW时，特别是汽轮发电机，由于转速高，直流励磁机换向困难，所以存在运行可靠性不高的问题，于是后期就发展了各种不同类型的交流励磁机励磁系统。

在交流励磁机系统中，同轴的交流励磁机经二极管整流器向发电机励磁绕组供电，就解决了直流励磁机换向困难的问题。但是，这一励磁系统反应速度较慢，所以后来又陆续出现了相对快速的交流励磁机励磁系统，如用可控硅整流代替二极管整流的他励励磁系统，以及为取消滑环的无刷励磁系统等。

近几十年，为克服交流励磁机励磁系统的不足，已取消交流励磁机，又出现了静止励磁系统，即励磁电源来自发电机机端或厂用电，经励磁变压器降压后，通过可控硅整流装置整流后，向发电机励磁绕组提供励磁电流的一种励磁方式。

目前，工程上普遍使用交流励磁机励磁系统和静止励磁系统，直流励磁机励磁系统已基本被淘汰。有关励磁系统的分类，将在本章第二节中详细介绍。

二、励磁调节器

励磁调节器是励磁控制系统的调节与控制中心，可从不同角度进行分类。比如，按其元件构成可分为机电型、电磁型、半导体型（又称电子型）和数字式（或微机型）4个种类；按其调节规律可分为比例或比例—积分—微分（P或PID）调节、线性最优控制、自适应控制、非线性控制和智能型等多种；按其控制方式可分为电压闭环控制、电流闭环控制、功率因数闭环控制和无功功率闭环控制等4种。

早期的调节器为振动型和变阻器型，均含有机械部件，可统称为机电型调节器，这一类型调节器由于不能连续调节、响应速度缓慢，并存有死区，现早已被淘汰。

20世纪50年代，磁放大器出现后，广泛采用磁放大器和电磁元件组成的电磁型调节器。这类调节器具有时滞性，时间常数较大，调节速度也较慢，当时主要应用于直流励磁机励磁系统。

到了60年代初期，随着半导体技术的发展，开始采用由半导体元件组成的半导体型调节器。半导体型调节器由于调节速度较快，因此随后在他励交流励磁机励磁系统上得到广泛应用。

实际上，无论是电磁型还是半导体型调节器，均属于模拟式调节器，其电压测量、调差、脉冲移相和校正等环节均由相应的硬件模拟电路来完成。若要调整或增加某些功能环节，则必须修改相应的硬件电路，这就带来了对装置运行、维护上的不便。

随着大规模集成电路和微机技术的迅速发展，20世纪80年代数字式（或微机型）调节器出现。数字式调节器的电压测量、调差、脉冲移相和校正等环节基本上均由软件来实现。若要调整或增加某些环节，则可根据工程实际需要，直接修改相应程序即可，一般对硬件电路不作改动或改动较小，因此在应用上极为灵活和方便。此外，模拟式调节器很难或无法实现的功能，数字式调节器通常可以很容易地实现，使得其功能也越来越丰富。图1-1-1示出了模拟式与数字式励磁系统在构成上的主要差异。可以看出，主要区别在励磁调节器上。

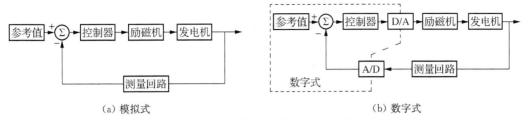

（a）模拟式　　　　　　　　　　　　（b）数字式

图 1-1-1　模拟式和数字式励磁系统

我国首台 WLT-1 型数字式励磁调节器由水利电力部南京自动化研究所（现为南瑞集团有限公司）于 1985 年研制成功，并成功应用于福建池潭水电厂。

随着智能电网的发展，智能型励磁系统的定义、研制及设计也势在必行。有关其特点和要求等基本内容，将在第八章予以介绍。

第二节　励磁系统的分类

同步发电机励磁系统类型较多，叫法也不完全统一。根据励磁系统的构成特点，比如是否含有旋转励磁机，以及旋转励磁机的类型，可分为以下 3 个大类：

（1）直流励磁机励磁系统。

（2）交流励磁机励磁系统。

（3）静止励磁系统。

目前，同步发电机励磁系统广泛采用的励磁类型，主要有交流励磁机励磁系统和静止励磁系统 2 种，直流励磁机励磁系统已很少采用。为对励磁系统有一个全面的认识和了解，以下将对上述 3 种类型作一简单介绍，并给出原理性的框图。

一、直流励磁机励磁系统

依据直流励磁机励磁方式的不同，直流励磁机励磁系统有自励式和他励式 2 种方式，其原理接线分别如图 1-2-1(a) 和 (b) 所示。自励式中直流励磁机的励磁电流由直流励磁机电枢经可调电阻提供；他励式中主励磁机励磁电流由与发电机同轴旋转的副励磁机提供。可以看出，他励式比自励式多用了一台直流副励磁机。

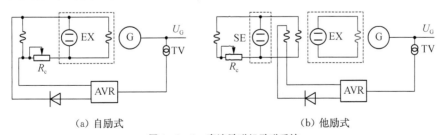

（a）自励式　　　　　　　　　　　　（b）他励式

图 1-2-1　直流励磁机励磁系统

G—同步发电机；EX—直流励磁机（简称主励磁机）；SE—直流副励磁机（简称副励磁机）；AVR—励磁调节器（Automatic Voltage Regulator）；R_c—可调电阻；TV—电压互感器；◁—整流装置；▯—旋转部分

二、交流励磁机励磁系统

依据硅整流装置是静止或旋转、可控或不可控,以及励磁机自身的励磁方式(有他励式和自励式两种),交流励磁机励磁系统可有多种组合形式。目前,在工程上应用最为广泛的主要有6种方式,分别如图1-2-2所示。实际上,若依据副励磁机的相数,还有三相和单相之分。

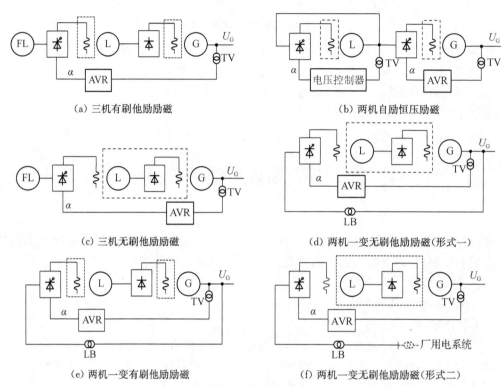

图 1-2-2　交流励磁机励磁系统

L—交流励磁机(简称主励磁机);FL—交流副励磁机(简称副励磁机);LB—励磁变压器;⚡—可控硅整流装置;◆—二极管整流装置;其他符号含义同上

(一)交流励磁机静止硅整流励磁系统,是一种有刷励磁方式

交流励磁机静止不可控硅整流励磁系统,又称三机有刷他励励磁系统,如图1-2-2(a)所示。副励磁机输出电压经可控硅整流装置整流后,给主励磁机提供励磁电流,主励磁机输出电压再经静止的二极管整流装置整流后,最终通过碳刷提供励磁电流给发电机。

交流励磁机静止可控硅整流励磁系统,又称两机自励恒压励磁系统,如图1-2-2(b)所示。交流励磁机输出电压经可控硅整流装置整流后,通过碳刷给发电机提供励磁电流,而交流励磁机则采用自励恒压励磁方式维持自身的端电压恒定。

此外,还有一种两机一变的励磁方式,如图1-2-2(e)所示。

(二)交流励磁机旋转硅整流励磁系统,是一种无刷励磁方式

交流励磁机的交流绕组(或电枢绕组)和不可控硅整流装置随同发电机主轴一起旋转,就构成了交流励磁机旋转硅整流励磁系统。具体有三机无刷他励励磁和两机一变无刷他励

励磁两种方式,分别如图1-2-2(c)和(d)所示。其中,对两机一变励磁方式,还有一种励磁电源从厂用电系统接线的情况,如图1-2-2(f)所示。

三、静止励磁系统

静止励磁系统,有时又称为静态励磁系统,主要有自并励静止励磁、恒电压源静止励磁和自复励静止励磁等3种方式。其中,前2种励磁系统应用最为广泛。

(一)自并励静止励磁系统

在自并励静止励磁系统中,发电机的励磁电源并非来自励磁机,而取自经励磁变压器降压后的机端,没有转动部件,故称之为自并励静止励磁系统,如图1-2-3所示。

相比励磁机励磁系统,自并励静止励磁系统的主要优点,可总结为以下几点:

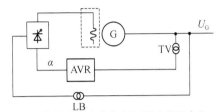

图1-2-3 自并励静止励磁系统(图中符号含义同上)

(1)励磁系统接线方式和设备比较简单,也无转动部分,便于操作和维护,可靠性较高。

(2)不需要同轴励磁机,减少了相关设备,缩短了机组主轴长度,降低了工程造价。

(3)励磁系统励磁电压响应速度快,功能多样,实现灵活。

由于自并励静止励磁系统优势明显,因此,被推荐应用于大型发电机,特别是水轮发电机。国外已将这一励磁系统作为大型发电机的定型励磁方式。近年来,我国也开始在一些大型发电机上进行了推广应用。

(二)恒电压源静止励磁系统

恒电压源静止励磁系统主要有如图1-2-4(a)和(b)所示两种接线方式,其中第一种方式常应用于抽水蓄能发电电动机上。

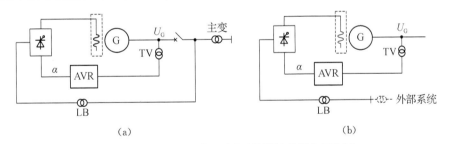

(a)   (b)

图1-2-4 恒电压源静止励磁系统(图中符号含义同上)

(三)自复励静止励磁系统

自复励静止励磁是一种由电压源和电流源构成复合励磁电源,再经可控硅整流装置整流后,提供励磁电流的励磁系统。依据机端电压量和电流量叠加方式的不同,可细分为直流侧并联叠加、直流侧串联叠加、交流侧并联叠加和交流侧串联叠加4种情况,其原理接线分别如图1-2-5(a)~(d)所示。

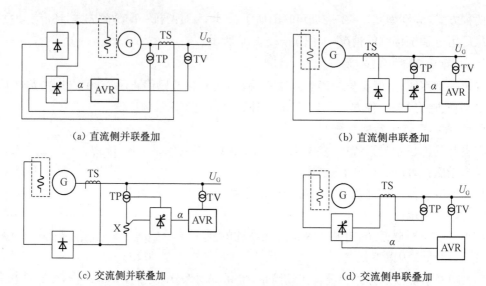

（a）直流侧并联叠加　　　　　　　　（b）直流侧串联叠加

（c）交流侧并联叠加　　　　　　　　（d）交流侧串联叠加

图 1-2-5　自复励静止励磁系统励磁系统

TS—串联变压器；TP—并联变压器；X—电抗值可调型电抗器；其他符号含义同上

实际上，在静止励磁系统中，除上述 3 种常见励磁形式外，还有 P 棒励磁、定子绕组双星型（相移 30°）接线励磁、谐波励磁等一些非主流励磁系统。其中，前 2 种励磁系统的原理接线图，分别如图 1-2-6（a）和（b）所示。

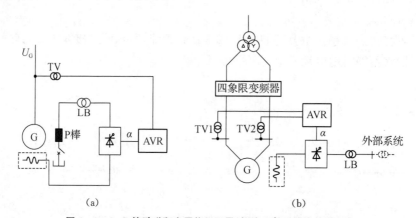

（a）　　　　　　　　　　　　　　（b）

图 1-2-6　P 棒励磁和定子绕组双星（相移 30°）形接线励磁方式

应当指出，实际上，在工程中励磁系统还有另外 2 种常见的分类方法，分别依据励磁电源是否受发电机运行状态的影响和励磁系统对系统暂态过程的响应时间[14]来进行分类，见表 1-2-1 所示。

表 1-2-1　励磁系统的其他分类

分类依据	励磁系统类型			
励磁电源是否受发电机运行状态的影响	旋转励磁机励磁系统	直流励磁机励磁系统	自励式	
			他励式或自复励式	
		交流励磁机励磁系统	可控整流式	两机自励恒压式（两机系统）
			不可控整流式	两机一变有刷他励式（两机系统）
				三机有刷他励式（三机系统）
				无刷他励式
	静止励磁系统	自并励式		
		自复励式		
		恒电压源式		
励磁系统对系统暂态过程的响应时间	快速励磁系统	自并励静止励磁系统		
		自复励静止励磁系统		
		恒电压源静止励磁系统		
		经特殊设计的高起始响应励磁系统		
	慢速励磁系统	直流励磁机励磁系统		
		交流励磁机励磁系统		

注：慢速励磁系统，又称常规励磁系统，是指未经特殊设计的直流励磁机或交流励磁机励磁系统

第三节　励磁系统的作用

励磁系统是保证发电机输出合格电能质量和电力系统安全稳定运行的重要保障之一，具有投资少、效果好等优点，其作用主要体现在以下几方面。

一、电压控制

电力系统正常运行时，负荷随机波动，此时需要对励磁电流进行实时调节，以控制机端或系统中某一点的电压在给定水平。为简单起见，以一台隐极式同步发电机接入系统为例，如图 1-3-1(a)所示，相应的等值电路及相量图分别如图 1-3-1(b)和(c)所示。图中忽略了发电机定子绕组电阻。

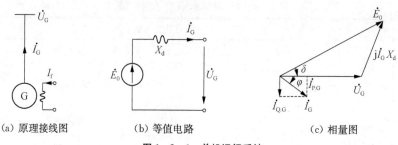

(a) 原理接线图　　　　　(b) 等值电路　　　　　(c) 相量图

图 1-3-1　单机运行系统

据图 1-3-1(c)可得,空载电动势 $\dot{E}_0$ 与机端电压 $\dot{U}_G$ 两者间的幅值关系式为

$$E_0\cos\delta = U_G + I_{Q.G}X_d \tag{1-3-1}$$

式中:δ——发电机功角;

$\quad I_{Q.G}$——发电机的无功电流。

通常功角 δ 较小,可近似认为 $\cos\delta = 1$,这样上式就可简化为

$$U_G = E_0 - I_{Q.G}X_d \tag{1-3-2}$$

由此可以看出,无功电流是造成 U_G 和 E_0 幅值差(或机端电压变化)的主要原因。

将上式以图形的形式进行表示,如图 1-3-2 所示。图中直线 1 和 2 分别是励磁电流 I_f 为不同值时的情况。

可以看到,在无功电流为 $I_{Q1.G}$ 时,端电压为 U_{G1},相应地励磁电流为 I_{f1},即直线 1。当无功电流增加到 $I_{Q2.G}$ 时,如果励磁电流不增加,则端电压将降低至 U_{G2},此时可能满足不了系统运行的要求,因此必须将励磁电流增加至 I_{f2},即直线 2,这样才能维持端电压保持在无功电流增加前的 U_{G1} 水平。同

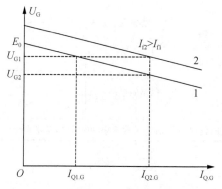

图 1-3-2　无功电流对端电压的影响及励磁调节

样,在无功电流减小时,端电压会上升,相应地必须减小励磁电流,是上述过程的逆过程。也就是说,励磁系统正是通过不断调节励磁电流的大小,来维持发电机端电压或系统中某点电压在给定水平的。

二、无功功率的调节和分配

为便于分析,以图 1-3-3(a)所示单机与无穷大容量母线并联运行系统为例。在端电压 U_G 和输出有功功率 P 恒定时,图 1-3-3(b)示出了励磁电流变化对无功功率 Q 的影响。

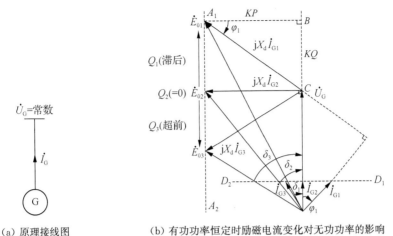

(a) 原理接线图　　　　　　　　(b) 有功功率恒定时励磁电流变化对无功功率的影响

图 1-3-3　单机接入无穷大容量母线运行

从上图可以看出，$\dot{E}_0$ 终端变化轨迹为平行于 $\dot{U}_G$ 的 $\overline{A_1A_2}$，定子电流 $\dot{I}_G$ 的变化轨迹为 $\overline{D_1D_2}$，$\overline{CA_1}$（或相量 $jX_d\dot{I}_G$）在 BA_1 线和 CB 线上的投影分别为 $\overline{BA_1}$ 和 $\overline{CB}$，长度分别为

$$\left.\begin{array}{l} BA_1 = CA_1\cos\varphi_1 = I_{G1}X_d\cos\varphi_1 = \dfrac{X_d}{U_G}U_G I_{G1}\cos\varphi_1 = KP \\[3mm] CB = CA_1\sin\varphi_1 = I_{G1}X_d\sin\varphi_1 = \dfrac{X_d}{U_G}U_G I_{G1}\sin\varphi_1 = KQ \end{array}\right\} \tag{1-3-3}$$

式中：常数 $K = X_d/U_G$；$P = U_G I_{G1}\cos\varphi_1$，$Q = U_G I_{G1}\sin\varphi_1$。

可以看到，$X_d I_G$ 在 BA_1 线和 CB 线上的投影长度 BA_1 和 CB，分别正比于发电机输出的有功功率和无功功率。在前者保持不变时，后者则随着励磁电流的变化而发生变化。也就是说，接入无穷大系统的发电机，在输出有功功率恒定时，通过改变励磁电流，可实现调节发电机输出无功功率大小和方向的目的。

但在实际运行中，通常同一母线上有多台发电机接入，并且系统也并非是严格意义上的无穷大系统，母线电压会随着无功负荷的波动而变化，比如在扩大单元接线系统中。调节其中任一台发电机的励磁电流，不但影响其本身的无功功率输出，而且还影响与之并联运行的其他发电机，具体情况与各发电机的调差特性设置有关。有关这一内容的介绍，将在第四章第二节中进行讨论。因此，励磁系统还担负着调节并联运行机组间无功功率分配的任务。

三、提高电力系统的稳定性

电力系统稳定运行是保证电力系统可靠供电的首要条件，一方面它必须时刻保证必要的电能数量和质量，另一方面它又处在不断的扰动之中，且扰动具有随机性。在扰动发生后的过渡过程中一旦发生失稳问题，将会造成严重的社会影响和极大的经济损失。

目前，关于电力系统稳定性的分类，有多种方法，行业上并不统一，并且各种方法，各有优缺点。为便于研究，我国习惯于按照电力系统受到干扰的大小，将电力系统稳定性问题分为静态稳定、暂态稳定和动态稳定三种，其中的动态稳定是严格的小扰动稳定，静态稳定是简化的小扰动稳定。以下将按照上述的分类方法，就励磁系统对电力系统稳定性的影响作一简单介绍。

（一）对静态稳定性的影响

静态稳定是指系统在正常运行状态下,遭受一微小扰动(理论上扰动量趋于零)后恢复到原来运行状态的能力。可见,电力系统静态稳定实质上是运行点的稳定。以单机经升压变压器和双回线路向无穷大容量母线送电系统为例,如图1-3-4所示。并为简单起见,发电机取隐极机。

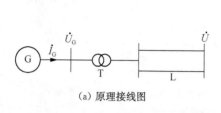

（a）原理接线图

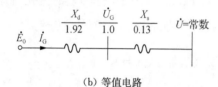

（b）等值电路

（c）进相运行相量图

图1-3-4 单机向无穷大容量母线送电系统

在忽略定子绕组电阻损耗时,同步发电机输出的有功功率,可表示为

$$P_e = \frac{E_0 U}{X_\Sigma} \sin\delta \qquad (1-3-4)$$

式中:$X_\Sigma = X_d + X_s$。

由上式可以看出,对于某一恒定的空载电动势 E_0,电磁功率 P_e 是功角 δ 的正弦函数,称之为同步发电机的功角特性或功率特性,可表示为如图1-3-5所示。

据上图,容易分析得出:当功角 $\delta < 90°$ 时(如图中 a 点),发电机是静态稳定的;当功角 $\delta > 90°$ 时(如图中 b 点),则发电机不能稳定运行;功角 $\delta = 90°$ 时为稳定的极限情况,就是说,发电机最大可能传输的功率极限 P_{emax} 为

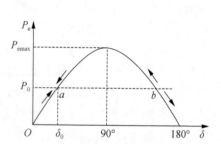

图1-3-5 同步发电机的功角特性

$$P_{emax} = \frac{E_0 U}{X_\Sigma} \qquad (1-3-5)$$

可见,静态稳定功率极限 P_{emax} 与空载电动势 E_0 成正比。而空载电动势 E_0 与励磁电流 I_f 是成正比的。

由于图1-3-5所示的发电机功角特性,是对应于某一恒定 E_0 值时的情况,工程上习惯称之为内功角特性曲线。实际上,发电机通常装有励磁调节器,也就意味着运行中随着负

载的变化,励磁电流是自动调节的,就是说,此时的 E_0 为一变化值,则相应的内功角特性曲线,即为图 1-3-6 中的曲线簇(虚线)。若励磁调节器能够维持端电压 U_G 恒定,则相应的功角特性已不再是一条正弦曲线,而是形成了图 1-3-6 中"$U_G=$ 常数"曲线(粗黑线),即由一组 E_0 等于不同恒定值的正弦曲线簇上相应工作点所组成,习惯称之为外功角特性曲线。可以看出,在功角 $\delta > 90°$ 时,功角特性曲线仍具有上升的趋势,也就是说,在励磁调节器作用下,发电机的功角极限 $\delta_{max} > 90°$,有效地

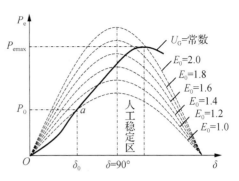

图 1-3-6 励磁调节对同步发电机功角特性的影响

提高了电力系统静态稳定的功率极限。鉴于外功角特性曲线段系借助于励磁调节器的作用,习惯上将这一工作段称之为人工稳定区,如图 1-3-6 所示。而将上述功角极限 $\delta_{max} = 90°$ 的情况,称之为自然稳定区。

实际上,改变空载电动势(或励磁电流)不仅能影响静态稳定功率极限 P_{emax},还能改变发电机输出的无功功率。下面仍以上述系统为例,来讨论静态稳定视在功率极限。

对静态稳定视在功率极限的讨论[1],主要体现在发电机进相(或超前)运行工况下,此时系统的相量图,如图 1-3-4(c)所示。发电机的功率因数角 φ_G 为负值,即 $\varphi_G = \phi - \delta_G$,输出的有功和无功功率分别为

$$\left.\begin{array}{l} P = U_G I_G \cos\varphi_G = U_G I_G \cos(\phi - \delta_G) \\ Q = U_G I_G \sin\varphi_G = U_G I_G \sin(\phi - \delta_G) \end{array}\right\} \tag{1-3-6}$$

根据图 1-3-4(c)中的相量关系,则有

$$\left.\begin{array}{l} I_d = I_G \sin\phi = (U_G \cos\delta_G - U\cos\delta)/X_s \\ I_q = I_G \cos\phi = U_G \sin\delta_G/X_d \end{array}\right\} \tag{1-3-7}$$

利用三角函数公式,并将以上关系式代入式(1-3-6),经整理可得

$$\left.\begin{array}{l} P = \dfrac{U_G^2}{2}\left(\dfrac{1}{X_s} + \dfrac{1}{X_d}\right)\sin 2\delta_G - \dfrac{U_G U}{X_s}\cos\delta\sin\delta_G \\ Q = \dfrac{U_G^2}{2}\left(\dfrac{1}{X_s} - \dfrac{1}{X_d}\right) + \dfrac{U_G^2}{2}\left(\dfrac{1}{X_s} + \dfrac{1}{X_d}\right)\cos 2\delta_G - \dfrac{U_G U}{X_s}\cos\delta\cos\delta_G \end{array}\right\} \tag{1-3-8}$$

在不考虑励磁调节器作用,并系统达到静稳极限时,则有 $\delta = 90°$。于是上式可改写为

$$\left.\begin{array}{l} P_{emax} = \dfrac{U_G^2}{2}\left(\dfrac{1}{X_s} + \dfrac{1}{X_d}\right)\sin 2\delta_G \\ Q - \dfrac{U_G^2}{2}\left(\dfrac{1}{X_s} - \dfrac{1}{X_d}\right) = \dfrac{U_G^2}{2}\left(\dfrac{1}{X_s} + \dfrac{1}{X_d}\right)\cos 2\delta_G \end{array}\right\} \tag{1-3-9}$$

将上式等号两端平方后相加,则有

$$P_{emax}^2 + \left[Q - \dfrac{U_G^2}{2}\left(\dfrac{1}{X_s} - \dfrac{1}{X_d}\right)\right]^2 = \left[\dfrac{U_G^2}{2}\left(\dfrac{1}{X_s} + \dfrac{1}{X_d}\right)\right]^2 \tag{1-3-10}$$

显然,上式的轨迹是一个圆,其圆心 O' 在 Q 轴上,半径 $R=\dfrac{U_G^2}{2}\left(\dfrac{1}{X_s}+\dfrac{1}{X_d}\right)$。将图 1-3-4(b) 中各参量值(分母)代人该关系式,则可得图 1-3-7 中的圆 1。

可见,在不考虑励磁调节器作用条件下,在无功功率 Q_A 保持不变时,B' 点对应的有功功率是静稳极限功率 P_{mA},由于 $P_A<P_{mA}$,因此 A 点是稳定运行点,但 B 点是不稳定运行点(因 $P_B>P_{mA}$)。同理,在有功功率 P_A 保持不变时,减小励磁电流,由于空载电动势 E_0 下降,发电机将从系统吸收无功功率,工作点将沿 $\overline{AC}$ 线向下移动,C' 点是静稳极限点,C 点是不稳定运行点。就是说,圆外是不稳定的失步区。所谓失步,是指由于某种原因(如励磁不足或消失),使功角 δ 增大到大于 $90°$,发电机转子被加速而超出同步转速的失稳。但应注意区分于异步运行方式。

当然,励磁电流也并非能任意减小,必须受到功角极限、定子端部铁芯温升和厂用母线电压等条件的限制。也就是说,在运行中无功功率不能进相太深。因此,励磁调节器还设置了欠励限制功能,依据实测的发电机进相能力范围,并考虑一定的裕量后进行整定,即可得到如图 1-3-7 中的虚线 3。

另外,结合前面分析可知,当考虑励磁调节器作用时,功角极限大于 $90°$,使得功率极限轨迹扩大了,即如图 1-3-7 中的曲线 2 所示,提高了系统的静态稳定性。

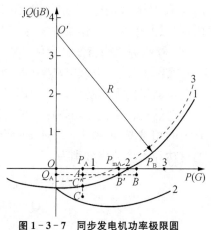

图 1-3-7　同步发电机功率极限圆

1—不考虑 AVR 作用;2—考虑 AVR 作用;
3—AVR 欠励限制整定曲线

(二)对暂态稳定性的影响

暂态稳定是指系统受到大扰动(如各种短路、接地、断线故障以及故障线路的切除)后,系统保持稳定(或同步)运行的能力。这一稳定性主要涉及故障发生后,发电机转子第一摇摆时最大功角是否小于 $180°$ 的问题。仍以图 1-3-4 所示系统为例[1],来分析在一回线路始端发生不对称短路故障时,如图 1-3-8(a)所示,功角特性的变化。

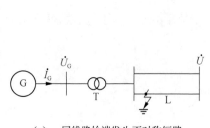

(a)一回线路始端发生不对称短路

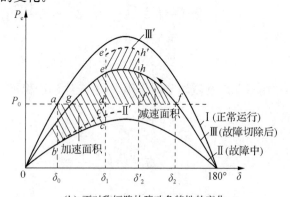

(b)不对称短路故障功角特性的变化

图 1-3-8　系统短路故障时的功角特性变化

图 1 - 3 - 8(b)中曲线 I 表示系统正常(即双回线路供电)运行时的功角特性,此时电磁功率为

$$P_e = \frac{E'U}{X_I}\sin\delta \qquad (1-3-11)$$

式中:$X_I = X'_d + X_T + \frac{X_L}{2}$。

曲线 II 表示短路故障中(但发电机尚未强行励磁时)的功角特性,相应的电磁功率为

$$P_e = \frac{E'U}{X_{II}}\sin\delta \qquad (1-3-12)$$

式中:$X_{II} = X_I + \dfrac{\dfrac{X_L}{2}(X'_d + X_T)}{X_\Delta}$;

X_Δ——正序增广网络中的附件电抗,其大小应依据不对称故障的类型进行确定,具体详见参考文献[7]。

曲线 III 表示短路故障切除后(但发电机尚未强行励磁时)的功角特性,电磁功率为

$$P_e = \frac{E'U}{X_{III}}\sin\delta \qquad (1-3-13)$$

式中:$X_{III} = X'_d + X_T + X_L$。

一般情况下,有 $X_I < X_{III} < X_{II}$,因此 P_{III} 介于 P_I 和 P_{II} 之间,即如图 1 - 3 - 8(b)所示。在系统正常情况下,假定发电机工作点在曲线 I 的 a 点。短路瞬间,由于转子的惯性,转速不能突变,功角仍为 δ_0,但工作点由 a 点跃到了 b 点。之后,由于电磁功率减小,沿着曲线 II,转子开始加速,功角也开始增大,若在达到 δ_1 时故障被切除,则工作点由 c 点跃到曲线 III 的 e 点,但由于转子惯性的作用,转子沿着曲线 III 继续加速到 f 点,对应的功角为 δ_2。当减速面积 S_{def} 大于加速面积 S_{abcd} 时,经过多次反复振荡后,系统最终稳定在 g 点运行。显然,倘若故障切除较慢,则 δ_1 将增大,相应地加速面积 S_{abcd} 也增大,在加速面积大于减速面积时,会造成转子加速失调,使系统失去暂态稳定性。由此可以得知,提高系统暂态稳定的方法可有以下两种:一种为加快故障的切除时间,另一种是提高励磁系统的暂态性能,使在故障中和故障切除后,暂态电动势 E' 能够迅速上升,以增加电磁功率,达到减小加速面积和增大减速面积的目的,即分别如图 1 - 3 - 8(b)中的曲线 II' 和 III' 所示,具体分析过程如下:

由前面分析可知,在 a 点为系统正常运行时发电机的工作点时,当出现短路故障时,相应的功角特性为曲线 II。如果此时对发电机进行强行励磁,迅速提高暂态电动势 E',使功角特性曲线 II 由 bc 段升高为 bc′ 段,由此减小了加速面积(即由 S_{abcd} 减小为 $S_{abc'd}$)。在 δ_1 时故障被切除,同样,在发电机强行励磁作用下,使得工作点由 c′ 点跃到 e′ 点。若减速面积 $S_{de'h'f'}$ 不低于面积 S_{def},则发电机转子第一次摇摆的最大功角将由 δ_2 降到了 δ'_2,显然,提高了系统的暂态稳定性。可见,励磁电压上升速度越快、励磁电压响应时间越小和强励倍数越高,对改善系统的暂态稳定性效果就会越显著,或者说,只有既有快速响应特性,又有高强励倍数的励磁系统,对改善系统的暂态稳定性才是有意义的。有关上述 3 个暂态性能指标的

含义,将在本章第四节中介绍。

图 1-3-9(a)和(b)分别示出了励磁系统时间常数 T_e 和强励倍数 K_{ef} 对系统暂态稳定功率极限 P_{emax} 的影响。可以看出,励磁系统时间常数在 0.3 s 以下时,提高强励倍数对提高暂态稳定功率极限的效果是明显的。

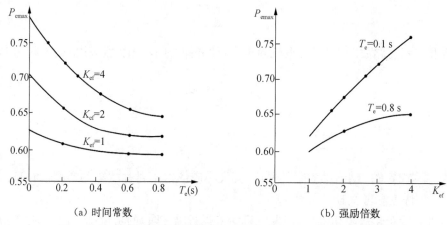

(a) 时间常数　　　　　　　　　　(b) 强励倍数

图 1-3-9　励磁系统时间常数和强励倍数对系统暂态稳定功率极限的影响

最后,应当指出的是,上述的功角、转速和功率之间的关系,可分别类比于运动学中的位移、速度和作用力来进行理解。

（三）对动态稳定性的影响

动态稳定是指电力系统受到小扰动后能否趋于(或接近于)原来运行状态的能力。在动态稳定分析时,系统采用线性化的微分方程和代数方程来描述,并应用经典的或现代的线性系统理论,在时域或复频域内进行分析。

系统受到小扰动时,发电机转子间由于阻尼不足将引起持续的功率低频振荡,以及电力系统机电耦合互作用引起的次同步振荡,均属于动态稳定性下的典型问题。其中,低频振荡是将机组轴系作为一个刚体进行考虑的,是各转子之间的摇摆,振荡频率一般在 0.1～2.0 Hz 范围内,而次同步振荡是机组轴系作为一个多质块的弹性轴,是各质块间的扭转振荡,振荡频率一般在 8～70 Hz 范围内。以下将分别予以简单介绍。

1. 抑制电力系统的低频振荡

发电机转子在转动过程中除了有机械阻尼外,还有发电机转子闭合回路所产生的电气阻尼作用。当发电机与无穷大容量系统之间发生 $\Delta\delta$(或 $\Delta\omega$)振荡(即转子转速时快时慢)时,则会在发电机转子回路中,尤其是在阻尼绕组中将产生感应电流,此电流在定子绕组中形成阻尼功率。为便于分析,将以上总的阻尼功率近似表示为

$$\Delta P_D = D\Delta\omega \qquad\qquad (1-3-14)$$

式中:D——(总)阻尼系数。

图 1-3-10 示出了阻尼功率 ΔP_D 对系统低频振荡的影响[9]。

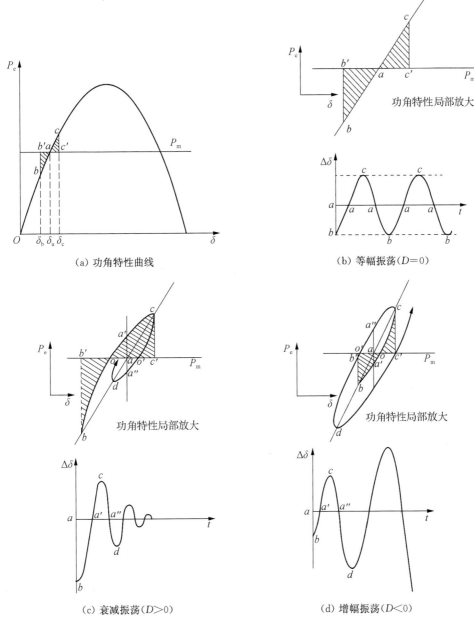

（a）功角特性曲线

（b）等幅振荡（$D=0$）

（c）衰减振荡（$D>0$）

（d）增幅振荡（$D<0$）

图 1-3-10 阻尼功率对系统低频振荡的影响（P_m 为机械功率）

从图中可以看出：

（1）当 D 等于零时，$\Delta\delta$ 随时间的变化规律为不衰减的等幅振荡，就是说，发电机运行点在 P_e-δ 平面上沿功角特性曲线以初始状态 a 点为中心做往返等距离的运行，如图 1-3-10(b)所示。

（2）当 D 不等于零时，由于增加了一项与角速度偏差 $\Delta\omega$ 成正比的阻尼功率，情况会有所不同，具体为：

若 $D>0$，则 $\Delta\delta$ 随时间的变化规律为减幅（衰减）振荡，如图 1-3-10(c)所示，其运行特征是发电机运行点在 $P_e-\delta$ 平面上顺时针移动,最后回到初始状态 a 点。

若 $D<0$,则 $\Delta\delta$ 随时间的变化规律为增幅振荡,如图 1-3-10(d)所示,其运行特征是发电机运行点在 $P_e-\delta$ 平面上逆时针移动,逐渐偏离初始状态 a 点,形成了所谓的自发振荡,功角变化的幅度愈来愈大,最终导致电源之间的失步。

从物理意义上讲,很容易理解上述动态过程。在 $D>0$ 时,$\Delta\omega=\omega-\omega_N>0$,即发电机转速高于同步转速,阻尼功率为正,则发电机多输出电磁功率,阻止转速升高。反之,在 $\Delta\omega<0$,即发电机转速低于同步转速时,阻尼功率为负,阻止了转速的降低。$D<0$ 时,与上述情况正好相反。

理论研究与实践表明,快速、高放大倍数的励磁系统会引入负阻尼系数,削弱了系统的正阻尼,降低了系统平息振荡的能力。在调节器放大倍数增加到一定数值后,甚至使系统阻尼系数为负,此时系统即使受到很小的扰动,也会引发低频振荡或增幅振荡失稳问题。面对这一情况,人们自然会考虑到:如何引入能产生正阻尼的调节信号。

目前,普遍的做法是采用电力系统稳定器(Power System Stabilizer,PSS)。PSS 是一种通过励磁系统实现抑制电力系统低频振荡的装置,其输入量为转速变化量 $\Delta\omega$,也可为电磁功率变化量 ΔP_e 及它们的组合,输出量 U_{pss} 作为附加控制量,叠加到励磁调节器的加法器上。其原理性接线,如图 1-3-11 所示。

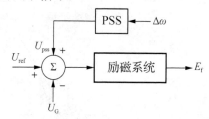

图 1-3-11 具有 PSS 功能的励磁系统原理图

在发电机电磁功率(或转速)恒定时,PSS 输出为零,不参与励磁调节,否则产生输出值 U_{pss}。以图 1-3-10(c)为例,PSS 的具体工作过程为:在某一小扰动下,发电机工作点由 a 点跃到了 b 点,此时由于机械功率 P_m 高于电磁功率 P_e,转子开始加速(即 $\Delta\omega>0$),PSS 输出正值,这样提高了励磁电流,增加了发电机的电磁功率,使得发电机运行点由 b 点顺时针向上移动过程中,偏离了原来的直线 bac 运行特性,形成了弧线 $boa'c$,以阻止转速的增加。等到 c 点,转子达到同步(即 $\Delta\omega=0$),但由于 c 点的发电机机械功率低于电磁功率,转子开始减速(即 $\Delta\omega<0$),此时 PSS 输出负值,以减少电磁功率,使发电机运行点由 c 点顺时针沿弧线 $co'a''d$ 向下移动,而非直线 cad,以阻止转速的降低。如此反复多次,形成了衰减振荡,最终回到初始状态 a 点,PSS 输出为零。

应当指出,单机无穷大系统低频振荡的研究,已取得很多成熟的研究成果,并具有广泛的工程应用案例。但是,多机系统低频振荡的研究是目前的难点,如 PSS 的参数整定和协调等问题。其中,有关单机无穷大系统低频振荡的更多讨论,将在后面第五章中进行介绍。

2. 抑制电力系统的次同步振荡

20 世纪 30 年代,人们发现发电机在容性负荷或经由串联电容补偿的线路接入系统时,会在一定条件下引起自激振荡,当时认为这是一种纯粹的电气谐振问题。谐振发生时,发电机在谐振频率下相当于一台异步发电机,提供振荡时的能量消耗,因此当时称之为"异步发电效应"。直到 1970 年和 1971 年,美国 Mohave 电厂由于线路串联电容器引发发电机大轴的两次损坏,经研究发现了"机电扭振互作用"的存在,即电气系统中的 LC 谐振在一定条件下会激发发电机轴系的扭转振荡。由于这一振荡频率低于工频,因此被称之为次同步谐振

（Sub-synchronous Resonance, SSR）。这一情况直到 1977 年，美国 Square Butte 高压直流输电线路（High Voltage Direct Current Transmission, HVDC）在工程调试时，发生了强烈的扭振，当把附近的串联电容器切除后，扭振现象依然存在，这说明扭振不是由串联电容器引起的，而是由 HVDC 引发的。后来经过进一步的研究发现，SVC，PSS 等快速调节控制装置在一定条件下均有可能引发扭振。由于此时不存在谐振电路，故不再称之为次同步谐振，而称为次同步振荡（Sub-synchronous Oscillation, SSO），使得含义比 SSR 更为广泛。就是说，SSO 实质上是一种次同步机电耦合振荡。

随着大容量发电机组、超高压、远距离交直流联合输电系统、快速励磁系统、FACTS 装置，以及新型负荷的不断投入，使得电网的结构和运行方式变得日益复杂，系统发生 SSO 的可能性也越来越大。

目前，抑制 SSO 的措施很多。其中，基于励磁调节器的附加励磁阻尼控制器（Supplementary Excitation Damping Controller, SEDC）和基于 HVDC 定电流控制器的附加次同步阻尼控制器（Sub-synchronous Damping Controller, SSDC）是其中最为常用、也最为典型的两种抑制做法。

轴系扭振稳定性的判据是在任何一个扭振模式下必须满足电气阻尼转矩和机械阻尼转矩之和大于零。以 SEDC 为例，因此，SEDC 设计的理论依据是在次同步频率范围内为汽轮发电机提供一个合适的电气阻尼补偿，使得轴系在自然扭振频率处，呈现正阻尼特性。与 PSS 相类似，SEDC 输出量 U_{sedc} 叠加在现有的励磁调节器（AVR）上，如图 1-3-12 所示，通过励磁调节器产生一个与大轴振荡信号一致的电压分量，最终在发电机定子绕组中产生一个次同步电流，形成电磁阻尼转矩，从而实现抑制 SSO 的目的。

有关次同步振荡的产生机理、危害及抑制措施等的更多讨论，可参阅相关文献。

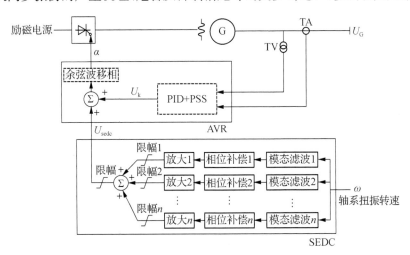

图 1-3-12 具有 SECD 和 PSS 功能的励磁系统原理图

四、改善电力系统的运行条件[1-2]

（1）加速系统电压的恢复和改善异步电动机的自启动运行条件

电力系统发生短路等故障时，系统电压降低，使得负荷端的异步电动机处于制动状态。

故障切除后,这些异步电动机的自启动,又需要从系统吸收大量的无功功率,以致延缓了系统电压的恢复。所以,发电机的强行励磁可以有效地加速系统电压的恢复和改善异步电动机的自启动运行条件。

(2)为发电机的异步运行和自同步并网创造条件

同步发电机失去励磁时,需要从系统吸收大量的无功功率,造成系统电压的严重下降,甚至危及系统的安全运行。此时,若系统中其他发电机能够提供足够的无功功率,以维持系统电压水平,则失磁的发电机仍可以在一定时间内以异步运行的方式维持运行。这样不仅确保了系统的安全运行,而且也有利于机组热力设备的运行。

发电机在以自同步方式(注:与此对应,还有一种准同步方式)并网时,将造成系统电压的突然下降,此时系统中其他发电机应迅速增加励磁电流,以保证系统电压的恢复和缩短发电机的自同步并网时间。

五、保护发电机、辅助发电机停机等

发电机内部短路时,继电保护动作跳磁场断路器,但短路故障并未消除,此时为限制事故扩大,避免发电机及相关设备损坏,可通过灭磁装置快速消耗掉发电机励磁绕组中储存的磁场能来实现。发电机在失步、非全相运行、机端短路等故障,以及电力系统操作、雷击、误操作等情况下,会在发电机定、转子回路中产生一定的过电压,为避免该过电压危及发电机的绝缘性能,可通过励磁系统中装设的过电压保护装置进行一定的抑制。

此外,在机组停机过程中,可利用其定子绕组短路后产生的与转子转向相反的电磁转矩作为制动力矩,使机组转子停止转动,以实现电气制动。

第四节　对励磁系统的基本要求

为保证发电机及电力系统的安全稳定运行,励磁系统应满足以下几点基本要求:

(1)系统正常运行时,调节器应具有足够的电压调节范围,并能够合理地分配机组间的无功功率。在系统故障时,应能迅速地强行励磁,以提高系统的暂态稳定性。

(2)励磁功率系统应有足够的输出容量,以适应发电机各种工况下的运行要求。

(3)励磁系统应运行稳定、简单可靠,并便于操作和后期的维护。

(4)励磁系统应具有良好的静、动态性能指标。比如电压调节精度、调节时间和超调量应尽可能小。

(5)励磁系统应具有良好的暂态性能指标。比如励磁电压上升速度快、励磁电压响应时间小和强励倍数高。

应当指出,励磁电压上升速度、励磁电压响应时间和强励倍数是励磁系统暂态特性的3个重要性能指标,它代表了大扰动时励磁系统的工作性能。由前面分析可知,这些指标对电力系统暂态稳定性有着极为重要的影响。以下将对这3个暂态性能指标作一简单介绍。

（1）励磁电压上升速度

励磁电压上升速度与其定义、试验条件等有关。一般来讲，在电力系统暂态稳定过程中，发电机功角摇摆到第一个周期最大值的时间约为 0.4～0.7 s，所以通常将励磁电压在最初 0.5 s 内上升的平均速率，定义为励磁电压上升速度，如图 1-4-1 所示（图中两阴影部分的面积相等）。于是，励磁电压上升速度可表示为

$$励磁电压上升速度 = \left(\frac{U_c - U_b}{U_a}\right)/0.5 = \frac{\Delta U_f}{0.5 U_{fN}}(s^{-1})$$

式中：U_{fN}——负载额定励磁电压。有时又称为励磁电压响应比或励磁系统标称响应。

励磁电压上升速度，包括后面要讲到的励磁电压响应时间和强励倍数，粗略地反映了励磁系统的暂态特性。另外，应当指出，之所以用上升过程来定义，是因为在大多数情况下，人们对发电机的强行励磁作用更为关注。实际上，励磁系统的减磁性能对电力系统的暂态过程也同样重要。正如汽车系统一样，提速要快和刹车要及时是同等重要的。

（2）励磁电压响应时间

励磁电压响应时间，是指从施加阶跃信号起，至励磁电压达到顶值电压（图 1-4-1 中的 U_{fc}）与负载额定励磁电压之差的 95% 时所用时间，如图 1-4-2 所示。

高起始响应励磁系统，即是指励磁电压响应时间小于 0.1 s 的励磁系统，它是一种快速励磁系统。

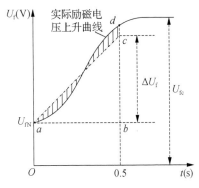

图 1-4-1　励磁电压上升速度曲线

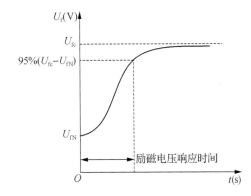

图 1-4-2　励磁电压响应时间曲线

（3）强励倍数

励磁系统强励倍数，可分为顶值电压倍数和顶值电流倍数两个。具体定义分别为：

顶值电压倍数，是指在规定条件下，励磁系统能够输出的最大励磁电压（平均值，即顶值电压）与发电机负载额定励磁电压之比。

顶值电流倍数，是指在规定时间内，励磁系统能够输出的最大励磁电流（即顶值电流），与发电机负载额定励磁电流之比。

第二章 同步电机

同步电机是交流电机的一种,在运行时,其转速 n 与电网频率 f 之间有着严格的不变关系,关系式为

$$n = n_s = \frac{60f}{p_p} \qquad (2-0)$$

式中: p_p——同步电机的极对数(以便与时间微分算子 $p = \mathrm{d}/\mathrm{d}t$ 相区分);

n_s——气隙旋转磁场的转速。同步电机中的"同步"即指" $n = n_s$ "。

同步发电机是同步电机中的一种。目前,同步发电机提供的电能在总电能中仍占据着极高的比重,依然是电力系统中生产电能的最主要设备。

第一节 同步发电机的基本类型、结构和工作原理

为对同步发电机有一个初步的认识和了解,以便更好地理解本章后面的内容,这里首先对同步发电机的基本类型、结构和工作原理进行简单介绍。

一、基本类型

同步发电机的分类方法有多种,可从不同角度进行分类,如表 2-1-1 所示。

表 2-1-1 同步发电机分类

序号	分类依据	电机类型
1	用途	发电机、发电电动机和调相机(或补偿机)
2	结构特点	隐极式和凸极式;立式和卧式
3	原动机	汽轮发电机、水轮发电机和其他原动机拖动的发电机(如燃气轮发电机、柴油发电机)
4	冷却方式	空气冷却、氢气冷却、水冷却和混合冷却(如定子绕组采用水内冷,转子绕组采用氢内冷,定子铁芯氢表面冷却,即水氢氢冷)

二、基本结构

同步发电机由定子、气隙和转子三部分构成。其中,定子由定子铁芯、定子绕组、机座和端盖等组成,转子由转轴、转子铁芯、转子励磁绕组和集电环(又称滑环)等组成,分别如图 2-1-1 所示。

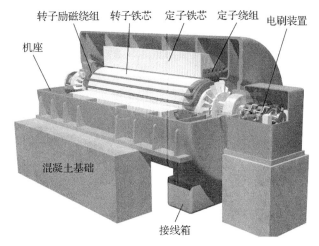

图 2-1-1　汽轮发电机轴向剖面图*

注:*表示图片来源于互联网,感谢作者,本节下同。

同步发电机一般多采用旋转磁极式结构,此时转子有隐极式和凸极式两种,分别如图 2-1-2(a)和(b)所示。对一些中小型同步发电机也有采用旋转电枢式,如三机无刷他励励磁中的交流励磁机,则相应的交流绕组嵌放在转子上,其结构如图 2-1-2(c)所示。

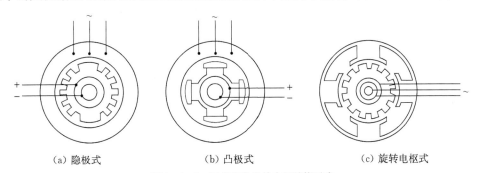

(a) 隐极式　　　　　　　(b) 凸极式　　　　　　　(c) 旋转电枢式

图 2-1-2　同步发电机的主要结构形式

汽轮发电机多采用隐极式,同时为提高效率,一般做成高速的,并采用二极式(即极对数为 1)结构设计。此种情况下,离心力会在转子的某些部分内产生极大的应力,所以汽轮发电机转子一般都采用高机械强度、具有良好导磁性能的整块合金钢锻成、并和转轴做成一个整体。因此,汽轮发电机的转子是一个细而长的圆柱体。

在转子表面一个极距下的 2/3 部分铣出槽形,以嵌放励磁绕组。此外,为把励磁绕组可靠地固定在转子槽内,槽口采用金属槽楔压紧槽内导体,并在端部采用由高强度材料制成的护环进行固定。

隐极式转子从外形来看,没有明显凸出的磁极。沿着转子外圆,有一部分表面上开的槽较多,但齿较窄,习惯称之为小齿。另外没有开槽的部分,则形成大齿,其中心线即为磁极的中心位置。图 2-1-3 是汽轮发电机转子装配图。

凸极式转子结构多用于水轮发电机,此时转子由磁极、磁轭、励磁绕组、阻尼绕组、滑环和转轴等部件组成。从外形来看,凸极式转子在极弧下气隙较小,极间气隙较大,磁极凸出极明显。图2-1-4是一台已装配好的水轮发电机转子。

磁极一般采用1~1.5 mm厚的钢板冲片叠压而成。励磁绕组是由带绝缘的铜线扁绕成集中形式的绕组,再经绝缘处理后套装在磁极上。此外,为改善水轮发电机运行的动态稳定性,通常还在转子磁极的极靴槽内嵌入阻尼绕组。阻尼绕组是由槽内的铜条和端接的短路铜环焊接而成,类似于鼠笼式异步电动机的鼠笼绕组。

图2-1-3　汽轮发电机转子*　　　　　　　　图2-1-4　水轮发电机转子*

汽轮发电机和水轮发电机的定子结构及绕组形式是一样的,均由导磁的铁芯、导电的绕组,以及用于固定铁芯和绕组的一些部件所组成,如机座、铁芯压板、绕组支架等。图2-1-5示出了一台已装配好的定子。

铁芯通常由采用0.5 mm厚的硅钢片叠压而成,并在硅钢片的两面涂以绝缘漆,以减少定子铁芯里的涡流损耗和磁滞损耗。此外,为放置定子绕组,还需在定子铁芯内圆表面开槽。定子绕组是由许多线圈连接而成,线圈在槽内的布置可以是单层或双层,槽内的导体靠槽楔压紧,端部采用支架固定。三相绕组 AX、BY 和 CZ 对称地嵌放在铁芯槽内,6个端子(A、X、B、Y、C、Z)均引出机外。可根据需要连接成星形或三角形。机座是电机的外壳,用于支撑和固定定子铁芯与端盖。

图2-1-5　定子装配图*

三、基本工作原理

某一线圈处于磁场中,当该线圈所交链的磁通发生变化时,则在线圈内就有一感应电动势产生,其大小与该线圈所交链磁通的变化率成正比,方向符合右手定则或在线圈内产生的感应电流所建立的磁通,企图阻止线圈所交链磁通的变化,即有

$$e=-N\frac{\mathrm{d}\Phi}{\mathrm{d}t} \tag{2-1-1}$$

这一现象就是所谓的电磁感应。同步发电机正是基于这一原理而工作的。

图2-1-6示出了一台极对数为1的三相同步发电机工作示意图,图中由集中绕组代替实际分布绕组(依据电机学交流绕组相关理论可知,这一等效替代是可行的)。直流电流通过碳刷和集电环流入励磁绕组,就产生了与转子相对静止的恒定磁场,磁力线从转子N极出

来,经过"气隙→定子铁芯→气隙"路径后,回到转子S极。在原动机驱动下,当转子沿图中所示方向恒速旋转时,定子三相绕组将感应出对称的三相交流电动势。若气隙磁通密度按正弦规律分布,则三相绕组感应出的电动势也为正弦波,可分别定义为如下形式

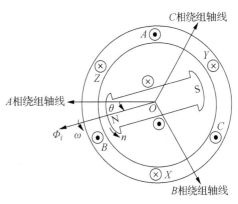

$$\left.\begin{array}{l} e_A = E_m \sin(\omega t) \\ e_B = E_m \sin(\omega t - 120°) \\ e_C = E_m \sin(\omega t + 120°) \end{array}\right\} \qquad (2-1-2)$$

这样,当定子三相绕组与外部接通时,经闭合

图 2-1-6　同步发电机工作原理示意图

的负载回路后,就有了定子电流流过,从而也就实现了将轴上原动机输入的机械能转换为负载电能的目的。

第二节　同步发电机的数学模型

图 2-2-1(a)和(b)分别为同步发电机定、转子绕组分布示意图和各绕组的等值电路图。为不失一般性,考虑转子为凸极式并具有 g、D 和 Q 三个阻尼绕组,并忽略铁芯磁滞、趋肤(或集肤)效应等的影响。而将转子上仅有 D 和 Q 两个阻尼绕组的情况视为特殊情况。

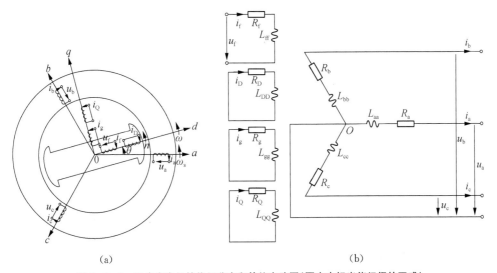

(a) (b)

图 2-2-1　同步发电机的绕组分布和等值电路图(图中未标出绕组间的互感)

参考正方向的具体规定为:定子三相绕组采用发电机惯例,即以输出电流作为电流的正方向,如图 2-2-1(b)所示。定各相绕组通过正向电流时,产生负值磁链。转子各绕组采用电动机惯例,即以输入电流作为电流的正方向,转组通过正向电流时,产生正值磁链。转

矩以驱动性转矩(即与转子转向同方向的转矩)为正方向,转子旋转的正方向定为逆时针方向。另外,转子的 q 轴(又称交轴,或横轴)沿转子旋转方向超前 d 轴(又称直轴,或纵轴)90° 电角度。

若无特别说明,后面给出的同步发电机数学模型均以上述规定为原则。

相关内容的补充说明:

(1) 关于转子上励磁绕组和阻尼绕组的说明[7~10]。众所周知,转子上的励磁绕组是一个客观真实存在的绕组,通常记作 f,而阻尼绕组则是电气上的等值绕组。对于水轮发电机等凸极机和汽轮发电机等隐极机,阻尼绕组分别模拟了分布在转子上的阻尼条的阻尼作用和整块转子铁芯中的由涡流所产生的阻尼作用,因此凸极机的阻尼条相比隐极机的整块转子铁芯,更接近于真实的绕组。理论上讲,等值阻尼绕组的个数越多,模拟的精度就越高。但采用较多的等值阻尼绕组,会使得同步发电机的数学模型阶数偏高,并难以准确地获取相关的电气参数。因此,除了在电机设计时有时会采用多个等值阻尼绕组来研究某些特殊问题外,一般取等值阻尼绕组的个数不超过 3 个,即 g、D 和 Q 绕组。对于凸极机,一般在转子的直轴和交轴上分别各用一个等值阻尼绕组,即 D 和 Q 绕组。而对于隐极机,除 D 和 Q 绕组外,有时还需要在交轴上再增加一个等值 g 阻尼绕组,以与 Q 绕组分别反映阻尼作用较强和较弱的涡流效应。

(2) 关于正方向的规定。交流电机运行时,各电磁量都是交变的。为了便于写出它们之间的电磁关系,必须事先规定好各量的正方向,但规定的正方向不能与该物理量瞬时的实际方向混为一谈。另外,不同的正方向,仅影响该物理量在电磁方程式中的正(负)号,或表现形式,但不影响各量瞬时值之间的相对关系,或实际物理过程,因此最终所得分析结论是一致的。当然,正方向的选取是任意的,但通常有一定的习惯,即常讲的"惯例",上述正方向的规定即为一种惯例形式。

一、电枢反应和双反应理论

电枢反应及其相关理论,是同步发电机运行分析的理论基础。在研究同步发电机数学模型的建立过程中有过两个重要的里程碑,一个是法国学者勃朗德(Blondel)于 1923 年提出的双反应理论;一个是美国工程师派克(Park)在 1933 年提出的派克变换。实际上,双反应理论和派克变换均属于电枢反应问题的范畴。以下首先对电枢反应和双反应理论进行介绍,有关派克变换的内容,留在后面讨论。

1. 电枢反应

同步电机运行时,若电枢绕组中没有电流流过,电机气隙中仅有一个以同步转速 n_1 旋转的励磁磁动势 $\vec{F}_f$。当电枢中流过对称的三相电流时,则气隙中除励磁磁动势 $\vec{F}_f$ 外,还有电枢电流建立的电枢磁动势 $\vec{F}_a$,这样在两者的共同作用下,就构成了同步电机负载运行时气隙中的合成磁动势 $\vec{F}_δ$。在同步电机负载条件下,这种电枢磁动势 $\vec{F}_a$ 对励磁磁动势 $\vec{F}_f$(即主磁极)的影响,被称之为电枢反应。

2. 双反应理论

同步电机双反应理论的基本内容为：对于在空间任意位置的电枢磁动势$\vec{F}_a$，可将其分解为直轴分量$\vec{F}_{ad}$和交轴分量$\vec{F}_{aq}$两个磁动势，分别计算以上两个磁动势的电枢反应，最后将两者的效果进行叠加。实践证明，在磁路不饱和时，采用这一方法，所得的效果是令人满意的。

凸极式同步电机的气隙是不均匀的，在主磁极极面下的气隙较小（或磁阻较小），在极间气隙较大（或磁阻较大），所以沿电枢圆周方向各点的磁阻是变化的，于是同一电枢磁动势$\vec{F}_a$在不同气隙位置时所产生的气隙磁场也不同。图2-2-2(b)和(c)分别示出了同一正弦波电枢磁动势作用于直轴和交轴位置时的气隙磁场分布情况。由图可以看出，在一个极距τ内，电枢磁动势直轴分量$\vec{F}_{ad}$所产生的磁通密度B_{ad}波形呈斗笠帽形（或准正弦形），交轴分量$\vec{F}_{aq}$所产生的磁通密度B_{aq}呈马鞍形，并且直轴的基波磁通密度幅值B_{ad1}大于交轴的B_{aq1}。此外，图2-2-2(a)也给出了励磁磁动势$\vec{F}_f$和对应的磁通密度B_f波形情况，可见在一个极距τ内，励磁磁动势$\vec{F}_f$产生的磁通密度B_f呈平顶帽形（或准方波形）。同时，从图中也可看出，无论电枢磁动势还是励磁磁动势，两者的交、直轴气隙磁场的分布均对称于磁轴。

显然，对于气隙均匀的隐极式同步电机而言，无论电枢磁动势$\vec{F}_a$在任何位置，均产生同样大小的磁通密度，即$B_{ad}=B_{aq}$。

应当指出，后面为便于行文，若无特殊说明，均将电枢基波磁动势的直、交轴分量和励磁基波磁动势分别记为$\vec{F}_{ad}$、$\vec{F}_{aq}$和$\vec{F}_f$，即专指基波磁动势。

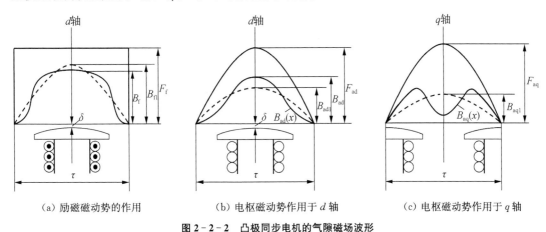

(a) 励磁磁动势的作用　　　　(b) 电枢磁动势作用于d轴　　　　(c) 电枢磁动势作用于q轴

图2-2-2　凸极同步电机的气隙磁场波形

二、abc坐标系下的稳态方程（或电磁方程）

以下主要就同步发电机稳态下的电动势平衡方程、功率和转矩平衡方程及功角特性作一简单介绍。并为便于理解，方程中的各物理量均取为有名值。

（一）电动势平衡方程

1. 隐极式同步发电机

隐极式同步发电机负载运行时，若不计铁芯磁路饱和，可应用叠加原理，分别求出励磁磁动势$\vec{F}_f$和电枢磁动势$\vec{F}_a$产生的与电枢每相绕组交链的空载主磁通$\dot{\Phi}_0$和电枢磁通$\dot{\Phi}_a$，以及相应的感应电动势$\dot{E}_0$和$\dot{E}_a$，同时流过电枢绕组每相的电流还会产生漏磁通$\dot{\Phi}_\sigma$和相应的

漏感电动势 $\dot{E}_\sigma$,将 $\dot{E}_0$ 和 $\dot{E}_a$ 相加便得到电枢绕组每
相的气隙电动势 $\dot{E}_\delta$,可将以上关系表示为如
图 2-2-3 所示中的实线。图中的 $\dot{I}_{\sum(a,b,c)}$ 和 $\dot{I}_{a,b,c}$
分别为电枢三相电流的时空合成量和一相的相量。
在磁路饱和情况下,应首先将 $\vec{F}_f$ 和 $\vec{F}_a$ 进行合成以得到
气隙磁动势 $\vec{F}_\delta$,再根据电机的空载特性,求得对应的
气隙磁通 $\dot{\Phi}_\delta$ 和气隙电动势 $\dot{E}_\delta$,即图 2-2-3 中的虚

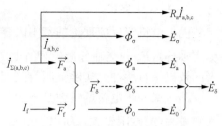

图 2-2-3 隐极式同步发电机的电磁关系图

线,具体计算过程可参阅参考文献[5],从略。以下主要对不饱和的情况进行讨论。

通过以上分析,并结合图 2-2-3 和图 2-2-1,可得定子一相绕组的电动势平衡方程为

$$\dot{E}_0+\dot{E}_a+\dot{E}_\sigma=\dot{U}+\dot{I}R_a \tag{2-2-1}$$

式中:$\dot{I}$——相电流相量;

R_a——每相绕组的电阻。

在忽略定子铁耗和磁路饱和条件下,$\dot{E}_a$ 和 $\dot{E}_\sigma$ 均可表示为相应电抗的压降形式[3],即有

$$\left.\begin{array}{l}\dot{E}_a=-jX_a\dot{I}\\\dot{E}_\sigma=-jX_\sigma\dot{I}\end{array}\right\} \tag{2-2-2}$$

式中:X_a——电枢反应电抗,表示对称三相电流所产生的电枢反应磁场在定子相绕组中感应
  电动势的能力,相当于变压器的励磁电抗 X_m。在磁路不饱和时,X_a 为常数。

将式(2-2-2)代入式(2-2-1),可得

$$\dot{E}_0=\dot{U}+jX_a\dot{I}+jX_\sigma\dot{I}+R_a\dot{I} \tag{2-2-3}$$

上式又可改写为

$$\dot{E}_0=\dot{U}+jX_d\dot{I}+R_a\dot{I} \tag{2-2-4}$$

式中:X_d——同步电抗,$X_d=X_a+X_\sigma$。

式(2-2-4)所对应的等值电路和相量图,分别如图 2-2-4(a)和(b)所示。

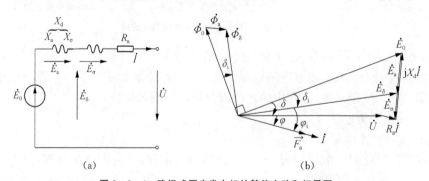

(a)   (b)

图 2-2-4 隐极式同步发电机的等值电路和相量图

2. 凸极式同步发电机

凸极式同步发电机由于气隙不均匀,为便于分析,依据双反应理论,需将电枢电流 $\dot{I}$ 进行 dq 分解,即 $\dot{I}=\dot{I}_d+\dot{I}_q$。在磁路不饱和时,可分别求出励磁磁动势 $\vec{F}_f$ 和直(交)轴电枢磁动势 $\vec{F}_{ad}(\vec{F}_{aq})$ 所产生的磁通和相应的感应电动势,再通过类似于上述隐极式同步发电机的分析过程,可得到如图 2-2-5(a) 所示的电磁关系。在磁路饱和时,相应的电磁关系如图 2-2-5(b) 所示[5]。以下主要对不饱和的情况进行讨论。

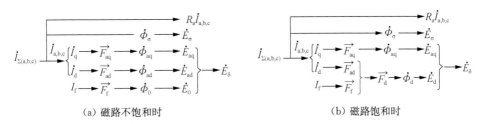

(a) 磁路不饱和时   (b) 磁路饱和时

图 2-2-5 凸极式同步发电机的电磁关系图

根据图 2-2-5(a),可得定子一相绕组的电动势平衡方程为

$$\dot{E}_0+\dot{E}_{ad}+\dot{E}_{aq}+\dot{E}_\sigma=\dot{U}+R_a\dot{I} \qquad (2-2-5)$$

同理,$\dot{E}_{ad}$、$\dot{E}_{aq}$ 和 $\dot{E}_\sigma$ 也均表示为电抗压降的形式,即

$$\left.\begin{array}{l}\dot{E}_{ad}=-jX_{ad}\dot{I}_d\\[4pt]\dot{E}_{aq}=-jX_{aq}\dot{I}_q\\[4pt]\dot{E}_\sigma=-jX_\sigma\dot{I}\end{array}\right\} \qquad (2-2-6)$$

式中:X_{ad} 和 X_{aq}——分别为直轴和交轴电枢反应电抗,其物理意义与隐极式同步发电机的 X_a 相同,是凸极式同步发电机运用双反应理论的必然结果。

将上式代入式(2-2-5)可得

$$\dot{E}_0=\dot{U}+jX_{ad}\dot{I}_d+jX_{aq}\dot{I}_q+jX_\sigma\dot{I}+R_a\dot{I} \qquad (2-2-7)$$

将关系式 $\dot{I}=\dot{I}_d+\dot{I}_q$ 代入上式,经整理,可得凸极式同步发电机的电动势平衡方程为

$$\dot{E}_0=\dot{U}+jX_d\dot{I}_d+jX_q\dot{I}_q+R_a\dot{I} \qquad (2-2-8)$$

式中:$X_d=X_{ad}+X_\sigma$,$X_q=X_{aq}+X_\sigma$,X_d 和 X_q——分别为直轴和交轴同步电抗,其物理意义与隐极式同步发电机的 X_d 相同,只是由于凸极式同步发电机气隙的不均匀,双反应理论导出了两个同步电抗。

上式又可改写为

$$\left.\begin{array}{l}\dot{E}_0=\dot{E}_Q+j(X_d-X_q)\dot{I}_d\\[4pt]\dot{E}_Q=\dot{U}+R_a\dot{I}+jX_q\dot{I}\end{array}\right\} \qquad (2-2-9)$$

式中：$\dot{E}_Q$——一虚构电动势，主要用于确定 q 轴的空间位置，有关其介绍，将在后面详述。

式（2-2-9）对应的相量图，如图 2-2-6 所示。

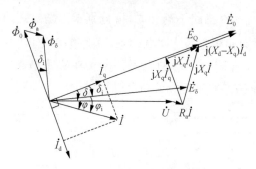

图 2-2-6　凸极式同步发电机的相量图

讨论：

（1）在磁路不饱和时，直轴磁路的磁阻 R_{ad} 小于交轴的磁阻 R_{aq}，而电抗反比于磁阻（或正比于磁导），于是有 $X_{ad} > X_{aq}$，并可得知 $X_d > X_q$。

（2）对气隙均匀的隐极式同步发电机而言，显然有 $X_d = X_q$，也就是说，电枢电流 $\dot{I}$ 不用进行 d、q 轴分解，相当于 $\dot{I} = \dot{I}_d = \dot{I}_q$。这样可由式（2-2-9）导出式（2-2-4），所以说，式（2-2-9）对同步发电机具有一般性。

（二）功率和转矩平衡方程

同步发电机在稳态时由原动机输入的机械功率 P_m 在扣除机械损耗 P_{mec}、定子铁芯损耗 P_{Fe} 和附加损耗 P_Δ 后，剩下的即为电磁功率 P_e。电磁功率 P_e 通过电磁感应作用传递到定子三相绕组后，再扣除定子三相绕组的铜耗 P_{Cu}，最后即为发电机输出的有功功率 P，以上关系如图 2-2-7 所示，相应的功率平衡方程为

$$\left.\begin{array}{l} P_m = P_{mec} + P_{Fe} + P_\Delta + P_e \\ P_e = P_{Cu} + P \end{array}\right\} \tag{2-2-10}$$

其中，空载损耗 $P_0 = P_{mec} + P_{Fe} + P_\Delta$。注意式中没有考虑转子励磁绕组的铜耗，即认为励磁功率与原动机输入无关。但若为三机交流励磁机励磁系统，则 P_m 还应扣除励磁机吸收的功率。

由于发电机输出有功功率可表示为 $P = 3UI\cos\varphi$ 形式，因此式（2-2-10）中的电磁功率可表示为

$$P_e = 3UI\cos\varphi + 3I^2 R_a$$

或

$$P_e = 3E_\delta I\cos\varphi_i \tag{2-2-11}$$

该式结合隐极机和凸极机的相量图（分别为图 2-2-4 和图 2-2-6），又可分别表示为

$$P_e = 3E_0 I\cos(\delta + \varphi)$$

和

$$P_e = 3E_0 I\cos(\delta+\varphi) - 3I_d I_q(X_d - X_q) \qquad (2-2-12)$$

以上方程的具体推导过程,可参阅参考文献[5],不再重述。

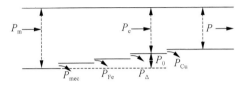

图 2-2-7 同步发电机的功率流向图

由于转矩与转子机械角速度的乘积为相应转矩对应的功率,因此式(2-2-10)中第一式等号两端同除以机械角速度 $\omega_m = 2\pi n/60$,可得转矩平衡方程为

$$\frac{P_m}{\omega_m} = \frac{P_e}{\omega_m} + \frac{P_{mec} + P_{Fe} + P_\Delta}{\omega_m}$$

即

$$T_m = T_e + T_0 \qquad (2-2-13)$$

式中:ω_m 和 T_0——分别为发电机机械角速度和空载转矩,rad·s^{-1}和 N·m。

(三)功角特性

电磁功率表达式除式(2-2-12)外,还有一种最为常用的形式,即在忽略定子绕组铜耗时,式(2-2-11)可变化为 $P_e = 3UI\cos[(\varphi+\delta)-\delta]$,并结合凸极机相量图(图2-2-6),可得凸极机的电磁功率方程为

$$P_e = 3\frac{E_0 U}{X_d}\sin\delta + 3\frac{U^2}{2}\left(\frac{1}{X_q} - \frac{1}{X_d}\right)\sin2\delta \qquad (2-2-14)$$

式中:第一项和第二项分别称之为基本电磁功率和附加电磁功率,其中,附加电磁功率是由于气隙磁路的不均匀产生的,因此又称为磁阻功率;δ 称为功率角,简称功角。顺便指出,图 2-2-4 和图 2-2-6 中的 δ_i 习惯称之为内功率功角,简称内功角,反映励磁磁动势和气隙磁动势间的空间相位关系。

显然,对气隙均匀的隐极机,则磁阻功率为零,相应的电磁功率方程为

$$P_e = 3\frac{E_0 U}{X_d}\sin\delta \qquad (2-2-15)$$

工程上习惯将方程式(2-2-14)和式(2-2-15)称为同步发电机的功角特性,对应的功角特性曲线如图 2-2-8 所示。

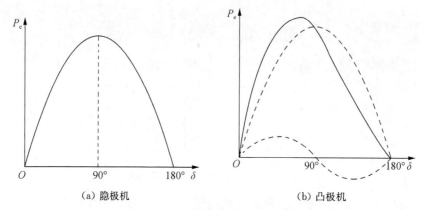

（a）隐极机　　　　　　　（b）凸极机

图 2-2-8　同步发电机的功角特性曲线

最后，应当指出，经推导可知，在统一基准值（如后面要讲到的"单位励磁电压/单位定子电压"基准值系统）下，标幺的电动势平衡方程与上述有名值方程具有相同的形式，而（电磁）功率方程中除少了个"3"外，其余部分与有名值也相同。

三、$dq0$ 坐标系下的瞬时方程

（一）abc 坐标下的原始方程式

$dq0$ 坐标系下的瞬时方程是基于 abc 坐标下的原始方程导出的，因此需首先写出原始方程。

1. 电压方程

由图 2-2-1 所规定的各绕组电压、电流及磁链的参考正方向，可写出各绕组的电压方程为

$$\begin{pmatrix} u_a \\ u_b \\ u_c \\ u_f \\ 0 \\ 0 \\ 0 \end{pmatrix} = \begin{pmatrix} R_a & 0 & 0 & 0 & 0 & 0 & 0 \\ 0 & R_a & 0 & 0 & 0 & 0 & 0 \\ 0 & 0 & R_a & 0 & 0 & 0 & 0 \\ 0 & 0 & 0 & R_f & 0 & 0 & 0 \\ 0 & 0 & 0 & 0 & R_D & 0 & 0 \\ 0 & 0 & 0 & 0 & 0 & R_g & 0 \\ 0 & 0 & 0 & 0 & 0 & 0 & R_Q \end{pmatrix} \begin{pmatrix} -i_a \\ -i_b \\ -i_c \\ i_f \\ i_D \\ i_g \\ i_Q \end{pmatrix} + p \begin{pmatrix} \varphi_a \\ \varphi_b \\ \varphi_c \\ \varphi_f \\ \varphi_D \\ \varphi_g \\ \varphi_Q \end{pmatrix} \qquad (2-2-16)$$

式中：$p=\mathrm{d}/\mathrm{d}t$——微分算子；由于三相绕组电阻相等（即 $R_a=R_b=R_c$），因此统一记作 R_a。

2. 磁链方程

在不计铁芯磁路饱和效应时，各绕组的磁链可通过各绕组的自感 L 及绕组之间的互感 M 表示为

$$\begin{pmatrix} \varphi_a \\ \varphi_b \\ \varphi_c \\ \varphi_f \\ \varphi_D \\ \varphi_g \\ \varphi_Q \end{pmatrix} = \begin{pmatrix} L_{aa} & M_{ab} & M_{ac} & M_{af} & M_{aD} & M_{ag} & M_{aQ} \\ M_{ba} & L_{bb} & M_{bc} & M_{bf} & M_{bD} & M_{bg} & M_{bQ} \\ M_{ca} & M_{cb} & L_{cc} & M_{cf} & M_{cD} & M_{cg} & M_{cQ} \\ M_{fa} & M_{fb} & M_{fc} & L_{ff} & M_{fD} & M_{fg} & M_{fQ} \\ M_{Da} & M_{Db} & M_{Dc} & M_{Df} & L_{DD} & M_{Dg} & M_{DQ} \\ M_{ga} & M_{gb} & M_{gc} & M_{gf} & M_{gD} & L_{gg} & M_{gQ} \\ M_{Qa} & M_{Qb} & M_{Qc} & M_{Qf} & M_{QD} & M_{Qg} & L_{QQ} \end{pmatrix} \begin{pmatrix} -i_a \\ -i_b \\ -i_c \\ i_f \\ i_D \\ i_g \\ i_Q \end{pmatrix} \qquad (2-2-17)$$

由电路理论可知,上式中的电感系数矩阵是对称的,即互感可逆。各电感的具体表达式,详见附录 A,可知 $M_{fg}=M_{fQ}=M_{Dg}=M_{DQ}=0$。

3. 功率、转矩及转子运动方程

依据牛顿运动定律,可得刚体转子运动方程为

$$\left.\begin{aligned} J\frac{d^2\theta_m}{dt^2} &= T_m - T_e \\ \frac{d\theta_m}{dt} &= \omega_m \end{aligned}\right\} \qquad (2-2-18)$$

式中: T_m 和 T_e——分别为原动机施加于发电机轴上的机械转矩和发电机的电磁转矩,N·m;

θ_m 和 ω_m——分别为转子机械角度和机械角速度,rad 和 rad·s^{-1};

J——转子的转动惯量,kg·m^2。

实际分析时通常取电角速度和电角度作为变量,其与机械角速度和机械角度的关系分别为 $\omega_m = \omega_e / p_p$ 和 $\theta_m = \theta_e / p_p$,于是式(2-2-18)可改写为

$$\left.\begin{aligned} \frac{1}{p_p}J\frac{d\omega_e}{dt} &= T_m - T_e \\ \frac{d\theta_e}{dt} &= \omega_e \end{aligned}\right\} \qquad (2-2-19)$$

应当指出:(1) 机械角度和电角度为无量纲,习惯以弧度(rad)计量,相应的机械(或电)角速度的单位为 rad·s^{-1}。(2) 当 T_m 为整个大轴(包括汽轮机或水轮机的转子)所受到的机械转矩时,J 应为整个大轴的转动惯量。在已知转子飞轮惯量(GD^2,单位为 kg·m^2)时,与 J 的换算关系为 $J=\dfrac{GD^2}{4}$。(3) 在忽略铁芯磁滞等影响时,上述转子运动方程等号右边的转矩项中,还应有由于机械摩擦和风阻等所产生的机械阻尼转矩。该部分转矩的讨论留在后面进行。

另外,通过将发电机 7 个绕组组成的线性、旋转电磁系统的磁场能量对时间的求导,并经一定的推导,可得电磁转矩瞬时值表达式[12]为

$$T_e = -\frac{p_p}{2}\boldsymbol{i}^T\frac{d\boldsymbol{L}}{d\theta}\boldsymbol{i} \qquad (2-2-20)$$

式中：$\boldsymbol{i}=(\begin{matrix} -i_{\mathrm{a}} & -i_{\mathrm{b}} & -i_{\mathrm{c}} & i_{\mathrm{f}} & i_{\mathrm{D}} & i_{\mathrm{g}} & i_{\mathrm{Q}} \end{matrix})^{\mathrm{T}}$；

　　$\boldsymbol{L}$——式$(2-2-17)$中的电感系数矩阵。顺便指出，上式可理解为电磁转矩的定义式。

将电感系数矩阵中的电感表达式代入上式，则有

$$T_{\mathrm{e}}=\frac{p_{\mathrm{p}}}{\sqrt{3}}\boldsymbol{\varphi}_{\mathrm{abc}}^{\mathrm{T}}\begin{bmatrix} 0 & 1 & -1 \\ -1 & 0 & 1 \\ 1 & -1 & 0 \end{bmatrix}\boldsymbol{i}_{\mathrm{abc}} \qquad (2-2-21)$$

式中：$\boldsymbol{\varphi}_{\mathrm{abc}}^{\mathrm{T}}=(\begin{matrix} \varphi_{\mathrm{a}} & \varphi_{\mathrm{b}} & \varphi_{\mathrm{c}} \end{matrix})$，$\boldsymbol{i}_{\mathrm{abc}}=(\begin{matrix} i_{\mathrm{a}} & i_{\mathrm{b}} & i_{\mathrm{c}} \end{matrix})^{\mathrm{T}}$。

相应地，发电机输出的总功率瞬时值为

$$p_0=(\begin{matrix} u_{\mathrm{a}} & u_{\mathrm{b}} & u_{\mathrm{c}} \end{matrix})\begin{bmatrix} i_{\mathrm{a}} \\ i_{\mathrm{b}} \\ i_{\mathrm{c}} \end{bmatrix}=u_{\mathrm{a}}i_{\mathrm{a}}+u_{\mathrm{b}}i_{\mathrm{b}}+u_{\mathrm{c}}i_{\mathrm{c}} \qquad (2-2-22)$$

有关电角度和机械角度关系的补充说明：

电机圆周从几何上量度为$360°$，这一角度称为机械角度。但从电磁观点来看，经过 N－S 一对磁极，磁场的空间分布曲线或线圈中的感应电动势恰好正负交变一周，故称一对磁极距对应的角度为$360°$电角度。显然，若电机有p_{p}对磁极，则电角度θ_{e}与机械角度θ_{m}的关系式为$\theta_{\mathrm{e}}=p_{\mathrm{p}}\theta_{\mathrm{m}}$。对时间求导，可得机械角速度$\omega_{\mathrm{m}}$与电角速度$\omega_{\mathrm{e}}$的关系式为$\omega_{\mathrm{e}}=p_{\mathrm{p}}\omega_{\mathrm{m}}$。

（二）$dq0$ 坐标系下的标幺值方程

首先导出$dq0$坐标系下的有名值方程，再得出相应的标幺值方程。

1. 有名值方程

前面给出的方程，是站在静止的abc坐标系上观察同步发电机的电磁现象而给出的。但由于转子的旋转和凸极效应，使得绕组的自感及绕组间的互感不都是常数，其中一些是随转子位置θ而周期变化的，即由式$(2-2-16)$和式$(2-2-17)$组成的以时间为自变量的常微分方程是变系数的常微分方程。众所周知，求解这类型方程是困难的。

为解决上述问题，采用坐标变换的方式将变系数的常微分方程转化为常系数的常微分方程是普遍的做法，因此先后提出过多种坐标变换。派克所提出的$dq0$坐标系是这类坐标变换中最为普遍采用的一种，他根据同步电机的双反应理论和合成磁动势等效的原则，将定子abc三相绕组经过适当线性变换而等值成两个与转子同步旋转的等值d、q绕组。相当于站在旋转的$dq0$坐标系上观察电机的电磁现象，这样就避免了磁链方程中出现变系数的问题，从而使得同步发电机的电压方程成为常系数的常微分方程。

有关派克变换的导出过程，可参阅相关文献，不作重述，以下直接引用导出结果，即

$$\begin{bmatrix} f_{\mathrm{d}} \\ f_{\mathrm{q}} \\ f_0 \end{bmatrix}=\frac{2}{3}\begin{bmatrix} \cos\theta & \cos(\theta-120°) & \cos(\theta+120°) \\ -\sin\theta & -\sin(\theta-120°) & -\sin(\theta+120°) \\ 1/2 & 1/2 & 1/2 \end{bmatrix}\begin{bmatrix} f_{\mathrm{a}} \\ f_{\mathrm{b}} \\ f_{\mathrm{c}} \end{bmatrix} \qquad (2-2-23-1)$$

或

$$\boldsymbol{f}_{\mathrm{dq0}}=\boldsymbol{A}\boldsymbol{f}_{\mathrm{abc}} \qquad (2-2-23-2)$$

式中：f——电流、电压、磁链和各种电动势；

　　　A——派克变换矩阵；

　　　θ——转子 d 轴超前 a 相绕组磁轴的电角度，相应的超前 b 轴和 c 轴的电角度分别为 $(\theta-120°)$ 和 $(\theta+120°)$。

相应地，其逆变换为

$$\begin{bmatrix} f_a \\ f_b \\ f_c \end{bmatrix} = \frac{2}{3} \begin{bmatrix} \cos\theta & -\sin\theta & 1 \\ \cos(\theta-120°) & -\sin(\theta-120°) & 1 \\ \cos(\theta+120°) & -\sin(\theta+120°) & 1 \end{bmatrix} \begin{bmatrix} f_d \\ f_q \\ f_0 \end{bmatrix} \qquad (2-2-24-1)$$

或

$$\boldsymbol{f}_{abc} = \boldsymbol{A}^{-1} \boldsymbol{f}_{dq0} \qquad (2-2-24-2)$$

即电流、电压和磁链有以下派克及其逆变换关系式

$$\left.\begin{aligned} \boldsymbol{i}_{dq0} &= \boldsymbol{A}\boldsymbol{i}_{abc} \\ \boldsymbol{u}_{dq0} &= \boldsymbol{A}\boldsymbol{u}_{abc} \\ \boldsymbol{\varphi}_{dq0} &= \boldsymbol{A}\boldsymbol{\varphi}_{abc} \\ \boldsymbol{i}_{abc} &= \boldsymbol{A}^{-1}\boldsymbol{i}_{dq0} \\ \boldsymbol{u}_{abc} &= \boldsymbol{A}^{-1}\boldsymbol{u}_{dq0} \\ \boldsymbol{\varphi}_{abc} &= \boldsymbol{A}^{-1}\boldsymbol{\varphi}_{dq0} \end{aligned}\right\} \qquad (2-2-25)$$

利用变换关系式(2-2-25)，以及各绕组的自感和绕组间的互感表达式，可将电压方程式(2-2-16)和磁链方程式(2-2-17)变换成 $dq0$ 坐标系下的方程，分别为

$$\begin{bmatrix} u_d \\ u_q \\ u_0 \\ u_f \\ 0 \\ 0 \\ 0 \end{bmatrix} = \begin{bmatrix} R_a & 0 & 0 & 0 & 0 & 0 & 0 \\ 0 & R_a & 0 & 0 & 0 & 0 & 0 \\ 0 & 0 & R_a & 0 & 0 & 0 & 0 \\ 0 & 0 & 0 & R_f & 0 & 0 & 0 \\ 0 & 0 & 0 & 0 & R_D & 0 & 0 \\ 0 & 0 & 0 & 0 & 0 & R_g & 0 \\ 0 & 0 & 0 & 0 & 0 & 0 & R_Q \end{bmatrix} \begin{bmatrix} -i_d \\ -i_q \\ -i_0 \\ i_f \\ i_D \\ i_g \\ i_Q \end{bmatrix} + p \begin{bmatrix} \varphi_d \\ \varphi_q \\ \varphi_0 \\ \varphi_f \\ \varphi_D \\ \varphi_g \\ \varphi_Q \end{bmatrix} + \begin{bmatrix} -\omega\varphi_q \\ \omega\varphi_d \\ 0 \\ 0 \\ 0 \\ 0 \\ 0 \end{bmatrix} \qquad (2-2-26)$$

$$\begin{bmatrix} \varphi_d \\ \varphi_q \\ \varphi_0 \\ \varphi_f \\ \varphi_D \\ \varphi_g \\ \varphi_Q \end{bmatrix} = \begin{bmatrix} L_d & 0 & 0 & m_{af} & m_{aD} & 0 & 0 \\ 0 & L_q & 0 & 0 & 0 & m_{ag} & m_{aQ} \\ 0 & 0 & L_0 & 0 & 0 & 0 & 0 \\ 3m_{af}/2 & 0 & 0 & L_f & m_{fD} & 0 & 0 \\ 3m_{aD}/2 & 0 & 0 & m_{fD} & L_D & 0 & 0 \\ 0 & 3m_{ag}/2 & 0 & 0 & 0 & L_g & m_{gQ} \\ 0 & 3m_{aQ}/2 & 0 & 0 & 0 & m_{gQ} & L_Q \end{bmatrix} \begin{bmatrix} -i_d \\ -i_q \\ -i_0 \\ i_f \\ i_D \\ i_g \\ i_Q \end{bmatrix} \qquad (2-2-27)$$

式中:

$$
\left.\begin{aligned}
L_d &= l_0 + m_0 + 3l_2/2 \\
L_q &= l_0 + m_0 - 3l_2/2 \\
L_0 &= l_0 - 2m_0 \\
L_f &= L_{ff} \\
L_D &= L_{DD} \\
L_g &= L_{gg} \\
L_Q &= L_{QQ} \\
m_{fD} &= M_{fD} \\
m_{gQ} &= M_{gQ}
\end{aligned}\right\}
\qquad (2-2-28)
$$

其中:$\omega = d\theta/dt$ 为同步发电机的电角速度,即后面提及的 ω_e;L_d、L_q 和 L_0 依次为定子等值 d 绕组、q 绕组和 0 绕组的自感,分别对应 d 轴、q 轴和 0 轴同步电抗;其他符号含义,见附录 A。

式(2-2-28)表明,式(2-2-27)的系数矩阵是常数矩阵,于是经派克变换后的电压方程式(2-2-26)成了常系数的常微分方程。另外从式(2-2-26)也可看出,定子绕组的电压由三部分组成,即第一项是欧姆电压项,反映了相应绕组的电阻压降;第二项通常称为变压器电动势,是电磁感应感生的电动势;第三项称为速度电动势,是由于转子旋转使定子绕组切割磁力线而产生的电动势。在数值上速度电动势远大于变压器电动势,因此速度电动势又称为发电机电动势。同时,应注意到式(2-2-27)的电感系数矩阵是不对称的,即定子 $dq0$ 绕组与转子间的互感为不可逆的,这是由变换引起的,该问题将在后面推导发电机在 $dq0$ 坐标系下的标幺值方程时,通过选取适当的基准值来予以解决。顺便指出,由式(2-2-28)也可看出,对于凸极式同步发电机有 $L_d > L_q$;对于隐极式由于 $l_2 = 0$,则有 $L_d = L_q$。

$dq0$ 坐标下的转子运动方程与 abc 坐标系下式(2-2-19)是相同的,但 T_e 应按下式进行计算,即由式(2-2-21)并结合式(2-2-25)可得

$$
T_e = \frac{3p_p}{2}(\varphi_d i_q - \varphi_q i_d) \qquad (2-2-29)
$$

同理,利用关系式(2-2-25),可得 $dq0$ 坐标系下发电机输出的总功率瞬时值方程为

$$
p_0 = \frac{3}{2}(u_d i_d + u_q i_q + 2u_0 i_0) \qquad (2-2-30)
$$

相关问题的补充:

(1) 派克变换中的零轴分量与对称分量法中的零序分量的区别。以电流为例,前者是电流瞬时值中的不平衡量,该电流可为随时间变化的任意波形量,换言之,可为正弦量、非正弦量,以及非周期量,而后者是三相基波正弦电流相量中的不平衡量,因此两者的物理含义截然不同。

此外,由式(2-2-24)也可看出,每相电流中均含有相同的电流零轴分量。由于定子三

相绕组的完全对称,因此三相电流的零轴分量合成的空间磁动势恒为零,不产生跨气隙的磁通,该磁通仅与定子绕组交链,其值与转子的位置无关,属于漏磁性质。

（2）在静止 abc 三相绕组中流过对称交流电流时,等值旋转 dq 绕组中电流的特点。设 $t=0$ 时刻 d 轴超前 a 轴 θ_0,则 t 时刻 d 轴超前 a 轴、b 轴和 c 轴分别为 $\omega t+\theta_0$、$\omega t+\theta_0-120°$ 和 $\omega t+\theta_0+120°$,若取 abc 三相电流为

$$\left.\begin{array}{l} i_{\mathrm{a}}=I_{\mathrm{m}}\sin\omega t \\ i_{\mathrm{b}}=I_{\mathrm{m}}\sin(\omega t-120°) \\ i_{\mathrm{c}}=I_{\mathrm{m}}\sin(\omega t+120°) \end{array}\right\} \tag{2-2-31}$$

将以上角度值和上式,一并代入式（2-2-23）,则有

$$\left.\begin{array}{l} i_{\mathrm{d}}=-I_{\mathrm{m}}\sin\theta_0 \\ i_{\mathrm{q}}=-I_{\mathrm{m}}\cos\theta_0 \\ i_0=0 \end{array}\right\} \tag{2-2-32}$$

可以看出,$\sqrt{i_{\mathrm{d}}^2+i_{\mathrm{q}}^2}=I_{\mathrm{m}}$,即 d、q 分量平方的再开方等于 abc 中相幅值。显然,电压、磁链和磁动势均有相同情况。

若取 $\theta_0=30°$,则可得电流派克变换前后的变化情况,如图 2-2-9 所示。

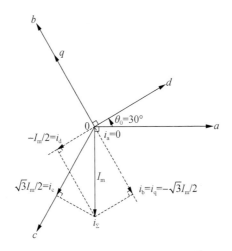

图 2-2-9　电流派克变换前后的变化情况

以上表明,静止 abc 三相绕组中的交流电流,经由派克变换后,成了等值旋转 dq 绕组中的直流电流,或 abc 坐标系中按正弦波变化的电气量,当转子以同一频率旋转时,该电气量的 d、q 轴分量变成了直流量,显然,当两者不同步或有相对运动时,则 d、q 轴分量随时间变化,为非直流量。以负序电流为例,即

$$\left.\begin{array}{l} i_{\mathrm{a}}=I_{\mathrm{m}}\sin\omega t \\ i_{\mathrm{b}}=I_{\mathrm{m}}\sin(\omega t+120°) \\ i_{\mathrm{c}}=I_{\mathrm{m}}\sin(\omega t-120°) \end{array}\right\} \tag{2-2-33}$$

重复以上过程,可得 dq 绕组中的电流为

$$\left.\begin{array}{l} i_{\mathrm{d}}=I_{\mathrm{m}}\sin(2\omega t+\theta_0) \\ i_{\mathrm{q}}=I_{\mathrm{m}}\cos(2\omega t+\theta_0) \\ i_0=0 \end{array}\right\} \qquad (2-2-34)$$

(3) 上述派克变换是基于 q 轴超前 d 轴 90°给出的,若取 q 轴滞后 d 轴 90°,则相应的派克变换及逆变换关系式分别为[即相对于式(2-2-23)和式(2-2-24)的第二行(或列)元素少一负号]

$$\begin{bmatrix} f_{\mathrm{d}} \\ f_{\mathrm{q}} \\ f_0 \end{bmatrix}=\frac{2}{3}\begin{bmatrix} \cos\theta & \cos(\theta-120°) & \cos(\theta+120°) \\ \sin\theta & \sin(\theta-120°) & \sin(\theta+120°) \\ 1/2 & 1/2 & 1/2 \end{bmatrix}\begin{bmatrix} f_{\mathrm{a}} \\ f_{\mathrm{b}} \\ f_{\mathrm{c}} \end{bmatrix} \qquad (2-2-35)$$

$$\begin{bmatrix} f_{\mathrm{a}} \\ f_{\mathrm{b}} \\ f_{\mathrm{c}} \end{bmatrix}=\frac{2}{3}\begin{bmatrix} \cos\theta & \sin\theta & 1 \\ \cos(\theta-120°) & \sin(\theta-120°) & 1 \\ \cos(\theta+120°) & \sin(\theta+120°) & 1 \end{bmatrix}\begin{bmatrix} f_{\mathrm{d}} \\ f_{\mathrm{q}} \\ f_0 \end{bmatrix} \qquad (2-2-36)$$

目前,同步电机制造厂所给出的电机实用参数(将在后面给予介绍),通常是与上述变换相对应的。本书后面的讨论采用 q 轴超前 d 轴 90°的情况。

(4) 以上变换存在变换后的电感系数矩阵不对称,以及为使其对称导致变换前后功率不守恒的缺点。为解决这一问题,派克变换还有另外一种变换形式,即正交变换,其关系式为

$$\begin{bmatrix} f_{\mathrm{d}} \\ f_{\mathrm{q}} \\ f_0 \end{bmatrix}=\sqrt{\frac{2}{3}}\begin{bmatrix} \cos\theta & \cos(\theta-120°) & \cos(\theta+120°) \\ -\sin\theta & -\sin(\theta-120°) & -\sin(\theta+120°) \\ 1/\sqrt{2} & 1/\sqrt{2} & 1/\sqrt{2} \end{bmatrix}\begin{bmatrix} f_{\mathrm{a}} \\ f_{\mathrm{b}} \\ f_{\mathrm{c}} \end{bmatrix} \qquad (2-2-37)$$

(5) 电压方程式(2-2-26)中的 φ_{d}(或 φ_{q})为何会在与其正交的 q 绕组(或 d 绕组)中产生速度电动势呢? 显然,只有 φ_{d}(或 φ_{q})和 q 绕组(或 d 绕组)之间有相对速度条件下才能解释。前面我们将派克变换的物理过程简述为"将定子 abc 三相绕组经过适当线性变换而等值成两个与转子同步旋转的等值 d、q 绕组",但并未明确等值 d、q 绕组的物理含义。若将等值的 d、q 绕组固定在定子上,不过这样的绕组有无数个,随着转子的旋转,只不过是逐个地选择出每一时刻与转子 d、q 轴相对应的 d、q 绕组。为便于区分和理解,将其分别记为 $d\varphi$ 绕组和 $q\varphi$ 绕组。在讨论之前,先以图 2-2-10(a)和(b)为例对速度电动势加以说明,即在一均匀磁场中放置一个轴线与磁场成 θ 角的线圈,且该线圈绕轴线以 $p\theta$ 速度旋转。假定线圈面积为 S,N 匝,则与该线圈相交链的磁链为

$$\varphi(t)=NBS\cos\theta \qquad (2-2-38)$$

若 θ 随时间变化,则在该线圈中感应出的电动势为(取 $\mathrm{d}\theta/\mathrm{d}t=\omega$)

$$e(t)=-\frac{\mathrm{d}\varphi}{\mathrm{d}t}=\omega NBS\sin\theta \qquad (2-2-39)$$

可以看出,在 $\theta=\pi/2$ 即图 2-2-10(c)位置时,$\varphi(t)$ 为零,$e(t)$ 有正向最大值;在 $\theta=\pi$ 即

图 2-2-10(d)位置时,$\varphi(t)$ 有反向最大值,$e(t)$ 为零。这就是说,磁通为零(或最大值)时,相应的速度电动势为最大值(或零)。由于 $e(t)$ 与转速 ω 有关,因此习惯称之为速度电动势。有以上结论后,就容易解释上述疑问了。以 φ_d 为例,φ_d 只是在与无数个 $d\varphi$ 绕组相交链的磁链 $\varphi_{d\varphi}$ 中挑选出与转子 d 轴在一个轴上的 $d\varphi$ 绕组的磁链,因为 $d\varphi$ 绕组本身固定在定子上,所以 $\varphi_{d\varphi}$ 与 $d\varphi$、$q\varphi$ 绕组间就有了相对速度。在 $q\varphi$ 绕组中产生的速度电动势便是这个 $\varphi_{d\varphi}$,也就是说,尽管 $\varphi_{d\varphi}$ 与 $q\varphi$ 绕组相垂直,但由于两者间有相对速度,所以就产生了速度电动势 $\omega\varphi_{d\varphi}$,其位置关系如图 2-2-10(c)所示。$\varphi_{d\varphi}$ 与 $d\varphi$ 绕组也有相对速度,但由于两者在同一轴上,其位置关系如图 2-2-10(d)所示,因此速度电动势为零,仅有变压器电动势 $p\varphi_{d\varphi}$。同理,可分析出 $\varphi_{q\varphi}$ 对 $d\varphi$、$q\varphi$ 绕组的影响,不过由于 d 轴滞后 q 轴 90°,因此 $\varphi_{q\varphi}$ 在 $d\varphi$ 绕组中产生的速度电动势前为负号。以上对应关系如图 2-2-11 所示,图中括弧内为变压器电动势。因此将电压和磁链方程式中下标的"d 和 q"分别记为"$d\varphi$ 和 $q\varphi$",也许更能体现出派克变换的物理过程。有关该问题的更多讨论,可参阅参考文献[13]。

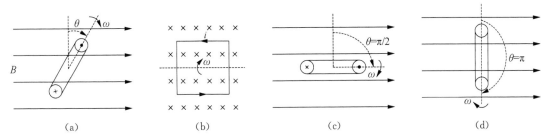

图 2-2-10 均匀磁场中旋转线圈所产生的速度电动势

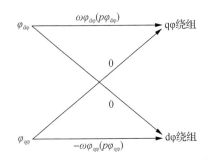

图 2-2-11 磁链 $\varphi_{d\varphi}$ 和 $\varphi_{q\varphi}$ 与绕组 $d\varphi$ 和 $q\varphi$ 间的对应关系

2. 标幺值方程

同步发电机标幺值方程的形式,除与本节开始所给出的规定条件有关外,与基准值的取法、所采用的假设、次暂态电动势的定义以及模拟转子时取的等值绕组个数和磁路饱和效应的处理方法等均有关。后几个问题留在后面进行介绍,以下先就本书基准值的取法给予说明(下标 B 表示相应物理量的基准值),分别为

公共基准值:

$$\left.\begin{array}{l} \omega_B = \omega_s \\ t_B = \dfrac{1}{\omega_B} \end{array}\right\} \tag{2-2-40-1}$$

定子绕组基准值：

$$
\left.\begin{array}{l}
u_{aB} = \dfrac{\sqrt{2}}{\sqrt{3}} U_{GN} \\[2mm]
i_{aB} = \sqrt{2}\, I_{GN} \\[2mm]
Z_{aB} = \dfrac{u_{aB}}{i_{aB}} = \dfrac{U_{GN}}{\sqrt{3}\, I_{GN}} \\[2mm]
L_{aB} = \dfrac{u_{aB} t_B}{i_{aB}} = \dfrac{X_{aB}}{\omega_B} \\[2mm]
\varphi_{aB} = u_{aB} t_B = L_{aB} i_{aB} \\[2mm]
S_B = \dfrac{3 u_{aB} i_{aB}}{2} = \sqrt{3}\, U_{GN} I_{GN} = S_N
\end{array}\right\} \qquad (2-2-40-2)
$$

转子绕组基准值：

$$
\left.\begin{array}{l}
u_{fB} i_{fB} = u_{DB} i_{DB} = u_{gB} i_{gB} = u_{QB} i_{QB} = S_B \\[2mm]
Z_{fB} = u_{fB}/i_{fB} \\[2mm]
Z_{DB} = u_{DB}/i_{DB} \\[2mm]
Z_{gB} = u_{gB}/i_{gB} \\[2mm]
Z_{QB} = u_{QB}/i_{QB} \\[2mm]
L_{fB} = X_{fB}/\omega_B \\[2mm]
L_{DB} = X_{DB}/\omega_B \\[2mm]
L_{gB} = X_{gB}/\omega_B \\[2mm]
L_{QB} = X_{QB}/\omega_B \\[2mm]
\varphi_{fB} = L_{fB} i_{fB} \\[2mm]
\varphi_{DB} = L_{DB} i_{DB} \\[2mm]
\varphi_{gB} = L_{gB} i_{gB} \\[2mm]
\varphi_{QB} = L_{QB} i_{QB}
\end{array}\right\} \qquad (2-2-40-3)
$$

式中：ω_s——同步角速度；

U_{GN}、I_{GN} 和 S_N——分别为发电机额定电压、额定电流和额定视在功率。

应当指出，由于在式（2-2-16）和式（2-2-17）中，定子三相电压为相电压的瞬时值，三相电流也为瞬时值，因此它们按相并取其峰值作为每相的基准值，计算上显然是方便的。而式（2-2-26）和式（2-2-27）又是由式（2-2-16）和式（2-2-17）经坐标变换得到的，因此 $dq0$ 坐标系下的电压、电流基准值理应相同。对于转子各绕组的电压基准值和电流基准值，原则上可先任取一个，再依据全系统的功率基准值取相同值的要求，求得另一个。

以下将有名值电压方程式（2-2-26）和磁链方程式（2-2-27）化为标幺值。将式（2-2-26）中前三个定子绕组电压方程和后四个转子绕组电压方程等号两边，分别同除以各自的电压基准值，并注意各基准值之间的关系式（2-2-40），则可导出

$$
\begin{pmatrix} u_{\mathrm{d}}^* \\ u_{\mathrm{q}}^* \\ u_0^* \\ u_{\mathrm{f}}^* \\ 0 \\ 0 \\ 0 \end{pmatrix} = \begin{pmatrix} R_{\mathrm{a}}^* & 0 & 0 & 0 & 0 & 0 & 0 \\ 0 & R_{\mathrm{a}}^* & 0 & 0 & 0 & 0 & 0 \\ 0 & 0 & R_{\mathrm{a}}^* & 0 & 0 & 0 & 0 \\ 0 & 0 & 0 & R_{\mathrm{f}}^* & 0 & 0 & 0 \\ 0 & 0 & 0 & 0 & R_{\mathrm{D}}^* & 0 & 0 \\ 0 & 0 & 0 & 0 & 0 & R_{\mathrm{g}}^* & 0 \\ 0 & 0 & 0 & 0 & 0 & 0 & R_{\mathrm{Q}}^* \end{pmatrix} \begin{pmatrix} -i_{\mathrm{d}}^* \\ -i_{\mathrm{q}}^* \\ -i_0^* \\ i_{\mathrm{f}}^* \\ i_{\mathrm{D}}^* \\ i_{\mathrm{g}}^* \\ i_{\mathrm{Q}}^* \end{pmatrix} + p^* \begin{pmatrix} \varphi_{\mathrm{d}}^* \\ \varphi_{\mathrm{q}}^* \\ \varphi_0^* \\ \varphi_{\mathrm{f}}^* \\ \varphi_{\mathrm{D}}^* \\ \varphi_{\mathrm{g}}^* \\ \varphi_{\mathrm{Q}}^* \end{pmatrix} + \begin{pmatrix} -\omega^* \varphi_{\mathrm{q}}^* \\ \omega^* \varphi_{\mathrm{d}}^* \\ 0 \\ 0 \\ 0 \\ 0 \\ 0 \end{pmatrix}
$$

$$(2-2-41)$$

式中：

$$
\left. \begin{aligned} p^* &= t_{\mathrm{B}} \frac{\mathrm{d}}{\mathrm{d}t} = \frac{\mathrm{d}}{\mathrm{d}t^*} \\ R_{\mathrm{a}}^* &= R_{\mathrm{a}}/Z_{\mathrm{aB}} \\ R_{\mathrm{f}}^* &= \frac{R_{\mathrm{f}}}{Z_{\mathrm{fB}}} = \frac{2}{3} \cdot \frac{R_{\mathrm{f}}}{Z_{\mathrm{aB}}} \cdot \left(\frac{i_{\mathrm{fB}}}{i_{\mathrm{aB}}}\right)^2 \\ R_{\mathrm{D}}^* &= \frac{R_{\mathrm{D}}}{Z_{\mathrm{DB}}} = \frac{2}{3} \cdot \frac{R_{\mathrm{D}}}{Z_{\mathrm{aB}}} \cdot \left(\frac{i_{\mathrm{DB}}}{i_{\mathrm{aB}}}\right)^2 \\ R_{\mathrm{g}}^* &= \frac{R_{\mathrm{g}}}{Z_{\mathrm{gB}}} = \frac{2}{3} \cdot \frac{R_{\mathrm{g}}}{Z_{\mathrm{aB}}} \cdot \left(\frac{i_{\mathrm{gB}}}{i_{\mathrm{aB}}}\right)^2 \\ R_{\mathrm{Q}}^* &= \frac{R_{\mathrm{Q}}}{Z_{\mathrm{QB}}} = \frac{2}{3} \cdot \frac{R_{\mathrm{Q}}}{Z_{\mathrm{aB}}} \cdot \left(\frac{i_{\mathrm{QB}}}{i_{\mathrm{aB}}}\right)^2 \end{aligned} \right\}
$$

$$(2-2-42)$$

其中：p^*——标幺微分算子。

同理，可得磁链方程为

$$
\begin{pmatrix} \varphi_{\mathrm{d}}^* \\ \varphi_{\mathrm{q}}^* \\ \varphi_0^* \\ \varphi_{\mathrm{f}}^* \\ \varphi_{\mathrm{D}}^* \\ \varphi_{\mathrm{g}}^* \\ \varphi_{\mathrm{Q}}^* \end{pmatrix} = \begin{pmatrix} X_{\mathrm{d}}^* & 0 & 0 & X_{\mathrm{af}}^* & X_{\mathrm{aD}}^* & 0 & 0 \\ 0 & X_{\mathrm{q}}^* & 0 & 0 & 0 & X_{\mathrm{ag}}^* & X_{\mathrm{aQ}}^* \\ 0 & 0 & X_0^* & 0 & 0 & 0 & 0 \\ X_{\mathrm{af}}^* & 0 & 0 & X_{\mathrm{f}}^* & X_{\mathrm{fD}}^* & 0 & 0 \\ X_{\mathrm{aD}}^* & 0 & 0 & X_{\mathrm{fD}}^* & X_{\mathrm{D}}^* & 0 & 0 \\ 0 & X_{\mathrm{ag}}^* & 0 & 0 & 0 & X_{\mathrm{g}}^* & X_{\mathrm{gQ}}^* \\ 0 & X_{\mathrm{aQ}}^* & 0 & 0 & 0 & X_{\mathrm{gQ}}^* & X_{\mathrm{Q}}^* \end{pmatrix} \begin{pmatrix} -i_{\mathrm{d}}^* \\ -i_{\mathrm{q}}^* \\ -i_0^* \\ i_{\mathrm{f}}^* \\ i_{\mathrm{D}}^* \\ i_{\mathrm{g}}^* \\ i_{\mathrm{Q}}^* \end{pmatrix}
$$

$$(2-2-43)$$

式中：

$$
X_{\mathrm{d}}^* = \frac{\omega_{\mathrm{B}} L_{\mathrm{d}}}{Z_{\mathrm{aB}}}
$$

$$
X_{\mathrm{q}}^* = \frac{\omega_{\mathrm{B}} L_{\mathrm{q}}}{Z_{\mathrm{aB}}}
$$

$$(2-2-44-1)$$

$$
X_0^* = \frac{\omega_{\mathrm{B}} L_0}{Z_{\mathrm{aB}}}
$$

$$X_f^* = \frac{\omega_B L_f}{Z_{fB}} = \frac{2}{3} \cdot \frac{\omega_B L_f}{Z_{aB}} \cdot \left(\frac{i_{fB}}{i_{aB}}\right)^2$$

$$X_D^* = \frac{\omega_B L_D}{Z_{DB}} = \frac{2}{3} \cdot \frac{\omega_B L_D}{Z_{aB}} \cdot \left(\frac{i_{DB}}{i_{aB}}\right)^2$$

$$X_g^* = \frac{\omega_B L_g}{Z_{gB}} = \frac{2}{3} \cdot \frac{\omega_B L_g}{Z_{aB}} \cdot \left(\frac{i_{gB}}{i_{aB}}\right)^2$$

$$X_Q^* = \frac{\omega_B L_Q}{Z_{fB}} = \frac{2}{3} \cdot \frac{\omega_B L_Q}{Z_{aB}} \cdot \left(\frac{i_{QB}}{i_{aB}}\right)^2$$

$$X_{af}^* = \frac{\omega_B m_{af}}{Z_{aB}} \cdot \left(\frac{i_{fB}}{i_{aB}}\right)$$

$$X_{aD}^* = \frac{\omega_B m_{aD}}{Z_{aB}} \cdot \left(\frac{i_{DB}}{i_{aB}}\right) \qquad (2-2-44-2)$$

$$X_{fD}^* = \frac{2}{3} \cdot \frac{\omega_B m_{fD}}{Z_{aB}} \cdot \left(\frac{i_{fB} i_{DB}}{i_{aB}^2}\right)$$

$$X_{ag}^* = \frac{\omega_B m_{ag}}{Z_{aB}} \cdot \left(\frac{i_{gB}}{i_{aB}}\right)$$

$$X_{aQ}^* = \frac{\omega_B m_{aQ}}{Z_{aB}} \cdot \left(\frac{i_{QB}}{i_{aB}}\right)$$

$$X_{gQ}^* = \frac{2}{3} \cdot \frac{\omega_B m_{gQ}}{Z_{aB}} \cdot \left(\frac{i_{gB} i_{QB}}{i_{aB}^2}\right)$$

式(2-2-43)表明,通过取定子绕组与转子各绕组的功率基准值相等,使两者间标幺值互感实现了可逆,即电感系数矩阵是对称的。应指出,在同步角速度(或频率)下电抗的标幺值与电感标幺值是相等的,即 $X^* = \frac{X}{Z_B} = \frac{\omega_B L}{\omega_B L_B} = L^*$。同理,角速度标幺值也等于频率标幺值。

以下对有名值转子运动方程式(2-2-19)进行讨论。为便于叙述,重写如下

$$\left.\begin{array}{l} \dfrac{1}{p_p} J \dfrac{d\omega_e}{dt} = T_m - T_e \\[3mm] \dfrac{d\theta_e}{dt} = \omega_e \end{array}\right\} \qquad (2-2-45)$$

取转矩基准值 T_B 为

$$T_B = \frac{S_B}{\omega_{mB}} = \frac{S_B}{\omega_{eB}/p_p} = \frac{3 p_p}{2} \varphi_{aB} i_{aB} \qquad (2-2-46)$$

式(2-2-45)中第一式等号两边分别除以式(2-2-46)各项,则可得

$$T_j \frac{d\omega_e^*}{dt} = T_m^* - T_e^* \qquad (2-2-47)$$

式中:T_j——发电机转子机械惯性时间常数,简称惯性时间常数,$T_j = \dfrac{J \omega_{mB}^2}{S_B}$。这里应注意到,因为取 $\omega_{mB} = \omega_{eB}/p_p$,因此有 $\omega_m^* = \omega_e^*$。

另外，在实际分析时，式(2-2-45)中第二式通常采用 d 轴相对于同步旋转 xy 坐标系的实轴 x（即参考轴）的电角度 δ 作为变量。δ 与 θ_e（即派克变换中的 θ）间的相位关系如图 2-2-12 所示，即有

$$\delta = 90° - (\alpha - \theta_e) \qquad (2-2-48)$$

式中：α——x 轴超前 a 轴的电角度，$\alpha = \omega_s t + \alpha_0$，$\alpha_0$ 为 $t=0$ 时的初始值。

应当指出，对单机无穷大系统而言，系统母线电压相量即为 x 轴，但在多机系统分析时，所有发电机的转子相对电角度 δ 必须相对于同一个 x 轴，即所有发电机均须在同一个同步旋转 xy 坐标系上进行分析，这样才有意义。显然，在稳态运行时，δ 为一常量。

将式(2-2-48)代入式(2-2-45)中第二式，即有

$$\frac{d\delta}{dt} = \omega_s(\omega_e^* - 1) \qquad (2-2-49)$$

由此可得，即 $dq0$ 坐标下的标幺值转子运动方程为（ω_e 的下标"e"从略，下同）

$$\left.\begin{array}{l} T_j \dfrac{d\omega^*}{dt} = T_m^* - T_e^* \\[3mm] \dfrac{d\delta}{dt} = \omega_s(\omega^* - 1) \end{array}\right\} \qquad (2-2-50)$$

式(2-2-29)两边同除以式(2-2-46)，可得 $dq0$ 坐标下的标幺值转矩方程为

$$T_e^* = \varphi_d^* i_q^* - \varphi_q^* i_d^* \qquad (2-2-51)$$

可见，电磁转矩与零轴分量无关。同时也验证了前面对零轴分量分析的正确性，即零轴磁通不跨气隙，仅与定子绕组交链，属漏磁性质。

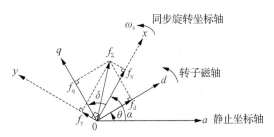

图 2-2-12　dq-xy 坐标系空间相位关系

同理，式(2-2-30)两边同除以功率基准值 $S_B = 3u_{aB}i_{aB}/2$，可得 $dq0$ 坐标下标幺值总功率瞬时值方程为

$$p_0^* = u_d^* i_d^* + u_q^* i_q^* + 2u_0^* i_0^* \qquad (2-2-52)$$

结合前面对零轴分量的分析可知，上式可改写为

$$p_0^* = u_d^* i_d^* + u_q^* i_q^* \qquad (2-2-53)$$

以上方程式(2-2-41)、式(2-2-43)、式(2-2-50)、式(2-2-51)和式(2-2-53)是分析和计算同步发电机过渡过程的理论基础，后面所导出的其他各种形式的标幺方程均是基于以上方程给出的。

相关问题的补充：

(1) 关于基准值选取问题[10]

为便于同步发电机电压方程与电力系统的连接，则要求全系统的基准值应保持统一，即

dq 坐标系下的基准值与 xy 坐标系下的基准值应对应。其中电压基准值转换关系为

$$u_{\mathrm{aB}}=\frac{\sqrt{2}}{\sqrt{3}}U_{\mathrm{B}} \qquad (2-2-54-1)$$

且要求全系统的功率基准值应相同,则相应地可得出其他量的基准值转换关系为

$$\left.\begin{aligned} i_{\mathrm{aB}}&=\sqrt{2}\,I_{\mathrm{B}} \\ R_{\mathrm{aB}}&=X_{\mathrm{aB}}=Z_{\mathrm{aB}}=\frac{u_{\mathrm{aB}}}{i_{\mathrm{aB}}}=Z_{\mathrm{B}} \\ L_{\mathrm{aB}}&=\frac{Z_{\mathrm{B}}}{\omega_{\mathrm{B}}} \\ \varphi_{\mathrm{aB}}&=L_{\mathrm{aB}}i_{\mathrm{aB}} \end{aligned}\right\} \qquad (2-2-54-2)$$

式中:U_{B}、I_{B} 和 Z_{B} 分别为 xy 坐标系下的线电压、相电流和一相阻抗的基准值。其中 U_{B} 一般取所在网络的额定电压,对发电机机端,则有 $U_{\mathrm{B}}=U_{\mathrm{GN}}$。

另外,还应注意,同步发电机的标幺值参数通常基于本身的额定值(S_{N} 和 U_{GN})给出。因此,在功率基准值改变后,与其相关的物理量基准值(或标幺值)也应成比例变化。

顺便指出,由图 2-2-12 中的投影关系,可以得出 dq 坐标系下物理量标幺值与 xy 坐标系下物理量标幺值之间的转换关系为

$$\begin{bmatrix} f_{\mathrm{x}} \\ f_{\mathrm{y}} \end{bmatrix}=\begin{bmatrix} \sin\delta & \cos\delta \\ -\cos\delta & \sin\delta \end{bmatrix}\begin{bmatrix} f_{\mathrm{d}} \\ f_{\mathrm{q}} \end{bmatrix} \qquad (2-2-55-1)$$

或

$$\begin{bmatrix} f_{\mathrm{d}} \\ f_{\mathrm{q}} \end{bmatrix}=\begin{bmatrix} \sin\delta & -\cos\delta \\ \cos\delta & \sin\delta \end{bmatrix}\begin{bmatrix} f_{\mathrm{x}} \\ f_{\mathrm{y}} \end{bmatrix} \qquad (2-2-55-2)$$

式中:f 可为电流、电压、磁链和各种电动势。

（2）关于转子运动方程问题

式（2-2-50）中未考虑转子在旋转时受到的机械摩擦和风阻等作用力所产生的机械阻尼转矩。机械阻尼转矩与转子机械角速度有关,一般近似认为两者之间成正比关系[11],即有(省略下标"e")

$$T_{\mathrm{D}}^{*}=D\omega^{*} \qquad (2-2-56)$$

式中:T_{D}^{*} 和 D 分别为机械阻尼转矩(标幺值,基准值为 T_{B})和机械阻尼系数。

考虑上述机械阻尼因素后,转子运动方程式（2-2-50）需改为

$$\left.\begin{aligned} T_{\mathrm{j}}\frac{\mathrm{d}\omega^{*}}{\mathrm{d}t}&=T_{\mathrm{m}}^{*}-T_{\mathrm{e}}^{*}-D\omega^{*} \\ \frac{\mathrm{d}\delta}{\mathrm{d}t}&=\omega_{\mathrm{s}}(\omega^{*}-1) \end{aligned}\right\} \qquad (2-2-57)$$

另外,由于转矩与转子机械角速度的乘积为相应转矩对应的功率,因此在上述基准值下

有关系式

$$T_m^* = \frac{P_m^*}{\omega^*} \left.\begin{array}{c} \\ \\ \\ \\ \end{array}\right\}$$

$$T_e^* = \frac{P_e^*}{\omega^*} \left.\begin{array}{c} \\ \\ \end{array}\right\}$$

$$(2-2-58)$$

式中：P_m^* 和 P_e^* 分别为机械功率和电磁功率标幺值。顺便指出，将相应平均功率记为大写，以区别于瞬时值。

关于转子运动方程式(2-2-50)，实际上还有一个问题需要特别地说明下，即 T_e^* 的计算问题。

若将式(2-2-41)中定子绕组电压方程代入电磁转矩方程式(2-2-51)，并注意到式(2-2-58)第二式，可得电磁功率为

$$P_e^* = u_d^* i_d^* + u_q^* i_q^* + R_a^* (i_d^{*2} + i_q^{*2}) - (i_d^* p\varphi_d^* + i_q^* p\varphi_q^*) \qquad (2-2-59)$$

显然，$R_a^* (i_d^{*2} + i_q^{*2})$ 项为发电机定子绕组铜耗。在忽略电磁暂态过程时，上式可简化为

$$P_e^* = u_d^* i_d^* + u_q^* i_q^* + R_a^* (i_d^{*2} + i_q^{*2}) \qquad (2-2-60)$$

若忽略定子绕组的铜耗，则上式可进一步地简化为

$$P_e^* = u_d^* i_d^* + u_q^* i_q^* \qquad (2-2-61)$$

将该式与发电机输出总功率瞬时方程式(2-2-53)比较可知，两者是相一致的。这样，结合式(2-2-58)，转子运动方程式(2-2-57)可改写为

$$T_j \frac{d\omega^*}{dt} = \frac{P_m^*}{\omega^*} - \frac{P_e^*}{\omega^*} - D\omega^* \left.\begin{array}{c} \\ \\ \\ \\ \end{array}\right\}$$

$$\frac{d\delta}{dt} = \omega_s (\omega^* - 1) \left.\begin{array}{c} \\ \\ \end{array}\right\}$$

$$(2-2-62)$$

但应注意到，以上式中的 T_j 与 t 之间单位应保持一致，换言之，若 T_j 取有名值"s"，则 t 取"s"，若 T_j 取标幺值，则相应地 t 为标幺值。此外，有时也将转子的机械惯性时间常数用 $H = \frac{J\omega_{mB}^2}{2S_B}$ 来表示，此种情况下，仅需将式(2-2-62)中的 T_j 换成 $2H$ 即可。

（三）实用方程（即用电机参数表示的方程）

上边我们导出了在 $dq0$ 坐标系下的同步发电机标幺值方程，以下若无特别指出外，所有量均用标幺值，并省略标幺值上标 $*$。

在电压方程式(2-2-41)和磁链方程式(2-2-43)中，涉及 R_a、R_f、R_D、R_g、R_Q、X_d、X_q、X_0、X_f、X_D、X_g、X_Q、X_{af}、X_{aD}、X_{aq}、X_{aQ}、X_{fD} 和 X_{gQ} 共 18 个参数，称为同步发电机的原始参数，而要获取这些原始参数的准确值通常是困难的。因此，通常将以上 18 个原始参数转化为 12 个稳态、暂态和次暂态参数，它们分别是定子绕组的电阻(R_a)、直轴和交轴同步电抗(X_d 和 X_q)、零序电抗(X_0)、直轴和交轴暂态同步电抗(X_d' 和 X_q')、直轴和交轴次暂态同步电抗(X_d'' 和 X_q'')和 4 个时间常数(T_{d0}'、T_{q0}'、T_{d0}'' 和 T_{q0}'')，并称为电机参数，这些参数可通过电机试验方

便获得。可见,电机参数的个数少于原始参数,因此将电压方程式(2-2-41)和磁链方程式(2-2-43)从原始参数形式转化为电机参数形式时,需要一些假设条件。被广泛采用的假设有以下两种[13],一种是假定 d 轴上的 d、f 和 D 三个绕组构成一个"三绕组变压器",即这三个绕组之间没有两两交链的局部互磁通,仅有交链每个绕组的公共主磁通和漏磁通,如图2-2-13所示。当然,q 轴上的 q、g 和 Q 三个绕组也采用相同的假设。另一种假设是基于机端三相短路瞬间,定子绕组电流急剧地变化,而励磁电流几乎不变化的事实,并认为 f 和 D 绕组的磁链守恒,因此便有

$$\left.\begin{array}{l} i_d(0^+) \neq i_d(0^-) \\ i_f(0^+) = i_f(0^-) \\ \varphi_f(0^+) = \varphi_f(0^-) \\ \varphi_D(0^+) = \varphi_D(0^-) \end{array}\right\} \quad (2-2-63)$$

上式结合 f 和 D 绕组的磁链方程式(2-2-43),则有

$$\left.\begin{array}{l} -X_{af}(i_d(0^+) - i_d(0^-)) + X_{fD}(i_D(0^+) - i_D(0^-)) = 0 \\ -X_{aD}(i_d(0^+) - i_d(0^-)) + X_D(i_D(0^+) - i_D(0^-)) = 0 \end{array}\right\} \quad (2-2-64)$$

对上式求解,可得下式(2-2-65)的第一式。同理,对 g 和 Q 绕组进行推导,可导出该式中第二式。

$$\left.\begin{array}{l} X_{af}X_D = X_{aD}X_{fD} \\ X_{ag}X_Q = X_{aQ}X_{gQ} \end{array}\right\} \quad (2-2-65)$$

本书采用第二种假设,并结合电机参数的定义(限于篇幅,不作详述,直接给出结论,可参阅参考文献[10～13]),可得除 X_0 以外的 11 个电机参数与 17 个原始参数间的关系式为(左边为电机参数,右边为原始参数)

$$\left.\begin{array}{l} R_a = R_a \\ X_d = X_d \\ X_q = X_q \end{array}\right\} \quad (2-2-66-1)$$

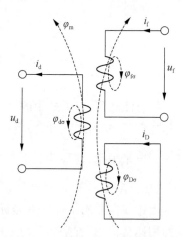

$$\left.\begin{array}{l} X_d' = X_d - \dfrac{X_{af}^2}{X_f} \\[2mm] X_q' = X_q - \dfrac{X_{ag}^2}{X_g} \\[2mm] X_d'' = X_d - \dfrac{X_{aD}^2}{X_D} \\[2mm] X_q'' = X_q - \dfrac{X_{aQ}^2}{X_Q} \end{array}\right\} \quad (2-2-66-2)$$

图 2-2-13 d 轴上 d、f 和 D 三绕组磁链的变压器假设

$$T'_{d0} = \frac{X_f}{R_f}$$

$$T'_{q0} = \frac{X_g}{R_g}$$

$$T''_{d0} = \frac{X_D - \dfrac{X_{fD}^2}{X_f}}{R_D}$$

$$T''_{q0} = \frac{X_Q - \dfrac{X_{gD}^2}{X_g}}{R_Q}$$

$$(2-2-66-3)$$

注：T'_{d0} 在一些文献中也记为 T_f。

此外，为便于分析，通常引入与转子各绕组电流成正比的空载电动势，以及与转子各绕组磁链成正比的暂态和次暂态电动势，其分别定义为

$$
\left.
\begin{aligned}
e_{q1} &= X_{af} i_f \\
e_{d1} &= -X_{ag} i_g \\
e_{q2} &= X_{aD} i_D \\
e_{d2} &= -X_{aQ} i_Q
\end{aligned}
\right\}
\qquad (2-2-67-1)
$$

$$
\left.
\begin{aligned}
e'_q &= \frac{X_{af}}{X_f} \varphi_f \\
e'_d &= -\frac{X_{ag}}{X_g} \varphi_g \\
e''_q &= \frac{X_{aD}}{X_D} \varphi_D \\
e''_d &= -\frac{X_{aQ}}{X_Q} \varphi_Q
\end{aligned}
\right\}
\qquad (2-2-67-2)
$$

显然，式中的 e_{q1} 即为前述的稳态空载电动势 E_0。应特别注意的是，在一些文献中[7,12]，次暂态电动势也有采用其他定义形式，这样会影响到最终导出的实用方程的形式。有关该问题的讨论，将在后面给予说明。

由前面分析可知，定子绕组中的零轴分量电流 i_0 在空间产生的磁动势为零，对转子各绕组不产生任何影响，且从式（2-2-41）和式（2-2-43）也可以看出，零轴方程与其他方程互不相关，因而可不必关心该分量。于是将式（2-2-41）和式（2-2-43）按 d、q 轴分开，分别写成

$$
\begin{bmatrix} u_d \\ u_f \\ 0 \end{bmatrix}
=
\begin{bmatrix} R_a & 0 & 0 \\ 0 & R_f & 0 \\ 0 & 0 & R_D \end{bmatrix}
\begin{bmatrix} -i_d \\ i_f \\ i_D \end{bmatrix}
+ p
\begin{bmatrix} \varphi_d \\ \varphi_f \\ \varphi_D \end{bmatrix}
-
\begin{bmatrix} \omega \varphi_q \\ 0 \\ 0 \end{bmatrix}
\qquad (2-2-68-1)
$$

$$
\begin{bmatrix} u_q \\ 0 \\ 0 \end{bmatrix}
=
\begin{bmatrix} R_a & 0 & 0 \\ 0 & R_g & 0 \\ 0 & 0 & R_Q \end{bmatrix}
\begin{bmatrix} -i_q \\ i_g \\ i_Q \end{bmatrix}
+ p
\begin{bmatrix} \varphi_q \\ \varphi_g \\ \varphi_Q \end{bmatrix}
+
\begin{bmatrix} \omega \varphi_d \\ 0 \\ 0 \end{bmatrix}
\qquad (2-2-68-2)
$$

$$\begin{bmatrix} \varphi_d \\ \varphi_f \\ \varphi_D \end{bmatrix} = \begin{bmatrix} X_d & X_{af} & X_{aD} \\ X_{af} & X_f & X_{fD} \\ X_{aD} & X_{fD} & X_D \end{bmatrix} \begin{bmatrix} -i_d \\ i_f \\ i_D \end{bmatrix} \tag{2-2-69-1}$$

$$\begin{bmatrix} \varphi_q \\ \varphi_g \\ \varphi_Q \end{bmatrix} = \begin{bmatrix} X_q & X_{ag} & X_{aQ} \\ X_{ag} & X_g & X_{gQ} \\ X_{aQ} & X_{gQ} & X_Q \end{bmatrix} \begin{bmatrix} -i_q \\ i_g \\ i_Q \end{bmatrix} \tag{2-2-69-2}$$

结合式(2-2-65)~式(2-2-67)，可将原始参数表示的电压方程式(2-2-68)和磁链方程式(2-2-69)转化为电机参数表示形式，分别为

定子绕组电压方程：

$$\left. \begin{aligned} u_d &= p\varphi_d - \omega\varphi_q - R_a i_d \\ u_q &= p\varphi_q + \omega\varphi_d - R_a i_q \end{aligned} \right\} \tag{2-2-70}$$

转子绕组电压方程：

$$\left. \begin{aligned} T'_{d0} p e'_q &= E_f - e_{q1} \\ T''_{d0} p e''_q &= -\frac{X'_d - X''_d}{X_d - X''_d} e_{q2} \\ T'_{q0} p e'_d &= -e_{d1} \\ T''_{q0} p e''_d &= -\frac{X'_q - X''_q}{X_q - X''_q} e_{d2} \end{aligned} \right\} \tag{2-2-71}$$

定子绕组磁链方程：

$$\left. \begin{aligned} \varphi_d &= -X_d i_d + e_{q1} + e_{q2} \\ \varphi_q &= -X_q i_q - e_{d1} - e_{d2} \end{aligned} \right\} \tag{2-2-72}$$

转子绕组磁链方程：

$$\left. \begin{aligned} e'_q &= -(X_d - X'_d)i_d + e_{q1} + \frac{X_d - X'_d}{X_d - X''_d} e_{q2} \\ e''_q &= -(X_d - X''_d)i_d + e_{q1} + e_{q2} \\ e'_d &= (X_q - X'_q)i_q + e_{d1} + \frac{X_q - X'_q}{X_q - X''_q} e_{d2} \\ e''_d &= (X_q - X''_q)i_q + e_{d1} + e_{d2} \end{aligned} \right\} \tag{2-2-73}$$

式中：

$$E_f = \frac{X_{af}}{R_f} u_f \tag{2-2-74}$$

由式(2-2-73)解出 e_{d1}、e_{d2}、e_{q1} 和 e_{q2}，并分别代入式(2-2-71)和式(2-2-72)，可得转子绕组电压方程：

$$T'_{d0}\, pe'_q = -\frac{X_d - X''_d}{X'_d - X''_d}e'_q + \frac{X_d - X'_d}{X'_d - X''_d}e''_q + E_f$$

$$T''_{d0}\, pe''_q = e'_q - e''_q - (X'_d - X''_d)i_d$$

$$T'_{q0}\, pe'_d = -\frac{X_q - X''_q}{X'_q - X''_q}e'_d + \frac{X_q - X'_q}{X'_q - X''_q}e''_d$$

$$T''_{q0}\, pe''_d = e'_d - e''_d + (X'_q - X''_q)i_q$$

$$(2-2-75)$$

定子绕组磁链方程：

$$\varphi_d = e''_q - X''_d i_d$$
$$\varphi_q = -e''_d - X''_q i_q$$

$$(2-2-76)$$

应注意到，在式(2-2-74)中仍含有原始参数 X_{af} 和 R_f。为避开这个情况，可通过选择合适的励磁电压基准值 u_{fB} 来解决，即使 $X_{af} = R_f$。满足这一要求的基准值系统习惯称之为"单位励磁电压/单位定子电压"基准值系统，其具体规定为当同步发电机稳态、空载且以同步速度旋转时，使得定子电压等于其基准值时的励磁电压即为 u_{fB}。显然，u_{fB} 可通过电机试验获得。在该基准值系统下，由式(2-2-26)和式(2-2-27)可得

$$u_d = 0$$
$$u_q = \omega_B m_{af} i_f = u_{aB}$$
$$u_f = R_f i_f = u_{fB}$$

$$(2-2-77)$$

由此可得

$$u_{fB} = \frac{R_f}{\omega_B m_{af}} u_{aB}$$

$$(2-2-78)$$

上式，并结合基准值 $Z_{fB} = u_{fB}/i_{fB}$，则有

$$R_f^* = \frac{R_f}{Z_{fB}} = \frac{\omega_B m_{af}}{Z_{aB}} \cdot \left(\frac{i_{fB}}{i_{aB}}\right)$$

$$(2-2-79)$$

上式对比式(2-2-44)，可知 $R_f^* = X_{af}^*$，即在标幺值下有(省略标幺值上标＊)

$$E_f = u_f$$

$$(2-2-80)$$

以上方程式(2-2-70)、式(2-2-75)、式(2-2-76)和式(2-2-80)组成了以电机参数表示的同步发电机的电磁方程。在这组方程中，发电机与电力系统联系的量是定子电流 i_d 和 i_q、定子电压 u_d 和 u_q，以及励磁绕组电压 u_f，其中 u_f 与励磁系统有关，这样将引出励磁系统方程，该部分内容的介绍将在第四章第一节进行。而(次)暂态电动势 e'_d、e'_q、e''_d 和 e''_q 可看作发电机内部状态量。另外，从以上推导过程可以看出，除励磁绕组外，以上方程对转子其他各绕组的电压(或电流)基准值均未作具体规定，仅需满足式(2-2-40-3)即可，这是用电机参数表示的方程有别于原始参数表示方程的优点。应强调的是，上述各时间常数均为标幺值，即单位为 p.u.(无量纲)，若要化为单位秒，则需乘以时间基准值 $t_B = 1/\omega_B$。转子运动方程与式(2-2-62)相同，其中电磁功率计算式为式(2-2-59)，而机械功率 P_m^* 将引出

原动机及其调速系统方程,该部分内容已超出励磁系统讨论的范围,可参阅相关文献。

最后,为说明励磁系统、原动机及调速系统和发电机与电力系统的相互联系,以一台发电机接入电力网(简称电网)为例,如图2-2-14所示[12]。实际的电力系统中有许多发电机和负荷之间通过电网实现相互联系和相互影响,这样就造成了电力系统分析计算的复杂性。

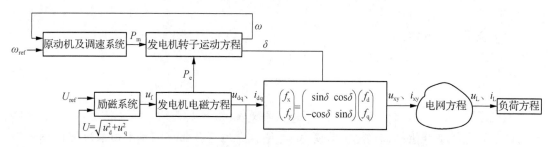

图2-2-14　励磁系统、原动机及调速系统和发电机与电力系统的相互联系

相关内容的补充:

(1) 有关电机参数和原始参数关系式(2-2-66)的说明[7,8]

从以上推导过程,可以看出,关系式(2-2-66)依赖于所采用的简化假设条件式(2-2-65)。若采用其他简化假设条件,则电机参数与原始参数之间将有不同的关系式,以及在此基础上得出不同形式的同步发电机方程。另外,需指出的是,关系式(2-2-66)并非用来计算电机参数的,主要是为导出用电机参数表示的同步发电机方程的。其次,通过这些关系式也可深刻地理解电机参数的物理意义或相应电机内部的电磁物理过程。以上参数存在以下的大小关系

$$\left.\begin{array}{l}X_d \geqslant X_q > X'_q \geqslant X'_d > X''_q \geqslant X''_d \\ T'_{d0} > T''_{d0}, T'_{q0} > T''_{q0}\end{array}\right\} \tag{2-2-81}$$

顺便指出,电机参数不止上述11个,在分析电力系统某些问题时,有时还要用到其他一些参数,如d轴(或q轴)短路暂态、次暂态时间常数T'_d和T''_d(或T'_q和T''_q)、定子绕组时间常数T_a等。有关其介绍,可参阅参考文献[7]。应当指出,电机参数的数值仅与电机参数的定义有关,与所采用的假设条件无关。此外,还应特别注意,式(2-2-66)中各暂态、次暂态电抗绝不能认为它们只在暂态过程中存在,它们是同步发电机的固有参数,是实际存在的参数。这些参数既可以进行实测,又可根据设计资料计算得出。

(2) 有关暂态电动势和次暂态电动势的说明[7,8]

由于暂态、次暂态电动势分别与转子各绕组的磁链成正比,而无论是在稳态还是暂态过程中,转子各绕组的磁链总是存在的,因此这些电动势虽然冠以暂态或次暂态,但绝不能理解为它们仅在暂态过程中出现,而是存在于稳态和暂态的整个过程中。但应注意,这些电动势属于运行参数,它们只能根据给定的运行状态(稳态或暂态)计算出来,无法进行实测,属于虚构的计算用参数。另外,由于它们在运行状态发生突变瞬间能够守恒,因此,利用这一特点,可从突变前瞬间的稳态中算出它们的初始值,并直接应用于突变后瞬间的计算中,从而给暂态计算带来了可能性和极大的方便。

还应当指出,在一些文献中,次暂态电动势还有另外一种极为常见的定义形式,即

$$
\left.
\begin{aligned}
e_q'' &= \frac{\dfrac{\varphi_f}{X_{f\sigma}} + \dfrac{\varphi_D}{X_{D\sigma}}}{\dfrac{1}{X_{ad}} + \dfrac{1}{X_{f\sigma}} + \dfrac{1}{X_{D\sigma}}} \\[4mm]
e_d'' &= \frac{\dfrac{\varphi_g}{X_{g\sigma}} + \dfrac{\varphi_Q}{X_{Q\sigma}}}{\dfrac{1}{X_{aq}} + \dfrac{1}{X_{g\sigma}} + \dfrac{1}{X_{Q\sigma}}}
\end{aligned}
\right\}
\tag{2-2-82-1}
$$

上式也可等价变化为如下的形式

$$
\left.
\begin{aligned}
e_q'' &= \frac{X_{ad}}{X_f X_D - X_{ad}^2}(X_{D\sigma}\varphi_f + X_{f\sigma}\varphi_D) \\[3mm]
e_d'' &= \frac{-X_{aq}}{X_g X_Q - X_{aq}^2}(X_{Q\sigma}\varphi_g + X_{g\sigma}\varphi_Q)
\end{aligned}
\right\}
\tag{2-2-82-2}
$$

e_q'' 和 e_d'' 所对应的等值电路分别如图 2-2-15(a)~(d)所示。

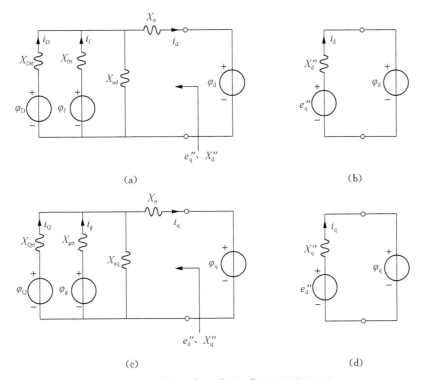

图 2-2-15 e_q''(或 X_d'')和 e_d''(或 X_q'')对应的等值电路

上述等值电路是在前述的第一种假设条件(即"三绕组变压器")和 X_{ad} 基准值系统下,由 d、q 轴磁链方程得出的。在次暂态电动势采用上式定义条件下,所导出的同步发电机实用方程组中,一些方程的表达形式与前述的方程略有不同,这是在阅读这些文献时需要注意的。关于该内容的详细介绍,可参阅参考文献[7,12]。

(3) 与 abc 坐标系下稳态方程的关系

发电机在稳态条件下,有 $e_{d1}=e_{d2}=e_{q2}=0$ 和 $\omega=1$。若忽略定子绕组暂态(即 $p\varphi_d=p\varphi_q=0$),则式(2-2-70)和式(2-2-72)将分别变化为(为符合稳态表示习惯,将电压、电流和磁链记为大写)

定子绕组电压方程:

$$\left.\begin{array}{l} U_d=-\psi_q-R_aI_d \\ U_q=\psi_d-R_aI_q \end{array}\right\} \tag{2-2-83}$$

定子绕组磁链方程:

$$\left.\begin{array}{l} \psi_d=-X_dI_d+E_q \\ \psi_q=-X_qI_q \end{array}\right\} \tag{2-2-84}$$

将式(2-2-84)代入式(2-2-83),则有

$$\left.\begin{array}{l} 0=U_d-X_qI_q+R_aI_d \\ E_q=U_q+X_dI_d+R_aI_q \end{array}\right\} \tag{2-2-85}$$

再将上式中第二式乘以 j 后,与第一式相加,可得

$$jE_q=U_d+jU_q+jX_dI_d-X_qI_q+R_a(I_d+jI_q) \tag{2-2-86}$$

令

$$\left.\begin{array}{l} \dot{E}_q=jE_q \\ \dot{U}=\dot{U}_d+\dot{U}_q=U_d+jU_q \\ \dot{I}=\dot{I}_d+\dot{I}_q=I_d+jI_q \end{array}\right\} \tag{2-2-87}$$

则式(2-2-86)可表示为相量形式,即

$$\dot{E}_q=\dot{U}+jX_d\dot{I}_d+jX_q\dot{I}_q+R_a\dot{I} \tag{2-2-88-1}$$

或

$$\left.\begin{array}{l} \dot{E}_q=\dot{E}_Q+j(X_d-X_q)\dot{I}_d \\ \dot{E}_Q=\dot{U}+(R_a+jX_q)\dot{I} \end{array}\right\} \tag{2-2-88-2}$$

显然,式中的 E_q 即为前述的空载电动势 E_0。于是式(2-2-88)与式(2-2-8)是相同的。若发电机为隐极式,即 $X_d=X_q$,则由式(2-2-88)也可得式(2-2-4)。由此可见,dq 坐标系下的瞬时方程具有一般性,既可用于暂态分析计算,又可用于稳态分析计算。

当然,稳态方程也可表示为用暂态电抗和暂态电动势或次暂态电抗和次暂态电动势的形式,这里仅给出最终的结果,具体推导过程,可参阅参考文献[10,11]。

用暂态电抗和暂态电动势表示的稳态方程为

$$\dot E'=\dot U+jX'_d\dot I_d+jX'_q\dot I_q+R_a\dot I \qquad (2-2-89-1)$$

或

$$\left.\begin{aligned}\dot E'_q&=\dot E_Q+j(X'_d-X_q)\dot I_d\\ \dot E_Q&=\dot U+(R_a+jX_q)\dot I\end{aligned}\right\} \qquad (2-2-89-2)$$

用次暂态电抗和次暂态电动势表示的稳态方程为

$$\dot E''=\dot U+jX''_d\dot I_d+jX''_q\dot I_q+R_a\dot I \qquad (2-2-90-1)$$

或

$$\left.\begin{aligned}\dot E''_q&=\dot E_Q+j(X''_d-X_q)\dot I_d\\ \dot E_Q&=\dot U+(R_a+jX_q)\dot I\end{aligned}\right\} \qquad (2-2-90-2)$$

以上三种形式的瞬时方程都可用于稳态和暂态分析计算,但在应用时必须注意,每种形式的方程中所用的电动势同电抗之间具有明确的对应关系,切不可混淆[7,8]。为便于对比和应用,将以上三种形式对应的相量图一并给出,分别如图 2-2-16(a)~(c)所示。

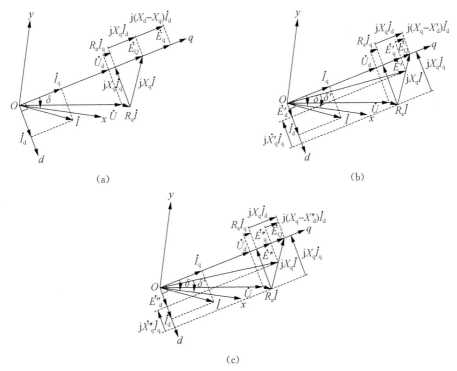

图 2-2-16 同步发电机的稳态相量图

从上图也可看出,在一般情况下,$\dot E'$(或 $\dot E''$)和参考 x 轴的夹角 δ' 并不等于 δ。此外,还应注意到,$\dot E_Q$ 是一计算用的虚构电动势,仅是为确定 q 轴空间位置构造出来的,实际上并不

存在。若将 $\dot{E}_Q$ 作为中间量,则可得出 q 轴上所有电动势之间具有如下关系式

$$E_Q = E_q + (X_q - X_d)I_d = E_q' + (X_q - X_d')I_d = E_q'' + (X_q - X_d'')I_d$$

或

$$E_q = E_Q + (X_d - X_q)I_d = E_q' + (X_d - X_d')I_d = E_q'' + (X_d - X_d'')I_d \qquad (2-2-91)$$

（4）有关励磁电压和励磁电流基准值的选取

对于励磁电压基准值 u_{fB} 和励磁电流基准值 i_{fB} 的选取,原则上可先任取一个,再依据全系统的功率基准值取相同值的要求,求得另一个。为使 $E_f = u_f$（即消去原始参数 R_f 和 X_{af}）,本书采用先取 u_{fB} 的方法。当然工程上也有先取 i_{fB} 的情况,即所谓的"X_{ad} 基准值系统",其具体规定为当同步发电机稳态、空载且以同步速度旋转时,使得定子电压等于其基准值时的励磁电流即为 i_{fB},在该基准值系统下,可使定子 d、q 绕组与转子各绕组之间的互感分别为 X_{ad} 和 X_{aq}。有关 X_{ad} 基准值系统的详细介绍,可参阅参考文献[12]。

（5）发电机模型与电网方程的连接[12]

上述发电机模型中的电量仅与网络的正序分量对应,而发电机等值负序阻抗和网络负序分量连接,相应地转子运动方程中的电磁转矩计算也就仅包含和正序分量对应的成分,为同步转矩性质,而负序分量对应的负序转矩,是异步制动转矩性质,通常予以忽略。在要计入其影响时,可在转子运动方程中补入负序转矩项（$T_2^* = P_2^* / \omega^*$）,从而转子总加速转矩修正为

$$T_j \frac{d\omega^*}{dt} = \frac{P_m^*}{\omega^*} - \frac{P_e^*}{\omega^*} - D\omega^* - \frac{P_2^*}{\omega^*}$$

（四）同步发电机实用方程的简化

前面导出了转子采用 f、g、D 和 Q 四个绕组等值的同步发电机方程。但在应用中,可根据实际情况给予适当的简化。这种简化具体体现在忽略定子回路的电磁暂态过程、认为发电机的转速为同步转速和减少转子等值绕组的个数 3 个方面[10,11],以下分别给予介绍。

在忽略定子回路的电磁暂态过程和认为发电机的转速为同步转速条件下,即 $p\varphi_d = p\varphi_q = 0$ 和 $\omega = 1$,则定子绕组电压方程式（2-2-70）可简化为

$$\left. \begin{aligned} u_d &= -\varphi_q - R_a i_d \\ u_q &= \varphi_d - R_a i_q \end{aligned} \right\} \qquad (2-2-92)$$

这样定子绕组电压方程成了代数方程,便于与电力网络稳态方程的联解[12]。但需强调的是,认为转速为同步转速,并非意味着不考虑发电机的转速变化,因为转子运动方程依然存在,仅是由于转速的变化范围不大,忽略了其对定子绕组电压的影响而已。这样由式（2-2-62）可得简化后的转子运动方程为（省略标幺值上标 *）

$$\left. \begin{aligned} T_j \frac{d\omega}{dt} &= P_m - P_e - D\omega \\ \frac{d\delta}{dt} &= \omega_s(\omega - 1) \end{aligned} \right\} \qquad (2-2-93)$$

在以上简化条件下,再根据取转子等值绕组的个数,最后简化后的方程可分为五阶模型、四阶模型、三阶模型和二阶模型,其中二阶模型又可分为 e'_q 为常数的模型和 e' 为常数的模型。显然,前面实用方程中所导出的四阶微分电磁暂态方程式(2-2-75),加上二阶转子运动微分方程式(2-2-93),共为六阶,即所谓的六阶模型。

(1) 五阶模型

五阶模型,又称三绕组(f、D 和 Q)转子模型,是指转子 q 轴上仅考虑 Q 绕组,认为 g 绕组不存在。这相当于在四绕组转子模型中令 $i_g = \varphi_g = 0$、$X_g = \infty$ 和 $X_{ag} = 0$,将以上数据分别代入式(2-2-66)和式(2-2-67)中即有 $e_{d1} = e'_d = 0$ 和 $X'_q = X_q$,从而转子绕组电压方程降为三阶微分方程,即

$$
\left.
\begin{aligned}
T'_{d0} p e'_q &= -\frac{X_d - X''_d}{X'_d - X''_d} e'_q + \frac{X_d - X'_d}{X'_d - X''_d} e''_q + E_f \\
T''_{d0} p e''_q &= e'_q - e''_q - (X'_d - X''_d) i_d \\
T''_{q0} p e''_d &= -e''_d + (X_q - X''_q) i_q
\end{aligned}
\right\}
\tag{2-2-94}
$$

在以上简化条件下,定子绕组电压方程即为式(2-2-92),为便于查找,重写如下

$$
\left.
\begin{aligned}
u_d &= -\varphi_q - R_a i_d \\
u_q &= \varphi_d - R_a i_q
\end{aligned}
\right\}
\tag{2-2-95}
$$

定子绕组磁链方程与式(2-2-76)相同。转子运动方程和电磁功率分别与式(2-2-93)和式(2-2-60)相同。这样三阶转子绕组电压方程,加上两阶转子运动方程,共五阶,即五阶模型。

(2) 四阶模型

四阶模型,又称两绕组(f 和 g)转子模型,是指 q 轴上仅考虑 g 绕组,并认为 D 和 Q 绕组不存在。这相当于在四绕组转子模型中令 $i_D = i_Q = \varphi_D = \varphi_Q = 0$,将该数据代入 d 轴磁链方程式(2-2-69-1)可得

$$
\left.
\begin{aligned}
\varphi_d &= -X_d i_d + X_{af} i_f \\
\varphi_f &= -X_{af} i_d + X_f i_f
\end{aligned}
\right\}
\tag{2-2-96}
$$

上式中第二式等号两边同乘以 $\dfrac{X_{af}}{X_f}$,并结合式(2-2-66)和式(2-2-67),则可得

$$
X_{af} i_f = e'_q - (X'_d - X_d) i_d
\tag{2-2-97}
$$

上式也可改写为

$$
e_{q1} = e'_q - (X'_d - X_d) i_d
\tag{2-2-98}
$$

再将式(2-2-97)代入式(2-2-96)中第一式,则有

$$
\varphi_d = e'_q - X'_d i_d
\tag{2-2-99}
$$

同理,由 q 轴磁链方程式(2-2-69-2)可得

$$\left.\begin{array}{l}\varphi_q = -X_q i_q + X_{ag} i_g \\ \varphi_g = -X_{ag} i_q + X_g i_g\end{array}\right\} \qquad (2-2-100)$$

上式中第二式等号两边同乘以 $\dfrac{X_{ag}}{X_g}$，并结合式 $(2-2-66)$ 和式 $(2-2-67)$，则可得

$$X_{ag} i_g = -e'_d - (X'_q - X_q) i_q \qquad (2-2-101)$$

上式也可改写为

$$e_{d1} = e'_d + (X'_q - X_q) i_q \qquad (2-2-102)$$

将式 $(2-2-101)$ 代入式 $(2-2-100)$ 中第一式，则有

$$\varphi_q = -e'_d - X'_q i_q \qquad (2-2-103)$$

式 $(2-2-99)$ 和式 $(2-2-103)$ 一并组成了定子绕组磁链方程。定子绕组电压方程与式 $(2-2-95)$ 相同。

以下将导出转子绕组电压方程式：

首先在电压方程式 $(2-2-68-1)$ 中 f 绕组有 $p\varphi_f = u_f - R_f i_f$，该式等号两边同乘以 $\dfrac{X_{af}}{X_f} \cdot \dfrac{X_f}{R_f}$，并结合式 $(2-2-66)$ 和式 $(2-2-67)$，则有

$$T'_{d0} p e'_q = E_f - e_{q1} \qquad (2-2-104)$$

将式 $(2-2-98)$ 代入上式，则有

$$T'_{d0} p e'_q = -e'_q + (X'_d - X_d) i_d + E_f \qquad (2-2-105)$$

同理，在电压方程式 $(2-2-68-2)$ 中 g 绕组有 $p\varphi_g = -R_g i_g$，该式等号两边同乘以 $\dfrac{X_{ag}}{X_g} \cdot \dfrac{X_g}{R_g}$，并结合式 $(2-2-66)$ 和式 $(2-2-67)$，则有

$$T'_{q0} p e'_d = -e_{d1} \qquad (2-2-106)$$

将式 $(2-2-102)$ 代入上式，则有

$$T'_{q0} p e'_d = -e'_d - (X'_q - X_q) i_q \qquad (2-2-107)$$

式 $(2-2-105)$ 和式 $(2-2-107)$ 组成了转子绕组电压方程。

转子运动方程和电磁功率分别与式 $(2-2-93)$ 和式 $(2-2-60)$ 相同。这样两阶转子绕组电压方程，加上两阶转子运动方程，即为四阶模型。

（3）三阶模型

三阶模型，又称 e'_q 变化的模型，或不计阻尼绕组的模型。其中定子绕组磁链方程和转子绕组电压方程与上述四阶模型具有相同的推导过程，以下直接给出导出结果为

$$\left.\begin{array}{l}\varphi_d = e'_q - X'_d i_d \\ \varphi_q = -X_q i_q\end{array}\right\} \qquad (2-2-108)$$

$$T'_{d0}pe'_q = -e'_q + (X'_d - X_d)i_d + E_f \qquad (2-2-109)$$

定子绕组电压方程与式（2-2-95）相同。转子运动方程和电磁功率分别与式（2-2-93）和式（2-2-60）相同。这样一阶转子绕组电压方程，加上两阶转子运动方程，即组成了三阶模型。

（4）二阶模型

二阶模型中假定 e'_q 或 e' 为常数，即认为励磁系统足够强，使 e'_q 或 e' 在暂态过程中保持恒定，也就是说，近似计入了励磁系统的作用。其中 e'_q 为常数的模型计入了凸极效应，e' 为常数的模型则忽略了暂态凸极效应，下面将对这以上两种模型分别进行讨论。

① e'_q 为常数的模型

e'_q 为常数的模型，可从三阶模型导出。由于 e'_q 为常数或 $pe'_q = 0$，显然，由式（2-2-109）可知，此时不出现描述转子绕组电磁暂态过程的微分方程。在 e'_q 为常数的模型中，仅有定子绕组电压、磁链方程和转子运动方程，分别与式（2-2-95）、式（2-2-108）和式（2-2-93）相同。电磁功率表达式仍为式（2-2-60）。

② e' 为常数的模型

e' 为常数的模型，又称经典二阶模型，可从四阶模型导出。此时由于 e' 为常数，即 e'_q 和 e'_d 均为常数或 $pe'_q = pe'_d = 0$，显然，由式（2-2-105）和式（2-2-107）可知，e' 为常数的模型中没有描述转子绕组电磁暂态过程的微分方程。在忽略暂态凸极效应时，即 $X'_d = X'_q$，则由定子绕组电压方程式（2-2-95）和定子绕组磁链方程式（2-2-99）和式（2-2-103）可得

$$\left.\begin{array}{l} u_d = e'_d + X'_d i_q - R_a i_d \\ u_q = e'_q - X'_d i_d - R_a i_q \end{array}\right\} \qquad (2-2-110)$$

上式的第一式加上第二式乘以 j，则有

$$\dot{u} = \dot{e}' - (R_a + jX'_d)\dot{i} \qquad (2-2-111)$$

上式对应的等值电路，如图 2-2-17 所示。

转子运动方程和电磁功率分别与式（2-2-93）和式（2-2-60）相同。

（五）小扰动下的线性化微分方程（即 Phillips-Heffron 方程）

在研究电力系统动态稳定性问题（如低频振荡）时，常用到发电机在小扰动下的线性化方程。以一台发电机经升压变压器和线路接入无穷大容量系统为例，如图 2-2-18（a）所示。为简化分析，此时通常忽略发电机定子绕组电阻、电磁暂态（即 $p\varphi_d = p\varphi_q = 0$）以及阻尼绕组和磁路饱和的影响，并认为在小扰动下发电机的转速变化很小（即 $\omega = 1$），即取上述的三阶简化模型，并将升压变压器和线路的电抗作为发电机定子绕组漏感处理（记为 X_l），由此可得相应的等值电路和相量图分别如图 2-2-18（b）和（c）所示。于是由式（2-2-95）、式（2-2-108）、式（2-2-98）、式（2-2-

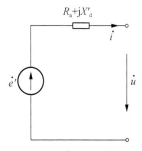

图 2-2-17　e' 为常数的模型（又称经典二阶模型）等值电路

109)、式(2-2-61)和式(2-2-93),并结合图 2-2-18(c)可分别得方程组(2-2-112-1)和方程组(2-2-112-2)(发电机端电压下标加 G,以区别于无穷大系统母线电压 U,并将相应电动势记为大写。此外,为便于后续分析,转子运行方程中采用标幺值转矩形式。同时,省略标幺值上标 *)

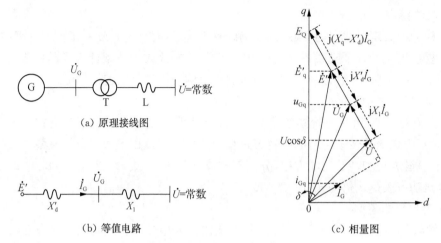

（a）原理接线图

（b）等值电路

（c）相量图

图 2-2-18　单机无穷大系统

$$u_{Gd} = -\varphi_q = X_q i_q$$
$$u_{Gq} = \varphi_d = E'_q - X'_d i_d$$
$$E'_q = E_q - (X_d - X'_d) i_d$$
$$T'_{d0} p E'_q = E_f - E_q$$
$$T_e = u_d i_d + u_q i_q = (X_q i_q) i_d + (E_Q - X_q i_d) i_q = i_q E_Q$$
$$T_j p \omega = T_m - T_e - D\omega$$
$$p\delta = \omega_s (\omega - 1)$$

$$(2-2-112-1)$$

$$U_G^2 = u_{Gd}^2 + u_{Gq}^2$$
$$i_d = (E'_q - U\cos\delta)/(X'_d + X_1)$$
$$i_q = U\sin\delta/(X_q + X_1)$$
$$E_Q = E'_q + (X_q - X'_d) i_d$$
$$E_Q = u_{Gq} + X_q i_d$$

$$(2-2-112-2)$$

当系统在某一稳态运行条件下受到小扰动(即偏离运行点不大)时,可利用泰勒级数将上述方程在运行点附近展开并略去二次以上高阶项,则有

$$f(x) = f(x_0 + \Delta x) = f(x_0) + f'(x_0)\Delta x$$

亦即

$$\Delta f(x) = f'(x_0)\Delta x \qquad (2-2-113)$$

式中下标"0"表示稳态初值。由于是小扰动,因此 $\Delta\delta$ 很小,可认为 $\cos\Delta\delta = 1$ 和 $\sin\Delta\delta =$

$\Delta\delta$，由此可导出 ΔT_e、$\Delta E'_q$、ΔU_G 和 $\Delta\omega$、$\Delta\delta$ 的偏移量方程分别为

$$\left.\begin{array}{l} \Delta T_e = K_1\Delta\delta + K_2\Delta E'_q \\[2mm] \Delta E'_q = \dfrac{K_3}{1+K_3 T'_{d0} s}\Delta E_f - \dfrac{K_3 K_4}{1+K_3 T'_{d0} s}\Delta\delta \\[2mm] \Delta U_G = K_5\Delta\delta + K_6\Delta E'_q \\[2mm] \Delta\omega = \dfrac{\Delta T_m - \Delta T_e - D\omega}{T_j s} \\[2mm] \Delta\delta = \dfrac{\omega_s}{s}\Delta\omega \end{array}\right\} \qquad (2-2-114)$$

式中：

$$\left.\begin{array}{l} K_1 = \dfrac{X_q - X'_d}{X'_d + X_1}i_{q0}U\sin\delta_0 + \dfrac{1}{X_q + X_1}E_{Q0}U\cos\delta_0 \\[3mm] K_2 = \dfrac{X_q + X_1}{X'_d + X_1}i_{q0} \\[3mm] K_3 = \dfrac{X'_d + X_1}{X_d + X_1} \\[3mm] K_4 = \dfrac{X_d - X'_d}{X'_d + X_1}U\sin\delta_0 \\[3mm] K_5 = \dfrac{X_q}{X_q + X_1}\dfrac{u_{Gd0}}{U_{G0}}U\cos\delta_0 - \dfrac{X'_d}{X'_d + X_1}\dfrac{u_{Gq0}}{U_{G0}}U\sin\delta_0 \\[3mm] K_6 = \dfrac{X_1}{X'_d + X_1}\dfrac{u_{Gq0}}{U_{G0}} \end{array}\right\} \qquad (2-2-115)$$

式(2-2-114)即为同步发电机在小扰动下的线性化方程，也可看出 ΔT_e、$\Delta E'_q$ 和 ΔU_G 均由两个分量组成，由此可得全系统传递函数框图，如图 2-2-19(a)所示(图中 $G_e(s)$ 为励磁系统传递函数)。该模型由 Phillips 和 Heffron 于 1952 年提出，故又称为 Phillips-Heffron 模型。应当指出，在一些文献[12]中，也有将上式(2-2-115)中的 K_3 定义为 $K_3 = \dfrac{X_d + X_1}{X'_d + X_1}$，即原形式的倒数，这样全系统传递函数框图(图 2-2-19)中涉及 K_3 的环节，其传递函数会相应地有些变化，而其他环节不变，这是阅读这些文献时，应注意到的。

由于上述数学模型保留了同步发电机在小扰动过程中的重要变量，并且物理概念十分清楚，因此被广泛应用。此外，有时为便于励磁研究，图 2-2-19(a)又画为如图 2-2-19(b)所示的形式。

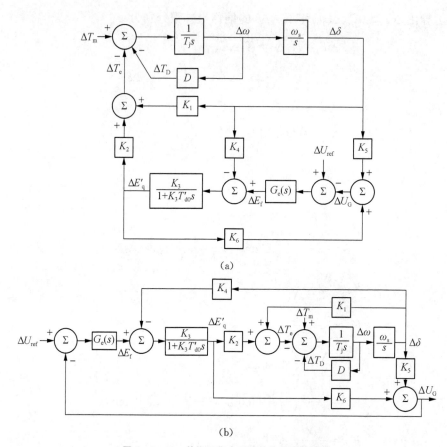

图 2 - 2 - 19 单机无穷大系统的传递函数框图

在电力系统动态稳定分析时,发电机通常表示为状态方程形式。若取励磁系统传递函数 $G_e(s) = \dfrac{\Delta E_f}{-\Delta U_G} = \dfrac{K_E}{1+T_E s}$,则结合方程(2 - 2 - 114),经推导可得以 $\Delta\delta$、$\Delta\omega$、$\Delta E'_q$ 和 ΔE_f 为状态变量的状态方程为

$$p\begin{pmatrix}\Delta\delta\\\Delta\omega\\\Delta E'_q\\\Delta E_f\end{pmatrix}=\begin{pmatrix}0 & \omega_s & 0 & 0\\-\dfrac{K_1}{T_j} & -\dfrac{D}{T_j} & -\dfrac{K_2}{T_j} & 0\\-\dfrac{K_4}{T'_{d0}} & 0 & -\dfrac{K_3}{T'_{d0}} & \dfrac{1}{T'_{d0}}\\-\dfrac{K_E K_5}{T_E} & 0 & -\dfrac{K_E K_6}{T_E} & -\dfrac{1}{T_E}\end{pmatrix}\begin{pmatrix}\Delta\delta\\\Delta\omega\\\Delta E'_q\\\Delta E_f\end{pmatrix} \qquad (2 - 2 - 116)$$

讨论:

(1) 有关系数 $K_1 \sim K_6$ 的讨论。由式(2 - 2 - 115)可以看到,除 K_3(总是大于 0 的)外,其他各系数均随系统运行点的改变而变化,图 2 - 2 - 20 分别给出了 K_1、K_2、$K_4 \sim K_6$ 随发电机有功功率、无功功率变化的曲线。由图可知,K_1、K_2、K_4 和 K_6 均大于 0,而当负荷较重,即功角增大时,K_5 可由正变为负值,这是一个非常重要的现象。

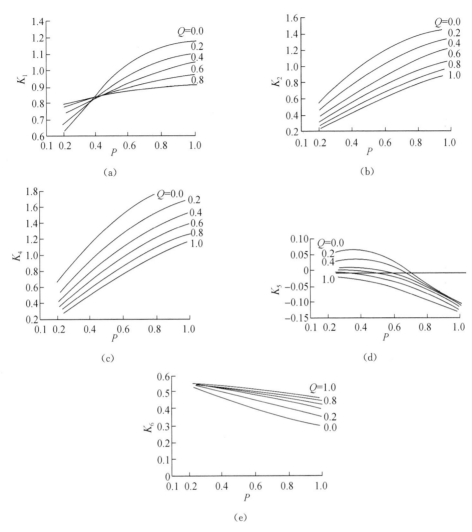

图 2-2-20 系数 K_1、K_2、$K_4 \sim K_6$ 随负荷变化的曲线

（2）发电机端带有地方负荷时的情况[14]。以上是在最简单情况下进行的讨论,实际上,一般情况下发电机还带有地方负荷,如图 2-2-21(a)所示。这样,发电机外接阻抗相当于 R_H 和 X_1 的并联,即有

$$
\left.
\begin{aligned}
R_1 &= \frac{R_H X_1^2}{R_H^2 + X_1^2} \\
X_1' &= \frac{R_H^2 X_1}{R_H^2 + X_1^2}
\end{aligned}
\right\}
\tag{2-2-117}
$$

于是可得相应的等值电路,如图 2-2-21(b)所示。同理,将 R_H 和 X_1' 分别作为发电机的定子电阻和漏感来处理,可得相量图如图 2-2-21(c)所示。重复上述同样的计算过程,可得相同形式的偏移量方程,但系数 $K_1 \sim K_6$ 与前面不考虑带地方负荷时的情况有了不同。由图 2-2-21(c),可得 d 轴和 q 轴电压平衡方程分别为

$$\begin{cases} U\sin\delta+R_1 i_\mathrm{d}=(X_\mathrm{q}+X_1')i_\mathrm{q} \\ U\cos\delta+(X_\mathrm{d}'+X_1')i_\mathrm{d}+R_1 i_\mathrm{q}=E_\mathrm{q}' \end{cases} \tag{2-2-118}$$

求解可得 i_d 和 i_q 分别为

$$\begin{cases} i_\mathrm{d}=\dfrac{(X_\mathrm{q}+X_1')(E_\mathrm{q}'-U\cos\delta)-R_1 U\sin\delta}{A} \\ i_\mathrm{q}=\dfrac{(X_\mathrm{d}'+X_1')U\sin\delta+R_1(E_\mathrm{q}'-U\cos\delta)}{A} \end{cases} \tag{2-2-119}$$

式中：$A=R_1^2+(X_\mathrm{d}'+X_1')(X_\mathrm{q}+X_1')$。

相应的偏移量 Δi_d 和 Δi_q 分别为

$$\begin{cases} \Delta i_\mathrm{d}=\dfrac{(X_\mathrm{q}+X_1')(\Delta E_\mathrm{q}'+U\sin\delta_0\cdot\Delta\delta)-R_1 U\cos\delta_0\cdot\Delta\delta}{A} \\ \Delta i_\mathrm{q}=\dfrac{(X_\mathrm{d}'+X_1')U\cos\delta_0\cdot\Delta\delta+R_1(\Delta E_\mathrm{q}'+U\sin\delta_0\cdot\Delta\delta)}{A} \end{cases} \tag{2-2-120}$$

用式(2-2-119)代替式(2-2-112-2)中的 i_d 和 i_q，并结合式(2-2-112)中的其他方程，可导出 $K_1\sim K_6$ 表达式分别为

$$\begin{cases} K_1=\dfrac{E_{Q0}U}{A}[R_1\sin\delta_0+(X_\mathrm{d}'+X_1)\cos\delta_0]+\dfrac{i_{q0}U}{A}[(X_\mathrm{q}-X_\mathrm{d}')(X_\mathrm{q}+X_1')\sin\delta_0-R_1(X_\mathrm{q}-X_\mathrm{d}')\cos\delta_0] \\[2mm] K_2=\dfrac{R_1 E_{Q0}}{A}+i_{q0}\left[1+\dfrac{(X_\mathrm{q}-X_\mathrm{d}')(X_\mathrm{q}+X_1')}{A}\right] \\[2mm] K_3=\left[1+\dfrac{(X_\mathrm{d}-X_\mathrm{d}')(X_\mathrm{q}+X_1')}{A}\right]^{-1} \\[2mm] K_4=\dfrac{U(X_\mathrm{d}-X_\mathrm{d}')}{A}[(X_\mathrm{q}+X_1')\sin\delta_0-R_1\cos\delta_0] \\[2mm] K_5=\dfrac{u_{Gd0}}{U_{G0}}X_\mathrm{q}\left[\dfrac{R_1 U\sin\delta_0+(X_\mathrm{d}'+X_1)U\cos\delta_0}{A}\right]+\dfrac{u_{Gq0}}{U_{G0}}X_\mathrm{d}'\left[\dfrac{R_1 U\cos\delta_0-(X_\mathrm{q}+X_1')U\sin\delta_0}{A}\right] \\[2mm] K_6=\dfrac{u_{Gd0}}{U_{G0}}X_\mathrm{q}\dfrac{R_1}{A}+\dfrac{u_{Gq0}}{U_{G0}}\left[1-\dfrac{X_\mathrm{d}'(X_\mathrm{q}+X_1')}{A}\right] \end{cases} \tag{2-2-121}$$

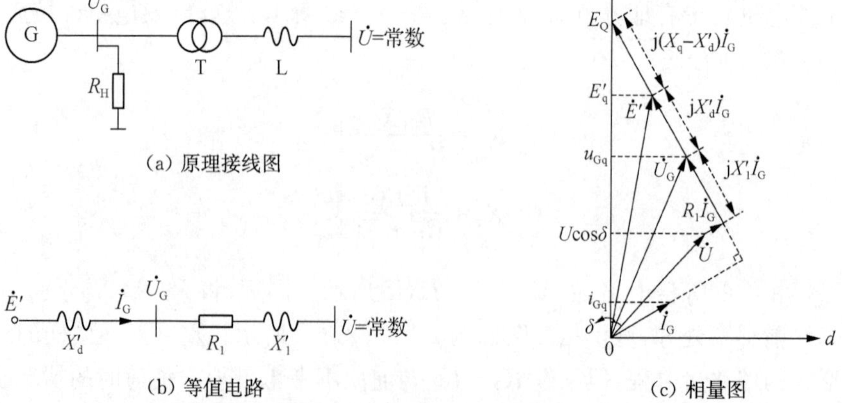

(a) 原理接线图

(b) 等值电路

(c) 相量图

图 2-2-21 带有地方负荷的单机——无穷大系统

（六）考虑铁芯磁路饱和影响时的同步发电机方程

前面所导出的同步发电机方程是在假定铁芯磁路不饱和条件下给出的,这对电力系统一般问题的分析不会带来较大的误差。但在分析某些特殊问题时,如误强励下灭磁容量的计算时,则必须计入磁路饱和效应的影响,否则会影响计算的精度。而详细地模拟磁路的饱和效应,将会使同步发电机的数学模型十分复杂,主要原因是磁路的饱和程度与作用于电机气隙的总磁动势有关。这就需要先将 d 轴和 q 轴的磁动势合成为气隙总磁动势,再根据饱和曲线(一般取空载特性)求出相应的磁通或磁链[3~6]。另外,即使气隙总磁动势在空间严格按正弦分布,但由于各点的磁动势不等,其相应的饱和程度也各不相同,从而使气隙的磁通波形发生畸变。所以,工程上一般采用一些近似的处理办法,这样的方法有多种,以下介绍其中一种具有代表性的方法[11],所采用的假设条件为:

（1）磁路饱和的影响简化为 d、q 轴分别考虑。d 轴和 q 轴磁路的磁阻仅区别在两轴气隙长度的不同。另外,近似认为同一轴上的定子绕组和转子各绕组的电压和磁链具有相同的饱和程度。并同时假定气隙磁通分布波形的畸变不影响各绕组的自感、互感及相应电抗的不饱和值。

（2）在同一轴下,饱和程度由保梯(potier)电抗 X_p 后相应的保梯电压 u_{dp} 和 u_{qp} 决定,其定义式分别为

$$\left.\begin{array}{l} u_{dp}=u_d+R_ai_d-X_pi_q \\ u_{qp}=u_q+R_ai_q+X_pi_d \end{array}\right\} \qquad (2-2-122)$$

保梯电压越高,饱和程度越严重。

由电机学理论可知,磁路的饱和程度通常采用饱和系数来描述,具体通过电机的空载饱和特性来定义。对于同步发电机而言,d 轴的饱和系数 S_d 可根据同步发电机的空载特性来计算,这是因为 u_{qp} 相当于 d 轴的合成气隙磁通在 q 绕组中所产生的电压(即空载电动势)。对于 u_{qp} 的某一取值,由图 2-2-22 所示的同步发电机空载特性就可得出相应的不饱和值 u_{qp0},从而定义 S_d 为

$$S_d=f(u_{qp})=\frac{u_{qp0}-u_{qp}}{u_{qp}} \qquad (2-2-123)$$

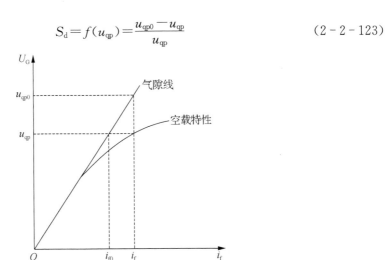

图 2-2-22　同步发电机的空载特性(磁化曲线,下标 0 示意为不饱和值)

上式表明，S_d 值越大，磁饱和情况越严重。显然，在磁路不饱和时，有 $S_d = 0$。对于 q 轴，由于其饱和特性难以通过试验获得，因此在上述假设条件(1)下，其饱和系数 S_q 可按下式计算

$$S_q = \frac{X_q}{X_d} f(u_{qp})$$

即

$$S_q = \frac{X_q}{X_d} S_d \qquad (2-2-124)$$

以下将讨论计入磁路饱和效应后的同步发电机电磁方程的建立：

根据不计磁路饱和效应的转子绕组电压方程式(2-2-75)的推导过程可知，等号右边各项是转子各绕组中的电流流过绕组时在绕组的等值电阻上引起的压降或(和)绕组的外施电压，显然不存在饱和与否的问题。因此在计入饱和效应时，这些项仍用不饱和值，即形式不变。但等号左边对应于转子各绕组的磁链，显然在计入饱和效应时，这些项应采用饱和值。由上述的假设条件(1)，并结合式(2-2-123)和式(2-2-124)可知，d、q 轴上的各磁链的不饱和值与相应的饱和值之比分别为 $(1+S_d)$ 和 $(1+S_q)$。因此，在计入饱和效应时，上述转子绕组电压方程应修正为(以下将各电动势和磁链下标加 s，以示意为饱和值)

$$\left.\begin{array}{l} T'_{d0} p e'_{qs} = -\dfrac{X_d - X''_d}{X'_d - X''_d}(1+S_d) e'_{qs} + \dfrac{X_d - X'_d}{X'_d - X''_d}(1+S_d) e''_{qs} + E_f \\[2mm] T''_{d0} p e''_{qs} = (1+S_d) e'_{qs} - (1+S_d) e''_{qs} - (X'_d - X''_d) i_d \\[2mm] T'_{q0} p e'_{ds} = -\dfrac{X_q - X''_q}{X'_q - X''_q}(1+S_q) e'_{ds} + \dfrac{X_q - X'_q}{X'_q - X''_q}(1+S_q) e''_{ds} \\[2mm] T''_{q0} p e''_{ds} = (1+S_q) e'_{ds} - (1+S_q) e''_{ds} + (X'_q - X''_q) i_q \end{array}\right\} \qquad (2-2-125)$$

同理，计入饱和效应后的定子绕组磁链方程式(2-2-76)应修正为

$$\left.\begin{array}{l} (1+S_d) \varphi_{ds} = (1+S_d) e''_{qs} - X''_d i_d \\[2mm] (1+S_q) \varphi_{qs} = -(1+S_q) e''_{ds} - X''_q i_q \end{array}\right\} \qquad (2-2-126)$$

由未计入饱和效应的定子绕组电压方程式(2-2-95)和保梯电压定义式(2-2-122)，可得不计饱和效应时的保梯电压与定子绕组磁链的关系式为

$$\left.\begin{array}{l} u_{dp0} = -\varphi_q - X_p i_q \\[2mm] u_{qp0} = \varphi_d + X_p i_d \end{array}\right\} \qquad (2-2-127)$$

显然，计入饱和效应后，上式应修正为

$$\left.\begin{array}{l} (1+S_q) u_{dp} = -(1+S_q) \varphi_{qs} - X_p i_q \\[2mm] (1+S_d) u_{qp} = (1+S_d) \varphi_{ds} + X_p i_d \end{array}\right\} \qquad (2-2-128)$$

将式(2-2-126)代入上式，并结合保梯电压定义式(2-2-122)，可得计入饱和效应时的保梯电压与电动势的关系式为

$$u_{dp} = e''_{ds} + \frac{X''_q - X_p}{1 + S_q} i_q \left.\right\} \tag{2-2-129}$$
$$u_{qp} = e''_{qs} - \frac{X''_d - X_p}{1 + S_d} i_d$$

再将上式代入保梯电压定义式(2-2-122),即可得计入饱和效应时的定子绕组电压方程为

$$u_d = e''_{ds} - R_a i_d + \left(\frac{X''_q - X_p}{1 + S_q} + X_p \right) i_q \left.\right\} \tag{2-2-130}$$
$$u_q = e''_{qs} - R_a i_q - \left(\frac{X''_d - X_p}{1 + S_d} + X_p \right) i_d$$

至此,式(2-2-122)~式(2-2-126)和式(2-2-130)组成了计入磁路饱和效应时的同步发电机的电磁方程。显然,当不计饱和效应即 $S_d = S_q = 0$ 时,即可得出前面不计饱和效应时的方程。转子运动方程和电磁转矩分别与式(2-2-93)和式(2-2-60)相同。同理,据以上方程也可导出计入饱和效应时的同步发电机稳态方程及简化模型。顺便指出,有关保梯电抗及其后的保梯电压的物理意义,留在下一节讨论。

讨论:

为计算饱和系数 S_d,一种简单常用的方法是近似地将图2-2-22中的空载特性表示为

$$i_f = a U_G + b U_G^n \tag{2-2-131}$$

参数 a、b 和 n 可根据实际空载特性曲线进行取值。显然,在不饱和时,$b = n = 0$,即有

$$i_{f0} = a U_G \tag{2-2-132}$$

由式(2-2-123)、式(2-2-124)和式(2-2-131)、式(2-2-132),并结合图2-2-22中的几何关系,则有

$$S_d = \frac{u_{qp0} - u_{qp}}{u_{qp}} = \frac{i_f - i_{f0}}{i_{f0}} = \frac{a U_G + b U_G^n - a U_G}{a U_G} = \frac{b}{a} U_G^{n-1} \tag{2-2-133}$$

相应地,也可算出 S_q 为

$$S_q = \frac{X_q}{X_d} S_d = c \frac{X_q}{X_d} U_G^{n-1} \tag{2-2-134}$$

式中:$c = b/a$。

另外,应当指出,有些文献对饱和系数也有其他的定义形式,如

$$S_d = f(u_{qp}) = \frac{u_{qp0}}{u_{qp}} \tag{2-2-135}$$

显然,此定义下的 S_d 是大于等于1的,而定义式(2-2-123)下的 S_d 是小于1的,这是在阅读这些文献时需注意的。

第三节　同步发电机的运行特性及功率调节

"电机学"课程中对同步发电机的运行特性和功率调节均有详细介绍,以下仅作简单回顾。

一、同步发电机的运行特性

同步发电机在额定转速、功率因数恒定条件下,有端电压、端电流和励磁电流三个主要变量,保持其中一个变量恒定,另两个变量之间的函数关系即为同步发电机的运行特性[6]。这样的特性通常有五种,分别为空载特性、短路特性、负载特性、外特性和调整特性。

(一)空载特性

空载特性是指同步发电机在额定转速、端电流为零时,定子绕组空载电动势(或端电压)和励磁电流的关系。采用试验方法测定空载特性时,首先把发电机拖到额定转速,在励磁绕组中通入励磁电流,改变励磁电流(即励磁磁动势)的大小,空载电动势(包括空载主磁通)的大小也随之改变。测量两者数值,并画在坐标系内,即得到同步发电机的空载特性曲线,又称磁化曲线,如图2-3-1(a)所示(图中各量均为标幺值)。但由于铁磁材料有磁滞现象,励磁电流由零增加到最大值和由最大值降到零时,所得到的上升磁化曲线和下降磁化曲线并不重合。另外,在励磁电流为零时,空载电动势并不为零,而是有剩余值(或残压)。工程上一般取下降线作为发电机的空载特性曲线,但由于该曲线和交轴的交点为b,不在原点,还应将其向右平移至原点,即得到工程中实用的空载特性曲线,如图2-3-1(b)所示。但应注意,图中各曲线仅说明变量间幅值(或有效值)的关系,不体现相位关系,也就是说,并非时空相-矢量图。

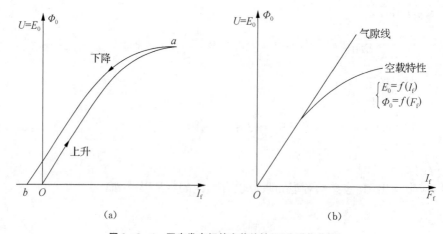

图2-3-1　同步发电机的空载特性(又称磁化曲线)

(二)短路特性

短路特性是指同步发电机在额定转速下,定子绕组出线端三相稳态短路电流和励磁电流的关系。采用试验方法测定短路特性时,首先把定子三相出线端短接,再将发电机拖到额定转速,通入励磁电流,此时定子相绕组中就有短路电流,改变励磁电流的大小,短路电流大小也随之改变。测量两者数值,并画在坐标系内,即得到同步发电机的短路特性曲线,如图 2-3-2(a)所示。以隐极式发电机为例,由式(2-2-4)可知,由于定子绕组电阻远小于同步电抗,此时限制短路电流的主要是同步电抗,因此,短路电流可视为纯感性,即电枢磁动势基本上就是一纯去磁作用的磁动势。在忽略电阻压降时,相应的时空相-矢量图如图 2-3-2(b)所示。于是由式(2-2-1)和式(2-2-2)可得气隙合成电动势 E_δ 为

$$E_\delta = X_\sigma I = X_\sigma I_k \tag{2-3-1}$$

其对应的气隙磁动势为 F_δ,亦即图 2-3-2(a)中的 $\overline{AC}$ 为 E_δ。由于 E_δ 主要是短路电流在漏抗上的压降,数值较小,相应的气隙磁动势 F_δ 也较小,因此,电机磁路处于不饱和状态,于是有以下正比变化关系

$$I_k \propto E_\delta \propto F_\delta \propto F_a \propto F_{f1} \propto I_f \tag{2-3-2}$$

由此可见,I_k 和 I_f 成正比变化,即短路特性是一条直线。

应当指出,通常将图 2-3-2(a)中的 $\triangle ABC$ 称为同步发电机的特性三角形,其中 $\overline{AB}$ 和 $\overline{AC}$ 分别为电枢磁动势 F_a(若为凸极机则为 F_{ad})和漏抗压降 $X_\sigma I$,该特性三角形将在后面要介绍的零功率因数负载特性中用到。

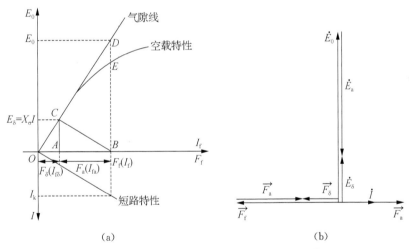

图 2-3-2 同步发电机的短路特性及其时空相-矢量图

(三)负载特性

负载特性是指同步发电机在额定转速下,端电流和功率因数恒定时,端电压和励磁电流的关系,如图 2-3-3(a)所示。其中以零功率因数负载特性最为常用,测定该特性时除功率因数为零外,一般保持端电流为额定值,即图 2-3-3(a)中最右侧的一条曲线,又如图 2-3-3(b)所示。但工程上一般知道图中 F 和 K 两点就够了,因此实用的试验测定方法是将发电机并网后作空载运行,然后调节励磁电流使端电流(即无功电流)等于额定值,即 $I_{Q·G} = I_N$,即得图 2-3-3(b)中的 F 点。再做发电机的短路试验,其试验方法前已述及,测

得短路电流等于额定值(即 $I_k = I_N$)时的励磁电流 I_{fk},即图 2-3-3(b)中的 K 点。仍以隐极式同步发电机为例,在忽略定子绕组电阻时,其零功率因数负载时的时空相-矢量图,如图 2-3-3(c)所示。可见,$\dot{E}_\delta$ 和 $\dot{I}$ 的夹角为 90°,因此,电枢磁动势也是一纯去磁作用的磁动势。

图 2-3-3(b)中 $\overline{OB}$ 为额定相电压,接零功率因数负载时,要保持端电压为额定值不变,则励磁电流必须大于空载电流 I_{f0}(即 $\overline{BC}$)以克服漏抗压降和电枢反应的去磁影响。延长 $\overline{BC}$ 交零功率因数特性于 F 点,由空载特性上作 $\overline{EA}$ 垂直于 $\overline{BF}$,使 $\overline{EA} = X_\sigma I_N$,则 $\overline{CA}$ 和 $\overline{AF}$ 即分别为克服漏电抗压降和电枢反应所需增加的励磁电流。显然,$\triangle AFE$ 和图 2-3-2(a)中 $\triangle ABC$(即图 2-3-3(b)中的虚线三角形)具有相同的物理意义。并由此可知,空载特性和零功率因数特性之间存在一个特性三角形,而三角形顶点 E 沿空载曲线移动时,相应的 F 点轨迹即为零功率因数特性曲线。并可求得漏抗 $X_\sigma = \overline{EA}/I_N$。

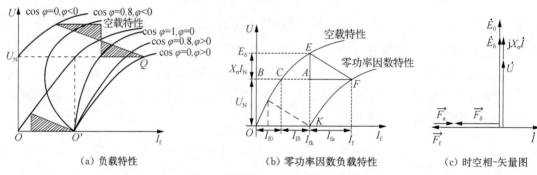

(a) 负载特性　　　　　(b) 零功率因数负载特性　　　　　(c) 时空相-矢量图

图 2-3-3　同步发电机的负载特性

但工程实践表明,由于受主磁路饱和对转子漏磁的影响,实际零功率因数负载特性曲线会低于上述方法所得曲线[5](如图 2-3-4 所示),并随磁路饱和程度的加深,这一情况会更加明显。也就是说,考虑磁路饱和对转子漏磁的影响后,图 2-3-3(b)中的特性 $\triangle EAF$ 不再恒定不变,其大小将发生变化,成了 $\triangle E'A'F'$,且有 $\overline{E'A'} > \overline{EA}$ 和 $\overline{A'F'} < \overline{AF}$,前者说明此时所求得漏抗较由图 2-3-3(b)所得漏抗 X_σ 大,为了区别,将其记为 X_p,称为保梯电抗,并将 X_p 后的电动势 E_δ 称为保梯电压,其大小说明磁路的饱和情况,保梯电压越高(即气隙磁动势 F_δ 越高),则饱和程度越严重。

另外,通常将对应于短路点的三角形(即图 2-3-3(b)中的虚线三角形,或图 2-3-4 中的 $\triangle DGK$)称为短路三角形,将对应于额定点的三角形(即图 2-3-4 中的 $\triangle E'A'F'$)称为保梯三角形。

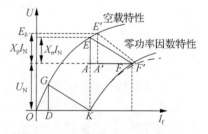

图 2-3-4　同步发电机的负载特性

(四) 外特性和调整特性

外特性是指同步发电机在额定转速下,励磁电流和功率因数恒定时,端电压和端电流的关系,如图 2-3-5(a)所示。从外特性可求出同步发电机的电压调整率(或电压变化率),其定义为发电机在额定工况下,突然甩掉负荷但维持转速和励磁电流不变时,端电

压的变化情况,如图 2-3-5(b)所示,则电压调整率为

$$\Delta U = \frac{E_0 - U_\mathrm{N}}{U_\mathrm{N}} \times 100\% \tag{2-3-3}$$

早期同步发电机端电压的调整是通过人工操作改变励磁电流来解决的,因此对电压调整率要求很严格。现代发电机都配有快速自动励磁调节器,能够根据端电压的变化,自动地改变励磁电流使其保持基本不变,因此对电压调整率要求放宽。但为防止甩负荷时剧烈上升的电压对发电机绝缘的破坏,一般要求 $\Delta U < 50\%$。

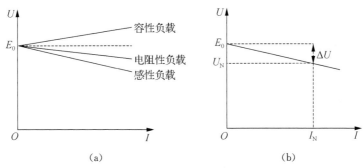

图 2-3-5 同步发电机的外特性及电压调整率

调整特性是指同步发电机在额定转速下,端电压和功率因数恒定时,端电流和励磁电流的关系,如图 2-3-6 所示。可见,端电流和励磁电流之间呈 V 形关系曲线。关于该内容的详细介绍,将在后面进行。

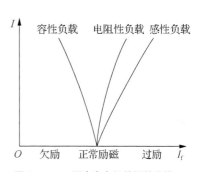

图 2-3-6 同步发电机的调整特性

二、同步发电机的功率调节

为简化分析,下面以一台隐极式同步发电机接入无穷大容量母线系统(图 2-3-7(a))为例,对同步发电机的功率调节进行分析,并忽略定子绕组电阻和磁路饱和的影响。

1. 有功功率调节和静态稳定性

设刚接入系统时,输出有功功率为零,发电机处于空载状态,电压相量关系如图 2-3-7(b)所示。此时,由原动机输入的功率刚好补偿各种空载损耗。欲使发电机输出有功功率,根据能量守恒原理,应当增加发电机的输入功率,即增加原动机的驱动转矩,这可由开大汽轮机的汽门(或水轮机的导叶)来实现。驱动转矩增大后,发电机转子瞬时加速,于是转子励磁磁动势将超前电枢磁动势。而 $\dot{U}$ 由于受系统频率恒定约束,旋转速度保持不变,这样 $\dot{E}_0$ 将超前 $\dot{U}$ 一定角度 δ,同时定子将输出电流 $\dot{I}$,如图 2-3-7(c)所示。根据功角特性(式(2-2-15)),此时发电机将向系统输出有功功率,以实现与增加的驱动性质的机械功率相平衡。当然,要减少发电机的有功功率输出,则有上述相反的物理过程。

由此可见,要增加(或减少)发电机有功功率的输出,就必须增加(或减少)原动机的机械功率输入,使功角增大(或减小)。并从图 2-3-7(d)可知,当 $\delta = 90°$ 时,电磁功率将达到最

大值(即功率极限)

$$P_{\text{emax}} = 3\frac{E_0 U}{X_d} \qquad (2-3-4)$$

在某一稳态(如图 2-3-7(d)的 a 点)下的同步发电机,当外界(电网或原动机)发生微小扰动时,在扰动消除后发电机能否再回到原工作点稳定运行的能力,即为静态稳定性。若能,则是稳定的;反之,是不稳定的。由图 2-3-7(d)很容易分析得出,同步发电机的静态稳定判据为

$$\frac{\mathrm{d}P_e}{\mathrm{d}\delta} > 0 \qquad (2-3-5)$$

即在 δ=90°处,因 $\mathrm{d}P_e/\mathrm{d}\delta=0$,发电机保持同步运行的能力为零,处于稳定和不稳定的临界点,故称为静态稳定极限点。也就是说,发电机静态稳定运行范围为 0°≤δ<90°(即电磁功率是功角的单调递增函数)。显然,$\mathrm{d}P_e/\mathrm{d}\delta$ 是发电机保持同步运行能力的一个客观衡量,故称之为同步功率系数(又称为整步功率系数),其值越大,说明发电机保持同步运行的能力越强,稳定性越好。相应地,也可定义同步转矩系数(又称整步转矩系数)。可由 $T_e=P_e/\omega_m$,并对式(2-2-15)求导,得出同步转矩系数为

$$\frac{\mathrm{d}T_e}{\mathrm{d}\delta} = 3\frac{E_0 U}{\omega_m X_d}\cos\delta \qquad (2-3-6)$$

从以上两式可以看出,可通过增大 E_0(即增大励磁电流)和减小同步电抗 X_d 来提高系统的静态稳定性。

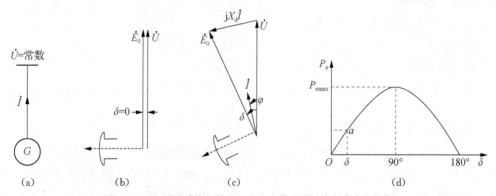

图 2-3-7 同步发电机接入无穷大容量母线时的有功功率调节

2. 无功功率调节和 V 形曲线

接入电力系统的同步发电机,不仅有有功功率的输出,通常还要输出无功功率。同步发电机无功功率的调节问题,已在第一章第三节介绍励磁系统作用时作过简单分析,以下对此作一补充说明。在发电机输出有功功率恒定时,结合本小节开端所作的假设条件,则有

$$\left.\begin{array}{l} P=P_e=3\dfrac{E_0 U}{X_d}\sin\delta \\[2mm] P=P_e=3UI\cos\varphi \end{array}\right\} \qquad (2-3-7)$$

或

$$\left.\begin{array}{l} E_0\sin\delta=常数\\ I\cos\varphi=常数 \end{array}\right\} \qquad (2-3-8)$$

于是可以分析励磁电流变化对无功功率的影响。由图 2-3-8(a)可知,由于 $I\cos\varphi=$ 常数,则 $\dot{I}$ 的末端轨迹是一条垂直于 $\dot{U}$ 的直线 $\overline{D_1D_2}$;又由于 $E_0\sin\delta=$ 常数,则 $\dot{E}_0$ 的末端为一条平行于 $\dot{U}$ 的直线 $\overline{A_1A_2}$。据此,可作四种不同励磁电流时的相量图,如图 2-3-8(b)所示。很明显,当励磁电流较大时,E_{01} 较高,$\dot{I}_1$ 滞后 $\dot{U}$ 为 φ_1 角度,发电机输出感性无功功率(即 $Q>0$);逐步减小励磁电流,E_0 随之减小至 E_{02},$\dot{I}_2$ 与 $\dot{U}$ 同相,发电机输出无功功率为零(即 $Q=0$);再减小励磁电流,则 $\dot{I}_3$ 超前 $\dot{U}$,发电机从系统吸收感性无功功率(或输出容性无功功率,即 $Q<0$);若继续减小励磁电流,当 $E_0=E_{04}$ 时,$\delta=90°$,发电机达到静态稳定极限点,再减小励磁电流,发电机将失去同步。

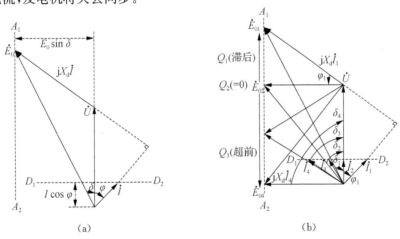

(a)

图 2-3-8 有功功率恒定时励磁电流变化对无功功率的影响

由上述分析可知,在发电机输出有功功率恒定时,改变励磁电流将引起同步发电机定子电流大小和相位的变化。在 $E_0=E_{02}$ 时,I 最小(仅为一有功电流);偏离此点,励磁电流无论是增大还是减小,为保持气隙合成磁通不变,I 都会增加(增加量为一无功电流),即 I 与 I_f 之间关系呈 V 形曲线,如图 2-3-9 所示。随着有功功率输出增加,曲线上移。所有曲线的最低点连接起来就得到一条 $\cos\varphi=1$ 的曲线,在该曲线的右侧,功率因数是滞后的,发电机输出感性无功功率;在曲线左侧,功率因数是超前的,发电机从系统吸收感性无功功率(或输出容性无功功率)。另外,在 $\cos\varphi=1$ 曲线左侧,还存在一个不稳定的区域,此时 $\delta>90°$。

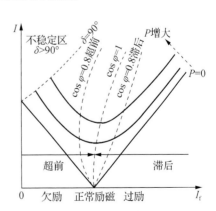

图 2-3-9 同步发电机的 V 形曲线

3. 功率极限

发电机功率的输出总受一些条件的限制,如定子绕组温升、励磁绕组温升和静态稳定极限等。而这些约束条件决定了发电机输出的有功、无功功率有一定的限额。以下采用作图的方法来确定发电机的功率极限[8]。

根据隐极式同步发电机相量图(图 2-2-4),并取 $\dot{U}=\dot{U}_N$,重作图如图 2-3-10(a)所示。若将图中所有量均乘以 $3U/X_d$,会发现 $\overline{OB}$ 的长度就代表发电机的额定视在功率 S_N,即 $OC=OB\cos\delta_N$ 和 $Ob=OB\sin\delta_N$ 分别代表发电机的额定有功功率和额定无功功率,也即

$$P_N=3\frac{E_0U_N}{X_d}\sin\delta_N$$
$$Q_N=3\left(\frac{E_0U_N}{X_d}\cos\delta_N-\frac{U_N^2}{X_d}\right)$$

$$(2-3-9)$$

据此,就可在图 2-3-10(b)纵、横轴分别代表发电机输出的有功功率和无功功率的平面上确定它的功率极限。其中,弧线 S 受限于定子绕组温升,即定子绕组电流或视在功率,也就是以 O 为原点,OB 为半径所作的圆弧;弧线 F 受限于励磁绕组温升,即励磁电流或空载电动势,也就是以 O' 为原点,$O'B$ 为半径所作的圆弧;通常发电机设计时已考虑过载能力[4],也就是,以 O 为原点,OB 为半径所作的弧线 $\overarc{BD}$;而曲线 T 受限于静态稳定极限和定子端部铁芯温升等条件约束。这样,Q 轴、弧线 F 和 BD 与曲线 T 就构成了隐极式发电机的功率极限。显然,发电机在该范围内运行,对发电机和电力系统才是安全的。

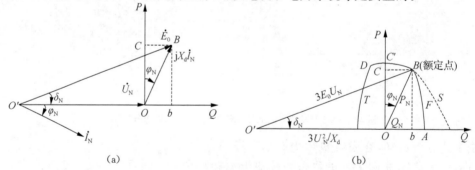

图 2-3-10　隐极式同步发电机的功率极限

同理,由凸极式同步发电机相量图(图 2-2-6),可得凸极式同步发电机的功率极限,如图 2-3-11 所示。

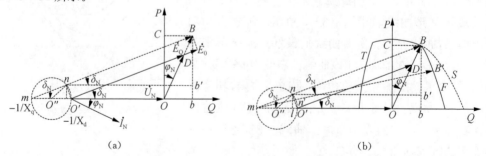

图 2-3-11　凸极式同步发电机的功率极限

值得一提的是:根据以上两图,可以对发电机的负载励磁电流进行估算。以凸极式同步发电机为例,并忽略 $\dot{E}_0$ 和 $\dot{E}_Q$ 间的差值(即取 $\dot{E}_0 = \dot{E}_Q$),同时结合前面分析,则可得图2-3-12(各量取标幺值)。

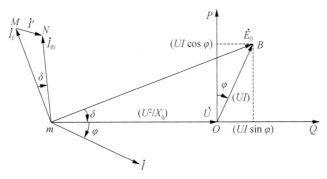

图2-3-12 凸极式同步发电机负载励磁电流的求解

图中括号内的量表示功率,I' 为定子电流折算至励磁侧的量。图中有二(或三)个相似三角形,分别为电流三角形 mMN 和电动势(或功率)三角形 mBO,其中电动势三角形起中间桥梁作用,于是有关系式[37](取 $U=1$)

$$\frac{\sqrt{P^2+\left(\frac{1}{X_q}+Q\right)^2}}{I_f}=\frac{\frac{1}{X_q}}{I_{f0}}$$

即

$$I_f = I_{f0} X_q \sqrt{P^2+\left(\frac{1}{X_q}+Q\right)^2} \tag{2-3-10}$$

式中:I_f 和 I_{f0} 分别为同步发电机负载、空载励磁电流。同理,对隐极式同步发电机,仅需将上式中的 X_q 换成 X_d 即可。

第四节 同步电动机和同步调相机

由于同步电动机具有功率因数可调、运行转速不受负载影响等特点,因此在恒速负载及需要改善功率因数场合得到广泛应用,如鼓风机、水泵、球磨机、压缩机和轧钢机等负荷。与其他旋转电机一样,同步电动机是同步发电机的逆工作过程,两者的基本理论具有对应的一致性。

在同步调相机(Synchronous Condenser,SC)中,基本没有有功功率的转换,因此,同步调相机既可看作是没有原动机的无功发电机,又可视为空载运行的同步电动机,是专门用来补偿电网无功功率(或无功电流)的设备,属于无功补偿的范畴,故又称为同步补偿机。

一、同步电动机

(一) 同步电动机的稳态方程(或电磁方程)、无功功率调节和 V 形曲线

图 2-4-1 示出了同步发电机从发电机状态转变为电动机状态的相量图和内部磁场变化情况[4~6]。

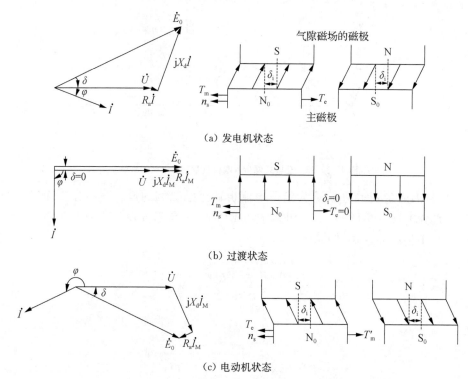

图 2-4-1　同步发电机转变为同步电动机的过程

上图表明,同步发电机由发电机状态过渡到电动机状态的过程中,电磁转矩由制动性质变成了驱动性质,机电能量转换过程也发生了逆变。本章前三节所讨论的内容均属于发电机状态(图 2-4-1(a))的范畴,而作为中间过渡状态(图 2-4-1(b))的同步调相机,留在后面讨论。以下先就电动机状态(图 2-4-1(c))进行介绍。正方向采用电动机惯例(只需将发电机惯例时的电流方向改变即可,并为相区别,下标记为 M),并忽略磁路饱和效应的影响。由此据图 2-4-1(c)可得隐极式同步电动机的等值电路和相量图,如图 2-4-2 所示。

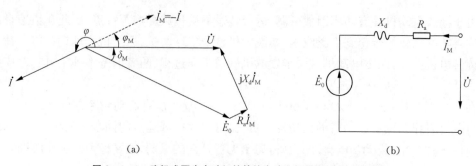

图 2-4-2　隐极式同步电动机的等值电路和相量图(电动机惯例)

相应的电动势平衡方程为

$$\dot{U}=\dot{E}_0+R_a\dot{I}_M+jX_d\dot{I}_M \tag{2-4-1}$$

对于凸极式同步电动机,电动势平衡方程为

$$\dot{U}=\dot{E}_0+jX_d\dot{I}_{dM}+jX_q\dot{I}_{qM}+R_a\dot{I}_M \tag{2-4-2}$$

相应的相量图,如图 2-4-3 所示。

同理,经推导可知,同步电动机的功角特性与同步发电机的相同。但其功率流向却与同步发电机相反,如图 2-4-4 所示,相应的功率和转矩平衡方程分别为

$$\left.\begin{array}{l}P=P_{Cu}+P_e\\P_e=P_m+P_0\end{array}\right\} \tag{2-4-3}$$

$$T_e=T_m+T_0 \tag{2-4-4}$$

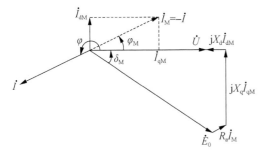

图 2-4-3 凸极式同步电动机的相量图

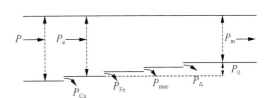

图 2-4-4 同步电动机的功率流向图

同理,励磁电流变化对同步电动机输出无功功率的影响和 V 形曲线分别如图 2-4-5(a)和(b)所示。与图 2-3-8 和图 2-3-9 比较,可见与同步发电机情况相反,显然是由于把输入电流定为正方向(即电动机惯例)所引起。也就是说,对发电机而言,过励时的滞后电流所产生的电枢反应是去磁性质的,而对电动机而言,过励时的超前电流则是去磁性质的。

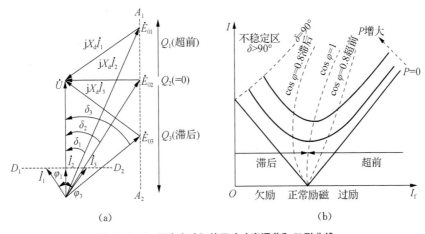

图 2-4-5 同步电动机的无功功率调节和 V 形曲线

应当指出,从工作原理上讲,同步电机与其他旋转电机一样,既可作发电机运行,又可作电动机运行。但工程上为使同步电机具有较好的运行特性,除某些特殊场合(如抽水蓄能发电电动机)外,发电机和电动机通常是分开设计的。

(二)同步电机的启动(或起动)和电气制动

电机的启动和制动方法较多,内容极为丰富[3～6]。以下主要对同步电机的启动和电气制动进行介绍。并为便于查找和叙述,这里的同步电机包括有电动机和发电机,这是应注意的。

1. 同步电机的启动

当同步电机的转子转速(即励磁磁动势转速)与气隙磁动势转速不相等(或不同步)时,功角将随时间而变化,即

$$\delta = (\omega_m - \omega)t + \delta_0 \qquad (2-4-5)$$

将上式代入式(2-2-14),并结合电磁转矩定义,可得

$$T_e = 3\frac{E_0 U}{\omega_m X_d}\sin[(\omega_m - \omega)t + \delta_0] + 3\frac{U^2}{2\omega_m}\left(\frac{1}{X_q} - \frac{1}{X_d}\right)\sin 2[(\omega_m - \omega)t + \delta_0] \qquad (2-4-6)$$

显然,当 $n \neq n_s$(或 $\omega_m \neq \omega$)时,则所产生的电磁转矩是交变的脉振转矩,平均值为零。因此,同步电机不能自启动,必须借助于外部启动系统。目前,常用的启动方法主要有变频启动、背靠背启动、异步启动和同轴电动机启动等4种。其中前两种常用于大中型同步电机,尤其变频启动应用最为广泛,而中小型的同步电机一般采用后两种。

(1)变频启动

变频启动是一种改变定子旋转磁场转速和利用同步电磁转矩启动的方法。为便于理解,以抽水蓄能电站为例。在启动过程中,电动机定子绕组不是直接接入电网,而是由变频器供电。启动前,励磁绕组先通入励磁电流,同时把变频电源的频率调得极低,以使同步电动机投入电源后的定子旋转磁场转得极慢。这样依靠定、转子磁场之间相互作用所产生的同步电磁转矩,就可使电动机开始启动,并在很低的转速下运转。然后逐步提高电动机的电源频率,以使转子转速跟随定子旋转磁场的转速上升而同步上升,直到额定转速,最后在满足同期条件下将电动机接入电网,同时变频器退出,启动过程完成。变频启动具有软启动性能,启动电流低,对电网影响很小。

同步电机的变频启动具体可分为他控式和自控式两种,其中自控式原理的变频器在抽水蓄能发电电动机、燃气轮发电机及同步调相机等发电行业中,成为首选方案。同步电机变频启动的内容也极为丰富,相关内容的讨论,可参阅参考文献[15,16],从略。而有关自控式变频启动过程中的励磁控制,将在后面第七章第一节介绍。此外,还应补充的是,变频器容量(MW)的大小与具体性能要求有关,比如对于转轮在空气中启动的抽水蓄能发电电动机,一般为电动机额定容量(MW)的5%～8%;对于燃气轮发电机,一般为发电机额定容量(MW)的1%～3%;对于同步调相机,一般为调相机额定容量(MVar)的1%～2%。

(2)背靠背启动

为便于对比理解,仍以抽水蓄能电站为例。取本站或邻近电站的一台同步发电机作为

启动电源。启动前,将同步发电机与待启动的同步电动机通过启动母线进行连接,并分别投入各自的励磁系统。启动时,打开发电机的水轮机导叶,此时发电机定子绕组所产生的低频电压经由启动母线施加于电动机定子绕组端,这样电动机就在定、转子磁场之间相互作用所产生的同步电磁转矩作用下开始启动和极低速转动。随着水轮机导叶开度的逐渐增大,发电机转子逐渐加速,其定子绕组所产生的电压频率也相应升高,电动机转子转速跟随发电机转子转速的上升而同步上升,直至两者转子转速均达到额定转速,最后在满足同期条件下将电动机接入电网,同时退出发电机,启动过程完成。

由此可见,背靠背启动与变频启动具有相同的工作原理,严格讲,背靠背启动也是一种变频启动。由于背靠背启动需要"旋转的"同步发电机,而前述的变频启动则不需要,因此,变频启动中的变频器又称为"静止变频器",简称 SFC(Static Frequency Converter)。目前,背靠背启动通常作为变频启动的备用方案。此外,还应特别注意,由于抽水蓄能发电电动机的发电机状态和电动机状态的转子转速方向设计相反,因此,在背靠背启动过程中一定要始终保持两者定子绕组三相电压相序的相反,当然这可通过调换任两相来实现。有关背靠背启动过程的讨论,可参阅参考文献[17]。而有关背靠背启动过程中的励磁控制,将在后面第七章第一节介绍。

(3) 异步启动

上述两种启动方法均属于同步启动的范畴,此外,还有一种异步启动。异步启动有全压(即直接启动)和降压两种方法,其中降压启动又有经电抗器、自耦变压器或软启动器等多种情况。以上两种异步启动方法,具体实现过程略有区别,但基本工作原理是相同的。下面以直接启动方式为例,整流采用三相桥式全控电路,励磁系统原理接线图,如图 2-4-6(a)所示。开关 QF 闭合,电动机在由启动绕组(同步电动机通常在主极极靴上装有类似于感应电动机转子上的笼型绕组作为启动绕组,又称为阻尼绕组)所产生的异步电磁转矩作用下开始转动,励磁绕组两端产生正、负交变滑差电压。在正向电压达到一定值时,启动控制电路动作,晶闸管 SCR_7 和 SCR_8 被触发导通,限流电阻(又称启动电阻)R_{fd1} 和 R_{fd2} 接入励磁绕组回路;在负向电压下限流电阻经二极管 D 接入励磁绕组回路。这样电动机在异步电磁转矩和励磁绕组产生的单轴转矩共同作用(如图 2-4-6(b)中虚线)下继续加速。待转速上升至接近于同步转速[即亚同步或临界转(或滑)差]时,励磁控制器顺极性(即指励磁绕组感应电流的方向与整流电路输出电流的方向相一致)地投励,整流电路输出励磁电流,同时限流电阻被切除。最后电动机在磁阻转矩和基本电磁转矩作用(图 2-4-6(c)中虚线)下,将转子牵入同步。可见,同步电动机的启动过程有启动、投励和同步三个阶段,彼此是有机联系的。

应当指出,在未投入励磁系统前,励磁绕组不能开路,否则定子旋转磁场会在匝数较多的励磁绕组中感应出高电压,可能破坏励磁绕组的绝缘或引起人身事故。但是,也不能直接短路,因为单轴转矩使得合成电磁转矩在 50% 同步转速附近出现明显的下凹(图 2-4-6(b)中虚线),导致在重载启动时电动机转速可能"卡住"在半同步转速附近不能继续上升,所以为减小单轴转矩的影响,启动时必须在励磁绕组回路中串入限流电阻,其阻值经验性地一般约为励磁绕组电阻值的 5~10 倍。限流电阻对合成(或单轴)电磁转矩的影响,如图 2-4-6(d)所示。由于限流电阻又兼作电动机灭磁之用,因此又称为灭磁电阻。

同步电动机的异步启动是一个较为复杂的物理过程,在整个启动过程中,转子会受到多种转矩的作用。若启动过程中的上述三个阶段配合不合适,还未必启动成功。一般讲,在牵入同步前转差率越小、负载越轻(一般是空载启动)和拖动系统转动部分的转动惯量越小,就越容易牵入同步。异步启动下有关励磁调节方式的选择及其设计、启动过程中启动、投励和同步三个阶段的控制及有关分析(比如转差或转子转速的测量、各种保护的设计及整定)等更多内容的讨论,可参阅参考文献[23]等资料,从略。最后,还应当指出,工程上整流电路也有采用三相桥式半控的情况,有关该内容的介绍,可参阅相关文献。

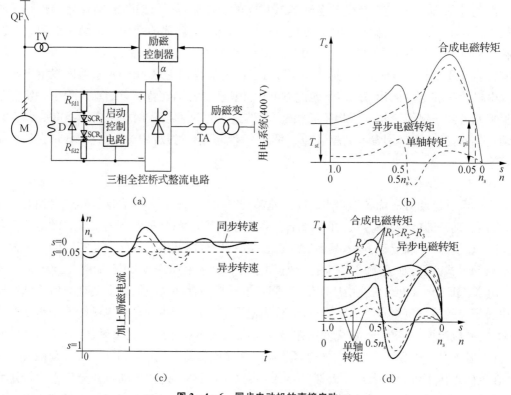

图 2 - 4 - 6　同步电动机的直接启动

（4）同轴电动机启动

同轴电动机启动是一种将启动电动机与待启动同步电机通过液力耦合器(又称液力联轴器)进行轴的连接、直接改变待启动同步电机转速的方法,是辅助电动机启动中的一种。相比变频启动,该方案由于设备价格低、控制和操作简单等优点,因此,成为中小型燃气轮发电机等同步电机启动的首选方案。启动装置中的电动机一般选用鼠笼式异步电动机。

2. 同步电机的电气制动

机械制动一般采取机械抱闸或制动环的形式,使转子停下来。而电气制动是一种利用同步电机定子机端三相短路后产生的与转子转向相反的电磁转矩,作为制动力矩使电机停止转动的一种方法,其典型主回路原理接线图如图 2 - 4 - 7 所示。在同步电机解列、灭磁后,待转子转速下降到一定值(一般低于 60% 额定转速),将机端出口三相短路,然后通入励磁电流,于是定子绕组在励磁磁动势作用下有短路电流流过,并产生制动性质的电磁转矩,加快转子转速的下降,最终使电机停转。由于转子上原有剩余的机械能最终转换为定子绕组电阻的热能,因此,电气制动实则为一种能耗制动。

目前,发电行业采用电气制动的同步电机主要有水轮发电机和抽水蓄能发电电动机(发电和电动两种工况下均采用)等两种。电气制动一般在机组正常停机时使用,此时多采用电气制动和机械制动联合制动的方式,即在转子高速段(一般低于 60% 额定转速)采用电气制动,在低速段(一般低于 5% 额定转速)采用机

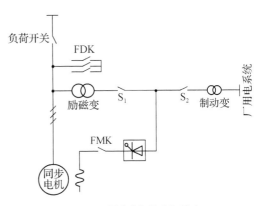

图 2-4-7　同步电机的电气制动

械制动;而在发电机事故或闸门、导叶不能正常关闭时,应采用机械制动方式。有关电气制动的更多讨论,可参阅参考文献[27]等资料。电气制动的控制流程,将在第六章第六节介绍。

二、同步调相机

由前面分析可知,改变同步电机的励磁电流可实现对其输出无功功率的调节。同步调相机正是基于这一原理工作的。同步调相机既不与原动机相连,又不带任何机械负载。接入电网后,其吸收的有功功率仅供本身的损耗,因此总是在接近于零电磁功率(即图 2-4-5(b)中 $P=0$ 的这条 V 形曲线上)情况下运行。于是结合前面分析,可得同步电机运行状态图,如图 2-4-8 所示。应当指出,图中无论同步电机采用发电机惯例还是电动机惯例,均不会改变其过励或欠励运行的事实。

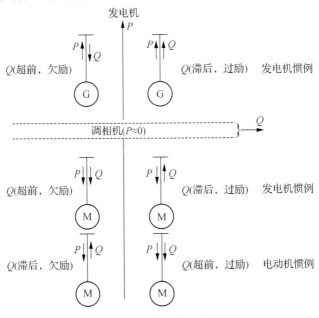

图 2-4-8　同步电机的运行状态图

由于同步调相机本身损耗很低，可不予考虑，于是定子电流中仅有 d 轴分量（或无功分量），q 轴分量（或有功分量）为零，则相应的电动势平衡方程可表示为

$$\dot{U} = \dot{E}_0 + jX_d\dot{I}_{dM} \qquad (2-4-7)$$

由此可得相量图如图 2-4-9 所示。

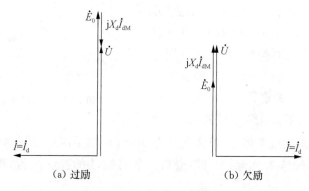

（a）过励　　　　　　　（b）欠励

图 2-4-9　同步调相机的相量图

有关同步调相机的作用、补偿原则等内容已在电力系统分析课程中有详细的介绍，不再重述。以下以提高母线功率因数和维持母线电压恒定为例，简单地介绍同步调相机的工作过程。以图 2-4-10 所示简单系统为例，设 $\dot{I}_L$ 为感性负载从电网吸收的滞后电流，$\dot{I}_{dM}$ 为同步调相机在过励时从电网吸收的超前无功电流，于是线路电流 $\dot{I} = \dot{I}_L + \dot{I}_{dM}$。从图 2-4-10(a) 中相量图可知，由于 $\dot{I}_{dM}$ 补偿（或抵消）了 $\dot{I}_L$ 中的滞后无功电流，所以使得母线 $\dot{U}$ 的功率因数得到提高。当然，上述问题也可从发电机惯例的角度进行分析，即同步调相机过励时将向电网输出一个滞后的无功电流 $\dot{I}_d$，该电流经由母线直接流向负载，避免了线路的输送，相应的补偿过程如图 2-4-10(b) 所示。也正是这个原因，所以同步调相机又称为无功发电机。

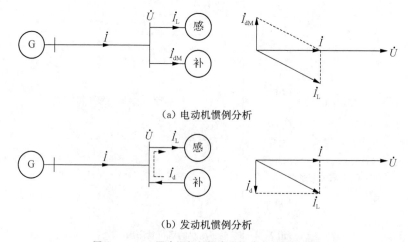

（a）电动机惯例分析

（b）发动机惯例分析

图 2-4-10　同步调相机提高母线功率因数的分析

对于远距离输电线路,在受电端装上同步调相机,使它在线路重载(感性)时过励运行,以减少线路压降,轻载时欠励运行,以补偿线路的充电电流(容性),从而使得受电端母线电压保持基本不变。应指出的是,同步调相机的额定容量是按过励时所能补偿的无功功率来确定的。

第三章　整流电路

整流电路(Rectifier)的发展经历了由不可控整流(二极管)、相控整流(晶闸管)到 PWM 整流(门极可关断晶闸管)的发展历程,并且整流电路的形式多样,可从不同角度进行分类,较为常见的分类方法,如表 3-0 所示。

表 3-0　整流电路分类

序号	分类依据	电路名称
1	电路组成器件	不可控、半控和全控
2	脉冲移相方式	余弦波移相、锯齿波移相等
3	触发脉冲特点	相控(又分为双窄脉冲和宽脉冲)和 PWM
4	交流输入相数	单相、三相及多相
5	电路结构	零式和桥式
6	整流变压器二次侧电流的流动方向	单拍(或单向)和双拍(或双向)

单相可控整流电路由于存在输出电压脉动较大,不适宜大容量运行等问题,在目前大容量同步发电机静止励磁系统整流装置上已很少采用,普遍选用三相相控式可控整流电路,具体有三相半波可控、三相桥式全控和三相桥式半控/不可控等多种形式。本章主要对其中应用最为广泛的三相桥式全控整流电路进行讨论,包括带不同性质负载(指电阻负载和阻感负载)时工作过程的分析、定量计算,以及变压器漏感对整流电路的影响等有关问题。对其他几种形式的整流电路,仅作简单性介绍,或直接给出结论,具体分析过程,可参阅参考文献[18]、[19],从略。

第一节　三相半波可控整流电路

三相半波可控整流电路是三相可控整流电路的基础,其他几种形式的整流电路均可看作是三相半波电路不同形式的组合[19]。

三相半波可控整流电路又称三相零式电路,由三相整流变压器(简称整流变,在励磁系统中,习惯称之为励磁变压器或励磁变)供电,变压器一次绕组可接成三角形,以减少三次谐波流入系统。3 只晶闸管 VT_{+a}、VT_{+b} 和 VT_{+c} 分别接在变压器二次绕组 a、b 和 c 相上,它们的阴极连接在一起,经负载与变压器二次绕组的中性点相连,如图 3-1-1(a)所示,通常将这一接法称之为共阴极接法。此外,还有一种共阳极接法,如图 3-1-1(b)所示。两种接法的电路工作过程没有本质的区别,以下主要以共阴极接法为例进行讨论。

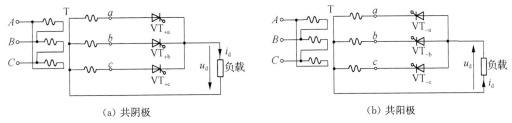

（a）共阴极　　　　　　　　　　　　　（b）共阳极

图 3-1-1　三相半波可控整流电路

图中整流变压器二次绕组相电压按式(3-1-1)进行定义。并在后面整流电路分析时,认为晶闸管为理想开关元件(即导通时管压降为 0,关断时漏电电流为 0),换相瞬间完成(即不考虑变压器漏感和晶闸管的关断时间)。后文若无特殊说明外,均作相同假定。

$$
\left.
\begin{aligned}
u_{a} &= \sqrt{2}\,U_{2}\sin(\omega t) \\
u_{b} &= \sqrt{2}\,U_{2}\sin\left(\omega t - \frac{2\pi}{3}\right) \\
u_{c} &= \sqrt{2}\,U_{2}\sin\left(\omega t + \frac{2\pi}{3}\right)
\end{aligned}
\right\}
\qquad (3-1-1)
$$

式中: U_2 ——变压器低压侧相电压有效值。

一、三相半波可控整流电路工作过程分析

（一）带电阻负载情况

图 3-1-1(a)中负载为电阻 R ,在触发角 $\alpha = 0°$ 时该电路的工作波形,如图 3-1-2 所示。由于输出电流 $i_d = u_d/R$,所以电流 i_d 的波形形状与电压 u_d 一样,故图中未画出。据图 3-1-2,可以总结出一些有关三相半波可控整流电路工作的共性特点:

（1）在 $\omega t_1 \sim \omega t_2$ 期间,电压 u_a 最高,晶闸管 VT_{+a} 导通,整流输出电压 $u_d = u_a$;在 $\omega t_2 \sim \omega t_3$ 期间,电压 u_b 最高,晶闸管 VT_{+b} 导通,整流输出电压 $u_d = u_b$;在 $\omega t_3 \sim \omega t_4$ 期间,电压 u_c 最高,晶闸管 VT_{+c} 导通,整流输出电压 $u_d = u_c$ 。在下一个周期,重复以上过程。由此可见,对共阴极接法时,哪一相电压最高,则该相绕组的晶闸管导通,另外 2 只晶闸管由于承受反向电压而关断。

（2）习惯将三相相电压正半周波形的交点(即图中 ωt_1、ωt_2、ωt_3 等的对应点)称之为自然换相点。自然换相点是正常情况下各相晶闸管被触发导通的最早时刻,在此之前由于承受反向电压,处于关断状态。并将该点作为触发角 α 的起点,显然,在自然换相点时,触发角 $\alpha = 0°$ 。

（3）为说明 3 只晶闸管的工作情况,将波形中一个周期等分为 3 个时段(即图中的Ⅰ、Ⅱ、Ⅲ),每一时段宽度为 120°。3 只晶闸管的导通顺序依次为 $VT_{+a} \to VT_{+b} \to VT_{+c}$,相应地,触发脉冲相位也依次相差 120°。

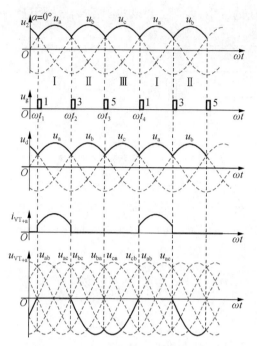

图 3-1-2　带电阻负载 $\alpha=0°$ 时的工作波形

在触发角 $\alpha=30°$ 和 $\alpha>30°$（以 $\alpha=60°$ 为例）时的电路工作波形，分别如图 3-1-3 和图 3-1-4 所示。可以看到，此时除具有上述的三相半波可控整流电路的共性特点外，还可得出一些其他特点：

（1）$\alpha\leqslant30°$ 时，输出电流 i_d 处于连续状态，其中 $\alpha=30°$ 是输出电流 i_d 连续与断续的临界点。

（2）当 $\alpha>30°$ 时，以 $\alpha=60°$ 为例（图 3-1-4），由于电流 i_d 断续，在电压 u_a 过零变负值时，VT_{+a} 关断而 VT_{+b} 虽承受正向电压，但由于其触发脉冲还未到，不能够导通，则此时的电压 u_d 为零，直至 VT_{+b} 触发脉冲到来为止。并且，触发角 α 越大，电压 u_d 越小，在 $\alpha=150°$ 时，u_d 或其平均值 $U_d=0$。由此可得知，三相半波可控整流电路带电阻负载时 α 的移相范围为 $0°\sim150°$。

（3）当 $\alpha>60°$ 时，由于电流 i_d 断续，致使 VT_{+a} 承受的电压波形在一个周期内由零、u_{ab} 和 u_{ac} 组成。

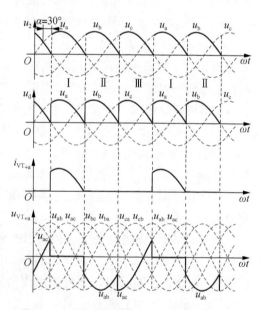

图 3-1-3　带电阻负载 $\alpha=30°$ 时的工作波形

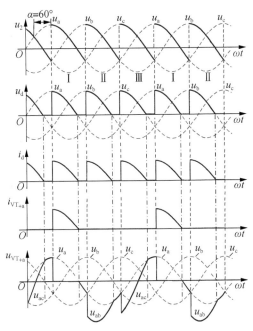

图 3-1-4　带电阻负载 $\alpha=60°$ 时的工作波形

（二）带电感负载情况

图 3-1-1(a)中负载为电感负载时,虽在某相电压(如 u_a)下降到零并变为负值时,但电感上阻止电流 i_d 减少的感应电动势 e_L 较大,使得 $e_L-u_2>0$,也就是说,仍能使原导通的晶闸管(如 VT_{+a})承受正向电压继续导通,这样电压 u_d 波形中就出现了负值。倘若电感值较大,电感储能较多,则原已导通的晶闸管就能够维持至下一相晶闸管(如 VT_{+b})被触发导通,使得电流 i_d 得以连续。显然,电感值越大,连续的电流 i_d 脉动就越小。当电感足够大(比如同步电机的励磁绕组)时,为简化分析及定量计算,工程上通常认为电流 i_d 波形是一条水平线。

为便于对比和理解,图 3-1-5～图 3-1-8 分别给出了触发角 $\alpha=0°$、$\alpha=30°$、$\alpha=60°$ 和 $\alpha=90°$ 时电路的工作波形。由图可知,此时除具有三相半波可控整流电路的共性特点外,还可得出一些其他特点:

（1）由于输出电流 i_d 连续,因此 $\alpha\leqslant30°$ 时的工作波形形状与电阻负载时是相同的。

（2）当触发角 $\alpha>30°$ 时,以 $\alpha=60°$ 为例,由其工作波形(图 3-1-7)可知:在 u_2 过零时,由于电感的存在,释放先前的储能,阻止了电流 i_d 的下降,使得 VT_{+a} 继续维持导通状态,直到 VT_{+b} 触发脉冲的到来,最终 VT_{+b} 的导通使得 VT_{+a} 承受反向电压而关断,所以输出电压 u_d 波形中出现了负值。在 $\alpha=90°$(图 3-1-8)时,u_d 波形上正值部分和负值部分相同,平均值 $U_d=0$。由此可知,三相半波可控整流电路带电感负载时,触发角 α 的移相范围为 $0°\sim90°$。

在 $\alpha>90°$ 时,电路处于逆变工作状态,u_d 波形上负值部分大于正值部分,平均值 $U_d<0$。并且触发角 α 越大,u_d 波形上负值部分所占比例越大,就是说 U_d 值越负。当 $\alpha=150°$ 时,u_d 波形上全部为负值。

（3）从图 3-1-2～图 3-1-8 可以看到,三相半波可控整流电路无论带电阻负载还是电感负载,流过整流变压器二次侧的电流均为周期性的单向电流。根据傅立叶级数(Fourier Series)理论可知,单向电流中含有直流分量,这样也就给整流变压器带来了直流磁化等问题。实际上,这一缺点在一定程度上也限制了三相半波可控整流电路在工程上的应用。

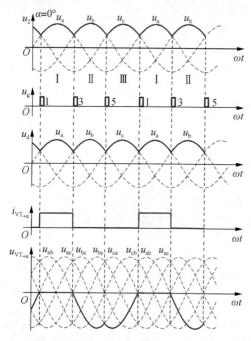

图3-1-5 带电感负载 $\alpha=0°$ 时的工作波形

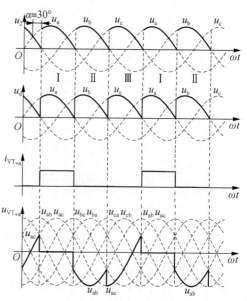

图3-1-6 带电感负载 $\alpha=30°$ 时的工作波形

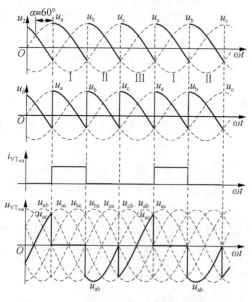

图3-1-7 带电感负载 $\alpha=60°$ 时的工作波形

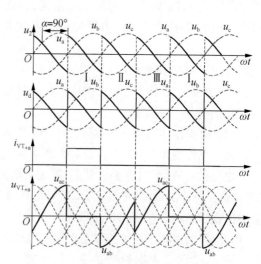

图3-1-8 带电感负载 $\alpha=90°$ 时的工作波形

当负载中的电感值不是很大,不足以使输出电流 i_d 连续时,从输出电压 u_d 波形来看,在 $\alpha=90°$ 时由于电流 i_d 出现断续,致使 u_d 波形中负值部分小于正值部分,但仍有 $U_d>0$。在

$\alpha > 90°$时这一情况仍将继续存在,直到α接近$150°$时,u_d波形中正、负面积均为零。由此可见,此时触发角α的移相范围仍为$0°\sim150°$。此种情况下,整流电路的工作特性介于电阻负载和电感负载(电感足够大,$\omega L \gg R$)之间,即如图$3-1-9$中的曲线3所示。

二、定量计算

由以上分析可知,三相半波可控整流电路带电阻负荷和电感负载的工作情况有些不同。为便于叙述,在以下定量计算讨论时,分开进行。

(一)电阻负载

1. 电压u_d的平均值

由前面分析可知,u_d在一个周期内的波形由三个时段(图$3-1-2$~图$3-1-4$中的Ⅰ、Ⅱ、Ⅲ)组成,每个时段内波形相同,所以计算其平均电压U_d只需按一个时段内的波形考虑即可。

在$\alpha \leq 30°$时,电流i_d连续,则电压u_d平均值为

$$U_d = \frac{1}{\frac{2\pi}{3}} \int_{\frac{\pi}{6}+\alpha}^{\frac{5\pi}{6}+\alpha} \sqrt{2}U_2 \sin(\omega t)\,\mathrm{d}(\omega t) = 1.17U_2\cos\alpha \tag{3-1-2}$$

在$\alpha > 30°$时,电流i_d断续,则电压u_d平均值为

$$U_d = \frac{1}{\frac{2\pi}{3}} \int_{\frac{\pi}{6}+\alpha}^{\pi} \sqrt{2}U_2 \sin(\omega t)\,\mathrm{d}(\omega t) = 0.68U_2\left[1 + \cos\left(\frac{\pi}{6}+\alpha\right)\right] \tag{3-1-3}$$

2. 电流i_d的平均值

显然,I_d计算式为

$$I_d = \frac{U_d}{R} \tag{3-1-4}$$

3. 晶闸管流过电流有效值I_{VT}和变压器二次绕组电流有效值I_2

三相半波可控整流电路属于单拍电路,流过晶闸管的电流(如i_{VT+a})和流过变压器二次绕组的电流(如i_a)相同,所以其有效值也相同。相应地,有效值I_{VT}和I_2的计算式分别为

在$\alpha \leq 30°$时,电流i_d连续,则有效值为

$$I_{VT} = I_2 = \sqrt{\frac{1}{2\pi} \int_{\frac{\pi}{6}+\alpha}^{\frac{5\pi}{6}+\alpha} \left(\frac{\sqrt{2}U_2\sin(\omega t)}{R}\right)^2 \mathrm{d}(\omega t)}$$

$$= \frac{U_2}{R}\sqrt{\frac{1}{2\pi}\left(\frac{2\pi}{3} + \frac{\sqrt{3}}{2}\cos2\alpha\right)} \tag{3-1-5}$$

在$30° < \alpha \leq 150°$时,电流i_d断续,则有效值为

$$I_{VT} = I_2 = \sqrt{\frac{1}{2\pi} \int_{\frac{\pi}{6}+\alpha}^{\pi} \left(\frac{\sqrt{2}U_2\sin(\omega t)}{R}\right)^2 \mathrm{d}(\omega t)}$$

$$= \frac{U_2}{R}\sqrt{\frac{1}{2\pi}\left[\frac{5\pi}{6} - \alpha + \frac{1}{2}\sin\left(\frac{\pi}{3}+2\alpha\right)\right]} \tag{3-1-6}$$

4. 晶闸管承受的最大正、反向电压值

由图 3-1-2~图 3-1-4 可知，晶闸管承受的最大反向电压为变压器二次线电压的峰值，即 $\sqrt{6}U_2$，最大正向电压为变压器二次相电压的峰值，即 $\sqrt{2}U_2$。

（二）电感负载

1. 电压 u_d 的平均值

由于电感负载下电流 i_d 连续，所以电压 u_d 平均值计算式与式（3-1-2）相同。

2. 晶闸管流过电流有效值 I_{VT} 和变压器二次绕组电流有效值 I_2

流过晶闸管的电流和流过变压器二次绕组的电流相同，并在负载电感值足够大时，可认为 i_d 波形为一平行于 ωt 轴的直线（即 $i_d=I_d$），于是可得 I_{VT} 和 I_2 计算式为

$$I_{VT}=I_2=\sqrt{\frac{2\pi/3}{2\pi}I_d^2}=\frac{I_d}{\sqrt{3}} \qquad (3-1-7)$$

3. 晶闸管承受的最大正、反向电压值

由图 3-1-5~图 3-1-8 可知，晶闸管承受的最大正、反向电压均为变压器二次线电压的峰值，即 $\sqrt{6}U_2$。

三、整流电路输出电压平均值 U_d 随触发角 α 的变化关系曲线

结合上述的工作过程分析和定量计算可知，三相半波可控整流电路带不同性质负载时，其输出电压平均值 U_d 与触发角 α 的关系曲线，如图 3-1-9 所示。

四、共阳极三相半波可控整流电路的工作过程分析

以上讨论的是三相半波可控整流电路共阴极时的工作情况。对共阳极的接线，即如图 3-1-1(b) 所示，由于 3 只晶闸管的阴极分别与三相电源相连，阳极经过负载与变压器中性点连接，所以每只晶闸管只能在相电压为负值时被触发导通，也就是说，换流总是从电位较高的相换至较低相，相应地，自然换相点即为三相电压负半波的交点。

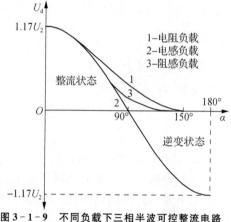

图 3-1-9 不同负载下三相半波可控整流电路 U_d 与 α 的关系曲线

对共阳极接线情况的讨论，其工作过程的分析及计算，可对照上述的共阴极情况进行。以触发角 $\alpha=30°$ 为例，并仍假定负载电感足够大时，则电路的工作波形如图 3-1-10 所示，此时输出电压 u_d 波形均为负值，平均值 U_d 为负。

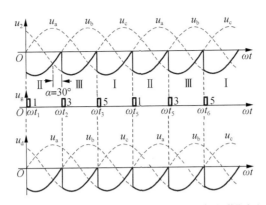

图 3 - 1 - 10 带电感负载 α＝30°时的工作波形（共阳极）

五、三相半波不可控整流电路

若将图 3 - 1 - 1 中的晶闸管改用二极管，则便构成了三相半波不可控整流电路，如图 3 - 1 - 11 所示。此时，电路工作过程的分析及波形输出，相当于三相半波可控整流电路在触发角 α＝0°时的情况，因此，可对照进行分析，从略。

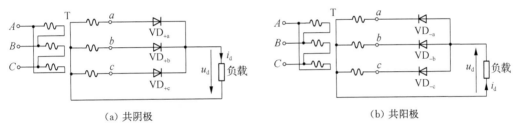

（a）共阴极　　　　　　　　　　　　（b）共阳极

图 3 - 1 - 11 三相半波不可控整流电路

第二节　三相桥式全控整流电路

将三相半波可控整流电路的共阴极接法和共阳极接法进行串联组合，则可得如图 3 - 2 - 1(a)所示的电路。在两种接线电路工作情况相同时，则有 $i_{d1}＝i_{d2}$，即 $i_0＝0$。去掉中性线，即可得到所谓的三相桥式全控整流电路，如图 3 - 2 - 1(b)所示，显然有 $u_d＝u_{d+}＋u_{d-}$。

图 3 - 2 - 1(b)中晶闸管触发导通的原则是：对共阴极组的 3 只晶闸管 VT_1、VT_3 和 VT_5，阳极所接交流电压值最高或正的最多的一只先导通；对共阳极组的 3 只晶闸管 VT_4、VT_6 和 VT_2，则是阴极所接交流电压值最低或负的最多的一只先导通，这样在任意时刻共阳极组和共阴极组中各有 1 只晶闸管处于导通状态，相应地，负载两端的电压即为交流侧的线电压。

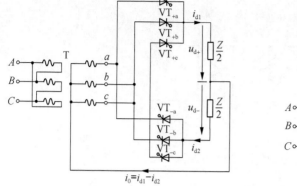

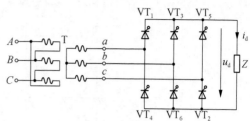

（a）两组三相半波可控整流　　　　　　　　　　（b）三相桥式全控整流

图 3-2-1　三相半波可控整流电路与三相桥式全控整流电路的关系

一、带电阻负载时工作过程的分析

图 3-2-1(b)中的负载为电阻负载，在触发角 $\alpha=0°$ 时，电路的工作波形如图 3-2-2 所示。

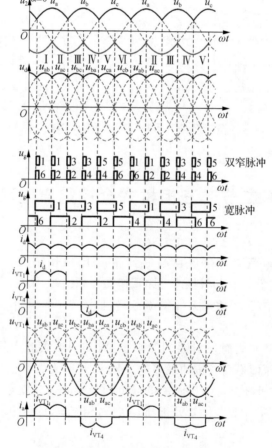

图 3-2-2　带电阻负载 $\alpha=0°$ 时的工作波形

从图中可以看出,6 只晶闸管均在自然换相点位置进行换相,各自然换相点既是相电压的交点,又是线电压的交点。为了说明 6 只晶闸管的工作情况,将波形中一个周期等分为 6 个时段(即图中的 Ⅰ、Ⅱ、Ⅲ、…、Ⅵ),则每一时段宽度为 60°(交流侧电压 $u_{a(b,c)}$ 频率为 50 Hz 时,对应的时间宽度为 3.3 ms),每一时段内导通的晶闸管及整流输出电压的情况,如表 3-2-1 所示。

表 3-2-1　带电阻负载触发角 $\alpha=0°$ 时的晶闸管导通情况

时段	Ⅰ	Ⅱ	Ⅲ	Ⅳ	Ⅴ	Ⅵ
共阴极组中导通的晶闸管	VT_1	VT_1	VT_3	VT_3	VT_5	VT_5
共阳极组中导通的晶闸管	VT_6	VT_2	VT_2	VT_4	VT_4	VT_6
整流输出电压 u_d	u_{ab}	u_{ac}	u_{bc}	u_{ba}	u_{ca}	u_{cb}

根据图 3-2-2 和表 3-2-1,可以总结出一些有关三相桥式全控整流电路工作的共性特点:

(1) 每个时段均有 2 只晶闸管导通(1 只共阴极组,1 只共阳极组),形成向负载供电的回路。6 只晶闸管的导通顺序依次为 $VT_1 \rightarrow VT_2 \rightarrow VT_3 \rightarrow VT_4 \rightarrow VT_5 \rightarrow VT_6$。

(2) 整流输出电压 u_d 在一周期内脉动 6 次,每次脉动的波形均相同,故又称为 6 脉冲整流电路。由于为电阻负载,所以整流输出电流 i_d 和电压 u_d 同相位。

(3) 6 只晶闸管的触发脉冲 u_g 按照 $VT_1 \rightarrow VT_2 \rightarrow VT_3 \rightarrow VT_4 \rightarrow VT_5 \rightarrow VT_6$ 的顺序依次给出,并在时间相位上依次相差 60°。共阴(阳)极组中的 $VT_1(VT_4)$、$VT_3(VT_6)$ 和 VT_5 (VT_2) 触发脉冲相位依次相差 120°。同一桥臂的 2 只晶闸管(即 VT_1 和 VT_4、VT_3 和 VT_6、VT_5 和 VT_2)的触发脉冲,相位依次相差 180°。

(4) 晶闸管触发脉冲 u_g 有两种形式:宽脉冲和双窄脉冲(图中脉冲右侧数字表示对应的被触发的晶闸管编号),前者脉冲宽度大于 60°,后者是在触发某只晶闸管(如 VT_2)的同时,给其前一编号的晶闸管(如 VT_1)再补发一脉冲,以实现输出电压的转换(如由 u_{ab} 到 u_{ac}),相当于用两个窄脉冲代替了宽脉冲。通常多采用双窄脉冲形式,因其脉冲变压器体积较小,且易于达到脉冲前沿较陡,需要功率也较小,只是接线稍微复杂些。有关晶闸管触发电路的设计,留在第六章第三节中进行介绍。

当触发角 α 增加时,电路的工作波形将相应地发生变化。在触发角 $\alpha=30°$、$\alpha=60°$ 和 $\alpha>60°$(以 $\alpha=90°$ 为例)时的电路工作波形分别如图 3-2-3～图 3-2-5 所示。从图中可以看出,此时除具有三相桥式全控整流电路的共性特点外,还可得出一些其他的特点,具体情况如下:

(1) 6 只晶闸管的起始导通时刻分别滞后了 30°、60° 和 90°,相应地,整流输出电压 u_d 在每一时段内也滞后了 30°、60° 和 90°,或者说,每时段内电压波形向右分别移动了 30°、60° 和 90°。

(2) 当触发角 $\alpha \leqslant 60°$ 时,电流 i_d 连续,且在 $\alpha=60°$ 时,u_d 波形出现了零值。当 $\alpha>60°$(如 $\alpha=90°$)时,线电压过零变负值,晶闸管关断,输出电压为零,电流 i_d 波形变为不连续,且在 $\alpha=90°$ 时,u_d 波形上每时段内有一半为零值。随着触发角 α 的逐渐增加,u_d 波形中零值所占比例也会相应地增加。随着触发角 α 增加至 120° 时,u_d 波形中将全部为零值,由此可见,三相桥式全控整流电路带电阻负载时 α 的移相范围为 0°～120°。

(3) 当 $\alpha>60°$ 时,以 $\alpha=90°$ 为例(图 3-2-5),由于电流 i_d 断续,致使 VT_1 承受的电压 u_{VT_1},其波形在一个周期内由零、u_{ab} 和 u_{ac} 组成。

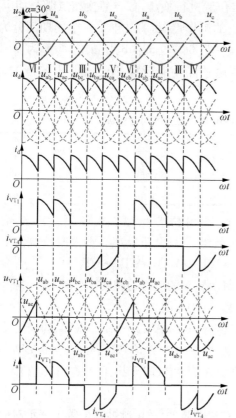

图 3-2-3　带电阻负载 $\alpha=30°$ 时的工作波形

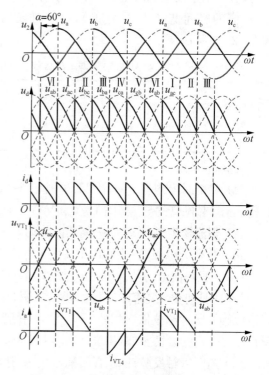

图 3-2-4　带电阻负载 $\alpha=60°$ 时的工作波形

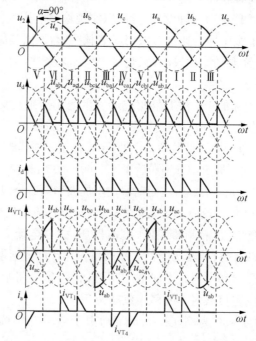

图 3-2-5　带电阻负载 $\alpha=90°$ 时的工作波形

二、带电感负载时工作过程的分析

当图 3-2-1(b) 中的负载为电感负载,且电感值足够大时,则可认为输出电流 i_d 连续,且波形是一条水平线。为便于对比和理解,图 3-2-6~图 3-2-12 分别给出了触发角 $\alpha=0°$、$\alpha=30°$、$\alpha=60°$、$\alpha=90°$、$\alpha=120°$、$\alpha=150°$ 和 $\alpha=180°$ 时,此 7 种情况下电路的工作波形。可以看出,除具有三相桥式全控整流电路的共性特点外,也可得出一些其他特点:

(1) 在 $\alpha \leqslant 60°$ 时,由于电流 i_d 连续,与带电阻负载时的工作情况相同。

(2) 但在 $\alpha > 60°$ 时,与带电阻负载时的工作情况有些不同。在电阻负载时,由于电流 i_d 的断续,输出电压 u_d 波形中不会出现负值,但电感负载时由于电感的作用,使得电流 i_d 连续,输出电压 u_d 波形中出现了负值。比如,在 $\alpha=90°$ 时,u_d 波形上正值部分和负值部分相同,其平均值 $U_d=0$,由此可知,三相桥式全控整流电路带电感负载时,触发角 α 的移相范围为 $0°\sim90°$。在 $\alpha > 90°$ 时,电路处于逆变工作状态,并随着触发角 α 越大,u_d 波形上负值部分所占比例越大,平均值 U_d 越负。当 $\alpha=120°$ 时,u_d 波形上全部为负值。有关可控整流电路逆变工作状态的分析,留在后面进行讨论。

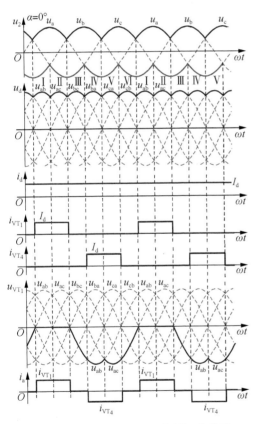

图 3-2-6 带电感负载 $\alpha=0°$ 时的工作波形

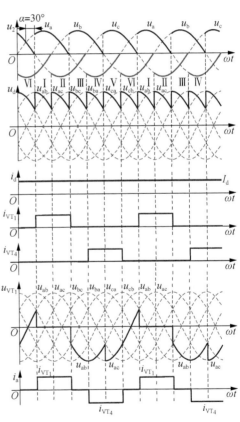

图 3-2-7 带电感负载 $\alpha=30°$ 时的工作波形

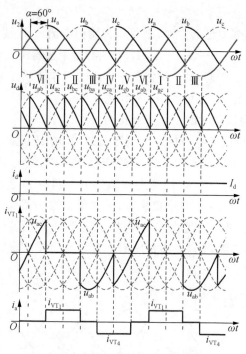

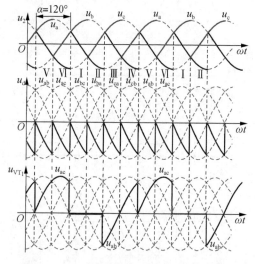

图 3 - 2 - 8　带电感负载 α＝60°时的工作波形

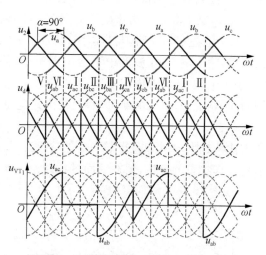

图 3 - 2 - 9　带电感负载 α＝90°时的工作波形

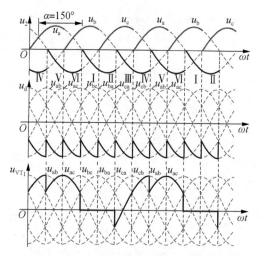

图 3 - 2 - 10　带电感负载 α＝120°时的工作波形

图 3 - 2 - 11　带电感负载 α＝150°时的工作波形

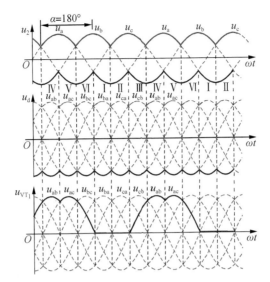

图 3-2-12 带电感负载 $\alpha=180°$ 时的工作波形

三、逆变工作状态

将直流电转换成交流电,这种相对于整流的逆向过程,称之为逆变。对可控整流电路而言,电路形式并未发生变化,只是电路工作条件(或状态)发生了转变。根据负载中能量的最终去向,逆变可分为有源逆变和无源逆变,前者是将电感中储存的磁场能反送给了交流电源,后者是给了其他负载。

同步发电机正常停机时,励磁系统的逆变灭磁即为一种有源逆变过程,它将发电机励磁绕组中先前储存的能量,反送给了交流电源。但在出现故障时,继电保护装置跳磁场断路器的灭磁,实际上为一无源逆变过程,此时发电机励磁绕组中储存的能量,最终被灭磁电阻所消耗,转化为热能。

以逆变灭磁为例,并取触发角 $\alpha=150°$(图3-2-11),则此时整流电路的工作过程,可示意为如图3-2-13所示。

取关联参考方向,由图可知:此时,电感负载的瞬时功率 $p_L=u_L i_d<0$,输出功率;整流电路的瞬时功率 $p_d=u_d i_d>0$,吸收功率。当电感中剩余的能量不足以维持整

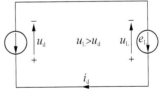

图 3-2-13 三相桥式全控整流电路逆变过程

流桥中晶闸管导通时,逆变过程结束。可以看出,在输出电压 u_d 波形上负值部分越大或触发角 α 越大时,逆变过程就越快。

由此,可以总结出整流电路逆变的实现条件为:

(1) 负载必须是电感或阻感负载,并且逆变之前工作于整流状态。也就是说,电感性负载要有原始的储能。

(2) 触发角 α 应大于 $90°$,即电路工作于逆变状态,输出电压 $U_d<0$。

(3) 由于逆变是将直流侧负载中存储的能量向交流侧电源反送的一个过程,因而回路中不能有断开点。

有关整流电路逆变失败的问题,将在本章第五节中讨论。

四、晶闸管不正常导通时的工作过程分析

上述整流电路工作过程的分析,都是在晶闸管正常导通条件下进行的。实际上,在运行过程中也会出现晶闸管触发脉冲丢失、击穿或过流损坏等情况,以下主要对此类情况下电路的工作情况进行分析。

为便于分析,以电感负载、触发角 $\alpha=60°$ 为例进行讨论。在 ωt_1 时刻,晶闸管 VT$_1$ 的触发脉冲突然丢失情况下电路的工作波形,如图 3-2-14 所示。由于 VT$_1$ 无法正常导通,不能实现由 VT$_5$ 到 VT$_1$ 的换相,于是在负载电感感应电动势作用下,VT$_5$ 和 VT$_6$ 继续维持导通,电路输出电压 u_d 为 u_{cb},即图中编号①。在 ωt_2 时刻,VT$_2$ 触发脉冲到来,因承受正向电压 u_{bc} 而导通,VT$_6$ 因承受此反向电压而关断,此时输出电压 u_d 为 0,即图中编号②。在 ωt_3 时刻,VT$_3$ 触发脉冲到来,因承受正向电压 u_{bc} 而导通,VT$_5$ 因承受此电压而关断,输出电压 u_d 为 u_{bc},即图中编号③。在 ωt_4 时刻,VT$_4$ 触发脉冲来到,在正向电压 u_{ca} 作用下导通,VT$_2$ 在此电压下关断,输出电压 u_d 为 u_{ba},即图中编号④。在 ωt_5 时刻,VT$_5$ 触发脉冲到来,在正向电压 u_{cb} 作用下导通,VT$_3$ 在此电压下关断,输出电压 u_d 为 u_{ca},即图中编号⑤。在 ωt_6 时刻,VT$_6$ 触发脉冲到来,因承受正向电压 u_{ab} 导通,VT$_4$ 在此电压关断,输出电压 u_d 为 u_{cb},即图中编号⑥。在 ωt_7 时刻,电路又重复上述 ωt_1 时刻同样的工作过程。

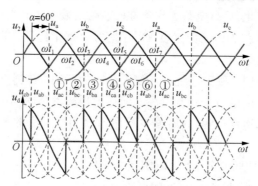

图 3-2-14 VT$_1$ 在 ωt_1 时刻触发脉冲突然丢失情况下的工作波形

同理,可以得出 VT$_1$ 和 VT$_3$、VT$_1$ 和 VT$_4$、VT$_1$ 和 VT$_6$ 在触发脉冲突然丢失情况下的电路工作波形,分别如图 3-2-15～图 3-2-17 所示。应当指出的是,以上是整流电路带电感负载时的情形,对带电阻负载时,显然,仅需将 u_d 波形上负值部分取为 0 即可。

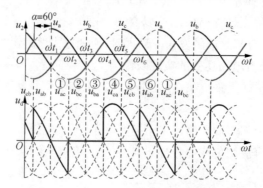

图 3-2-15 VT$_1$ 和 VT$_3$ 在 ωt_1 时刻触发脉冲突然丢失情况下的工作波形

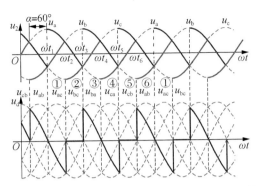

图 3-2-16　VT_1 和 VT_4 在 ωt_1 时刻触发脉冲突然丢失情况下的工作波形

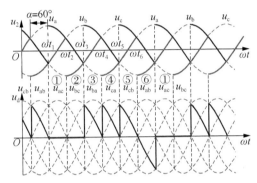

图 3-2-17　VT_1 和 VT_6 在 ωt_1 时刻触发脉冲突然丢失情况下的工作波形

以上分析了晶闸管触发脉冲丢失情况下的电路工作情况。此外,还存在一种晶闸管击穿或过流损坏的情况。若此时该晶闸管处于通路状态,则此时会引起电路的短路故障。以电路中有 1 只晶闸管击穿情况为例,如 VT_1,与 VT_1 同相的 VT_4 导通时,则引起直流侧的短路;与 VT_1 异相同极的 VT_3 导通时,则引起交流侧的两相短路。若晶闸管处于开路状态,与触发脉冲突然丢失,具有相同的分析过程。

五、定量计算

由以上分析可知,三相桥式全控整流电路带电阻负荷和电感负载的工作情况有些不同,所以其定量计算也应分开讨论。

（一）电阻负载

1. 整流输出电压平均值 U_d 和电流平均值 I_d

为计算方便,将坐标原点（或时间零点）取在线电压 u_{ab} 的过零点处,则自然换相点距离原点横坐标变为 $\pi/3$。需要指出的是,零点的选择不同,仅影响所得表达式的形式,对最终所得的一般性结论或基本规律不产生影响。

触发角 $\alpha \leqslant 60°$ 时,整流电路输出电压 u_d 波形连续,整流电路输出电压平均值 U_d 计算式为

$$U_d = \frac{1}{\pi/3} \int_{\frac{\pi}{3}+\alpha}^{\frac{2\pi}{3}+\alpha} \sqrt{6} U_2 \sin(\omega t) \mathrm{d}(\omega t) = 2.34 U_2 \cos\alpha \qquad (3-2-1-1)$$

若 U_2 取线电压,则式(3-2-1-1)可改写为

$$U_d = 1.35U_2\cos\alpha \tag{3-2-1-2}$$

在 $60° < \alpha \leqslant 120°$ 时,由图 3-2-5 可知,整流电路输出电压 u_d 波形不连续,电压平均值 U_d 计算式为

$$U_d = \frac{1}{\pi/3}\int_{\frac{\pi}{3}+\alpha}^{\pi}\sqrt{6}U_2\sin(\omega t)\mathrm{d}(\omega t) = 2.34U_2\left[1+\cos\left(\alpha+\frac{\pi}{3}\right)\right] \tag{3-2-2-1}$$

若 U_2 取线电压,则式(3-2-2-1)可改写为

$$U_d = 1.35U_2\left[1+\cos\left(\alpha+\frac{\pi}{3}\right)\right] \tag{3-2-2-2}$$

根据以上计算的 U_d,即可求得输出电流平均值 I_d 为

$$I_d = \frac{U_d}{R} \tag{3-2-3}$$

2. 晶闸管电流有效值 I_{VT} 和变压器二次绕组电流有效值 I_2

一个周期内,6 只晶闸管轮流导通,每只晶闸管导通 $120°$。此外,三相桥式全控整流电路属于双拍电路,通过变压器二次绕组的电流(如 i_a)是由流过同相的 2 只晶闸管的电流组成(如 i_{VT_1} 和 i_{VT_4}),故 I_{VT} 和 I_2 计算式分别为

当 $\alpha \leqslant 60°$ 时,则有

$$I_{VT} = \sqrt{\frac{1}{2\pi}\left[\int_{\frac{\pi}{3}+\alpha}^{\frac{2\pi}{3}+\alpha}\left(\frac{\sqrt{6}U_2\sin(\omega t)}{R}\right)^2\mathrm{d}(\omega t) + \int_{\frac{2\pi}{3}+\alpha}^{\pi+\alpha}\left(\frac{\sqrt{6}U_2\sin\left(\omega t-\frac{\pi}{3}\right)}{R}\right)^2\mathrm{d}(\omega t)\right]}$$

$$= \frac{U_2}{R}\sqrt{\frac{1}{\pi}\left(\pi+\frac{3\sqrt{3}}{2}\cos2\alpha\right)} \tag{3-2-4-1}$$

$$I_2 = \sqrt{2}\,I_{VT} \tag{3-2-4-2}$$

当 $60° < \alpha \leqslant 120°$ 时,则有

$$I_{VT} = \sqrt{\frac{1}{2\pi}\left[\int_{\frac{\pi}{3}+\alpha}^{\pi}\left(\frac{\sqrt{6}U_2\sin(\omega t)}{R}\right)^2\mathrm{d}(\omega t) + \int_{\frac{2\pi}{3}+\alpha}^{\frac{4\pi}{3}}\left(\frac{\sqrt{6}U_2\sin\left(\omega t-\frac{\pi}{3}\right)}{R}\right)^2\mathrm{d}(\omega t)\right]}$$

$$= \frac{U_2}{R}\sqrt{\frac{1}{\pi}\left[2\pi-3\alpha+\frac{3}{2}\sin\left(\frac{2\pi}{3}+2\alpha\right)\right]} \tag{3-2-5-1}$$

$$I_2 = \sqrt{2}\,I_{VT} \tag{3-2-5-2}$$

3. 晶闸管承受的最大正、反向电压值

由图 3-2-2~3-2-5 可知,晶闸管承受的最大反向电压为变压器二次线电压的峰值,即 $\sqrt{6}U_2$,最大正向电压为 $\frac{3}{2}\sqrt{2}U_2$,即相电压峰值的 1.5 倍。

（二）电感负载

1. 整流输出电压平均值 U_d

由于电感负载下电流 i_d 连续，则 U_d 计算式与式（3-2-1）相同。

2. 晶闸管电流有效值 I_{VT} 和变压器二次绕组电流有效值 I_2

在负载电感值足够大时，可认为 i_d 波形为一平行于 ωt 轴的直线，即有 $i_d = I_d$。由于流过变压器二次绕组的电流是由流过同相异极的 2 只晶闸管电流组成，于是可得 I_{VT} 和 I_2 计算式，分别为

$$I_{VT} = \sqrt{\frac{2\pi/3}{2\pi} I_d^2} = \frac{I_d}{\sqrt{3}} \tag{3-2-6-1}$$

$$I_2 = \sqrt{2}\, I_{VT} \tag{3-2-6-2}$$

3. 晶闸管承受的最大正、反向电压值

由图 3-2-6～图 3-2-12 可知，晶闸管承受的最大正、反向电压均为变压器二次线电压的峰值，即 $\sqrt{6} U_2$。

六、整流电路输出电压平均值 U_d 随触发角 α 的变化关系曲线

根据以上分析和定量计算可得，三相桥式全控整流电路带不同性质负载时，其输出电压平均值 U_d 与触发角 α 的关系曲线，如图 3-2-18 所示。

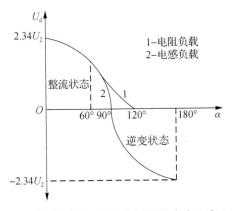

图 3-2-18 不同性质负载下三相桥式全控整流电路 U_d 与 α 的关系曲线

七、整流电路的谐波分析

观察三相桥式全控整流电路输出电压 u_d 和交流侧输入电流 i_a 的波形，可以看出，两者均属于周期性的非正弦函数。据傅立叶级数（Fourier Series）理论可知，可将该周期性的非正弦量分解为直流分量和一系列谐波分量的叠加，并且各次谐波分量的频率为基波频率的整数倍。以下将采用傅氏理论对 u_d 和 i_a 的谐波情况，作一简单分析。

（一）整流输出电压 u_d 的谐波

为便于讨论和理解，先分析触发角 $\alpha = 0°$ 时的情况。首先用傅立叶级数，将电压 u_d 展开，则有

$$u_d = U_d + \sum_{\substack{n=6k \\ k=1,2,3,\cdots}}^{\infty} (a_n \sin n\omega t + b_n \cos n\omega t) \qquad (3-2-7)$$

式中：

$$\left. \begin{aligned} U_d &= \frac{1}{2\pi/6} \int_{-\pi/6}^{\pi/6} u_d \mathrm{d}(\omega t) \\ a_n &= \frac{1}{\pi/6} \int_{-\pi/6}^{\pi/6} u_d \sin(n\omega t) \mathrm{d}(\omega t) \\ b_n &= \frac{1}{\pi/6} \int_{-\pi/6}^{\pi/6} u_d \cos(n\omega t) \mathrm{d}(\omega t) \end{aligned} \right\} \qquad (3-2-8)$$

再将纵坐标选在电压 u_d 的峰值处，如图 3-2-19 所示，这样在 $\left(-\dfrac{\pi}{6}, \dfrac{\pi}{6}\right)$ 范围内，输出电压 u_d 可表示为

$$u_d = \sqrt{6} U_2 \cos\omega t \qquad (3-2-9)$$

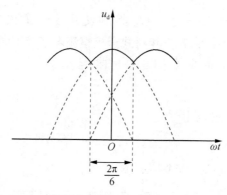

图 3-2-19 三相桥式全控整流电路的输出电压波形($\alpha=0°$)

由于电压 u_d 关于纵坐标对称，为一偶函数，故其傅立叶级数展开式中不含有正弦函数项，于是式(3-2-7)可改写为

$$u_d = U_d + \sum_{\substack{n=6k \\ k=1,2,3,\cdots}}^{\infty} b_n \cos n\omega t \qquad (3-2-10)$$

将式(3-2-9)代入式(3-2-8)，可得

$$\left. \begin{aligned} U_d &= \sqrt{6} U_2 \frac{6}{\pi} \sin \frac{\pi}{6} \\ b_n &= -\sqrt{6} U_2 \frac{6}{\pi} \sin \frac{\pi}{6} \cdot \frac{2\cos k\pi}{n^2-1} \end{aligned} \right\} \qquad (3-2-11)$$

再将式(3-2-11)代入式(3-2-10)，则有

$$u_d = 2.34U_2 \left(1 - \sum_{\substack{n=6k \\ k=1,2,3,\cdots}}^{\infty} \frac{2\cos k\pi}{n^2-1} \cos n\omega t \right)$$

$$= 2.34U_2 \left(1 + \frac{2\cos 6\omega t}{5\times 7} - \frac{2\cos 12\omega t}{11\times 13} + \frac{2\cos 18\omega t}{17\times 19} - \frac{2\cos 24\omega t}{23\times 25} + \cdots \right)$$

$$(3-2-12)$$

可以看出,直流分量为 $2.34U_2$,与由式(3-2-1)在触发角 $\alpha=0°$ 时的电压平均计算值相同。各次谐波的幅值也随着频次的增加,逐渐减低,其中 6 次谐波分量的幅值仅约为直流分量的 6%。

对触发角 $\alpha>0°$ 时,在不同性质负载情况下,由于整流电路输出电流波形有连续和断续的两种情况,因此再采用上述分析方法,已不能简便地得到电压 u_d 的谐波情况。

以下主要就励磁系统中最为常见的电流连续的情况进行讨论。同时,考虑到在工程上对谐波的幅值更为关心,而一般不考虑相位的实际情况。因此,采用以下的分析方法,具体分析过程如下:

相比式(3-2-7)而言,电压 u_d 还可表示为如下的形式

$$u_d = U_d + \sum_{\substack{n=6k \\ k=1,2,3,\cdots}}^{\infty} c_n \cos(n\omega t - \theta_n) \qquad (3-2-13)$$

仍像推导式(3-2-1)那样,取电压 u_{ab} 的过零点作为坐标原点,相应地,电压 u_{ab} 的表达式为

$$u_{ab} = \sqrt{6}U_2 \sin\omega t \qquad (3-2-14)$$

于是,可得直流分量或电压平均值 U_d 计算式为

$$U_d = \frac{1}{2\pi/6} \int_{\pi/3+\alpha}^{2\pi/3+\alpha} u_{ab} d(\omega t)$$

$$= \frac{1}{2\pi/6} \int_{\pi/3+\alpha}^{2\pi/3+\alpha} \sqrt{6}U_2 \sin\omega t \, d(\omega t) = 2.34U_2 \cos\alpha \qquad (3-2-15)$$

通过观察三相桥式全控整流电路在电流 i_d 连续时的 u_d 波形,可以看出,u_d 的基频是交流电源频率的 6 倍,也就是说,u_d 含有的所有谐波,其频次应是 $n=6k$,k 为整数。另外,还有以下关系式

$$\left. \begin{array}{l} c_n = \sqrt{a_n^2 + b_n^2} \\ \theta_n = \arctan \dfrac{a_n}{b_n} \end{array} \right\} \qquad (3-2-16)$$

由于 u_d 的基频为 6ω,因此可由下列积分式确定上式中的系数 a_n 和 b_n,分别为

$$
\left.
\begin{aligned}
a_n &= \frac{1}{\pi/6} \int_{\pi/3+\alpha}^{2\pi/3+\alpha} u_{ab} \sin(n\omega t) \, \mathrm{d}(\omega t) \\
&= \frac{1}{\pi/6} \int_{\pi/3+\alpha}^{2\pi/3+\alpha} \sqrt{6} U_2 \sin\omega t \sin(n\omega t) \, \mathrm{d}(\omega t) \\
b_n &= \frac{1}{\pi/6} \int_{\pi/3+\alpha}^{2\pi/3+\alpha} u_{ab} \cos(n\omega t) \, \mathrm{d}(\omega t) \\
&= \frac{1}{\pi/6} \int_{\pi/3+\alpha}^{2\pi/3+\alpha} \sqrt{6} U_2 \sin\omega t \cos(n\omega t) \, \mathrm{d}(\omega t)
\end{aligned}
\right\}
\tag{3-2-17-1}
$$

$$
n = 6, 12, 18, \cdots
\tag{3-2-17-2}
$$

图 3-2-20 示出了以 n 为参变量的主要谐波幅值比 $\dfrac{c_n}{\sqrt{6}U_2}$ 与触发角 α 的关系曲线[19]。可以看出,当 $\alpha=90°$ 时,谐波幅值最大。

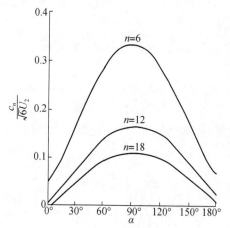

图 3-2-20　三相桥式全控整流电路输出电流连续时的 $\dfrac{c_n}{\sqrt{6}U_2}$ 与 α 的关系曲线

应当指出,当假定负载为线性时,依据叠加原理可知,可认为输出电流 i_d 是由各次谐波电压产生的对应谐波电流的合成。

(二)整流输入电流(或变压器二次绕组电流)i_a 的谐波

为便于分析变压器二次绕组电流 i_a 的谐波,此处仍假定负载电感值足够大。并取电流 i_a 在一周期内正、负两个半波的中点作为坐标原点[18],如图 3-2-21 所示,相应的 i_a 表达式为式(3-2-18)。

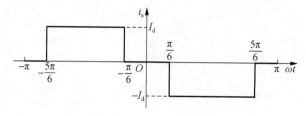

图 3-2-21　电流 i_a 一周期内的波形

$$i_a = \begin{cases} 0 & \omega t \in \left[-\pi, -\dfrac{5}{6}\pi\right) \\[2mm] I_d & \omega t \in \left[-\dfrac{5}{6}\pi, -\dfrac{1}{6}\pi\right) \\[2mm] 0 & \omega t \in \left[-\dfrac{1}{6}\pi, \dfrac{1}{6}\pi\right) \\[2mm] -I_d & \omega t \in \left[\dfrac{1}{6}\pi, \dfrac{5}{6}\pi\right) \\[2mm] 0 & \omega t \in \left[\dfrac{5}{6}\pi, \pi\right] \end{cases} \qquad (3-2-18)$$

由于电流 i_a 波形对称于坐标原点，为一奇函数，所以 i_a 的傅立叶级数展开式中不含有直流分量和余弦函数分量项，即

$$i_a = \sum_{n=1}^{\infty} a_n \sin(n\omega t) \qquad (3-2-19)$$

式中：

$$a_n = \frac{1}{\pi} \int_0^{2\pi} i_a \sin(n\omega t)\,\mathrm{d}(\omega t) \qquad (3-2-20)$$

将式(3-2-18)分别代入式(3-2-19)和式(3-2-20)，经计算和整理，可得

$$\begin{aligned} i_a &= \sqrt{2}\,I_1 \sin\omega t + \sum_{\substack{n=6k\pm1 \\ k=1,2,3,\cdots}}^{\infty} (-1)^k \sqrt{2}\,I_n \sin n\omega t \\ &= \frac{2\sqrt{3}}{\pi} I_d \left(\sin\omega t - \frac{1}{5}\sin5\omega t - \frac{1}{7}\sin7\omega t + \frac{1}{11}\sin11\omega t + \frac{1}{13}\sin13\omega t - \cdots \right) \end{aligned}$$

$$(3-2-21)$$

由此可以看出：电流 i_a 中含有 5 次、7 次、11 次、13 次、$\cdots$、$6k\pm1$ 次谐波，并且各次谐波有效值与谐波次数成反比，是励磁系统的主要谐波来源。

综合式(3-2-12)和式(3-2-21)，可以得出三相桥式全控整流电路将产生如表 3-2-2 所示的各次谐波。这些谐波的次数愈高，它们的幅值就愈小。

表 3-2-2　三相桥式全控整流电路交、直流侧特征谐波的次数

直流侧($6k$)	交流侧($6k\pm1$)
6,12,18,24,$\cdots$	5,7,11,13,$\cdots$

注：$k=1,2,3,\cdots$

八、三相桥式全控整流电路相比三相半波可控整流电路的优点

主要体现在以下两点：

(1) 三相桥式全控整流电路中整流变压器的二次绕组，在一个周期内，既流过正向的电流，又流过反向电流，提高了变压器的利用率，并且直流磁势可相互抵消，避免了变压器的直

流磁化、偏磁等问题。

（2）在整流变压器二次电压相同的情况下，三相桥式全控整流电路输出电压提高了一倍，相应地输出功率也提高了一倍，并且整流输出电压的脉动也较小。

第三节　三相桥式半控、不可控整流电路

将三相桥式全控整流电路（图 3-2-1(b)）中的晶闸管 VT_4、VT_6 和 VT_2，分别改用 3 只二极管 VD_4、VD_6 和 VD_2，就构成了三相桥式半控整流电路，如图 3-3-1 所示。显然，该电路可看成由一个三相半波可控整流电路与一个三相半波不可控整流电路串联而成，电路兼有可控与不可控两者的特点。其中，3 只共阳极组的二极管总是在自然换相点换流，使电流换到阴极电位更低的一相上去，而共阴极组的 3 只晶闸管则要触发后才能换到阳极电位更高的一相中去。另外，与三相桥式全控电路一样，输出电压波形是两组整流电路输出电压波形之和。

对大电感值负载，当触发角从某一角度突然增大至某一较大角时，由于变压器的漏感，电路可能会出现一个桥臂上的晶闸管持续导通的失控现象[1]。这一问题，将在后面详细介绍。为避免此情况的发生，通常在电路直流侧正、负极两端并接一续流二极管 D，如图 3-3-1 所示。

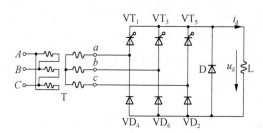

图 3-3-1　三相桥式半控整流电路

一、电路工作过程的分析

图 3-3-1 所示的三相桥式半控整流电路，无论带电阻负载还是电感负载，其输出电压波形情况是相同的。为简单起见，这里以带电感负载为例进行说明，并假定电感值足够大。

上述电路在 $\alpha=0°$、$30°$、$60°$ 和 $90°$ 时的工作波形，分别如图 3-3-2 中的 (a)～(d) 所示。由此，也可以总结出三相桥式半控整流电路的一些工作特点：

（1）触发脉冲数是三相桥式全控电路的一半。

（2）为保证与交流侧电压的同步，触发脉冲应按照 VT_1、VT_3 和 VT_5 的顺序，且间隔 $120°$ 的要求给出。

（3）电路的移相范围为 $0°～180°$，且输出电压 u_d 波形上无负值，也就是说，该电路不能实现逆变。在 $\alpha=60°$ 时，u_d 波形刚好维持连续，在 $\alpha>60°$ 时，u_d 波形出现了断续情况。

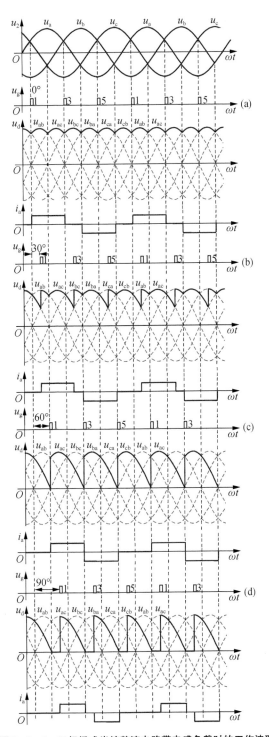

图 3 - 3 - 2 三相桥式半控整流电路带电感负载时的工作波形

二、电路失控分析

整流电路带有大电感值负载时,在触发角从某一较小角度突然增大至某一较大角度时,若在电路直流侧不并接续流二极管 D,则由于变压器的漏感,可能出现电路一个桥臂上的晶闸管持续导通,输出电压不能下降的失控现象。以触发角 α 由 $0°$ 突增至 $180°$ 为例,电路在失控情况下的输出电压波形,如图 $3-3-3(b)$ 所示。

假定在 ωt_2 时刻之前,电路触发角 $\alpha=0°$,VT_1 和 VD_6 处于导通状态,输出电压 u_d 为 u_{ab}。

ωt_2 时刻,若 α 突然增大至 $180°$,则在 $\omega t_2 \sim \omega t_4$ 时间内,由于电压 u_c 低于 u_b,电流由 VD_6 自然换相至 VD_2,相应地输出电压由 u_{ab} 变换为 u_{ac}。

从 ωt_4 时刻起,负载电流开始由 VD_2 向 VD_4 进行换流。在电感负载感应电动势作用下,VT_1 继续维持导通状态,形成"$e_L \rightarrow VD_4 \rightarrow VT_1 \rightarrow e_L$"的续流回路,忽略 VT_1 和 VD_4 的压降,输出电压为 0,这一情况截止到 ωt_6 时刻。

ωt_6 时刻,VT_3 触发脉冲出现,但由于变压器的漏感,负载电流从 VT_1 到 VT_3 的换流不能瞬间完成。ωt_6 时刻后,由于 $u_{ab}>0$,VT_3 承受反向电压,无法导通,VT_1 继续维持导通状态,在 $\omega t_6 \sim \omega t_8$ 时间内,输出电压为 u_{ab}。

ωt_8 时刻,VT_5 触发脉冲出现,但由于 $u_{ac}>0$,VT_5 承受反向电压而无法导通,负载电流开始由 VD_6 换流至 VD_2。在 $\omega t_8 \sim \omega t_{10}$ 时间内,输出电压为 u_{ac}。

ωt_{10} 时刻及以后,电路又重复上述的工作过程。

从图 $3-3-3(b)$ 也可以看出,在 $\omega t_2 \sim \omega t_4$ 时间内,整流电路给电感充电;在 $\omega t_4 \sim \omega t_6$ 时间内,电感负载经过 VD_4 和 VT_1 进行续流放电。ωt_6 时刻后,电路重复以上充、放电过程,使电路不需要触发脉冲,也可以输出较高的电压,这就是三相桥式半控整流电路的失控现象。

若在电路直流侧正、负极两端并接一续流二极管 D,则情况就会有所不同。

ωt_4 时刻在电压 u_{ac} 过零开始变负值后,就可形成"$e_L \rightarrow D \rightarrow e_L$"的续流回路。同时,流过 VT_1 的电流在维持电流以下时,也可实现自行关断。这样在 ωt_4 时刻后,电路输出电压一直为 0,相应地输出电压波形,如图 $3-3-3(c)$ 所示。

此外,为避免电路的失控,还通常采取以下几种保护措施,具体为:

(1)选择正向压降较低的续流二极管,或减小续流二极管与电路直流母线间连线的电阻,以利用最后导通的晶闸管能在较低的电压条件下关断。

(2)选择维持电流较大、关断时间较短的晶闸管。

(3)对励磁调节器触发角的上限值进行限制。

应当指出,有关整流变压器漏感对整流电路影响的更多讨论,将在本章第五节中进行详述。

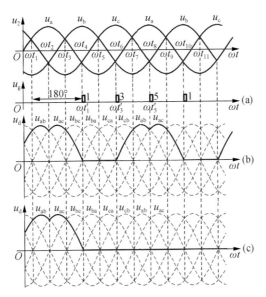

图 3 - 3 - 3　三相桥式半控整流电路失控时的 u_d 波形

三、定量计算

1. 输出电压平均值 U_d

由图 3 - 3 - 2 可知，u_d 波形在一个周期内重复出现三次，所以其平均值 U_d 仅需按三分之一周期内的波形计算即可。为便于理解，以 $\alpha = 60°$ 时为例，由 u_d 波形图 3 - 3 - 2(c) 可知，U_d 计算式为

$$U_\mathrm{d} = \frac{1}{2\pi/3} \int_{\frac{\pi}{6}+\alpha}^{\frac{7\pi}{6}} \sqrt{6} U_2 \sin\left(\omega t - \frac{\pi}{6}\right) \mathrm{d}(\omega t) = 2.34 U_2 \frac{\cos\alpha + 1}{2} \qquad (3 - 3 - 1)$$

该式同样适用于带电阻负载的情况，留给读者自行推导完成。由此可得 U_d 与 α 的关系曲线，如图 3 - 3 - 4 所示。

2. 晶闸管和二极管电流有效值 I_VT 和 I_VD 与变压器二次绕组电流有效值 I_2

由图 3 - 3 - 2 可知，流过变压器二次绕组的电流是由流过同相的晶闸管和相应的二极管电流组成，且有效值的最大值出现在晶闸管和二极管最大导通角为 120° 时。于是可得 I_VT、I_VD 和 I_2 计算式分别为

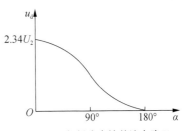

图 3 - 3 - 4　三相桥式半控整流电路 U_d 与 α 的关系曲线

$$I_\mathrm{VT} = I_\mathrm{VD} = \sqrt{\frac{2\pi/3}{2\pi} I_\mathrm{d}^2} = \frac{I_\mathrm{d}}{\sqrt{3}} \qquad (3 - 3 - 2)$$

$$I_2 = \sqrt{2} I_\mathrm{VT} \qquad (3 - 3 - 3)$$

3. 晶闸管和二极管承受的最大正、反向电压值

对图 3 - 3 - 2 进行分析可知，晶闸管承受的最大正、反向电压分别为 $\frac{3}{2}\sqrt{2} U_2$ 和 $\sqrt{6} U_2$，二

极管承受的最大反向电压为变压器二次线电压的峰值,即$\sqrt{6}U_2$。

四、三相桥式半控整流电路与三相桥式全控整流电路的比较

三相桥式半控整流电路中仅有3只晶闸管,所以电路仅需三套触发电路即可,也不需要宽脉冲或双窄脉冲触发。线路简单、经济,且调整方便,通常多应用于中小型或不要求可逆的整流装置中,如起励装置。

五、三相桥式不可控整流电路

若将三相桥式全控整流电路中的6只晶闸管均改用二极管,即构成了三相桥式不可控整流电路,如图3-3-5所示。该电路相当于由两个三相半波不可控整流电路串联构成,其工作过程分析及输出波形,可对照三相桥式全控整流电路在触发角$\alpha=0°$时的情况,进行分析,具体过程,从略。

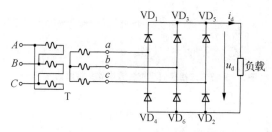

图3-3-5 三相桥式不可控整流电路

第四节 单相桥式全控整流电路

实际上,在一些小型发电机励磁系统中,单相整流电路仍有一定范围的应用。尤其单相桥式全控整流电路,应用最为广泛,其原理接线如图3-4-1所示。

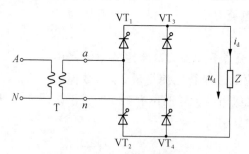

图3-4-1 单相桥式可控整流电路

相比三相桥式全控整流电路,单相情况的分析要简单得多。限于篇幅,不再作详细的讨论,直接给出相关结论,见表3-4-1所示。具体过程分析,可参阅参考文献[18]、[19]。

表 3-4-1　单相桥式全控整流电路计算公式

	计算项目	计算式
电阻负载	整流电路输出电压平均值	$U_d = 0.9U_2 \dfrac{1+\cos\alpha}{2}$
	整流电路输出电流平均值	$I_d = \dfrac{U_d}{R}$
	晶闸管电流平均值和有效值	$I_{AV} = \dfrac{I_d}{2}$，$I_{VT} = \dfrac{U_2}{\sqrt{2}R}\sqrt{\dfrac{\sin2\alpha}{2\pi} + \dfrac{\pi-\alpha}{\pi}}$
	晶闸管承受的最大正、反向电压	$\sqrt{2}U_2$
	变压器二次绕组电流有效值	$I_2 = \sqrt{2}I_{VT}$
电感负载（$\omega L \gg R$）	整流电路输出电压平均值	$U_d = 0.9U_2\cos\alpha$
	晶闸管电流平均值和有效值	$I_{AV} = \dfrac{I_d}{2}$，$I_{VT} = \dfrac{I_d}{\sqrt{2}}$
	晶闸管承受的最大正、反向电压	$\sqrt{2}U_2$
	变压器二次绕组电流有效值	$I_2 = \sqrt{2}I_{VT}$

注：U_2 为单相变压器二次侧相电压有效值；其他相关参数含义同上。

第五节　整流变漏感对整流电路的影响

在上述分析过程中，均未考虑整流变漏感的影响，认为换相是瞬时完成的。但实际上变压器绕组总存在漏感。由于电感对电流的变化起阻碍作用，流过电感的电流不能突变，因此换相过程不可能瞬间完成，也就是说，存在前一相的电流从 I_d 逐渐降到零，而后一相的电流从零逐渐升到 I_d 的一个过渡过程。习惯将这段时间所对应的电角度称之为换相角（又称为换流角），并表示为 γ。在换相过程中，两个相邻的晶闸管是同时导通的。

下面主要对三相半波可控整流和三相桥式全控整流两种电路进行分析，尤其后者是讨论的重点。应当指出，本节的分析不考虑谐波的影响。

一、三相半波可控整流电路换相过程分析

图 3-5-1 为考虑了变压器漏感、触发角 $\alpha = 30°$ 时的三相半波可控整流电路的换相过程及工作波形。假定负载电感值足够大，即认为电流 i_d 波形为一条水平线，$i_d = I_d$。

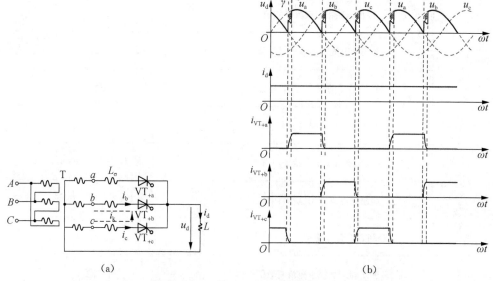

图 3-5-1 考虑变压器漏感时三相半波可控整流电路工作过程及波形

图中：L_σ 为变压器漏感（有名值），并认为三相相同。

在一个周期内，三相半波可控整流电路有 3 次换相过程，由于各次换相情况相同，为简化叙述，以下仅以 VT_{+b} 换相至 VT_{+c} 为例进行讨论。在 ωt_3 时刻之前，VT_{+b} 处于导通状态，ωt_3 时刻触发 VT_{+c}，VT_{+c} 导通，但由于变压器 b、c 两相存有漏感，电流 i_b 和 i_c 不能突变，于是 VT_{+b} 和 VT_{+c} 同时导通，相当于 b、c 两相短路。这样在电压差 $u_{cb}=u_c-u_b$ 作用下，回路中产生了环流 i_k，该电流在漏感上产生的电压降与 u_{cb} 的关系为 $2L_\sigma\dfrac{di_k}{dt}=u_{cb}$。由于 $i_c=i_k$，$i_b=i_d-i_c=I_d-i_k$，i_k 是逐渐增加的，于是当 i_k 增至 I_d 时，则有 $i_c=I_d$，$i_b=0$，VT_{+b} 关断，电流 i_d 由 VT_{+b} 到 VT_{+c} 换相过程结束。

在以上换相过程中，存在以下数量关系

$$\left.\begin{array}{l} i_c=i_k \\ i_b=I_d-i_k \\ u_b=-L_\sigma\dfrac{di_k}{dt}+u_d \\ u_c=L_\sigma\dfrac{di_k}{dt}+u_d \end{array}\right\} \tag{3-5-1}$$

可以得到

$$u_d=\frac{u_b+u_c}{2} \tag{3-5-2}$$

从而可知,在以上换相过程中,整流输出电压 u_d 为同时导通的 2 只晶闸管所对应相电压的平均值。与不考虑漏感(图 3-1-6)时相比,在每次换相时 u_d 波形均出现了缺口(图 3-5-1(b)中阴影区域),导致输出电压平均值 U_d 的降低。习惯将这一缺口电压称之为换相压降,并表示为 ΔU_d,相应地计算式为

$$\Delta U_d = \frac{1}{2\pi/3} \int_{3\pi/2+\alpha}^{3\pi/2+\alpha+\gamma} (u_c - u_d) \mathrm{d}(\omega t) \tag{3-5-3}$$

联立式(3-5-1),可将上式改写为

$$\Delta U_d = \frac{1}{2\pi/3} \int_0^{I_d} X_\sigma \mathrm{d}i_k \tag{3-5-4}$$

式中:X_σ——变压器漏抗(有名值),$X_\sigma = \omega L_\sigma$。

对上式求解,可得

$$\Delta U_d = \frac{3X_\sigma I_d}{2\pi} \tag{3-5-5}$$

同样,由式(3-5-1)可得

$$\frac{\mathrm{d}i_k}{\mathrm{d}t} = \frac{u_c - u_b}{2L_\sigma}$$

即

$$\mathrm{d}i_k = \frac{u_c - u_b}{2X_\sigma} \mathrm{d}(\omega t) \tag{3-5-6}$$

再联立式(3-1-1),对上式进行积分,则有

$$\int_0^{I_d} \mathrm{d}i_k = \frac{1}{2X_\sigma} \int_{3\pi/2+\alpha}^{3\pi/2+\alpha+\gamma} (u_c - u_b) \mathrm{d}(\omega t)$$

即

$$I_d = \frac{\sqrt{6}U_2}{2X_\sigma} [\cos\alpha - \cos(\alpha+\gamma)] \tag{3-5-7}$$

对式(3-5-7)进行反余弦变换,可得到换相角 γ 为

$$\gamma = \arccos\left[\cos\alpha - \frac{2X_\sigma I_d}{\sqrt{6}U_2}\right] - \alpha \tag{3-5-8}$$

二、三相桥式全控整流电路换相过程分析

图 3-5-2 为考虑了变压器漏感、触发角 $\alpha = 30°$ 时的三相桥式全控电路的换相过程和工作波形。仍假定负载电感值足够大,即认为电流 i_d 波形为一条水平线,$i_d = I_d$。

图 3-5-2 所示电路在交流电源一个周期内有 6 次晶闸管换相过程,因各次换相情况相同,所以以下仅对从 VT_6 换相至 VT_2 的过程进行分析。

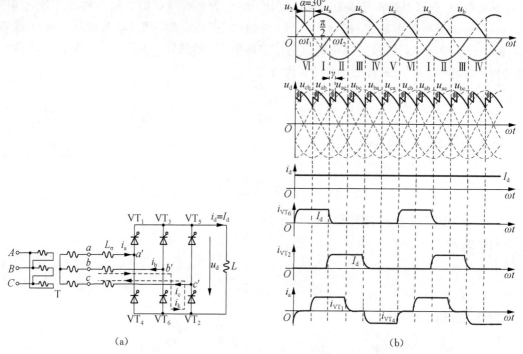

图 3-5-2　考虑变压器漏感时三相桥式全控整流电路工作过程及波形

在 ωt_2 时刻前，VT_1 和 VT_6 处于导通状态，即输出电压 $u_d = u_{ab}$。ωt_2 时刻，VT_2 的触发脉冲到来，VT_2 导通，但因变压器 b、c 两相有漏感，所以流过 VT_6 的电流 i_b 和流过 VT_2 的电流 i_c 均不能突变，于是 VT_6 和 VT_2 同时处于导通状态，相当于 b、c 两相回路短路。b、c 两相间电压差为 $u_b - u_c$，该电压差将在此两相组成的回路中产生环流 i_k，如图中虚线，并全部降落在变压器漏抗上，即有 $2L_\sigma \dfrac{di_k}{dt} = u_b - u_c$。随着 $i_c = i_k$ 逐渐增大，$i_b = I_d - i_k$ 相应地逐渐减小，当 i_k 增大至 $i_k = I_d$ 时，则 $i_b = 0$，VT_6 关断，换相过程结束。可以看出，三相桥式全控整流电路的换相过程与三相半波可控整流电路具有相似的特点。以上换相过程，可表示为如图 3-5-3 所示。

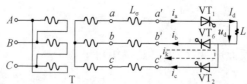

图 3-5-3　VT_6 和 VT_2 换相过程分析

（一）换相过程中电流变化率 di/dt、换相角 γ 和反向关断电压的计算

在上述换相过程中，存在以下数量关系

$$\left.\begin{array}{l} i_a = I_d \\ i_b = I_d - i_k \\ i_c = i_k \end{array}\right\} \tag{3-5-9}$$

$$u_a - u_b = -L_\sigma \frac{di_k}{dt} + u_d \atop u_a - u_c = L_\sigma \frac{di_k}{dt} + u_d \right\} \qquad (3-5-10)$$

由式(3-5-10)可得

$$\frac{di_k}{dt} = \frac{u_b - u_c}{2L_\sigma}$$

即

$$\frac{di_k}{dt} = \frac{u_{bc}}{2L_\sigma} \qquad (3-5-11)$$

由图 3-5-2(b)可知,当取 $\omega t = \frac{\pi}{2} + \alpha + \gamma$ 时, u_{bc} 有最大值,即 $\frac{di_k}{dt}$ 最大。于是联立式 (3-1-1)可得, $\frac{di_k}{dt}$ 最大值计算式为

$$\left(\frac{di_k}{dt}\right)_{max} = \frac{\sqrt{6} U_2 \sin(\alpha + \gamma)}{2L_\sigma} \qquad (3-5-12)$$

当上式中的电压 U_2 取额定线电压,并将漏感 L_σ 换算成短路电抗电压百分数 $U_k(\%)$ 时,则上式可变形为

$$\left(\frac{di_k}{dt}\right)_{max} = \frac{100\pi \sqrt{2} S_N \sin(\alpha + \gamma)}{2U_k(\%) U_{2N}} \qquad (3-5-13)$$

将式(3-5-11)改写为

$$\frac{di_k}{d\omega t} = \frac{u_{bc}}{2X_\sigma} \qquad (3-5-14)$$

对上式进行积分,并由图 3-5-2(b)可知,当 $\omega t = \frac{\pi}{2} + \alpha$ 时, $i_k = 0$。同时,联立式(3-1-1), 可得

$$\int_0^{i_k} di_k = -\frac{\sqrt{6} U_2}{2X_\sigma} \int_{\pi/2+\alpha}^{\omega t} \cos\omega t \, d(\omega t)$$

即

$$i_k = \frac{\sqrt{6} U_2}{2X_\sigma} (\cos\alpha - \sin\omega t) \qquad (3-5-15)$$

同理,由图 3-5-2(b)可知,当 $\omega t = \frac{\pi}{2} + \alpha + \gamma$ 时, $i_k = I_d$,于是上式可变换为

$$I_d = \frac{\sqrt{6} U_2}{2X_\sigma} [\cos\alpha - \cos(\alpha + \gamma)] \qquad (3-5-16)$$

对上式进行反余弦变换求解,可得换相角 γ 为

$$\gamma = \arccos\left[\cos\alpha - \frac{2X_\sigma I_d}{\sqrt{6}U_2}\right] - \alpha \qquad (3-5-17)$$

若将上式中的电压 U_2 和漏抗 X_σ 分别用额定线电压和变压器短路电抗电压百分数 U_k（%）时,可变形为

$$\gamma = \arccos\left[\cos\alpha - \frac{\sqrt{2}U_k(\%)U_{2N}I_d}{S_N}\right] - \alpha \qquad (3-5-18)$$

从上式可以看出,换相角 γ 与整流桥输出电流 I_d、触发角 α 及变压器参数 X_σ 和 U_2 有关。当 α 一定时,I_d 和 X_σ 愈大,换相角 γ 增大,这是由于 I_d 和 X_σ 愈大,漏感中储存的能量就愈多,换相过程会加长,使得换相角 γ 增加;当 I_d 和 X_σ 不变时,α 愈大,交流电源供给能量减少,这样能量释放快,相应地换相角 γ 减少。以上参数的变化对换相角 γ 的影响,见表 3-5-1 所示。

表 3-5-1　换相角 γ 与整流桥输出电流 I_d、触发角 α 和变压器参数 X_σ 和 U_2 之间的关系

γ	I_d	α	X_σ	U_2
↑	↑	C	C	C
↑	C	↓	C	C
↑	C	C	↑	C
↑	C	C	C	↓

注:C 含义为不变。

在整流电路工作过程中,换相角 γ 是一个极为重要的参数。当换相角 γ 值大小不同时,在整流电路工作过程中同时导通的晶闸管元件数目也不同。图 3-5-4 示出了这一工作情况。图中数字 1~6 分别表示图 3-5-2(a)中相应晶闸管的编号,斜线表示正在换相的两只晶闸管。

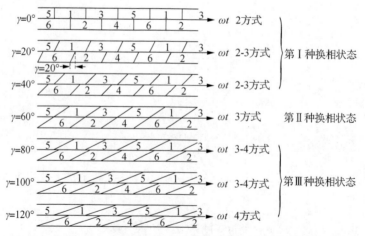

图 3-5-4　换相角 γ 大小不同时与同时导通的晶闸管元件数间的对应关系

为简明和方便起见,在整流电路工作过程中,工程上习惯于采用同时导通的晶闸管元件数目,来命名整流电路的工作方式。以 $0° < \gamma < 60°$ 情形为例,整流电路在非换相期间有 2 只晶闸管元件导通,在换相期间有 3 只晶闸管导通,并且这一情况是周期性交替出现的,因此,将这一工作方式称之为 2-3 方式。

从上图可以看出:

1. 当 $\gamma = 0°$ 时,有 2 只晶闸管同时导通,即 2 方式;当 $\gamma = 60°$ 时,有 3 只晶闸管同时导通,即 3 方式。以上两种方式可看作 2-3 方式的边界。

2. 当 $60° < \gamma < 120°$ 时,3 只同时导通的晶闸管和 4 只同时导通的晶闸管周期交替进行,即 3-4 方式。

依据换相角 γ 小于 60°、等于 60° 和大于 60°,工程上还将整流电路区分为三种运行状态,分别称之为第 I 种换相状态(即 2 方式和 2-3 方式)、第 II 种换相状态(即 3 方式)和第 III 种换相状态(即 3-4 方式)。需要注意的是,励磁系统设计时通常采用工作于第 I 种换相状态,另外两种换相状态是要避开的,属于非正常状态。后文若无特殊说明,整流电路均指工作于第 I 种换相状态的情况。有关后两种换相状态的分析及计算,可参阅参考文献[20]。

此外,在整流装置设计时,我们还关心晶闸管在关断过程中承受的反向电压情况。这从图 3-5-2 和图 3-5-3 也可以看出,在电流由 VT_6 到 VT_2 的换相过程初始时刻,VT_6 开始承受反向的电压作用,直至换相结束或 VT_6 完全关断的瞬间,此时,VT_6 承受的反向电压为 u_{bc} 在 $\omega t = \frac{\pi}{2} + \alpha + \gamma$ 时的值,即

$$(u_{VT_6})_{\max} = \sqrt{6} U_2 \sin(\alpha + \gamma) \qquad (3-5-19)$$

若上式中的 U_2 取为额定线电压值,则可变形为

$$(u_{VT_6})_{\max} = \sqrt{2} U_{2N} \sin(\alpha + \gamma) \qquad (3-5-20)$$

(二) 晶闸管元件流过电流 i_{VT} 和整流电路交流侧电流 $i_{a(b,c)}$ 有效值的计算

考虑换相过程后,流过晶闸管元件的电流出现了上升段和下降段,如图 3-5-2(b)所示。以晶闸管 VT_2 为例,在上升段 $\left(\text{即} \frac{\pi}{2} + \alpha \leqslant \omega t \leqslant \frac{\pi}{2} + \alpha + \gamma\right)$ 时,由式(3-5-15)和式(3-5-16)可得,晶闸管 VT_2 在换相上升段期间流过的电流表达式为

$$i_s = \frac{\cos\alpha - \sin\omega t}{\cos\alpha - \cos(\alpha + \gamma)} I_d \qquad (3-5-21)$$

通过 i_s 向右平移 $\frac{2\pi}{3}$,再向上平移 I_d,即可得到晶闸管 VT_2 在换相下降期间流过电流的表达式为

$$i_x = I_d - \frac{\cos\alpha - \sin\left(\omega t - \frac{2\pi}{3}\right)}{\cos\alpha - \cos(\alpha + \gamma)} I_d \qquad (3-5-22)$$

于是,可以求得流过晶闸管 VT_2 的电流有效值为

$$I_{\text{VT}} = \sqrt{\frac{1}{2\pi}\left[\int_{\frac{\pi}{2}+\alpha}^{\frac{\pi}{2}+\alpha+\gamma} i_{\text{s}}^2 \mathrm{d}(\omega t) + \int_{\frac{\pi}{2}+\alpha+\gamma}^{\frac{7\pi}{6}+\alpha} I_{\text{d}}^2 \mathrm{d}(\omega t) + \int_{\frac{7\pi}{6}+\alpha}^{\frac{7\pi}{6}+\alpha+\gamma} i_{\text{x}}^2 \mathrm{d}(\omega t)\right]} \quad (3-5-23-1)$$

$$= \frac{I_{\text{d}}}{\sqrt{3}}\sqrt{1-3\psi(\alpha,\gamma)}$$

$$\psi(\alpha,\gamma) = \frac{[2+\cos(2\alpha+\gamma)]\sin\gamma - [1+2\cos\alpha\cos(\alpha+\gamma)]\gamma}{2\pi[\cos\alpha-\cos(\alpha+\gamma)]^2} \quad (3-5-23-2)$$

结合前面分析可知,在一个周期内流过交流侧的电流包含两部分,如图 3-5-2(b)中电流 i_{a} 由 i_{VT_1} 和 i_{VT_4} 组成,因此整流电路交流侧电流有效值为

$$I_2 = \sqrt{\frac{2}{3}}I_{\text{d}}\sqrt{1-3\psi(\alpha,\gamma)} \quad (3-5-24)$$

$$= 0.816 I_{\text{d}}\sqrt{1-3\psi(\alpha,\gamma)}$$

在忽略换相过程,即 $\gamma=0°$ 时,由式(3-5-23)和式(3-5-24)可得,$I_{\text{VT}} = \dfrac{I_{\text{d}}}{\sqrt{3}}$,$I_2 = 0.816 I_{\text{d}}$,与式(3-2-6)计算结果相同。

（三）整流输出电压平均值 $U_{\text{d}(\gamma)}$ 的计算

同样,与不考虑变压器漏感(图 3-2-7)时相比,每次换相时输出电压 u_{d} 波形上也有一缺口(图 3-5-2(b)中阴影区域),使得输出电压平均值 U_{d} 降低。相应地,该换相压降计算式为

$$\Delta U_{\text{d}} = \frac{1}{\pi/3}\int_{\pi/2+\alpha}^{\pi/2+\alpha+\gamma}(u_{\text{ac}}-u_{\text{d}})\mathrm{d}\omega t$$

即

$$\Delta U_{\text{d}} = \frac{1}{\pi/3}\int_{\pi/2+\alpha}^{\pi/2+\alpha+\gamma}(u_{\text{a}}-u_{\text{c}}-u_{\text{d}})\mathrm{d}\omega t \quad (3-5-25)$$

由式(3-5-10)可得

$$u_{\text{d}} = \frac{3}{2}u_{\text{a}} \quad (3-5-26)$$

将上式代入式(3-5-25),则有

$$\Delta U_{\text{d}} = \frac{1}{\pi/3}\int_{\pi/2+\alpha}^{\pi/2+\alpha+\gamma}\left(-\frac{1}{2}u_{\text{a}}-u_{\text{c}}\right)\mathrm{d}\omega t \quad (3-5-27)$$

上式中的"$-\dfrac{1}{2}u_{\text{a}}-u_{\text{c}}$"项,可结合相量图 3-5-5,方便得出具体形式,即

$$-\frac{1}{2}u_{\text{a}}-u_{\text{c}} = \frac{\sqrt{6}U_2}{2}\sin\left(\omega t-\frac{\pi}{2}\right) \quad (3-5-28)$$

将上式代入式(3-5-27),经整理可得

$$\Delta U_d = \frac{3\sqrt{6}U_2}{2\pi}\left[\cos\alpha - \cos(\alpha+\gamma)\right] \quad (3-5-29)$$

由式(3-5-16)解出 $\cos\alpha - \cos(\alpha+\gamma) = \dfrac{2X_\sigma I_d}{\sqrt{6}U_2}$,并代入上

式,可以得到

$$\Delta U_d = \frac{3X_\sigma I_d}{\pi} \quad (3-5-30)$$

由此可得,整流电路输出电压平均值 $U_{d(\gamma)}$(以区别不考虑换相过程时的 U_d)为

$$U_{d(\gamma)} = U_d - \Delta U_d$$

或

$$U_{d(\gamma)} = 2.34U_2\cos\alpha - \frac{3X_\sigma I_d}{\pi} \quad (3-5-31)$$

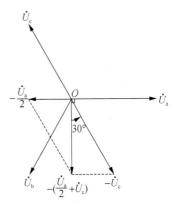

图 3-5-5 "$-\frac{1}{2}u_a - u_c$"的相量合成

式中:U_d 的推导过程,详见式(3-2-1)。

顺便指出,在整流电路由交流励磁机提供电源时,则可取 $X_\sigma = \dfrac{(X_d'' + X_2)U_N^2}{2S_N}$,式中的 X_d'' 和 X_2 分别为交流励磁机的次暂态电抗和负序电抗(标幺值),U_N 和 S_N 分别为交流励磁机的额定电压和额定容量(有名值)。

(四)整流电路外特性

整流电路外特性是指在交流输入电压恒定情况下整流电路输出电压与输出电流、触发角之间的关系,即 $U_d = f(I_d,\alpha)$。据式(3-5-31)容易得到,整流电路的外特性曲线,如图 3-5-6 所示。

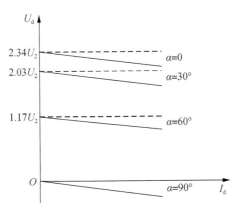

图 3-5-6 整流电路的外特性(虚线表示不考虑变压器漏抗)

从上图可以看出:

(1)与不考虑变压器漏抗情况相比,外特性曲线出现了下垂,也就是说,整流电路输出电压随着输出电流的增大而逐渐降低。

(2) 变压器的漏抗使得整流电路整流工作状态下触发角范围缩小,即 $\alpha < 90°$。

（五）换相过程及换相过电压产生分析

以上分析都是基于对换相过程的粗略考虑。实际上,整流电路换相过程极为复杂。若采取线性化近似处理的方法,则换相过程可描述为如图 3-5-7 所示。

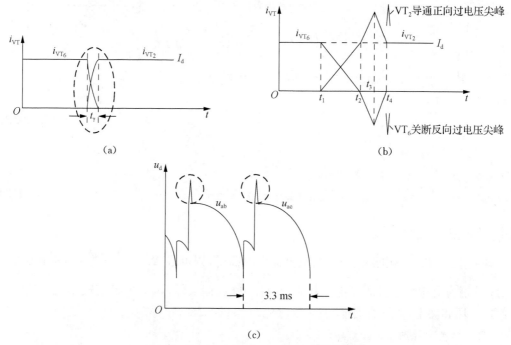

图 3-5-7 换相过程分析及换相过电压产生

仍以晶闸管 VT$_6$ 向 VT$_2$ 换相为例进行分析,此时流过晶闸管 VT$_6$ 和 VT$_2$ 的电流,如图 3-5-7(a)所示。采用线性化的处理办法,对这一换相过程(图中虚线椭圆,对应换相时间为 t_γ)进行局部放大,可得到如图 3-5-7(b)所示,这样时间 t_γ 可分为 3 个时间段,即 $t_1 \sim t_2$、$t_2 \sim t_3$ 和 $t_3 \sim t_4$。

在 t_1 时刻,VT$_2$ 被触发,VT$_6$ 和 VT$_2$ 开始换相,在电压 u_{bc} 作用下电流 i_{VT_6} 在减少,相应地电流 i_{VT_2} 逐渐增加。在 t_2 时刻,$i_{VT_6}=0$,$i_{VT_2}=I_d$,但由于 VT$_6$ 在换相结束后不能立刻恢复阻断能力,因而有较大的反向电流流过,在 t_3 时刻达到最大值,之后逐渐降低,在 t_4 时刻返回至零。由于流过 VT$_6$ 和 VT$_2$ 的电流之和等于 I_d,所以相应地在 t_3 时刻,流过 VT$_2$ 的电流 i_{VT_2} 达到正向最大值,在 t_4 时刻恢复至稳态值 I_d。

在时间段 $t_2 \sim t_4$,由于 i_{VT_2} 的变化率 $\dfrac{di_{VT_2}}{dt}$ 较大,以及变压器漏感影响,会产生较高的过电压。该过电压具有正极性,在叠加到 u_{ac} 上后,就会在电压 u_{ac} 波形上产生正向的"毛刺",如图 3-5-7(c)中虚线圆内的尖峰。这一尖峰电压即为所谓的换相过电压。

（六）逆变失败

在三相桥式全控整流电路中,习惯用 β 来表示逆变工作状态下的触发角,并称之为逆变角。其与触发角 α 的关系为 $\beta = \pi - \alpha$,可见 $\beta < 90°$。

由前面分析可知,在考虑变压器漏感后,电路中晶闸管的换相需要一定的时间。另外,晶闸管关断也需要时间(有关过程分析,将在第六章第三节中介绍),所以逆变角 β 不可以低于这两个因素所决定的角度,就是说

$$\beta > \gamma + \delta \qquad\qquad (3-5-32)$$

式中: γ——换相角;

δ——晶闸管关断时间对应的电角度。

若 β 过小,则会造成整流电路的逆变失败。以 $\beta = 0°$(即 $\alpha = 180°$)为例,此时电路的工作波形,如图 3-5-8 所示,具体分析过程如下:

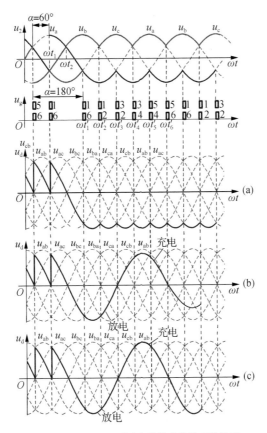

图 3-5-8　$\alpha = 180°$ 时电路逆变失败工作波形

电路原处于整流工作状态,并假定 $\alpha = 60°$,VT$_1$ 和 VT$_6$ 导通,输出电压为 u_{ab}。在 ωt_2 时刻,α 突然增大至 $180°$,在 $\omega t_2 \sim \omega t_1'$ 时间内 VT$_1$ 和 VT$_6$ 仍导通,输出电压为 u_{ab}。在 $\omega t_1'$ 时刻,VT$_1$ 和 VT$_6$ 的触发脉冲到来,原已导通的 VT$_1$ 和 VT$_6$ 继续导通,输出电压仍为 u_{ab}。$\omega t_2'$ 时刻,VT$_2$ 触发脉冲到来,理想状态下回路电流从 VT$_6$ 转移到 VT$_2$ 应瞬间完成,但由于 VT$_6$ 换相需要时间,到 $\omega t_2'$ 时刻后,$u_{cb} > 0$,VT$_6$ 在正向电压下继续维持导通,VT$_2$ 在该反向电压下不能够导通,这样一直由 VT$_1$ 和 VT$_6$ 构成通路。在 $\omega t_3'$、$\omega t_4'$、$\omega t_5'$ 和 $\omega t_6'$ 时刻及之后,均有同样的情况,这样就造成了该关断的不关断、应导通的不能导通的异常现象。在上述过程

中，在 $u_{ab} > 0$ 期间，电路处于整流状态，交流电源向负载电感充电；$u_{ab} < 0$ 期间，电路处于逆变状态，在负载电感电动势 e_L 作用下，电感向交流电源放电，这样就形成了"一充一放"的反复过程，如图 3-5-8(b) 和 (c) 所示。以上现象和过程即为所谓的逆变失败，又称之为逆变颠覆。

图 3-5-8(a) 为理想状态下 $\alpha = 180°$ 时的逆变波形。

图 3-5-8(b) 为无外部交流电源补充能量时的逆变失败波形，显然是一衰减的过程，如自并励静止励磁系统。

图 3-5-8(c) 为有外部交流电源补充能量时的逆变失败波形，是一等幅振荡过程，如三机有刷或无刷他励交流励磁机励磁系统。

为避免出现上述的逆变失败，可将 $\omega t_1'$ 时刻的触发脉冲提前，即减少触发角 α。以 $\alpha = 150°$ 为例，其工作波形如图 3-5-9 所示，这样在 $\omega t_2'$ 时刻，$u_{bc} > 0$，在电流经过从 VT$_6$ 换流至 VT$_2$ 过程后，由于 VT$_6$ 仍承受此反向电压而实现关断，而 VT$_2$ 在该正向电压作用下导通，于是电路就实现了逆变工作状态。根据以往工程经验，最大触发角 α_{max} 一般设定为不超过 150°，就是说，最小逆变角 β_{min} 不低于 30°。

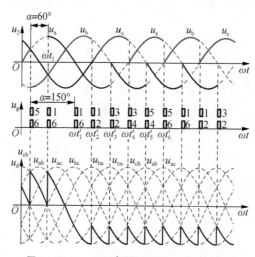

图 3-5-9 $\alpha = 150°$ 时电路逆变成功工作波形

（七）结论

通过以上分析可知，变压器漏感（或漏抗）的存在使得晶闸管间的换相或换流不能瞬间完成，而是需要一个过渡过程。这一情况，会带来以下诸多表现[18]，主要有：

（1）电压波形出现缺口，产生换相压降，致使交流电源电压波形发生畸变、输出平均电压 U_d 降低，以及晶闸管承受的 $\dfrac{du}{dt}$ 增加等。

（2）逆变角过高时，容易带来逆变失败的问题。

（3）使得整流电路工作方式增多，如 2-3 方式、3 方式等。

（4）变压器的漏抗，可使回路中的电流变化平缓，也就降低了晶闸管承受的 $\dfrac{di}{dt}$。此外，对限制变压器二次侧短路电流也有利。

第四章　励磁控制系统性能分析

由第一章分析可知,同步发电机、励磁功率系统和调节器构成一个完整的励磁控制系统。依据受扰动量的大小,励磁控制系统的调节特性可分为静态特性、动态特性和暂态特性。考虑到暂态特性分析涉及元件的非线性数学模型(如限幅),且分析方法多样,又不具有一般性等问题,故为掌握励磁控制系统的基本特征,本章主要对其中的静态特性和动态特性进行分析。另外,由于本书内容是站在励磁系统制造厂视角进行组织的,因此更多的是对单机系统的关注,所以在本章及后面几个章节中主要是围绕单机系统进行讨论的。

目前,数字式调节器得以广泛应用,基本上取代了模拟式,但模拟式调节器时期所形成的一些思想、概念和方法,诸如模块化、传递函数、结构框图和根轨迹分析法等,由于具有直观、物理含义明确等特点,对数字式调节器的分析和设计仍具有很强的指导性和借鉴意义,正如继电保护对微机保护的影响一样,故为揭示数字式调节器(或现代励磁控制系统)的"真面目",本章仍沿用经典控制理论的方法,来分析其性能,首先导出各元件的传递函数,再根据系统结构得出系统的传递函数,最后应用根轨迹法来对整个系统的工作性能进行分析。

第一节　励磁控制系统的数学模型

单机运行时励磁控制系统的结构框图,可表示为如图 4-1-1 所示的形式。以下首先建立系统各组成元件的传递函数,再根据系统的结构或连接,得出系统的传递函数框图。

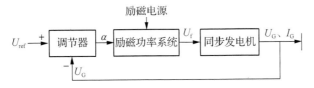

图 4-1-1　励磁控制系统组成框图

一、各元件的传递函数

（一）同步发电机

第二章第二节已对同步发电机数学模型给予了详细的讨论,不再重述。为便于励磁控制系统性能分析,可采用其中的三阶简化模型。同时为避免同步发电机传递函数框图中 U_f 前出现负号(留给读者可自行推导得知),以符合习惯,这里取定子各相绕组磁轴的正方向分别与各绕组的正向电流所产生的磁通的方向相同,其他规定不变。由此可得,同步发电机的

简化方程为

$$\left.\begin{array}{l} u_d = \varphi_q \\ u_q = -\varphi_d \\ u_f = p\varphi_f + R_f i_f \\ \varphi_d = X_d i_d - X_{af} i_f \\ \varphi_q = X_q i_q \\ \varphi_f = -X_{af} i_d + X_f i_f \end{array}\right\} \tag{4-1-1}$$

于是,据式(4-1-1)可导出,在输入和输出取不同电气量时,同步发电机相应的传递函数,具体有:

1. 输入变量为 U_f 和 I_d、输出变量为 U_G

由式(4-1-1)可得

$$u_q = -\varphi_d = -X_d i_d + X_{af} i_f \tag{4-1-2}$$

对式(4-1-2)进行拉氏变换为

$$U_q(s) = -X_d I_d(s) + X_{af} I_f(s) \tag{4-1-3}$$

将式(4-1-1)中 φ_f 方程代入 u_f 方程,可得

$$u_f = X_f p i_f - X_{af} p i_d + R_f i_f \tag{4-1-4}$$

对式(4-1-4)进行拉氏变换,并整理可得

$$I_f(s) = \frac{U_f(s) + s X_{af} I_d(s)}{s X_f + R_f} \tag{4-1-5}$$

再将式(4-1-5)代入式(4-1-3)可得

$$U_q(s) = \frac{X_{af}}{s X_f + R_f} U_f(s) - \frac{s(X_f X_d - X_{af}^2) + R_f X_d}{s X_f + R_f} I_d(s) \tag{4-1-6}$$

式(4-1-6)等号右边分子和分母同除以 R_f,在"单位励磁电压/单位定子电压"基准值系统下有 $X_{af} = R_f$,并结合 X_d' 的定义式(2-2-66-2)即 $X_d' = X_d - \dfrac{X_{af}^2}{X_f}$,于是经推导可得

$$U_q(s) = \frac{1}{T_{d0}' s + 1} U_f(s) - \frac{T_{d0}' X_d' s + X_d}{T_{d0}' s + 1} I_d(s) \tag{4-1-7}$$

发电机在额定工况下,$\dot{E}_q$ 与 $\dot{U}_G$ 之间的夹角(即功角 δ)较小,则 $\dot{U}_G$ 的 U_d 分量远小于 U_q 分量,即可近似认为 $U_G = \sqrt{U_d^2 + U_q^2} = U_q$,于是式(4-1-7)可改写为

$$U_G(s) = \frac{1}{T_{d0}' s + 1} U_f(s) - \frac{T_{d0}' X_d' s + X_d}{T_{d0}' s + 1} I_d(s) \tag{4-1-8}$$

由此可得其对应的传递函数框图,如图4-1-2(a)所示。

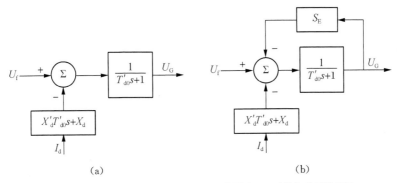

图4-1-2 输入变量为U_f和I_d、输出变量为U_G时的传递函数框图

若计入发电机铁芯磁路饱和效应,则可根据第二章第二节所述方法对端电压U_G进行修正。为便于叙述,重绘图如图4-1-3所示。

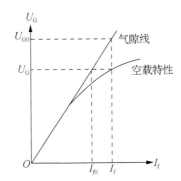

图4-1-3 同步发电机空载饱和特性曲线

饱和系数S_E为

$$S_E = \frac{U_{G0} - U_G}{U_G} \tag{4-1-9}$$

式中:U_{G0}——不计磁路饱和时的定子电压,即式(4-1-8)中的U_G,为与计入磁路饱和时的电压相区别,改记为U_{G0},而将U_G记为计入磁路饱和时的定子电压。

由式(4-1-9)可得

$$U_{G0} = (1 + S_E)U_G \tag{4-1-10}$$

将式(4-1-10)代入式(4-1-8),替换其中的U_G(由第二章第二节分析可知,含有s项的不替换),并整理可得其传递函数为

$$U_G(s) = \frac{1}{T'_{d0}s + S_E + 1}U_f(s) - \frac{T'_{d0}X'_d s + X_d}{T'_{d0}s + S_E + 1}I_d(s) \tag{4-1-11}$$

由此可得,上式对应的传递函数框图,如图4-1-2(b)所示。

2. 输入变量为U_f、输出变量为U_G

若再进一步忽略电枢反应的影响,即忽略I_d的去磁效应或去掉图4-1-2中的I_d输入

支路,但计入 I_d 去磁效应对时间常数的影响。由于发电机在空载时的时间常数(T'_{d0})较短路时的时间常数(T'_d)大很多,因此发电机在正常运行条件下的时间常数应在(T'_d, T'_{d0})范围以内,若记为 T_G,则发电机传递函数可表示为

$$\frac{U_G(s)}{U_f(s)} = \frac{1}{T_G s + S_E + 1} \tag{4-1-12}$$

若进一步忽略磁路饱和效应的影响,即 $S_E = 0$,则上式可简化为

$$\frac{U_G(s)}{U_f(s)} = \frac{1}{T_G s + 1} \tag{4-1-13}$$

于是以上两式所对应的传递函数框图,分别如图 4-1-4(a)和(b)所示。

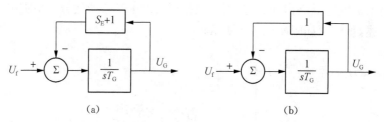

(a)   (b)

图 4-1-4 输入变量为 U_f、输出变量为 U_G 时的传递函数框图

(二)直流励磁机

由前面介绍可知,直流励磁机有自励式和他励式两种。为讨论的方便,在推导直流励磁机传递函数时,对这两种励磁方式作统一处理,其原理接线如图 4-1-5 所示。图中 EX 表示直流励磁机电枢;R_{ef}、L_{ef} 和 R_{ff}、L_{ff} 分别为自励和他励绕组的电阻和自感;i_{ef}、i_{ff} 和 i_{cf} 分别为自励、他励和复励电流;R_c 为可调电阻。其中,他励电压 u_{ff} 和复励电流 i_{cf} 为输入量,励磁电压 u_f 为输出量。

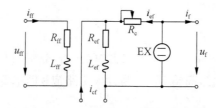

图 4-1-5 直流励磁机原理接线图

为简化分析,认为他励绕组和自励绕组的匝数和电感相等(或他励绕组的匝数和参数已折算至自励绕组侧),并假定直流励磁机在额定转速。由此可列出下列不计磁路饱和效应时的电压平衡方程和磁链方程分别为

$$\left.\begin{aligned}
u_f &= (R_c + R_{ef})i_{ef} + R_{ef}i_{cf} + p\varphi_{ef} \\
u_{ff} &= R_{ff}i_{ff} + p\varphi_{ff} \\
\varphi_{ef} &= L_{ef}(i_{ef} + i_{cf}) + M_{ef}i_{ff} \\
\varphi_{ff} &= M_{fe}(i_{ef} + i_{cf}) + L_{ff}i_{ff}
\end{aligned}\right\} \tag{4-1-14}$$

式中：φ_{ef} 和 φ_{ff}——分别为自励绕组磁链和他励绕组磁链；

M_{ef}（或 M_{fe}）——自励绕组与他励绕组间的互感。

同时，若假定自励、他励两绕组间完全耦合（即耦合系数为 1），则可知磁路在不饱和条件下绕组的自感和绕组间的互感相等，即 $L_{ef}=L_{ff}=M_{ef}=M_{fe}$。将该关系式代入式（4-1-14）中的磁链方程，可得自励和他励两绕组的磁链相等，即 $\varphi_{ef}=\varphi_{ff}$。若将绕组的磁链和电感统一分别记为 φ_{L0} 和 L，则有下列关系式

$$\varphi_{L0}=\varphi_{ef}=\varphi_{ff}=Li_{f\Sigma} \tag{4-1-15}$$

式中：

$$\left.\begin{array}{l}i_{f\Sigma}=i_{cf}+i_{ef}+i_{ff}\\L=L_{ef}=L_{ff}\end{array}\right\} \tag{4-1-16}$$

其中，$i_{f\Sigma}$ 和 φ_{L0} 分别为直流励磁机的总励磁电流和不计磁路饱和效应时的他励、自励绕组绕组的磁链。

在计入磁链饱和效应后，直流励磁机的输出电压 u_f 与总励磁电流 $i_{f\Sigma}$ 的关系曲线，如图 4-1-6 所示。u_f 对应的总励磁电流在气隙线上为 $i_{f\Sigma0}$，在空载线上为 $i_{f\Sigma}$，可见由于磁路的饱和，使得在同一 u_f 下，有 $i_{f\Sigma} \geqslant i_{f\Sigma0}$。另外，由于直流励磁机的负载是固定的，即发电机励磁绕组，因此，当直流励磁机在额定转速时，若忽略发电机励磁电流对直流励磁机电枢电动势压降的影响，可认为电枢电动势与电压 u_f 相等，并进一步可得与该电枢电动势相对应的磁链 φ_L 与电压 u_f 成正比，由此可得磁链 φ_f 在气隙线和空载线上所对应的总励磁电流也分别为 $i_{f\Sigma0}$ 和 $i_{f\Sigma}$，即如图 4-1-6(b) 所示。

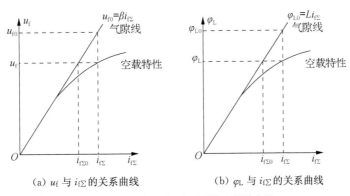

(a) u_f 与 $i_{f\Sigma}$ 的关系曲线　　　　(b) φ_L 与 $i_{f\Sigma}$ 的关系曲线

图 4-1-6　直流励磁机空载饱和特性曲线

上图中所示曲线均可通过试验获得，若取图 4-1-6(a) 中气隙线方程为

$$u_{f0}=\beta i_{f\Sigma} \tag{4-1-17}$$

式中：β——直流励磁机不饱和特性曲线的斜率，具有欧姆量纲。

于是由式（4-1-15）和式（4-1-17）可得

$$\varphi_{L0}=\frac{L}{\beta}u_{f0} \tag{4-1-18}$$

由于上式在磁路饱和情况下也成立,故可推广为

$$\varphi_{\mathrm{L}} = \frac{L}{\beta} u_{\mathrm{f}} \qquad (4-1-19)$$

与同步发电机一样,计入磁路饱和效应后,直流励磁机的饱和系数 S_{E} 也采用空载特性曲线来进行计算,即

$$S_{\mathrm{E}} = \frac{\varphi_{\mathrm{L0}} - \varphi_{\mathrm{L}}}{\varphi_{\mathrm{L}}} = \frac{i_{\mathrm{f\Sigma}} - i_{\mathrm{f\Sigma 0}}}{i_{\mathrm{f\Sigma 0}}} \qquad (4-1-20)$$

于是联立式(4-1-15)、式(4-1-19)和式(4-1-20)可得

$$i_{\mathrm{f\Sigma}} = (S_{\mathrm{E}} + 1) \frac{u_{\mathrm{f}}}{\beta} \qquad (4-1-21)$$

式(4-1-14)中第一式等号两边同除以 $(R_{\mathrm{c}} + R_{\mathrm{ef}})$,第二式等号两边同除以 R_{ff},再将两式相加,并应用关系式 $i_{\mathrm{f\Sigma}} - i_{\mathrm{cf}} = i_{\mathrm{ef}} + i_{\mathrm{ff}}$,以消去变量 i_{ef} 和 i_{ff},同时注意到式(4-1-19),则可得下列方程

$$\frac{1}{R_{\mathrm{c}} + R_{\mathrm{ef}}} u_{\mathrm{f}} + \frac{1}{R_{\mathrm{ff}}} u_{\mathrm{ff}} = i_{\mathrm{f\Sigma}} - \frac{R_{\mathrm{c}}}{R_{\mathrm{c}} + R_{\mathrm{ef}}} i_{\mathrm{cf}} + \frac{1}{\beta} \left(\frac{L}{R_{\mathrm{c}} + R_{\mathrm{ef}}} + \frac{L}{R_{\mathrm{ff}}} \right) p u_{\mathrm{f}} \qquad (4-1-22)$$

将式(4-1-21)代入上式,并进行拉氏变换,经整理可得

$$\left[S_{\mathrm{E}} + 1 - \frac{\beta}{R_{\mathrm{c}} + R_{\mathrm{ef}}} + (T_{\mathrm{ef}} + T_{\mathrm{ff}}) s \right] U_{\mathrm{f}}(s) = \frac{\beta}{R_{\mathrm{ff}}} U_{\mathrm{ff}}(s) + \frac{\beta R_{\mathrm{c}}}{R_{\mathrm{c}} + R_{\mathrm{ef}}} I_{\mathrm{cf}}(s) \qquad (4-1-23)$$

式中:T_{ef} 和 T_{ff} 分别为自励绕组和他励绕组时间常数,$T_{\mathrm{ef}} = \frac{L}{R_{\mathrm{c}} + R_{\mathrm{ef}}}$,$T_{\mathrm{ff}} = \frac{L}{R_{\mathrm{ff}}}$。

为与同步发电机标幺值方程联立,需将式(4-1-23)进行标幺化。由前面分析可知,同步发电机励磁电压的基准值 u_{fB} 已确定,故不能再取,仅需考虑 u_{ff} 和 i_{cf} 的基准值选取即可。显然,u_{ff} 和 i_{cf} 的基准值按下式进行选取,励磁机具有简单的形式,即

$$\left. \begin{array}{l} i_{\mathrm{fB}} = \dfrac{u_{\mathrm{fB}}}{\beta} \\[3mm] u_{\mathrm{ffB}} = \dfrac{R_{\mathrm{ff}} u_{\mathrm{fB}}}{\beta} \end{array} \right\} \qquad (4-1-24)$$

式(4-1-23)等式两边同除以 u_{fB},并结合上式,则可得直流励磁机的标幺值传递函数为

$$U_{\mathrm{f}}^{*}(s) = \frac{1}{T_{\mathrm{E}} s + S_{\mathrm{E}} + K_{\mathrm{E}}} U_{\mathrm{ff}}^{*}(s) + \frac{K_{\mathrm{cf}}}{T_{\mathrm{E}} s + S_{\mathrm{E}} + K_{\mathrm{E}}} I_{\mathrm{cf}}^{*}(s) \qquad (4-1-25)$$

式中:K_{E}——直流励磁机的自励系数,$K_{\mathrm{E}} = 1 - \dfrac{\beta}{R_{\mathrm{c}} + R_{\mathrm{ef}}}$;

T_{E}——直流励磁机励磁绕组等值时间常数,$T_{\mathrm{E}} = T_{\mathrm{ef}} + T_{\mathrm{ff}}$;$K_{\mathrm{cf}} = \dfrac{R_{\mathrm{c}}}{R_{\mathrm{c}} + R_{\mathrm{ef}}}$。

据式(4-1-25)可得直流励磁机传递函数框图,如图 4-1-7 所示(图中省略标幺值上

标 *)。

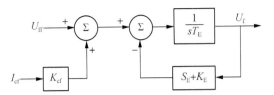

图 4 - 1 - 7　直流励磁机传递函数框图

讨论：

(1) 若直流励磁机仅有自励绕组(即仅有输入 I_{cf})，相当于 $R_{ff}=\infty$, $U_{ff}=0$ ，则 $T_E=T_{cf}$ ，励磁机传递函数如图 4 - 1 - 8(a)所示。若直流励磁机仅有他励绕组(即仅有输入 U_{ff})，相当于 $R_c=\infty$, $I_{cf}=0$ ，则 $T_E=T_{ff}$, $K_E=1$ ，相应地励磁机传递函数如图 4 - 1 - 8(b)所示。

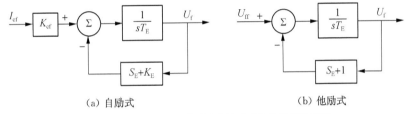

(a) 自励式　　　　　　　　　　　　(b) 他励式

图 4 - 1 - 8　自励式和他励式直流励磁机传递函数框图

此时，若再忽略磁路饱和的影响，即 $S_E=0$ ，则自励式和他励式直流励磁机相应的传递函数分别为

$$\frac{U_f(s)}{I_{cf}(s)}=\frac{K_{cf}}{K_E+T_E s} \tag{4 - 1 - 26}$$

$$\frac{U_f(s)}{U_{ff}(s)}=\frac{1}{1+T_E s} \tag{4 - 1 - 27}$$

(2) 自励系数 K_E 反映直流励磁机自励分量的大小，自励分量越大， K_E 值越小，比如仅采用他励时 $K_E=1$ ，其他情况下 $K_E<1$ 。此外，直流励磁机运行在不同状态下， K_E 值也不同，如强励时自励绕组回路中电阻 R_c 被短接， K_E 值最小。在工程上，通常按照实际的直流励磁机他励安匝数与总安匝数之比来计算自励系数 K_E 。

（三）交流励磁机

由前面介绍可知，交流励磁机励磁系统依据整流装置是可控或不可控、静止或旋转，以及交流励磁机是他励式还是自励式，可有多种组合形式。为便于讨论，根据其励磁电源的取处，分为以下 3 种情况进行讨论。

1. 三机他励交流励磁机

三机他励交流励磁机原理接线如图 4 - 1 - 9 所示。图中交流励磁机(L)与发电机励磁绕组间的整流装置可为静止式或旋转式不可控整流。

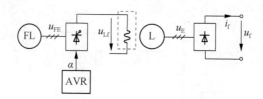

图 4-1-9　三机他励交流励磁机接线图

（1）交流励磁机

交流励磁机实际上是一台中频同步发电机（如 400 Hz），因此可用前面导出的同步发电机数学模型来描述，但这样会带来分析上的复杂性，有时也没有必要。在满足分析要求条件下，通常对同步发电机数学模型作一定的简化处理，以适应分析上的简便性。当然这样的简化处理方法有多种，这里仅介绍一种工程上最为常用的方法。以下首先分别对交流励磁机和整流装置的传递函数进行讨论，最后导出带有整流装置的交流励磁机传递函数框图。

交流励磁机采用同步发电机的三阶简化模型（即不计阻尼绕组），并工作在额定转速。交流励磁机的负载为发电机励磁绕组，在忽略励磁机输出电流对输出电压的影响时，可知励磁机输出电压 u_E 等于暂态电动势 e'_q，并且定子电流 i_E 等于直轴电流分量 i_d。在以上简化处理下，由式（2-2-109）可得不计磁路饱和的交流励磁机方程（输出电压和输出电流下标记为 E，以区分于同步发电机）为

$$T_E p u_E = -u_E - (X_d - X'_d) i_E + u_R \qquad (4-1-28)$$

式中：T_E——励磁机时间常数，与励磁机负载情况有关；

　　　u_R——励磁调节器输出电压标幺值，$u_R = u_{Lf}$，该相等关系，将在本节后面调节器部分进行说明，u_{Lf} 为励磁机励磁电压标幺值。

由于交流励磁机经三相不可控整流装置整流后给同步发电机提供励磁电压，于是根据第三章分析可知，整流电路输入电流有效值与整流电路输出电流可近似为正比关系，但它们间的瞬时值数量关系复杂。为便于分析，可假定其瞬时值也满足正比关系[11] $i_E = K i_f$（K 为常数，i_E 和 i_f 均为标幺值，i_f 的基准值为发电机励磁电流基准值 i_{fB}，i_E 基准值的选取将在后面进行介绍），将该关系式代入式（4-1-28），可得

$$T_E p u_E = u_R - u_E - K_D i_f \qquad (4-1-29)$$

式中：K_D——去磁系数，反映交流励磁机负载电流 i_f 的电枢反应对输出电压 u_E 的影响，
　　　$K_D = (X_d - X'_d) K$。

对上式进行拉氏变换，并整理可得交流励磁机传递函数为

$$U_E(s) = \frac{1}{T_E s + 1} U_R(s) - \frac{K_D}{T_E s + 1} I_f(s) \qquad (4-1-30)$$

在计入磁路饱和效应时，仿照同步发电机的处理方法，可得相应的传递函数为

$$U_E(s) = \frac{1}{T_E s + S_E + 1} U_R(s) - \frac{K_D}{T_E s + S_E + 1} I_f(s) \qquad (4-1-31)$$

由式(4-1-30)和式(4-1-31)可得其对应的传递函数框图,分别如图4-1-10(a)和(b)所示。

若再考虑副励磁机输出电压大小受负荷因素的影响,为简化分析,可将这一影响反映到调节器输出电压 u_R 的上、下限上,由此可得相应的传递函数框图,如图4-1-10(c)所示。

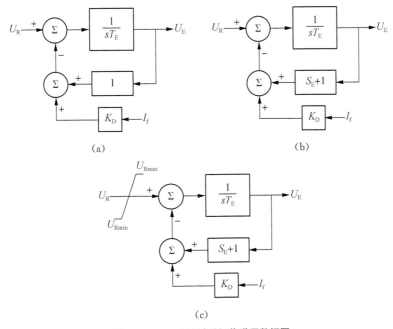

图4-1-10　交流励磁机传递函数框图

(2) 整流装置

由图4-1-9可知,整流装置输入量为交流励磁机输出电压,输出为同步发电机励磁电压。由于得到整流装置准确的暂态方程是困难的,工程上通常采用其稳态方程[11]来简化处理。根据第三章第五节分析可知,按换相角 γ 小于、等于和大于 $60°$,三相桥式整流电路可区分为三种换相状态。其中,当 $\gamma < 60°$ 并忽略谐波的影响时,由式(3-5-31)可得相应的有名值方程为(u_E 取相电压)

$$u_f = 2.34 u_E - \frac{3X_\sigma}{\pi} i_f \qquad (4-1-32)$$

为与同步发电机标幺值方程联立,需将式(4-1-32)化为标幺值形式。为此,需将该式两边同除以发电机励磁电压基准值 u_{fB},并取交流励磁机输出(相)电压基准值 $u_{LEB} = \dfrac{u_{fB}}{2.34}$,则可得

$$u_f^* = F_{EX} u_E^* \qquad (4-1-33)$$

式中:

$$u_E^* = 2.34 \frac{u_E}{u_{fB}}$$

$$F_{EX} = 1 - \frac{I_N}{\sqrt{3}}$$

$$I_N = K_C \frac{i_f^*}{u_E^*}$$

$$K_C = \frac{3\sqrt{3} X_\sigma i_{fB}}{\pi u_{fB}} = \frac{3\sqrt{3}(X_{dE}' + X_{2E}) U_{NE}^2 i_{fB}}{2\pi S_{NE} u_{fB}}$$

$$(4-1-34)$$

式中:K_C——换相电抗的函数,称之为换相压降系数;

X_{dE}' 和 X_{2E}——分别为交流励磁机暂态电抗和负序电抗(均为标幺值);

S_{NE} 和 U_{NE}——分别为交流励磁机的额定容量和额定电压。

以上是换相角 $\gamma < 60°$(即第 I 种换相状态)的情况。在第 II 种换相状态和第 III 种换相状态下,F_{EX} 与 I_N 的关系式有所不同,具体情况为

$$当 \gamma = 60° 时, F_{EX} = \sqrt{0.75 - I_N^2} \quad (0.433 \leqslant I_N < 0.75)$$

$$当 \gamma > 60° 时, F_{EX} = \sqrt{3}(1 - I_N) \quad (0.75 \leqslant I_N \leqslant 1)$$

$$(4-1-35)$$

由式(4-1-33)~式(4-1-35),可得整流装置的传递函数框图和 $F_{EX} = f(I_N)$ 的关系曲线,分别如图 4-1-11(a)和(b)所示(图中各量均为拉氏变换量,且省略标幺值上标 *)。

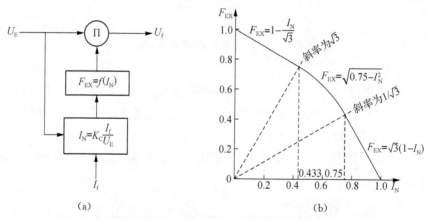

(a) (b)

图 4-1-11 不可控整流装置传递函数框图

最后,还需要指出的是:

(1) 实际情况下,$u_f^* < u_E^*$。在忽略换相过程影响,即 $K_C = 0$,$F_{EX} = 1$ 时,则有 $u_f^* = u_E^*$。

(2) 由第三章第五节分析可知,整流装置通常工作于第 I 种换相状态。

(3) 一些文献也给出了 F_{EX} 与 I_N 的其他关系式,见参考文献[12],从略。

(4) 在计入阻尼绕组作用时[26],可取 $X_\sigma = \frac{(X_{dE}'' + X_{2E}) U_{NE}^2}{2 S_{NE}}$,$X_{dE}''$ 为交流励磁机次暂态电抗(标幺值),其他符号含义同上。

(5) 前面已给出交流励磁机输出(相)电压 u_E 的基准值 $u_{LEB} = \frac{u_{fB}}{2.34}$,于是由基准值关系

式(2-2-40-2),可导出交流励磁机输出电流 i_E 的基准值为 $i_{EB} = \dfrac{2S_B}{3\sqrt{2}\,u_{LEB}}$,即 $i_{EB} = \dfrac{1.1S_B}{u_{fB}}$,

励磁电压 u_{Lf} 基准值按照"单位励磁电压/单位定子电压"原则进行取值。

　　将以上所得出的交流励磁机传递函数和不可控整流装置传递函数进行连接,即可得到三机他励交流励磁机传递函数框图,如图 4-1-12 所示。由于交流励磁机输出电压 u_E 不能在零值以下,故其下限设为 0。

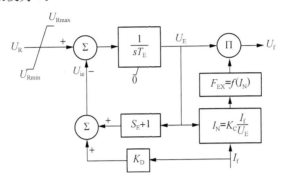

图 4-1-12　三机他励交流励磁机传递函数框图

2. 两机一变他励交流励磁机

　　两机一变他励交流励磁机的原理接线,如图 4-1-13 所示。与三机他励交流励磁机一样,图中交流励磁机与发电机励磁绕组间的整流装置可为静止式或旋转式不可控整流。

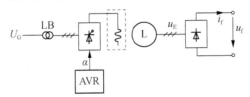

图 4-1-13　两机一变他励交流励磁机接线图

　　由于两机一变他励交流励磁机励磁电源取自发电机机端,会受发电机端电压的影响,因此,为简单起见,可将这一影响反映到调节器输出电压 u_R 的上、下限上,其余情况与三机他励交流励磁机相同。于是,可得其传递函数框图,如图 4-1-14 所示。

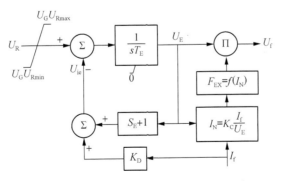

图 4-1-14　两机一变他励交流励磁机传递函数框图

3. 两机自励恒压交流励磁机

两机自励恒压交流励磁机的原理接线,如图 4-1-15 所示。图中交流励磁机与发电机励磁绕组间的整流装置为静止式可控整流。

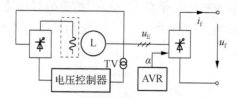

图 4-1-15　两机自励恒压交流励磁机接线图

由于励磁机输出电压 u_E 通常被设计得较高,所以在一般情况下可忽略换相压降对励磁电压 u_f 的影响。但在强励时,可将这一影响以换相压降系数(K_C)的形式,反映在调节器输出电压 u_R 的上限上,即 $U_{Rmax} - K_C I_f$。基于以上

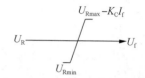

图 4-1-16　两机自励恒压交流励磁机传递函数框图

处理,可得两机自励恒压交流励磁机的传递函数框图,如图 4-1-16 所示。

(四)静止励磁

根据第一章第二节分析可知,静止励磁系统有自并励静止励磁、恒定电源静止励磁和自复励静止励磁 3 种类型。以下主要对其中的前两种励磁方式分别进行讨论。

1. 自并励静止励磁

自并励静止励磁的原理接线如图 4-1-17 所示,励磁电源取自发电机机端。

对比图 4-1-15 可知,两机自励恒压交流励磁机励磁和自并励静止励磁的主要区别是励磁电源的取处不同,前者取自自励恒压式的交流励磁机机端,后者为发电机机端。于是自并励静止励磁的传递函数框图,可采用与自励恒压交流励磁机相同的模型来表示。同时,计入发电机端电压的影响,于是可得其传递函数框图,如图 4-1-18 所示。

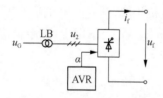

图 4-1-17　自并励静止励磁接线图

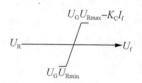

图 4-1-18　自并励静止励磁传递函数框图

2. 恒定电源静止励磁

恒定电源静止励磁的原理接线如图 4-1-19 所示,励磁电源取自外部恒定电源系统。

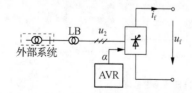

图 4-1-19　恒定电源静止励磁接线图

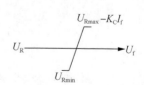

图 4-1-20　恒定电源静止励磁传递函数框图

同样,对比图 4-1-15 可知,两种励磁方式的主要区别是励磁电源的取处不同,前者为交流励磁机,后者为外部恒定电源。于是可得恒定电源静止励磁的传递函数框图,如图 4-1-20 所示。

（五）调节器

调节器的调节和控制单元较多,且工程上这些单元的模型也不统一,具体详见第六章第五节。为便于分析,这里仅对其中部分基本单元进行说明,并在满足励磁控制系统性能分析精度要求的条件下,对各单元作适当简化和等效处理。

1. 电压测量与调差单元

电压测量与调差单元的传递函数框图,如图 4-1-21 所示。其中,电压测量单元将被调节的一次电压经 TV 降压和 A/D 数模采样后得到数字量,以供调节器共用。由于以上过程有一定的时间滞后,故可采用一阶惯性环节来等效。

调差是对无功电流的补偿,有关调差的定义、特性及构成等内容,将在本章第二节给予详述。在单元接线中,采用调差率来等效电压控制点与发电机机端之间的电抗,此时调差率应设置为负调差特性,相当于电压控制点在发电机外部,具体位置与调差率设置大小有关。在扩大单元接线中,为调节并联运行发电机间的无功功率分配,须将调差率设置为正调差特性。此外,为简化计算,通常采用无功功率来替代无功电流。

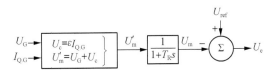

图 4-1-21 电压测量与调差单元传递函数框图

图中:除时间常数外,其他参量若未作特殊说明均为标幺值,以下调节器部分均作相同规定;$I_{Q.G}$ 和 ε 分别为无功电流和调差率;T_R 为采样回路时间常数,一般为 0～0.06 s,在简化分析时,可忽略不计,即取 $T_R=0$;U_{ref} 和 U_e 分别为电压给定值和电压偏差。

2. 综合放大单元

由电压测量单元送来的电压偏差 U_e,需经过为改善系统稳定性和调节品质设置的校正环节,以及余弦波移相、脉冲放大和输出环节,最后得到整流装置的触发角 α,以上过程如图 4-1-22(a) 所示。图中位置"2"至"5"之间的所有环节,可综合等效为一个一阶惯性环节[23]。若输出记为 U_R,则可得相应的传递函数框图,如图 4-1-22(b) 所示。

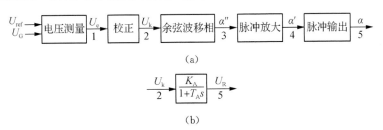

(a)

(b)

图 4-1-22 综合放大单元

有关"$U_R^* = U_{L(f)}^*$"的讨论($U_{L(f)}^*$ 为同步发电机或交流励磁机励磁电压标幺值):

由第三章分析可知,相控式整流电路的脉冲移相方式有余弦波移相、锯齿波移相等多种方式。其中,余弦波移相目前应用最为广泛。以下以自并励静止励磁为例,主要对余弦波移相方式的特点进行讨论。

采用余弦波移相时,则有

$$U_R^* = U_T^* \cos\alpha \qquad (4-1-36)$$

式中:U_R^*——U_R 的标幺值,基准值为 u_{fB};

U_T^*——同步电压标幺值。

在忽略换相过程时,整流电路输出电压平均值为 $U_f = 2.34U_2\cos\alpha$。在此式等号两边同除以 u_{fB},并取 $U_2 = U_G/n$(U_2 和 n 分别为励磁变低压侧线电压和变比),经整理可得

$$U_f^* = \frac{2.34U_G}{nu_{fB}}\cos\alpha = \frac{2.34U_G^*\left(\frac{\sqrt{3}}{\sqrt{2}}u_{aB}\right)}{nu_{fB}}\cos\alpha \qquad (4-1-37)$$

在忽略励磁电源回路阻抗压降时,则有 $U_G^* = U_2^* = U_T^*$。该关系式再联立式(4-1-36)和式(4-1-37),可得

$$U_R^* = KU_f^* \qquad (4-1-38)$$

式中:$K = \dfrac{nu_{fB}}{2.34\left(\frac{\sqrt{3}}{\sqrt{2}}u_{aB}\right)}$。

由此可以看出:调节器输出 U_R^* 不受发电机端电压 U_G^* 的影响,仅与 U_f^* 具有线性的关系,这是余弦波移相的优点。

由于触发脉冲放大和输出两个环节具有线性的电压放大倍数和时延,出于简化的考虑,可将这两个环节的放大倍数与式(4-1-38)中的 K 一并合到图 4-1-22(b)中的 K_A 中,相应地将时延合并到图 4-1-22(b)中的 T_A 中。于是,可将上式简化为 $U_R^* = U_f^*$,得证。

3. 校正单元

为改善励磁控制系统的稳定性和调节品质,通常设有校正单元。按其在系统中的连接方式,具体可分为串联校正、并联校正(又称反馈校正)、前置校正和干扰补偿 4 种,如图 4-1-23 所示。

串联校正和并联校正的数学模型如图 4-1-24 所示。串联校正依据校正环节的相位特性可有三种情况,即超前环节、滞后环节和超前-滞后环节,其中超前-滞后环节(PID)校正又可分为串联型和并联型两种,分别如图 4-1-24(a)和(b)所示。并联校正主要应用于励磁机励磁系统中,用来改善系统性能,具体有软反馈(又称速率反馈)和硬反馈(又称比例反馈)两种校正,分别如图 4-1-24(c)和(d)中的实线框所示,前者用于改善系统的稳定性和动态性能,后者用于减少励磁机时间常数,提高响应速度,因此又称之为励磁机时间常数补偿。并联校正的输入一般取发电机励磁电压 U_f、励磁机励磁电流 I_{Lf}(或与励磁机励磁电流成比例的电压 U_{ie},也有文献记为 U_{FE})或调节器输出 U_R。有关系统校正的内容,留在本章第三节中予以介绍。

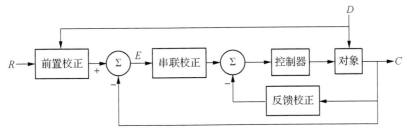

图 4 - 1 - 23　校正在系统中的连接方式

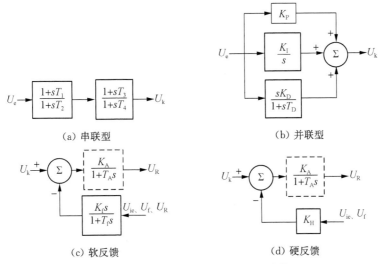

（a）串联型　　　　　　　　（b）并联型

（c）软反馈　　　　　　　　（d）硬反馈

图 4 - 1 - 24　串联校正和并联校正的数学模型

4．限幅单元

限幅单元有外限幅（又称硬限幅或终端限制）和内限幅（又称软限幅或非终端限制）之分，前者是指到达限幅值后环节内部值继续变化，只是输出被限幅，后者是指到达限幅值后，限幅环节内部值不再变化，输出值等于限幅环节内部值。因此，在限幅单元设计及应用时，一定要注意区分内、外限幅工作特性的不同。

以积分环节和一阶惯性环节为例，其内、外限幅单元的工作特性分别如图 4 - 1 - 25(a)、(b)和(c)、(d)所示。其中，一阶惯性环节的内限幅特性（图 4 - 1 - 25（d）），可参照图 4 - 1 - 25(e)来理解。其他环节的内、外限幅特性介绍，可参阅相关文献。

应当指出，在分析励磁控制系统的动态特性（即小扰动）时，出于简化，可忽略限幅单元的影响，但在暂态特性（即大扰动）分析时，必须计入其影响，否则会带来较大的误差。另外，在动态特性分析时，也可采用参考文献[23]给出的各单元数学模型的建立方法。

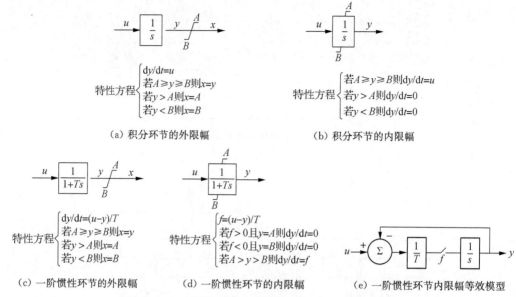

(a) 积分环节的外限幅　　　　　　　(b) 积分环节的内限幅

(c) 一阶惯性环节的外限幅　　(d) 一阶惯性环节的内限幅　　(e) 一阶惯性环节内限幅等效模型

图 4-1-25　积分环节和一阶惯性环节的内外限幅单元特性

最后,还应特别说明的是,励磁控制系统的组成单元,除以上各单元外,还有电力系统稳定器 PSS(Power System Stabilizer,PSS)、灭磁等单元,该部分内容将分别在后面第五章第三节和第六章第四节中予以介绍。

二、励磁控制系统传递函数

各元件的传递函数建立之后,就可以根据系统的连接(或结构),得出系统的传递函数框图。由于同步发电机励磁系统类型较多,为突出重点和节约篇幅,这里仅以某一自复励直流励磁机励磁、高起始响应三机他励交流励磁机励磁和自并励静止励磁系统为例,给出了三者的系统传递函数框图(校正单元为超前-滞后环节),分别如图 4-1-26～图 4-1-28 所示。

应当指出,图中仅考虑了限制单元中的欠励限制(Under Excitation Limiter,UEL)和过励限制(Over Excitation Limiter,OEL)。此外,高起始响应的三机他励交流励磁机励磁系统是靠增加强励顶值倍数和硬负反馈减小励磁机时间常数的方法来实现的,两者分别体现在图中参数 U_{iemax} 和 K_H 上。

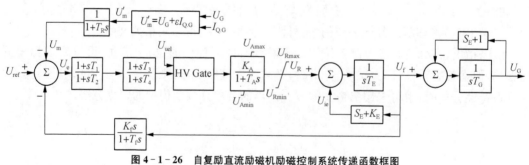

图 4-1-26　自复励直流励磁机励磁控制系统传递函数框图

注:该模型也适用于自励式或他励式直流励磁机励磁系统,对应于 IEEE Std 421.5 中的 DC1A

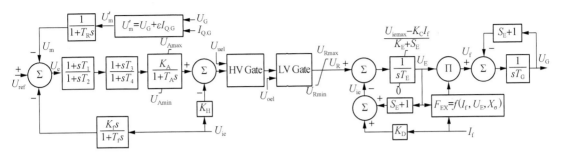

图 4－1－27　高起始响应三机他励交流励磁机励磁控制系统传递函数框图

注:该模型对应于 IEEE Std 421.5 中的 AC2A

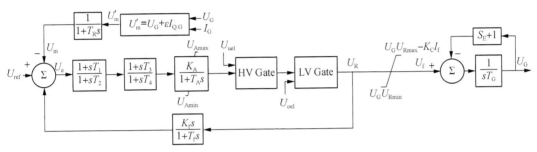

图 4－1－28　自并励静止励磁控制系统传递函数框图

注:该模型对应于 IEEE Std 421.5 中的 ST1A

第二节　励磁控制系统的静态特性

励磁控制系统的静态特性(又称稳态特性),是指在扰动消失后,经过足够长的时间,待系统稳定后,发电机端电压与无功电流之间的关系,故又称之为发电机外特性。用于描述励磁控制系统静态特性的指标主要有调差率和电压调节精度,因此,以下主要从这两个角度进行讨论。

一、调差(率)的定义及其特性

调差的定义为发电机在零功率因数条件下,无功电流 $I_{Q \cdot G}$ 从零增加到额定值 I_{GN} 时,发电机端电压从空载电压 U_{G0} 变化到某一值 U_{G1},则定义

$$\varepsilon = \frac{U_{G0} - U_{G1}}{U_{GN}} \qquad (4-2-1)$$

来描述发电机端电压的这一变化情况,即所谓的调差率,又称调差系数。但应注意与第二章第三节所定义的"电压调整率"一概念相区别。

式中:U_{GN}——发电机额定电压。

图 4-2-1 示出了上述变化的 3 种情况,分别为发电机端电压随无功电流(感性)增大而降低,曲线下倾,$\varepsilon>0$,为正调差特性;发电机端电压随无功电流(容性)增大而上升,曲线上翘,$\varepsilon<0$,为负调差特性;发电机端电压不随无功电流变化,$\varepsilon=0$,为无调差特性。

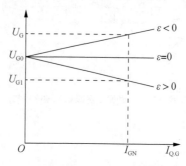

图 4-2-1 发电机外特性

为保持与调差定义相一致,可将图 4-2-1 中的斜线斜率符号取反,即

$$\frac{\Delta U_G}{\Delta I_{Q.G}}=\frac{U_{G0}-U_{G1}}{I_{GN}} \tag{4-2-2}$$

另外,为符合习惯,端电压和端电流均取额定值作为基准值,即 $U_B=U_{GN}$ 和 $I_B=I_{GN}$,再将上式的分子和分母分别同除以 U_B 和 I_B,则有

$$\frac{\Delta U_G^*}{\Delta I_{Q.G}^*}=\frac{U_{G0}-U_{G1}}{U_{GN}}=\varepsilon$$

即

$$\Delta U_G^*=\varepsilon\Delta I_{Q.G}^* \tag{4-2-3}$$

这样,就可将式(4-2-1)和式(4-2-3)分别理解为调差率的定义式和计算式,都可用来表示调差率。

需要补充说明的是:

(1) 以上对调差(率)的定义,忽略了发电机定子绕组电阻或定子有功电流 $I_{P.G}$ 的影响,这也是工程上的普遍做法。若计入这一部分的影响,则相应地称之为负载电流补偿(率)(Load Current Compensation,LCC)。

(2) 为与调差定义式(4-2-1)保持一致,由式(4-2-3)计算得出的调差率,与发电机外特性曲线的斜率大小相等,但符号相反,这是应注意的。

(3) 发电机并网后,端电压变化范围较小,接近于额定值,在取发电机额定值作为基准值时,经推导可知,此时无功功率标幺值近似等于无功电流标幺值。因此,在调差计算时,通常采用无功功率来替代无功电流,于是式(4-2-3)可改写为

$$\Delta U_G^*=\varepsilon\Delta Q^* \tag{4-2-4}$$

二、自然调差率与稳态误差的关系

在"自动控制原理"课程中介绍过"稳态误差"的概念,稳态误差又称静态误差,简称静

差。励磁控制系统依据其输入信号的不同,可将稳态误差分为两种[21],一种是给定输入引起的,另一种是无功负荷波动引起的。前者对应于电压调节精度(简称调节精度),后者对应于发电机无功负荷变化引起的端电压变化,即前述的调差率。

现以某一三机他励交流励磁机励磁系统为例,来说明以上问题。取系统工作在额定工作点,相应的传递函数框图,如图4-2-2所示的实线部分(暂不考虑虚线部分)。图中各参数值分别为:$X'_d=0.346$,$X_d=1.693$,$T'_{d0}=6.58$ s,$T_E=0.015$ s,$T_A=0.02$ s,$K_A=400$。由于分析系统的稳态误差,因此饱和效应、限幅和软负反馈单元等均不起作用。此外,为简化分析,可忽略整流装置的换相过程,并近似认为 $I_{QG}=I_d$。

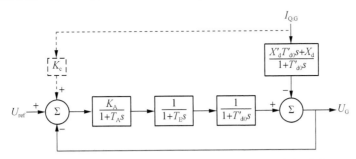

图4-2-2 某一三机他励交流励磁机励磁控制系统简化传递函数框图

根据附录B中系统在给定输入和无功负荷作用下的稳态误差的计算方法,来计算上述励磁控制系统的电压调节精度和调差率。

对比图4-2-2与附录B中图B-2,可知:

$$G_1(s)=\frac{K_A}{(1+T_As)(1+T_Es)(1+T'_{d0}s)}$$

$$G_2(s)=1$$

$$G_3(s)=\frac{X'_dT'_{d0}s+X_d}{1+T'_{d0}s}$$

$$H(s)=1$$

于是由式(B-7),并注意到 I_{QG} 至加法器前的负号,则在给定输入 U_{ref} 和无功电流 I_{QG} 为单位阶跃量时,系统的稳态误差分别为

$$\left.\begin{aligned}e_{ss.U}&=\lim_{s\to0}s\cdot\frac{1}{1+G_1(s)G_2(s)H(s)}\cdot U_{ref}(s)=\frac{1}{1+K_A}=\frac{1}{401}=0.25\%\\e_{ss.Q}&=\lim_{s\to0}s\cdot\frac{G_2(s)G_3(s)H(s)}{1+G_1(s)G_2(s)H(s)}\cdot I_{QG}(s)=\frac{X_d}{1+K_A}=\frac{1.693}{401}=0.42\%\end{aligned}\right\}\quad(4-2-5)$$

上式表明:

(1) 稳态误差 e_{ss} 的大小,与系统的开环增益有关,即 K_A 越大,e_{ss} 越小。但是,过大的 K_A 值可能引起系统的不稳定,所以电压调节精度与系统稳定性对开环增益的要求是相悖的。有关这一问题的更多讨论,留在本章第三节中进行。

(2) 无功电流 I_{QG} 作用下的系统稳态误差为 0.42%,表明 I_{QG} 引起了端电压 U_G 的降低

或端电压曲线的下倾。按照前面对调差的定义,可知为正调差特性,调差率为0.42%。工程上习惯将这一调差率称之为自然调差率,也有一些文献称为静差率。由此可以看出,自然调差率与无功电流引入的稳态误差,两者在物理含义上是相一致的,或者说,自然调差率即为无功电流引起的稳态误差。

三、调差单元的构成原理

实际上,励磁控制系统的自然调差率一般低于1%,如上例中的0.42%。但我国标准要求的调差率整定范围为±15%,所以自然调差率是不能满足系统运行要求的。那么能否通过减小K_A值来提高自然调差率呢?显然,在一定情况下,这是不允许的,因为K_A值的减小虽可在一定程度上提高自然调差率,但却带来了电压调节精度的降低。此外,对励磁控制系统的稳定性和动态性能也会产生相应的影响(这一问题将在本章第三节中进行详述)。因此,在实际应用中,为得到足够的、可调的调差率,通常另设置专门的调差单元。

由前面分析可知,励磁控制系统的调差率就是无功电流扰动作用下的稳态误差,于是就可采用自动控制原理中对干扰进行补偿的方法[21](见图4-1-23),来确定调差单元,如图4-2-3中的$G_c(s)$环节。

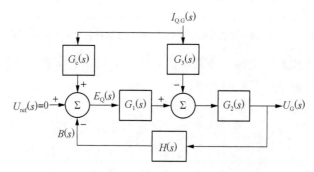

图4-2-3 励磁控制系统对无功电流补偿的措施

仍假设无功电流$I_{Q.G}$为单位阶跃量,并注意到加法器前面的负号,则由附录B中式(B-11)可得

$$e_{ss.Q} = -\lim_{s \to 0} s \cdot \frac{G_1(s)G_2(s)G_c(s)H(s) - G_2(s)G_3(s)H(s)}{1 + G_1(s)G_2(s)H(s)} \cdot \frac{1}{s} \qquad (4-2-6)$$

若要完全补偿掉$I_{Q.G}$作用下的稳态误差,即使得$e_{ss.Q}=0$,则需要选取合适的$G_c(s)$,并必须满足关系式

$$G_1(s)G_2(s)G_c(s)H(s) - G_2(s)G_3(s)H(s)\big|_{s=0} = 0$$

即有

$$G_c(0) = \frac{G_3(0)}{G_1(0)}$$

可以看出,不同的$G_c(s)$可以构成不同调差率或调差特性的调差单元,即

(1) 当$e_{ss.Q}=0$即$G_c(0)=\dfrac{G_3(0)}{G_1(0)}$时,为全补偿,调差特性为零。

（2）当 $e_{ss.Q} > 0$ 即 $\lim\limits_{s \to 0} \dfrac{G_1(s)G_2(s)G_c(s)H(s)-G_2(s)G_3(s)H(s)}{1+G_1(s)G_2(s)H(s)} < 0$ 时，为欠补偿，正调差特性。

（3）当 $e_{ss.Q} < 0$ 即 $\lim\limits_{s \to 0} \dfrac{G_1(s)G_2(s)G_c(s)H(s)-G_2(s)G_3(s)H(s)}{1+G_1(s)G_2(s)H(s)} > 0$ 时，为过补偿，负调差特性。

为简单起见，$G_c(s)$ 通常被设计成比例环节，取 $G_c(s)=K_c$，如图 4-2-2 中虚线框部分所示。若要使其调差率在 $\pm 15\%$ 范围内可整定，则由式（4-2-6）可得，此时 K_c 应满足

$$\frac{X_d - K_A K_c}{1+K_A} = \varepsilon \Big|_{-15\%}^{+15\%}$$

即

$$-14.61\% \leqslant K_c \leqslant 15.21\%$$

由于调差单元是对无功电流的补偿，因此又称为无功电流补偿（Reactive Current Compensation，RCC）单元。

应当指出，目前工程上通常讲到的调差单元即指补偿环节 $G_c(s)$，亦即 $U_c = K_c I_{Q.G}$ 或 $U_c = K_c Q$，相应地调差率为 K_c。

四、调差特性的设置

同步发电机的并联运行方式有单元接线和扩大单元接线两种，分别如图 4-2-4(a) 和 (b) 所示。其中，在单元接线中发电机可有多台，额定容量也可不同，但扩大单元接线中通常为两台，额定容量应相同或接近。

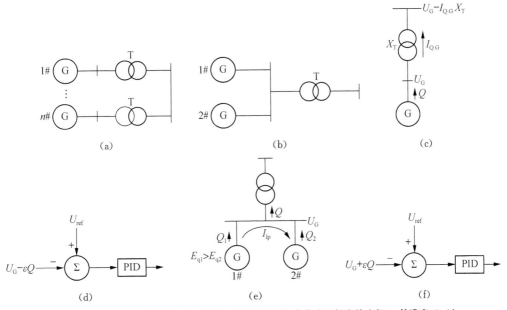

图 4-2-4 发电机并联运行方式及调差特性设置（图中省略了标幺值上标 *，并设定 $\varepsilon > 0$）

在单元接线中，调差用于补偿无功电流在主变漏抗上的压降，调差率用来等效这一电

抗,故需设置为负调差特性,如图 4-2-4(c)所示。相当于将电压控制点由无调差特性时发电机机端移到了发电机机端以外,即 $U_{ref} + \varepsilon Q$,具体位置与调差率 ε 大小有关,如图 4-2-4(d)所示。

在扩大单元接线中,调差用于调节发电机之间无功功率的分配或补偿之间的环流,如图 4-2-4(e)所示。此时,若系统需要的无功负荷突然增加,则由式(4-2-4)可知,两台发电机分担的无功增量分别为

$$\left.\begin{aligned} \Delta Q_1^* = \frac{\Delta U_G^*}{\varepsilon_1} \\ \Delta Q_2^* = \frac{\Delta U_G^*}{\varepsilon_2} \end{aligned}\right\} \tag{4-2-7}$$

在两机的调差系数取相同值时,即 $\varepsilon_1 = \varepsilon_2$,则有

$$\Delta Q_1^* = \Delta Q_2^*$$

或

$$\left.\begin{aligned} \Delta Q_1 = \Delta Q_1^* S_{N1} \\ \Delta Q_2 = \Delta Q_2^* S_{N2} \end{aligned}\right\} \tag{4-2-8}$$

上式表明,两台具有相同调差系数的发电机,在机端母线处并联运行时,若系统无功负荷增加,则各自承担的无功增量与其额定容量是成正比的,也就是说,假如为两台相同的发电机,则无功功率增量是平分的。显然,这一分配结果是合理的,也是所希望的。但是,在实际运行中,由于发电机之间电压给定值的差异,会使得发电机输出的无功功率并非按各自额定容量大小进行分配。为便于分析,以两台相同的发电机并联运行为例,在某一时刻,系统无功负荷(感性)突然增加,并假定 $E_{q1} > E_{q2}$,则可知两机之间有了环流 I_{lp},且 $Q_1 > Q_2$,那么在两机的调差特性均设置为正时,结合图 4-2-4(f)可知,分别有 $U_G + \varepsilon Q_1$ 和 $U_G + \varepsilon Q_2$,这样经调节器 PID 校正后,分担无功多的 1# 发电机,励磁电流下降得多,分担少的 2#,励磁电流下降得少。由于 E_q 正比于励磁电流,最终使得 E_{q1} 和 E_{q2} 间的差值缩小了,也就补偿了由于电压给定值不同引起的环流,从而实现了调节两机之间无功分配的目的。同理,可以分析得出,在设置为其他调差特性时,均不能实现上述的无功调节结果。所以,在扩大单元接线中,调差特性均须设置为正调差特性[2],如图 4-2-4(f)所示,一般设定为 3%~5%。

五、调差率的测量

对调差单元已设定好并投入的励磁控制系统,如何测量其调差率大小及正负呢? 这里介绍一种简单易行的测量方法,具体为:在其他辅助环节(如限制单元)没有动作输出时,依据图 4-2-4(d)和(f)可知,调差率计算式为

$$\frac{U_m - U_{ref}}{Q} = \frac{U_G - \varepsilon Q - U_{ref}}{Q} \text{ 或} \frac{U_G + \varepsilon Q - U_{ref}}{Q} = -\varepsilon \text{ 或} \varepsilon$$

注意式中已蕴含了正负号,U_m 含义同图 4-1-21。

当然,在测量条件允许时,也可采用调差单元的输出除以对应的无功功率或无功电流来

得出,即 $\varepsilon = \dfrac{U_c}{Q}$ 或 $\dfrac{U_c}{I_{\mathrm{Q.G}}}$。

第三节　励磁控制系统的动态特性

励磁控制系统的动态特性是指受到小扰动时,系统的动态过程或过渡过程。励磁控制系统是由发电机、励磁功率系统和调节器组成,以上环节都有一定的时间滞后。也就是说,系统在输入量(给定值或无功负荷)变化时,输出量不能及时地响应这一变化,而是需要经过一段时间后,才能跟得上这一变化。那么,输出量在这段时间内的变化过程,称之为过渡过程。

一、典型小阶跃输入下的过渡过程

由"自动控制原理"课程可知,一般认为复现阶跃输入对系统而言是较为苛刻的工作条件,因此通常以阶跃响应来衡量系统的稳定性和控制性能,并定义性能指标。当然,励磁控制系统也不例外。

图 4-3-1(a)和(b)分别示出了发电机在某一工况下给定值和无功负荷突增时,端电压过渡过程的时域响应。应当指出,输出量也可为其他关注量。此外,若横轴取为频率,则相应的响应曲线称之为频域响应。

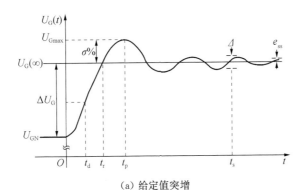

（a）给定值突增

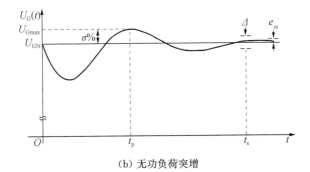

（b）无功负荷突增

图 4-3-1　输入量突增时发电机端电压的过渡过程

图 4-3-1 表明：

励磁控制系统在小扰动的过渡过程中，发电机端电压在稳态值附近振荡。其原因是明显的，由于励磁控制系统的时间滞后特性，致使输出量不能及时地响应输入量的变化。小扰动稳定的励磁控制系统，具有在给定值或无功负荷突变时，电压偏离初始值，产生初始偏差，但这一初始偏差会随着时间逐渐衰减至稳态值。否则系统就是小扰动不稳定的。

描述上述的这一小扰动稳定的过渡过程时，通常采用以下一些时域性能指标：

（1）上升时间（t_r），其定义为在阶跃输入量后，被控量从稳态值的 10% 到 90% 所需要的时间。对图 4-3-1(a) 所示的欠阻尼系统，通常指从初始值上升到稳态值所需要的时间。

（2）调节时间（t_s），其定义为在阶跃输入量后，被控量从初始值达到与稳态值之差的绝对值，不大于某一允许误差带 Δ [一般取 ±2%（或 ±5%）稳态值]时所用时间。

（3）峰值时间（t_p），其定义为在阶跃输入量后，被控量从初始值、超过稳定值达到第一个峰值时所用时间。

（4）超调量（$\sigma\%$），其定义为在阶跃输入量后，被控量最大值与稳态值之差与稳态值之比。

（5）振荡次数（n），其定义为被控量第一次达到稳态值时起，到被控量与稳态值之差的绝对值，不大于某一允许误差值 Δ [一般取 ±2%（或 ±5%）稳态值]时，被控量的周期波动次数。

（6）阻尼比（ξ），用于表征某一电气量振荡幅度的衰减，可通过阶跃试验，经计算得出。

（7）稳态误差（e_{ss}），其定义为当时间 t 趋于无穷大时，被控量期望值与稳态值之差。

由"自动控制原理"课程可知，控制系统的性能通常从"稳、快、准"三个方面（分别对应系统的平稳性、快速性和控制精度）进行评价，这与上述性能指标的对应关系，如表 4-3-1 所示。有关励磁控制系统性能的时域分析法介绍，见附录 C。

表 4-3-1　控制系统性能指标

系统性能	性能指标	说明
稳	超调量 $\sigma\%$、振荡次数 n 和阻尼比 ξ	反映系统的平稳性
快	上升时间 t_r、峰值时间 t_p 和调节时间 t_s	上升时间和峰值时间表征系统响应初始段的快慢，而调节时间总体上反映系统的快速性。励磁控制系统通常按欠阻尼设计，即如图 4-3-1(a) 所示
准	稳态误差 e_{ss}	反映系统的控制精度

注：（励磁）控制系统的时域响应，从时间上，可划分为动态过程和稳态过程两个阶段，前者是指系统从初始状态到接近最终状态的响应过程，又称过渡过程，后者是指时间趋于无穷时系统的输出状态。稳态过程已在本章第二节作过讨论

二、稳定性分析

众所周知，稳定性是系统运行的首要条件。稳定性在本质上是系统微分方程解的稳定性。按照对系统方程是否求解，可将稳定性分析方法分为两大类[21]，一类是微分方程的求解，也可以求出微分方程解的替代量——特征方程的根（即特征根），这种方法称为间接法；另一类是不求解微分方程而直接判别系统的稳定性，如劳斯判据、奈奎斯特判据、李雅普诺夫函数法，以及图解的根轨迹法（又称复域分析法）和频率法（又称频域分析法）等，这类方法统称为直接法。

现以图 4-3-2 所示的某一自励式直流励磁机励磁系统为例,来分析其稳定性。为简化分析,图中忽略了饱和效应、限幅和调差单元,且暂不考虑有关校正单元。图中各参数取值分别为:$K_A = 40$,$T_A = 0.1$ s,$K_E = -0.05$,$T_E = 0.5$ s,$T_G = 1$ s,$T_R = 0.05$ s。

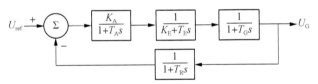

图 4-3-2　自励式直流励磁机励磁控制系统简化框图

由上图可得系统的闭环传递函数 $\phi(s)$ 为

$$\phi(s) = \frac{G(s)}{1 + G(s)H(s)} = \frac{\dfrac{40}{(1+0.1s)(-0.05+0.5s)(1+s)}}{1 + \dfrac{40}{(1+0.1s)(-0.05+0.5s)(1+s)(1+0.05s)}}$$

经整理,可得其特征方程为

$$D(s) = 1 + G(s)H(s) = s^4 + 30.9s^3 + 226.9s^2 + 177s + 15\,980 = 0$$

该特征方程为四阶,显然,采用劳斯判据来分析该系统的稳定性是方便的。于是据附录 C 中表 C-2,求得上述方程的劳斯表,如表 4-3-2 所示。

表 4-3-2　图 4-3-2 所示系统闭环特征方程的劳斯表(开环增益为 40)

s^4	1	226.9	15 980
s^3	30.9	177	0
s^2	221.17	15 980	
s^1	$-2\,055.59$		
s^0	15 980		

可以看出,劳斯表中第一列计算值不满足全部为正的条件,所以该系统是不稳定的。同时,由于第一列中计算值正、负符号改变两次,说明其特征根中有两个具有正实部的根。

倘若希望该系统稳定,方法之一是降低开环增益。假定这一要求的增益为 K'_A,则相应的特征方程为

$$D(s) = s^4 + 30.9s^3 + 226.9s^2 + 177s + 400K'_A - 20 = 0$$

相应地,可得该方程的劳斯表,如表 4-3-3 所示。

表 4-3-3　图 4-3-2 所示系统闭环特征方程的劳斯表(开环增益为 K'_A)

s^4	1	226.9	$400K'_A - 20$
s^3	30.9	177	0
s^2	221.17	$400K'_A - 20$	
s^1	$179.8 - 56K'_A$		
s^0	$400K'_A - 20$		

要使该系统稳定,则 K'_A 必须满足

$$\left.\begin{array}{r}179.8-56K'_A>0\\400K'_A-20>0\end{array}\right\}$$

即

$$0.05<K'_A<3.21$$

可以看出,此时的 K'_A 值比原参数值 40 小很多。

三、动态性能分析与校正

由以上分析可以看出,求解高阶系统特征方程的根是困难的,且劳斯判据只能定性地对系统稳定性作出判断,对系统的稳定程度(如特征根距离虚轴的远近),以及动态性能(如调节时间、超调量)不能给出定量评估,显然要采取其他手段。

目前,广泛应用的方法主要有根轨迹法和频率法。为便于理解,这里采用与时域的动态性能指标相对应的根轨迹法(有关其介绍,见附录 C),来对系统的动态性能进行分析和校正。为便于比较,仍以图 4-3-2 所示系统为例[1]。

系统的开环传递函数 $G(s)H(s)$ 为

$$G(s)H(s)=\frac{K_A}{(1+0.1s)(-0.05+0.5s)(1+s)(1+0.05s)} \tag{4-3-1}$$

式中:K_A——开环增益。

据附录 C 中式(C-16),可得根轨迹方程为

$$G(s)H(s)=\frac{K^*}{(s+10)(s-0.1)(s+1)(s+20)} \tag{4-3-2}$$

式中:K^*——根轨迹增益,$K^*=400K_A$。

开环系统没有零点;极点有四个,分别为 $p_1=0.1$(励磁机)、$p_2=-1$(发电机)、$p_3=-10$(放大单元)和 $p_4=-20$(电压测量单元)。极点分布如图 4-3-3 中"×"位置。

依据根轨迹绘制法则可知:实轴上 $(-1,0.1)$ 和 $(-20,-10)$ 为根轨迹段;根轨迹渐近线与实轴正方向的夹角分别为 $\pm45°$ 和 $\pm135°$,与实轴的交点为 -7.725;根轨迹分离点分别为 -0.43 和 -16.4;根轨迹与虚轴的交点分别为 0、±2.4,对应的开环增益 K_A 分别为 0.05 和 3.21。由此可得系统的根轨迹,如图 4-3-3 所示。

由根轨迹图可以看出:

放大和电压测量单元的极点在虚轴左侧,并离原点较远。励磁机和发电机的极点靠近原点,离开实轴的根轨迹向虚轴右侧弯曲。系统稳定的开环增益应满足 $0.05<K_A<3.21$(可见与前述采用劳斯判据计算结果是相同的)。若降低 K_A 以改善系统的稳定性,据附录 B 中式(B-7)可知,与之对应的稳态误差会增大(即电压调节精度会降低),并且 K_A 的调整范围也太小。另外,据附录 C 中 C.1.3 相关分析可知,由于根轨迹靠近虚轴,因此系统的动态性能也不够理想。也就是说,该系统各方面的性能指标都不能令人满意。

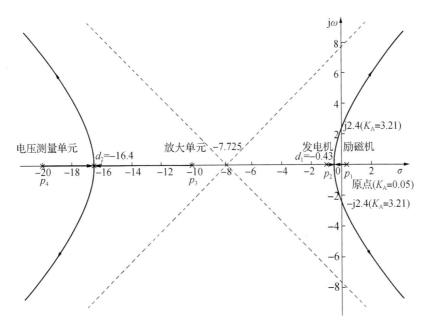

图 4-3-3　图 4-3-2 所示系统的根轨迹图

当然,若要改善该系统性能,则必须采取相应的措施来修正其根轨迹,可采取的方法有:

(1)将励磁机和发电机的根轨迹分支向左移。其中,由本章第一节对直流励磁机分析可知,励磁机极点的左移,需要增大励磁回路中的电阻值,或调整励磁机气隙线设计,抑或更改励磁机励磁方式为他励。同理,发电机极点的左移也需要在发电机设计中加以考虑。

(2)采取校正措施,如反馈校正,使根轨迹在虚轴附近弯曲成较有利的形状。

显然,第(2)种方法是方便的。

所谓校正,就是给系统附加一些具有某种典型环节特性的电网络和部件等,来修改根轨迹形状,以改善系统的稳定性和控制性能。这一附加的部分称之为校正元件或校正单元。

按校正元件在系统中的连接方式,可分为串联校正、并联校正(又称反馈校正)、前置校正和干扰补偿四种[24],如图 4-1-23 所示。据本章第二节分析可知,调差单元即为干扰补偿的一种应用。以下主要就其中广泛应用的反馈校正和串联校正进行介绍。

1. 反馈校正

在励磁机励磁系统上,通常要采用反馈校正来改善系统的性能。若反馈回路是比例环节,一般称之为硬反馈,若是带有微分的反馈,则称为软反馈,或速度反馈。一般地,硬反馈用于加快系统的响应速度,软反馈用来改善系统的稳定性和动态性能。有关硬反馈减小励磁机时间常数,以加速系统响应速度的分析过程,可参阅参考文献[14],从略。以下主要对软反馈校正进行讨论,其传递函数常表示为

$$G_c(s) = \frac{K_f s}{1 + T_f s} \qquad (4-3-3)$$

式中:K_f——增益;

　　T_f——微分时间常数。

软反馈校正的输入量通常取发电机的励磁电压 U_f,输出量一般以负反馈的形式叠加到主环(有关"主环"一概念,将在第五章第五节中进行说明),因此又称之为励磁电压微分负反馈。微分是指该环节仅在励磁电压变化时,才起作用,有输出值,在系统稳态时,输出值为零。负反馈是指该环节在励磁电压增加(或减小)时,使整流电路的触发角增加(或减小),以降低(或增加)励磁电压。应当指出,对不便取用发电机励磁电压 U_f 的无刷交流励磁机励磁系统,也可用励磁机励磁电流 I_{Lf} 作为输入量。

为便于对比,仍以图 4-3-2 所示系统为例。图 4-3-2 中加入反馈校正单元后,可得系统传递函数框图,如图 4-3-4(a)所示,经框图等效变换后,可得图 4-3-4(b)。

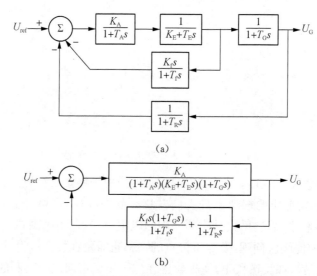

图 4-3-4 具有反馈校正的图 4-3-2 所示系统传递函数框图

由此可得系统开环传递函数为

$$G(s)H(s) = \frac{K_A[K_f s(1+T_G s)(1+T_R s)+1+T_f s]}{(1+T_A s)(K_E+T_E s)(1+T_G s)(1+T_f s)(1+T_R s)} \quad (4-3-4)$$

可得零、极点形式为

$$G(s)H(s) = \frac{K_A K_f}{T_A T_E T_f} \cdot \frac{\dfrac{T_f}{T_R T_G K_f}\left(s+\dfrac{1}{T_f}\right)+s\left(s+\dfrac{1}{T_G}\right)\left(s+\dfrac{1}{T_R}\right)}{\left(s+\dfrac{1}{T_A}\right)\left(s+\dfrac{K_E}{T_E}\right)\left(s+\dfrac{1}{T_G}\right)\left(s+\dfrac{1}{T_f}\right)\left(s+\dfrac{1}{T_R}\right)} \quad (4-3-5)$$

将参数值代入上式,可得

$$G(s)H(s) = 20K_A \frac{K_f}{T_f} \cdot \frac{20\dfrac{T_f}{K_f}\left(s+\dfrac{1}{T_f}\right)+s(s+1)(s+20)}{(s+10)(s-0.1)(s+1)(s+20)\left(s+\dfrac{1}{T_f}\right)} \quad (4-3-6)$$

对比式(4-3-2)和式(4-3-6)可以看出,增加了软负反馈校正后,系统的开环极点变成了 5 个和零点有 3 个。

（1）系统开环传递函数的零点分布

开环传递函数的零点（即式（4－3－6）的分子）可改写为

$$K(s+a)+s(s+1)(s+20)=0$$

即

$$\frac{K(s+a)}{s(s+1)(s+20)}+1=0 \qquad (4-3-7)$$

式中：$K=20\dfrac{T_f}{K_f}$；$a=\dfrac{1}{T_f}$。

若记 $G'(s)H'(s)=\dfrac{K(s+a)}{s(s+1)(s+20)}$，则上式可变形为 $G'(s)H'(s)+1=0$，于是可知，分析式（4－3－7）系统的根轨迹即为分析原系统（式（4－3－6））的零点分布。

为便于分析，可结合上述所构造出的新系统开环的极点分布，分别取 a 值为 0.5、1.2 和 22 三种情况，再依据根轨迹绘制法则，可得以上三种情况下所构造系统的根轨迹，如表 4－3－4 所示。

表 4－3－4　式（4－3－7）系统的根轨迹

情形		Ⅰ	Ⅱ	Ⅲ
a 取值		$a=0.5$	$a=1.2$	$a=22$
实轴上根轨迹段		（−0.5,0）和（−20,−1）	（−1,0）和（−20,−1.2）	（−1,0）和（−22,−20）
根轨迹渐近线	与实轴正方向的夹角	±90°	±90°	±90°
	与实轴的交点	−10.25	−9.9	0.5
根轨迹分离点		−10.5	−0.71	−0.5
根轨迹图		图 4－3－5(a)	图 4－3－5(b)	图 4－3－5(c)

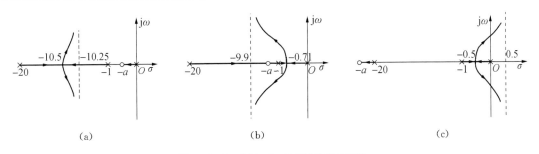

图 4－3－5　式（4－3－6）系统的零点轨迹

图 4－3－5 表明，在实部为负数时，原系统（式（4－3－6））的三个零点的分布，有以下两种情况：

① 三个零点均为负实数，其分布范围如表 4－3－5 所示。

② 一个零点为负实数，另两个零点是一对共轭复根，其分布范围如表 4－3－6 所示。

表4-3-5 三个零点均为负实数的分布范围

方案	z_1	z_2	z_3
ⅠA	$(-0.5^*,0)$	$(-20,-1)$	$(-20,-1)$
ⅡA	$(-1,0)$	$(-1,0)$	$(-20,-1.2^*)$
ⅢA	$(-1,0)$	$(-1,0)$	$(-22^*,-20)$

* 表示相应值为 a 值

表4-3-6 一个零点为负实数另两个零点是一对共轭复根的分布范围

方案	z_1	z_2	z_3
ⅠB	$(-10.5,-10.25)$	$(-10.5,-10.25)$	$(-0.5^*,0)$
ⅡB	$(-9.9,-0.71)$	$(-9.9,-0.71)$	$(-20,-1.2^*)$
ⅢB	$(-0.5,0)$	$(-0.5,0)$	$(-22^*,-20)$

* 表示相应值为 a 值

（2）系统根轨迹图

由原系统（式(4-3-6)）的极点分布，并结合上述的零点分布分析（即表4-3-5和表4-3-6），可知原系统的根轨迹可有以下六种典型方案，如图4-3-6所示。

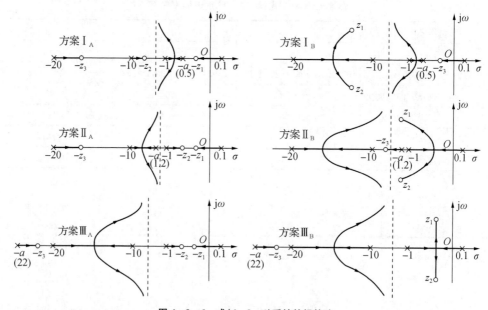

图4-3-6 式(4-3-6)系统的根轨迹

对比上述六种方案，可以看出：除方案ⅡB和ⅢB外，其余几种方案的系统动态特性都受邻近原点的一个特征根所主导。此外，方案ⅡB的根轨迹较方案ⅢB向左侧偏，特征根更远离虚轴，因此方案ⅡB是最佳方案。由此可得 T_f 的取值范围为

$$1 < \frac{1}{T_f} < 20$$

即

$$0.05 < T_f < 1 \qquad (4-3-8)$$

再根据对系统动态性能指标的要求,也可求得相应的 K_f 值范围。

通过以上分析可以看出,软负反馈校正本质上就是在励磁控制系统的开环传递函数上增加几个有限的零点和极点,以将系统根轨迹引向左半平面,远离虚轴。

对比图 4-3-3 和图 4-3-6 中方案 II_B,很明显,系统的动态性能得到了改善,稳定性已不成问题。因此,励磁电压微分负反馈,又称之为励磁系统稳定器(Excitation System Stabilizer,ESS)

2. 串联校正

串联校正是指将超前环节(PD)、滞后环节(PI)或超前-滞后环节(PID),加入系统的前向通道中的一种校正。以上三个校正环节对系统的影响及其典型传递函数,如表 4-3-7 所示。

表 4-3-7　超前环节(PD)、滞后环节(PI)和超前-滞后环节(PID)对系统的影响

串联校正	对系统的影响	典型数学模型	说明
超前环节 (PD)	可提高系统的快速性和改善系统的平稳性,但会使开环增益降低,不利于稳态精度	$\dfrac{1+T_1 s}{1+T_2 s}$ 或 $K_P(1+T_D s)$	$T_1 > T_2$
滞后环节 (PI)	可提高系统的平稳性和稳态精度,但会降低系统的快速性	$\dfrac{1+T_1 s}{1+T_2 s}$ 或 $K_P\left(\dfrac{1+T_I s}{T_I s}\right)$	$T_1 < T_2$
超前-滞后环节 (PID)	可全面提升系统的控制性能	$\dfrac{1+T_1 s}{1+T_2 s} \cdot \dfrac{1+T_3 s}{1+T_4 s}$ 或 $K_P + \dfrac{K_I}{s} + \dfrac{s K_D}{1+T_D s}$	—

一般来讲,串联校正比并联校正要简单些。为说明串联校正设计的步骤和方法,以图 4-3-7 所示的某一他励式直流励磁机励磁系统为例[21],图中各参数取值分别为:$T_A = 0.1\,\text{s}$、$T_E = 0.5\,\text{s}$、$T_G = 2\,\text{s}$ 和 $T_R = 0$。系统性能指标要求为:超调量 $\sigma\% \leqslant 16\%$,调节时间 $t_s \leqslant 2\,\text{s}$,开环增益 $K > 5$。

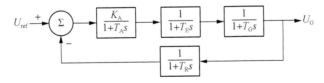

图 4-3-7　他励式直流励磁机励磁控制系统简化框图

该系统零、极点形式的开环传递函数为

$$G(s) = \dfrac{K^*}{(s+10)(s+2)(s+0.5)} \qquad (4-3-9)$$

式中:根轨迹增益 $K^* = 10K_A$。

据系统的开环零、极点分布和根轨迹绘制法则可知:实轴上(−2,−0.5)和(−∞,−10)

为轨迹段；根轨迹渐近线与实轴正方向的夹角分别为±60°，与实轴交点为-4.17；根轨迹与虚轴的交点为±5.1。于是可得系统根轨迹如图4-3-8所示。

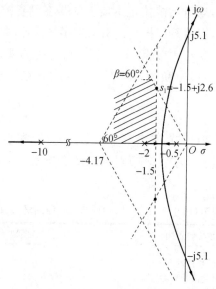

图4-3-8 图4-3-7所示系统的根轨迹

根据前面对系统性能指标提出的要求，另据附录C中图C-3、C-4和式(C-4)可得：在图4-3-8中分别作出阻尼角$\beta=60°$的直线，并在负实轴的-1.5处作垂线，以分别满足$\sigma\%\leqslant16\%$和$t_s\leqslant2$ s的最低要求，即图中斜线部分是同时满足$\sigma\%$和t_s要求的区域。经计算可得$s_1=-1.5+j2.6$。从图中可以看出，根轨迹未穿过斜线区域，也就是说，仅靠调整根轨迹增益K^*已不能使系统性能指标满足要求，但是可通过串联校正来给予解决。若取s_1为期望点，则必须满足经串联校正后的系统根轨迹通过s_1，即满足附录C中式(C-17)的相角方程。经计算可知，s_1与系统[式(4-3-9)]的开环零、极点产生的相角约为-210°。为简单起见，可取串联校正的传递函数为$G_c(s)=\dfrac{s-z_1}{s-p_1}$，于是由相角方程可得，$s_1$与串联校正环节的零、极点产生的相角应为30°，由此可求得$z_1=-2.8$，$p_1=-5.4$，即$G_c(s)$为一超前环节。这样经串联校正后，满足系统的动态性能指标已不成问题，但是否也满足开环增益$K>5$要求呢？

加入串联校正环节后的系统开环传递函数为

$$G'(s)=\frac{K^*(s+2.8)}{(s+10)(s+2)(s+0.5)(s+5.4)} \tag{4-3-10}$$

上式可改为

$$G'(s)=\frac{K(0.36s+1)}{(0.1s+1)(0.5s+1)(2s+1)(0.19s+1)} \tag{4-3-11}$$

式中：开环增益$K=0.052K^*$。

据附录C中式(C-17)的模值方程，将$s_1=-1.5+j2.6$代入式(4-3-10)，可得对应的

根轨迹增益 $K^* = 105.71$。再由式(4-3-11)可得校正后的系统开环增益 $K = 5.5$,可见满足大于 5 的要求。倘若计算结果不能满足要求,则可考虑调整期望点或更改校正环节的传递函数来实现,并重复以上计算过程,直到满足要求为止。

四、文尾短评及补充

通过以上两节的分析,可以看到:

(1) 要想理清现代励磁控制系统中的一些"因果关系"和"来龙去脉",还得回到早期"模拟式调节器时期"这一源头来寻根究底。比如调差的构成原理是什么?励磁电压微分负反馈有什么作用?等问题的回答。也正如本章开端所讲的,模拟式调节器时期的一些思想、概念和方法对数字式调节器的分析和设计仍具有很强的指导性和借鉴意义。

(2) 以上采用了根轨迹法对系统的校正设计进行了讨论,整个过程需要逐步地试探以达到要求的性能指标,显然过程是复杂的。实际上,为便于计算,还有一些近似的工程实用方法,如时间错开法等,有关该部分内容的介绍,可参阅参考文献[14,21]。

(3) 实际上,对励磁控制系统性能的分析,除了增磁性能外,还应有减磁性能(或灭磁性能),这一部分的内容留在后面第六章第四节中进行介绍。

(4) 以上两节的分析,是针对单机系统进行的,分别从静态特性和动态特性两个方面,就系统的"快、稳、准"性能进行了分析。除此之外,实际上还有一个重要的专题,即励磁控制对电力系统稳定性的影响,该部分内容也极为丰富,也需要深入地研究。有关其介绍将在后面第五章进行。

第四节 系统辨识在励磁系统建模中的应用

根据对象的复杂程度,电力系统数学模型的建立(简称建模)可分为元件建模(如同步发电机建模)和等值建模(如电力负荷)两类。目前,电力系统建模最主要的是确定"四大参数",即同步发电机、励磁系统、原动机及其调速系统和电力负荷的参数。IEEE 早在 1968 年就提出了励磁系统的数学模型,之后又分别于 1981 年、1992 年和 2005 年三次更新了提出的模型。我国在 1991 年也提出了稳定计算用的励磁系统模型[22],并于 1997 年在总结以往励磁系统模型和国际电工委员会(IEC)励磁模型的基础上,制定了国家标准 GB/T 7409.2,在 2008 年进行了再次修订。

在励磁系统数学模型的建立过程中,通常会遇到两个问题:第一是确定系统的数学方程式,有分析法和系统辨识法两种,前者是指根据基本原理逐步推演,得出系统的数学方程,后者是指应用试验或运行数据,来识别出系统的数学方程;第二是系统数学方程式中参数的确定,无论是微分方程还是代数方程,方程中总含有各种物理参数,也有分析法和参数估计法两种,实际上,参数估计法已属于了系统辨识的范畴。当然,分析法和系统辨识法并不是截然分开的,也就是说,在分析法里需要有系统的试验数据,同样,在辨识法里也要由分析法来设计试验。通常在对系统有比较深入的了解时,多采用分析法,反之,则用辨识法。

因此,当谈及励磁系统数学模型的建立时,不得不提下系统辨识(System Identification, SI)。

何为系统辨识? 简言之,它是一种从系统的输入、输出数据中测算出系统数学模型的理论和方法,是现代控制理论的一个重要的分支。

1962 年学者 Zadeh 曾给系统辨识作过这样的定义:系统辨识是指在输入和输出数据的基础上,从一组给定的模型中,确定一个与所测系统等价的模型。此后,于 1978 年,学者 L. Ljung 给系统辨识做出了更加具有操作性的定义,系统辨识就是按照规定准则在一类模型中选择一个与数据拟合得最好的模型。上述的两个定义,前者较为严格,但是要找出一个与实际系统完全等价的模型,一般是比较困难的,后者相当于将辨识看作数据拟合的优化,比较实用。

有关系统辨识的建模,以模型中参数的确定为例,可用图 4-4-1 来说明其原理。

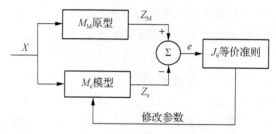

图 4-4-1 系统辨识原理

原型 M_M 和模型 M_e 在同一激励信号 X 作用下,产生原型输出信号 Z_M 和模型输出信号 Z_e,两者的误差为 e,经某一等价准则 $J_\theta(J_\theta = f(e)$,如最小二乘法)计算后,去修正模型 M_e 中的参数,如此反复进行,直到误差 e 满足等价准则最小为止。

上述过程也可采用数学的形式来进行描述,具体为:

找出模型 $M_e \in \phi(\phi$ 为给定模型类),使得 $J_\theta \rightarrow \min$ 时,有 $M_e = M_M$,则系统被辨识了。

由此可见:数据(X 和 Z)、准则(J_θ)和模型(M_e)构成了系统辨识的三要素,而系统模型的精度取决于准则 J_θ。

系统辨识是一门理论结合实际,理论性和应用性都很强的学科。有关系统辨识内容的更多介绍,可参阅参考文献[25]。

第五章 励磁控制对电力系统稳定性的影响

发电机励磁控制对提高电力系统稳定性的作用,一直以来都是"电力系统稳定与控制"这一大方向下的一个重要的专题。由于发电机励磁控制的有效性、经济性及成熟程度,在提高电力系统稳定性的措施中,总是优先考虑的。依据我国对电力系统稳定问题的划分办法,在第一章第三节已就励磁控制对电力系统稳定性的影响,作过简单介绍,具体包括静态稳定性、暂态稳定性和动态稳定性的影响。限于篇幅,以下主要对其中的动态稳定性影响问题进行讨论。

励磁控制对电力系统动态稳定性影响的研究,主要体现在以下两个方面:(1)电力系统受到小扰动时发电机转子间由于阻尼不足而引起的持续低频功率振荡;(2)电力系统机电耦合互作用而引起的次同步振荡及轴系扭振。低频振荡与次同步振荡均属于电力系统动态稳定的典型问题,前者将机组轴系作为一个刚体,研究机组间转子的摇摆,后者将机组轴系作为一个多质块弹性轴,以研究各质块间的扭转振荡。显然,两者在模型、目的和分析方法上具有较大的差异。限于篇幅,以下主要就其中的低频振荡问题给予详细介绍,而有关次同步振荡及轴系扭振的讨论,可参阅相关文献。

电力系统中发电机经输电线并联运行时,在扰动下会发生发电机转子间的相对摇摆,并在正阻尼不足时引起持续的振荡。此时输电线上的功率也会出现相应的振荡。由于振荡频率很低,一般为 0.1~2.0 Hz,故称之为低频振荡(又称功率振荡或机电振荡)。低频振荡常出现在长距离、重负荷输电线上,在采用现代快速、高放大倍数的励磁系统条件下更易发生,电力系统稳定器(Power System Stabilizer,PSS)则是抑制这一低频振荡的有效措施。

考虑到多机系统低频振荡分析的复杂性,为节约篇幅,可参阅参考文献[12],不再重述。以下主要就单机无穷大系统低频振荡的产生机理、影响因素、对策及 PSS 工作原理、参数整定和常用数学模型等问题进行介绍。

第一节 仅考虑机械阻尼的系统低频振荡分析

在研究励磁控制对电力系统低频振荡的影响时,需要采用系统在小扰动下的线性化数学模型。在小扰动下同步发电机的线性化微分方程已在第二章第二节作过详细的推导(见图 2-2-19),这里不再重述,直接引用。在忽略原动机及调速系统的动态,即认为 $\Delta T_m = 0$ 时,可得仅考虑机械阻尼时,用于分析系统低频振荡的数学模型,如图 5-1-1 所示。

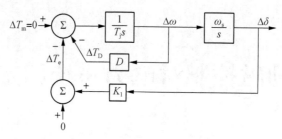

图 5-1-1 仅考虑机械阻尼的单机无穷大系统传递函数框图

系统可描述

$$\left.\begin{array}{l} \dfrac{T_{\mathrm{j}}}{\omega}\Delta\ddot{\delta}+\dfrac{D}{\omega}\Delta\dot{\delta}=-\Delta T_{\mathrm{e}} \\ \Delta T_{\mathrm{e}}=K_1\Delta\delta \end{array}\right\}$$

即

$$T_{\mathrm{j}}\Delta\ddot{\delta}+D\Delta\dot{\delta}+K_1\omega_{\mathrm{s}}\Delta\delta=0 \qquad (5-1-1)$$

式中:K_1——同步转矩系数。

其特征方程为

$$T_{\mathrm{j}}s^2+Ds+K_1\omega_{\mathrm{s}}=0 \qquad (5-1-2)$$

特征根为

$$s_{1,2}=\frac{-D\pm\sqrt{D^2-4T_{\mathrm{j}}K_1\omega_{\mathrm{s}}}}{2T_{\mathrm{j}}} \qquad (5-1-3)$$

当系统为欠阻尼型(或振荡型),即 $D^2<4T_{\mathrm{j}}K_1\omega_{\mathrm{s}}$ 时,则式(5-1-3)可改写为

$$s_{1,2}=\frac{-D\pm\mathrm{j}\sqrt{4T_{\mathrm{j}}K_1\omega_{\mathrm{s}}-D^2}}{2T_{\mathrm{j}}}=\alpha\pm\mathrm{j}\omega_{\mathrm{d}} \qquad (5-1-4)$$

式中:α 为衰减系数,反映 $\Delta\delta$ 幅值衰减的快慢;ω_{d} 为欠阻尼振荡频率,反映 $\Delta\delta$ 交变的快慢。

通常机械阻尼 D 为正,即 $\alpha=-\dfrac{D}{2T_{\mathrm{j}}}<0$,因此 $\Delta\delta$ 振荡为一衰减振荡,也就是说,发电机转子功角增量 $\Delta\delta$ 在小扰动后的过渡过程中相对于无穷大系统做频率为 ω_{d} 的减幅振荡。

在无机械阻尼,即 $D=0$ 时,特征根为

$$s_{1,2}=\pm\mathrm{j}\sqrt{\frac{K_1\omega_{\mathrm{s}}}{T_{\mathrm{j}}}}=\pm\mathrm{j}\omega_{\mathrm{n}} \qquad (5-1-5)$$

式中:ω_{n}——自然振荡频率,即阻尼 D 为零时的振荡频率。

对比式(5-1-4)和式(5-1-5)可知:$\omega_{\mathrm{d}}<\omega_{\mathrm{n}}$ 且 $\alpha<0$。可以看出,机械阻尼是有助于抑制系统的低频振荡的。

第二节 再考虑励磁系统的系统低频振荡分析

上一节通过仅在考虑机械阻尼时的系统低频振荡的分析,对低频振荡有了一个初步的了解。下面将在上述分析的基础上,进一步地讨论励磁系统的作用对系统低频振荡的影响。首先讨论励磁绕组本身(即不考虑励磁系统动态,$\Delta E_f = 0$)对低频振荡的影响。在此基础上,再分析在考虑励磁系统动态(即 $\Delta E_f \neq 0$)时对系统低频振荡的影响。

一、发电机励磁绕组的影响(即 $\Delta E_f = 0$)

研究发电机励磁绕组对系统低频振荡影响的数学模型,如图 5-2-1(a)所示。

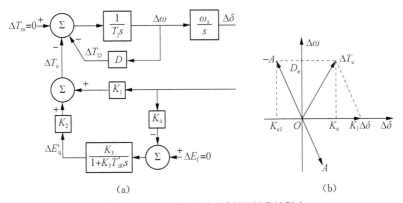

（a） （b）

图 5-2-1 励磁绕组对系统低频振荡的影响

相应地,系统方程为

$$\frac{T_j}{\omega_s}\ddot{\Delta\delta} + \frac{D}{\omega_s}\dot{\Delta\delta} = -\Delta T_e \qquad (5-2-1)$$

由图 5-2-1(a),可得

$$\Delta T_e = K_1 \Delta\delta - \frac{K_2 K_3 K_4}{K_3 + T'_{d0}s}\Delta\delta \qquad (5-2-2)$$

对于频率为 ω_d 的正弦振荡,$\Delta\delta = \Delta\delta_m e^{j\omega_d t}$,则有 $\Delta\omega = \dfrac{\dot{\Delta\delta}}{\omega_s} = \dfrac{j\omega_d \Delta\delta_m e^{j\omega_d t}}{\omega_s} = \dfrac{j\omega_d \Delta\delta}{\omega_s} = \dfrac{s\Delta\delta}{\omega_s}$。令 $s = j\omega_d$,并将其代入式(5-2-2),可得到

$$\Delta T_e = K_1 \Delta\delta - \frac{K_2 K_3 K_4}{K_3 + j\omega_d T'_{d0}}\Delta\delta \qquad (5-2-3)$$

以下据式(5-2-3),在 $\Delta\delta - \Delta\omega$ 相平面内,来分析此电磁转矩 ΔT_e:

由式(5-2-3)可以看出,ΔT_e 由两个分量组成,其中一个分量与 $\Delta\delta$ 成正比,通常 $K_1 > 0$,即与 $\Delta\delta$ 同相位;另一个分量(即 $A = \dfrac{K_2 K_3 K_4}{K_3 + j\omega_d T'_{d0}}\Delta\delta$)一般位于第四象限,且靠近 $\Delta\omega$ 轴。

这样两个分量合成后,ΔT_e 一般在第一象限,如图 5-2-1(b)所示。若将 ΔT_e 表示为

$$\Delta T_e = K_e \Delta\delta + D_e \Delta\omega = K_e \Delta\delta + \frac{D_e}{\omega_s}\dot{\Delta\delta} \qquad (5-2-4)$$

式中:K_e 和 D_e 分别称为同步转矩系数和阻尼转矩系数(简称阻尼系数),均是 ω_d 的函数,且 $K_e > 0, D_e > 0$。

将式(5-2-4)代入式(5-2-1),经整理可得

$$T_j \ddot{\Delta\delta} + (D+D_e)\dot{\Delta\delta} + K_e\omega_s\Delta\delta = 0 \qquad (5-2-5)$$

其特征方程为

$$T_j s^2 + (D+D_e)s + K_e\omega_s = 0 \qquad (5-2-6)$$

特征根为

$$s_{1,2} = \frac{-(D+D_e) \pm \sqrt{(D+D_e)^2 - 4T_j K_e\omega_s}}{2T_j} \qquad (5-2-7)$$

以上分析表明,发电机的励磁绕组使得电磁转矩中产生了一个与速度增量 $\Delta\omega$ 成比例的正阻尼转矩分量 $D_e\Delta\omega$,这是有助于抑制系统的低频振荡的。

同理,也可分析得出,发电机的阻尼绕组也是有助于抑制低频振荡的。

二、励磁系统动态对低频振荡的影响(即 $\Delta E_f \neq 0$)

由前面分析可知,图 5-2-1(a)中的 K_1 和 K_4 支路是有助于抑制低频振荡的。因此,为简化分析,可将图中的 K_1 和 K_4 支路断开,得到图 5-2-2(a)(暂不考虑图中虚线框部分)。另外,再对第四章第一节所述的励磁系统模型进行简化处理,将其等效为一个一阶惯性环节,若将该环节的等值放大倍数和时间常数分别记为 K_E 和 T_E,则相应的传递函数可表示为(负号表示在端电压下降时,励磁电压增加)

$$G_e(s) = \frac{\Delta E_f}{-\Delta U_G} = \frac{K_E}{1+T_E s} \qquad (5-2-8)$$

这样据图 5-2-2(a),可得 ΔT_{e2} 方程为

$$\Delta T_{e2} = \frac{-K_2 K_3 K_5 K_E}{(1+K_3 T'_{d0} s)(1+T_E s) + K_3 K_6 K_E} \qquad (5-2-9)$$

下面仍在 $\Delta\delta - \Delta\omega$ 相平面内,讨论 ΔT_{e2} 在 $s=j\omega_d$ 时的相位问题:

对快速励磁系统而言,T_E 极小,$(1+T_E s)|_{s=j\omega_d}$ 是一个有微小相角的向量,T'_{d0} 很大,故 $(1+K_3 T'_{d0}s)|_{s=j\omega_d}$ 一般是一个相角近 90°的向量,这样综合起来,式(5-2-9)之分母向量位于 $\Delta\delta - \Delta\omega$ 相平面的第一象限内,如图 5-2-2(b)所示;对常规励磁系统,T_E 较大,上述分母向量也可能出现在第二象限。再结合前面第二章第二节分析可知(见图 2-2-20):K_2、K_3 和 K_6 是均大于 0 的,K_5 在发电机重负荷时可为负值,于是对式(5-2-9)之分子、分母的复数相角进行分析可知:在发电机重负荷($K_5 < 0$)时,ΔT_{e2} 将出现在 $\Delta\delta - \Delta\omega$ 相平面的第三或四象限内,如图 5-2-2(b)所示。取 $\Delta T_{e2} = K_{e2}\Delta\delta + D_{e2}\Delta\omega$,则可知此时的阻尼系数

$D_{e2}<0$。也就意味着,在发电机重负荷时,由于 $K_5<0$,电气系统可能呈现出负阻尼($D_{e2}<0$),而快速($T_E\approx0$)、高放大倍数($K_E\gg1$)的励磁系统,会使得 $|D_{e2}|$ 更大或 D_{e2} 更负,即负阻尼的情况会更严重。一旦此负阻尼比发电机机械、励磁绕组和阻尼绕组的正阻尼特性还强时,那么系统在 ω_d 频率扰动下可能产生振荡失稳(或负阻尼增幅振荡)的问题。

通过以上分析,可以得到以下一些结论:

(1)系统在重负荷运行时易引发振荡失稳问题,而快速、高放大倍数的励磁系统对此起恶化作用。

(2)系统不发生振荡失稳的条件为阻尼系数大于零。

(3)此外,通过对发电机功角特性的分析,也可得知,系统不发生滑行失稳的条件为同步转矩系数应大于零。

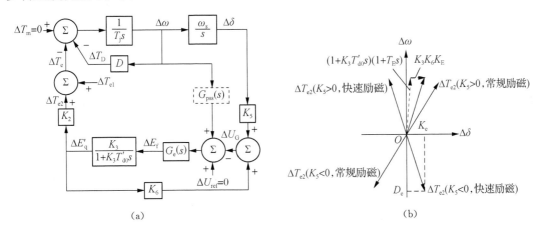

图 5-2-2　考虑励磁系统动态时对系统低频振荡的影响

第三节　PSS 抑制低频振荡原理的简析

由前面分析可知,系统在重负荷条件下易产生功率振荡,而快速、高放大倍数的励磁对系统阻尼起恶化作用,甚至可能引起系统振荡失稳。一旦系统出现低频振荡问题,则可以通过降低输送容量或采用常规励磁的办法来解决,但是,显然前者不够经济,后者不利于系统在大扰动下的暂态稳定,因此两种解决方案均不可取。目前,普遍的做法是经由励磁系统产生一个附加的电磁转矩分量,使之为一个低频振荡的阻尼转矩,以补偿系统引入的负阻尼,使得系统的总阻尼大于零,这就是所谓的电力系统稳定器(Power System Stabilizer,PSS),其构成原理,如图 5-3-1 所示。若取转速 $\Delta\omega$ 作为输入信号,则由图 5-2-2(a)可知,PSS 产生的附加电磁转矩 ΔT_{epss} 为

$$\Delta T_{epss}=\frac{K_2K_3K_E}{(1+K_3T'_{d0}s)(1+T_Es)+K_3K_6K_E}G_{pss}(s)\Delta\omega \qquad (5-3-1)$$

式中：$G_{pss}(s)$——PSS 传递函数，即 $\dfrac{U_{pss}}{\Delta\omega}=G_{pss}(s)$。

为便于分析，将 $G_{pss}(s)$ 表示为幅值和相角的形式，并记作 $G_{pss}(s)=A_{pss}(s)\underline{/\varphi_{pss}}$，则可通过整定 PSS 相位补偿环节的参数，使得其相角 $\varphi_{pss}\big|_{s=j\omega_d}$ 等于式（5-3-1）之分母向量的相角 $(1+K_3T'_{d0}s)(1+T_Es)+K_3K_6K_E\big|_{s=j\omega_d}$，也就是说，由 $G_{pss}(s)$ 之超前相位 φ_{pss} 补偿了 T'_{d0} 和 T_E 两环节所带来的相位滞后（习惯称之为无补偿相频特性或励磁系统滞后特性，记为 φ_e）。于是式（5-3-1）可改写为

$$\Delta T_{epss}=D_{epss}\Delta\omega \tag{5-3-2}$$

由于 K_2、K_3 和 K_6 均大于 0，因此可知 $D_{epss}>0$，亦即 PSS 的作用使得 ΔT_e 中增加了一个与 $\Delta\omega$ 同相位的附加转矩分量 ΔT_{epss}，也就是提供了正的阻尼转矩。同时，也可看出，当 K_E 较大时，相应地 D_{epss} 也越大，阻尼效果也越好，因此，PSS 应用在高放大倍数的励磁系统上效果会更明显。

为使 PSS 在整个低频段 0.1～2.0 Hz 范围内均能够提供正阻尼，依据标准《电力系统稳定器整定试验导则》（DL/T 1231—2013），PSS 的参数整定（或相位补偿）原则应满足以下要求：在 0.3～2.0 Hz 频率范围内，PSS 产生的附加电磁转矩 ΔT_{epss} 对应 $\Delta\omega$ 轴在超前 20°～滞后 45°之间（习惯称之为有补偿相频特性，记为 $\varphi_e+\varphi_{pss}$），即如图 5-3-2(a) 所示的虚线扇形区域；当对低于 0.2 Hz

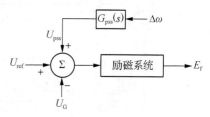

图 5-3-1　PSS 的构成原理

频率有要求时，最大超前角不应大于 40°。同时，PSS 不应引起系统同步转矩系数的显著削弱。

有关 PSS 的输入信号，除转速 $\Delta\omega$ 外，也可取电磁功率增量 ΔP_e、机端电压频率增量 Δf 或它们的组合，这些信号与 $\Delta\omega$ 轴的相位关系为：频率 Δf 与 $\Delta\omega$ 轴同相位，电磁功率 ΔP_e 滞后 $\Delta\omega$ 轴 90°，机械功率 ΔP_m 超前 $\Delta\omega$ 轴 90°，其之间的相位关系，如图 5-3-2(a) 所示。

相应地，根据上述的 PSS 参数整定原则，当输入信号为 $-\Delta P_e$（即 $\Delta P_e=P_{e(n-1)}-P_{e(n)}$，$P_{e(n)}$ 和 $P_{e(n-1)}$ 分别为功率前、后两次的计算值）时，PSS 的补偿相位应满足"在 0.3～2.0 Hz 频率范围内产生的附加电磁转矩 ΔT_{epss} 滞后于 $-\Delta P_e$ 轴 70°～135°"。应当指出，由于定子绕组铜耗很低，在忽略该部分损耗影响时，通常取发电机输出的有功功率来替代电磁功率进行计算。

典型的励磁系统滞后特性（φ_e）、PSS 相频特性（φ_{pss}）和有补偿相频特性（$\varphi_e+\varphi_{pss}$）随频率变化的曲线，如图 5-3-2(b) 所示；其相关数据如表 5-3-1 所示。

PSS 有效性验证的试验波形，如图 5-3-2(c) 所示。

表 5 - 3 - 1　励磁系统滞后特性、PSS 相频特性和有补偿相频特性(数据)

$f(Hz)$	$\varphi_e(°)$	$\varphi_{pss}(°)$	$\varphi_e(°)+\varphi_{pss}(°)$
0.206	−30.514 809	−64.695 191	−95.21
0.297 5	−41.059 377	−51.850 623	−92.91
0.412	−53.113 899	−35.996 101	−89.11
0.503 5	−60.794 213	−25.385 787	−86.18
0.618	−68.727 162	−14.452 838	−83.18
0.709 5	−79.655 921	−7.954 079	−87.61
0.801 1	−86.203 092	−2.376 908	−88.58
0.915 5	−88.606 557	2.636 557	−85.97
1.007 1	−91.880 795	6.200 795	−85.68
1.121 5	−96.676 963	9.176 963	−87.5
1.190 2	−104.557 889	10.657 889	−93.9
1.304 6	−110.883 095	12.613 095	−98.27
1.419 1	−109.236 649	14.056 649	−95.18
1.510 6	−106.711 184	15.001 184	−91.71
1.602 2	−112.712 294	15.402 294	−97.31
1.716 6	−117.173 699	15.783 699	−101.39
1.808 2	−118.374 535	15.654 535	−102.72
1.899 7	−122.715 193	15.535 193	−107.18
2.014 2	−127.285 029	15.395 029	−111.89

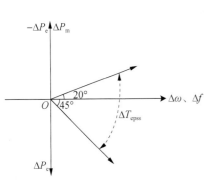

(a) PSS 相位补偿要求(在 0.3～2.0 Hz 低频段)

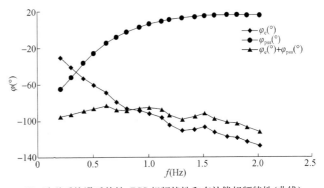

(b) 励磁系统滞后特性、PSS 相频特性和有补偿相频特性(曲线)

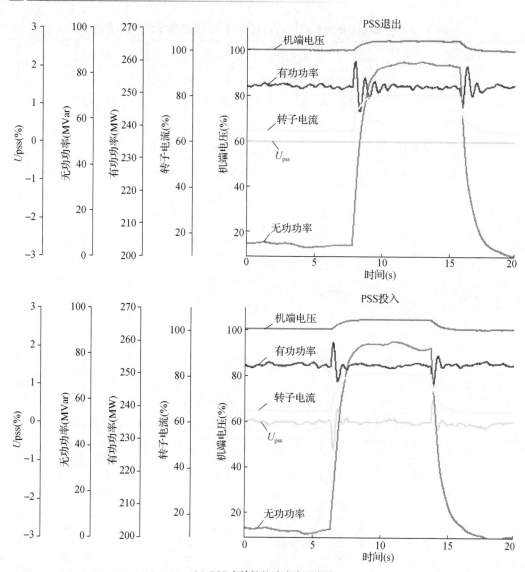

（c）PSS 有效性的试验验证波形

图 5-3-2 PSS 抑制低频振荡的分析

PSS 的具体数学模型主要有 PSS1A、PSS1B、PSS2A、PSS2B、PSS3B 和 PSS4B 等 6 种常见形式，各自的特点及传递函数框图，分别见表 5-3-2 和图 5-3-3(a)～(d)所示。其中：

PSS2A（或 PSS2B）采用转速 $\Delta\omega$ 和电磁功率 ΔP_e 作为输入信号，经过计算（包括滤波环节）产生机械功率变化量的积分信号 $\dfrac{\Delta P_m}{T_j s}$，该信号减去有功功率变化量的积分信号 $\dfrac{\Delta P_e}{T_j s}$，即为加速功率变化量的积分信号 $\dfrac{\Delta P_a}{T_j s}$，也就是转速信号 $\Delta\omega$，以上结论均可根据同步发电机的转子运动方程导出。由此得到的 $\Delta\omega$ 信号，作为 PSS 的校正信号输入到超前-滞后环节。因此，PSS2A（或 PSS2B）又称为合成加速功率型 PSS。PSS2A（或 PSS2B）在保留 PSS1A 物理概念清晰、高频抑制能力强的优点基础上，有效地解决了 PSS1A 在水电和燃机等快速出力调节机组上使用时,无功功率"反调"过大的问题。所谓"反调"是指当原动机输出功率增加(或减小)时,因 PSS 的调节作用,引起的无功功率同时减少(或增加)的现象。

PSS4B 是在 PSS2B 基础上加以改进提出的,它的最大特点在于将转速 $\Delta\omega$ 信号分成低频(0.01~0.1 Hz)、中频(0.1~1.0 Hz)和高频(1.0~4.0 Hz)三个频段,通过对这三个频段的增益、相位和输出限幅等参数分别进行整定,以实现为不同频段下的低频振荡提供合适的正阻尼转矩。

顺便指出,工程上一些励磁系统制造厂提供的 PSS 数学模型与标准 GB/T 7409.2 或 IEEE Std 421.5 所推荐的模型可能会略有区别,这是应注意到的。

表 5 - 3 - 2　PSS 模型特点

模型	特征	输入信号	说明
PSS1A	单输入型	$\Delta\omega$、ΔP_e 或 Δf	为便于测量和相位补偿,一般取 ΔP_e。在取转速 $\Delta\omega$ 作为输入信号时,应具有衰减轴系扭振信号的滤波措施
PSS2A (或 PSS2B)	加速功率型	ΔP_e 和 $\Delta\omega$(或 Δf)	1. 一般取 $\Delta\omega$ 和 ΔP_e 作为输入信号; 2. 相比 PSS2A,PSS2B 的 ΔP_e 输入通道多了一级隔直环节,其余部分相同
PSS3B	双输入型	ΔP_e 和 Δf	
PSS4B	多频段型	$\Delta\omega$ 和(或)ΔP_e	

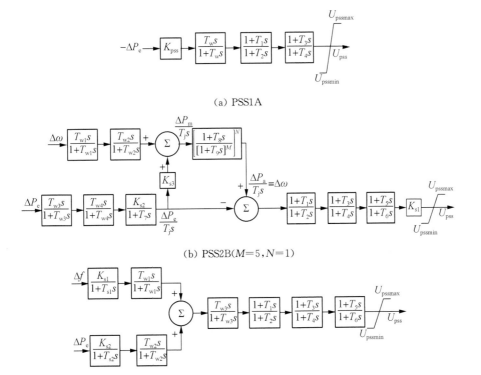

(a) PSS1A

(b) PSS2B($M=5$, $N=1$)

(c) PSS3B

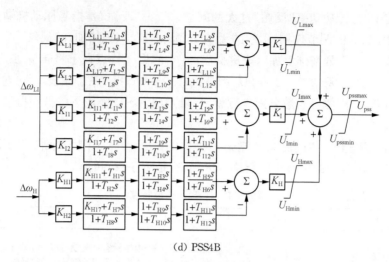

(d) PSS4B

图 5-3-3　PSS 数学模型

讨论：

（1）系统的小扰动模型是线性微分方程，因此上述的电磁转矩分量满足叠加原理，亦即由机械阻尼、阻尼绕组和励磁绕组及 PSS 等作用后的总阻尼转矩（或总阻尼功率）可近似表示为

$$\Delta T_{\mathrm{D}} = D\Delta\omega \text{ 或 } \Delta P_{\mathrm{D}} = D\Delta\omega \qquad (5-3-3)$$

式中：D——（总）阻尼系数

（2）关于 PSS 的相位补偿原则，行业内也存有其他不同的提法，如 2018 年 1 月在云南昆明召开的关于《电力系统稳定器整定试验导则》（DL/T 1231—2013）修订宣贯会上，中国电力科学院就曾提出：PSS 提供的附加转矩应满足在 0.1～0.3 Hz（不含 0.3 Hz）频段超前 $\Delta\omega$ 轴不应大于 30°，在 0.3～2.0 Hz 频段在超前 $\Delta\omega$ 轴 20°～滞后 $\Delta\omega$ 轴 45° 之间。此外，还有如应满足在 0.2～2.0 Hz 频段超前 $\Delta\omega$ 轴 10°～滞后 $\Delta\omega$ 轴 45° 之间或超前 $\Delta\omega$ 轴 30°～滞后 $\Delta\omega$ 轴 30° 之间等相位补偿原则。

（3）有关两输入信号 PSS 相位补偿的问题。对 PSS2A（或 PSS2B）模型而言，系统扰动由有功功率 ΔP_{e} 信号反映，转速 $\Delta\omega$ 仅起到抵消原动机扰动（或用于合成机械功率以避免反调）的作用，因此，在 PSS2A（或 PSS2B）相位补偿时，只需计算图 5-3-4 所示出的环节即可。而 PSS3B 模型由于有两个输入信号，因此在参数整定时，应首先找出这两个输入信号之间的关系，利用该关系将两输入信号简化为单输入信号，再进行相频特性的计算。

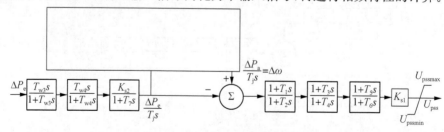

图 5-3-4　PSS2B 模型相位补偿计算框图

(4) 转速 $\Delta\omega$(或功角 δ)的测量。$\Delta\omega$(或 δ)的测量方法有多种,这里介绍一种工程上广泛采用的方法。由同步发电机相量图(见图 5 - 3 - 5(a)),可得功角 δ 计算式为

$$\tan\delta=\frac{I_G X_Q \cos\varphi}{U_G+I_G X_Q \sin\varphi} \tag{5 - 3 - 4}$$

对上式之分子、分母同乘以 U_G 和同除以 X_Q,经整理可得

$$\delta=\arctan\left[\frac{P}{\dfrac{U_G^2}{X_Q}+Q}\right] \tag{5 - 3 - 5}$$

式中:$P=U_G I_G \cos\varphi$,$Q=U_G I_G \sin\varphi$。

由此可得转速 ω 为

$$\omega=\frac{\delta_n-\delta_{n-1}}{\Delta T} \tag{5 - 3 - 6}$$

式中:δ_n 和 δ_{n-1} 分别为功角前、后两次计算值;ΔT 为采样周期。

有时需要获取电动势 E_q(对凸极机,则为 E_Q),在忽略发电机定子绕组回路电阻时,利用端电压和端电流的相位关系(见图 5 - 3 - 5(b)),可近似采用下式进行计算

$$E_q=\frac{U_{AB}}{\sqrt{3}}+I_C X_Q \tag{5 - 3 - 7}$$

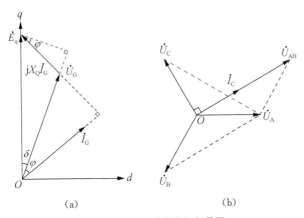

(a)　　　　　　　　　　(b)

图 5 - 3 - 5　同步发电机相量图

应当指出,上式中的 X_Q 并非交轴同步电抗 X_q,而是本机振荡频率 f_0(单位为 Hz)下发电机等效同步电抗,有时称之为摇摆电抗,其计算式为

$$X_Q=X_q \sqrt{\frac{1+(2\pi f_0 T_q')^2}{1+(2\pi f_0 T_{q0}')^2}} \tag{5 - 3 - 8}$$

功角是表征同步发电机运行状态和判别电力系统稳定性的重要参量。实际上,实现功角的全工况的准确测量是一个难点。从原理上讲,已有的测量方法主要可分为两大类,分别为基于稳态公式(或相量图)的纯电气测量方法和需借助非电量传感器(包含光电或磁电变

换)来实现测量的方法。显然,上述的功角计算方法属于前者。这在系统稳态且发电机参数准确时,所得结果是令人满意的,但在非稳态情况下,这一计算方法会带来较大的误差。有关功角测量的更多讨论,可参阅相关文献。

(5) PSS 的适应性。电力系统的运行条件是经常改变的,主要体现在以下三个方面:① 发电机稳态运行点的改变,包括有功功率、无功功率和电压等;② 系统结构参数的改变,主要有发电机、线路等设备的投切;③ 发电机运行方式的改变,如短路等的大扰动。因此,这就要求固定参数的 PSS 对于上述运行条件均应具有良好的适应性。有关该问题的讨论,可参阅参考文献[14]。

(6) 在以上分析中均忽略了原动机及调速系统的动态,即令 $\Delta T_m = 0$。若再考虑这一部分的影响,取传递函数为 $G_{gov}(s)$,则有 $\Delta T_m = -G_{gov}(s)\Delta\omega$。同理,与电磁转矩 ΔT_e 具有相似的分析过程,将 $s = j\omega_d$ 代入 ΔT_m 表达式,则可导出 $\Delta T_m = -(K_m\Delta\delta + D_m\Delta\omega)$,式中 K_m 和 D_m 分别称为机械同步转矩系数和机械阻尼转矩系数,均为扰动频率 ω_d 的函数。根据小扰动线性化转子运动方程,应用叠加原理,可将以上转矩系数和相应的电气转矩系数合并,一起进行低频振荡的分析。

(7) 除 PSS 之外,高压直流输电和静止无功发生器的附加控制也可以用来抑制低频振荡,并仍可采用上述的复数转矩法进行分析。此外,基于线性最优控制的励磁系统对低频振荡也有很好的抑制效果。

(8) 最后,应当指出,目前电力系统稳定性分析的主要方法有三种,分别为复频域分析法、时域分析法和直接法。复频域法是通过求解系统在某运行点上线性化的微分方程的特征根,在复频域内分析系统的稳定性;时域法是利用数值积分的方法求解系统的非线性微分方程,给出方程所有变量的时间解,在时域内分析系统的稳定性,又称之为逐步积分法;直接法不求解系统的非线性微分方程,利用广义能量函数及其特性作为判据,直接对系统的稳定性进行判别,因此又称之为暂态能量函数法。其中,复频域分析法主要用于动态稳定分析,其他两种分析方法主要用于暂态稳定分析。

第六章 常规同步发电机励磁系统设计

励磁系统设计,若按专业进行细分的话,可分为电气设计和结构设计(如屏柜框架结构设计、配套支持件、紧固件和连接件选型及加工设计)等两个部分。其中,有关结构设计的内容,本书不予涉及,可参阅相关文献,以下主要从电气设计的角度进行讨论。

励磁系统电气设计对人员的综合素养要求较高,首先需要有较为扎实的相关理论基础知识和丰富的工程实践经验,熟悉相关技术标准、管理规定和产品样本及设计手册等文献,并善于总结以往工程的设计经验和教训,同时充分了解元器件价格和客户需求的基础上,才能够设计出既符合标准规定、运行可靠和造价经济,又能够令客户满意的励磁系统产品。

由第一章第二节分析可知,同步发电机励磁系统类型较多,但在基本构成、设计思路和计算方法上大同小异,没有本质上的差异。目前,自并励静止励磁系统已成为同步发电机励磁的主流选择方案。因此,为使叙述思路清晰和缩小篇幅,本章以自并励静止励磁系统为例,对常规同步发电机励磁系统设计进行详细的介绍,以便对同步发电机励磁系统的设计有一个整体的、全面的认识和了解,从而达到提纲挈领的目的和效果。在论述上,会适当兼顾其他励磁系统类型。

第一节 系统设计

励磁系统的整体设计应从对其设计要求、接线及构成、布置等几个方面进行综合考虑。

(一) 对励磁系统设计的要求

励磁系统设计可划分为两个部分,分别为励磁功率部分(又称主回路)和励磁控制部分(又称控制回路),前者主要包含有励磁变压器、晶闸管整流装置、灭磁装置及过电压保护、起励装置和母线导体等设备,后者主要有调节器和二次接线等。在两部分的设计选型时,首先均应满足现行的主要技术标准和管理规定,详见附录E,并应注意到客户的各项合理性要求,具体体现在技术协议、会议纪要、来往传真和邮件等媒介上面。

此外,还应结合发电厂在电力系统中的地位和作用,遵循以满足常见运行工况(包括正常和事故)作为设计条件,坚持稳定优先和简单可靠的设计理念,作出合理的设计方案和配置。不适宜的技术评审,要么使励磁装置某些性能不足,不能满足发电机运行要求,埋下巨大隐患;要么设计偏于复杂和保守,给励磁装置带来可靠性的降低和造价的提高,这两种情况都是不可取的。同时,还应注意全面权衡设备造价、电厂维护费用和故障损失三者之间的利害关系,以求设计在技术上和经济上、制造厂和客户之间实现最优。

(二)励磁系统接线及构成

目前,工程上汽轮发电机励磁系统有多种励磁方式在运行,其中以自并励静止励磁、三机有刷他励励磁和三机无刷他励励磁系统最为常见,相应地典型接线分别如图6-1-1(a)~(c)所示。而水轮发电机励磁系统多采用自并励静止励磁系统,其典型接线如图6-1-2所示。

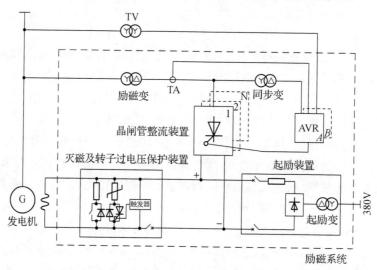

(a)自并励静止励磁系统

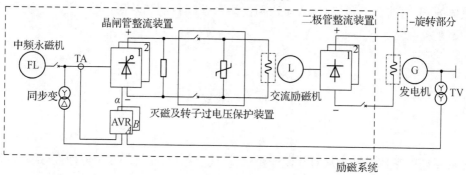

(b)三机有刷他励励磁系统

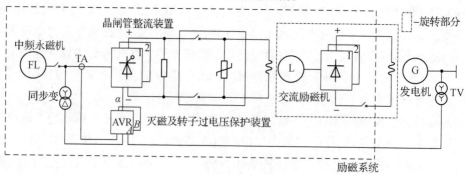

(c)三机无刷他励励磁系统

图6-1-1 汽轮发电机励磁系统

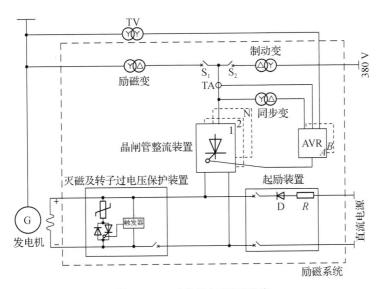

图 6-1-2　水轮发电机励磁系统

可以看出,以上两种类型发电机的励磁系统在主要组成是一致的,一般均由励磁变压器、晶闸管整流装置、灭磁及转子过电压保护装置、调节器(AVR)和导体等设备构成。广义上讲,汽轮发电机三机有刷或无刷他励励磁系统,还应包含中频永磁机和交流励磁机两部分,但通常由发电机制造厂配套设计和供货。

水轮发电机由于有紧急启停等运行要求,所以一般采用非线性电阻进行快速灭磁。而汽轮发电机一般多采用线性电阻进行灭磁,但在对灭磁快速性有要求,且励磁屏柜布置不受空间限制等时,也可选用非线性电阻。以上两种情况下,非线性灭磁电阻可兼作转子过电压保护之用。

(三)其他有关共性问题说明

在励磁系统元件参数选择计算时,多数情况时会出现计算值不在相应元件制造厂生产的标准系列中,会出现向上或向下取值的情况,此时要对最终选择的元件参数值进行再校验,以确认满足设计要求。同时,在对照所选用的元件制造厂所提供的产品样本进行参数选择时,还应注意元件各项参数对具体工作条件的约束,在工作条件不同时,一定要考虑参数的修正。此外,在元件选型和系统结构设计等方面应做到标准化、简单化和人性化,所选型元件应具有通用性和互换性,易于选构、安装、操作、(在线)维护和检修等。最后,还应注意电磁兼容问题,或者说,励磁装置的抗干扰能力和骚扰水平应适应使用环境的要求。

在本章的后续章节中,主要对元件的选择计算进行讨论,并未涉及具体元件的选型,如型号、外形尺寸和安装方式等,此部分内容可参阅所选用元件制造厂所提供的产品样本、产品使用说明书等相关资料,此处从略。

第二节　励磁变压器及附属设备

励磁变压器是给整流电路提供电源的,实质上是一种特殊(专用)变压器。也就是说,对励磁变压器既有普通电力变压器的共性要求,又有特殊之处。

励磁变压器可采用油浸式变压器,也可采用干式变压器。相比油浸式变压器,由于干式变压器结构简单、占用空间小、维护方便等优点,目前励磁变压器多采用干式变压器,并布置于室内。以下主要就干式励磁变压器及其附属设备的选型计算等问题进行讨论。

一、励磁变压器运行要求

励磁变压器在设计选型时,应考虑到以下 3 个基本运行要求:

(1)励磁变压器容量应能满足发电机在一定倍数(如 1.1 倍)负载额定励磁电流条件下的长期连续运行要求。同时,还应保证发电机强励工况下需要的励磁容量及持续时间。

(2)励磁变压器应在高压侧电压值超过一定额定值(即过激磁)情况下,能够长期连续运行和短时运行而不损坏,如 1.1 倍额定电压下连续运行、1.3 倍额定电压下历时 60 s。

(3)由于励磁变压器绕组中电流含有谐波分量,并非正弦波形,因此,励磁变压器在容量计算时,一定要计入谐波电流引起的附加损耗。此外,还应注意谐波电流可能带来的励磁变压器局部过热、噪声和振动等问题。

二、励磁变压器选型及参数计算

有关励磁变压器额定电压、电流和容量的选择计算,目前,在工程上有多种实用算法[27,28]。限于篇幅,以下主要对其中一种工程上最为常用的计算方法予以介绍。

(一)额定电压及额定容量计算

1. 一次额定电压 U_{1N}

励磁变压器一次额定电压 U_{1N} 应与取自励磁电源处的额定电压相等。对自并励静止励磁系统来讲,励磁变一次额定电压应等于发电机机端额定电压,即 $U_{1N}=U_{GN}$。

2. 二次额定(线)电压 U_{2N}

众所周知,降压变压器的二次额定电压是指空载电压,在变压器负载(感性)运行时,由于短路阻抗压降的原因,实际二次电压要低于其额定值。因此,励磁变二次额定电压的计算,通常取负荷最重时的情况,即发电机强励工况作为计算条件。由式(3-5-31),并结合实际运行要求,可得励磁变二次额定电压 U_{2N} 的计算式为

$$U_{2N}=\frac{K_u U_{fN}+\frac{3}{\pi}K_i I_{fN}X_T+\Delta U}{1.35K_1\cos\alpha_{min}} \qquad (6-2-1)$$

式中:K_u 和 K_i 分别为励磁系统顶值电压、电流倍数,可取值为 2 倍;K_1 为发电机强励时励磁变二次电压降低百分数,如取 90%;U_{fN} 和 I_{fN} 分别为发电机负载额定励磁电压和励磁电流,V 和 A;X_T 为励磁变漏抗(或短路电抗),Ω;α_{min} 为强励触发角度,度(°),如取 10°;ΔU 为

附加压降,如回路导体压降、晶闸管压降、发电机碳刷和滑环压降等,取值范围可为 2～4 V。

3. 二次额定电流 I_{2N}

由于励磁变具有一定的过载能力,因此通常取发电机最大长期连续运行工况作为计算条件。由式(3-5-24),并结合实际运行要求,可得励磁变二次额定电流 I_{2N} 计算式为

$$I_{2N}=\sqrt{\frac{2}{3}}\,K_i I_{fN}\sqrt{1-3\psi(\alpha,\gamma)} \tag{6-2-2}$$

$$\psi(\alpha,\gamma)=\frac{[2+\cos(2\alpha+\gamma)]\sin\gamma-[1+2\cos\alpha\cos(\alpha+\gamma)]\gamma}{2\pi[\cos\alpha-\cos(\alpha+\gamma)]^2} \tag{6-2-3}$$

$$\gamma=\arccos\left(\cos\alpha-\frac{2X_T K_i I_{fN}}{\sqrt{2}U_{2N}}\right)-\alpha \tag{6-2-4}$$

式中:K_i——发电机最大连续工作电流倍数,一般取 1.1;

γ 和 α——分别为发电机最大连续工况下整流装置的换相角和触发角,(°);

X_T——励磁变压器短路电抗,Ω;其他符号含义同上。

在忽略换相过程,即 $\gamma=0$,并取 $K_i=1.1$ 时,则式(6-2-2)可简化为

$$I_{2N}=\sqrt{\frac{2}{3}}\times1.1\times I_{fN} \tag{6-2-5}$$

4. 额定容量 S_N

由于励磁变压器输出电流(或电压)中含有高次谐波,这些谐波将引起变压器输出容量和损耗的增加,而计算或实测这些量又比较困难。于是,为简化励磁变压器额定容量的选择计算,在工程上通常采用以附加损耗系数的方式来加以解决,即有

$$S_N=K_s\sqrt{3}U_{2N}I_{2N} \tag{6-2-6}$$

式中:K_s——附加损耗系数,当然该系数中还考虑了后面要讲到的变压器的各种空、负载损耗。根据工程经验,一般取值范围为 1.1～1.25。上述考虑了附加损耗后的额定容量又称为热容量[29]。

应当指出,有关励磁变电压、电流和容量的选择计算,标准 DL/T 1628 也给出了相应公式,但与上式区别于所计入的回路元件的阻抗数目不同。实际工程中,在一些元件阻抗值缺失的情况下,上式可作为实用简化计算式。

(二)联接组别

三相变压器和由单相变压器组成的三相变压器组,其常用联接组别,标准 GB 1094.1 给出了多种。但对励磁变压器而言,一般优先选用 Yd 或 Dy 两种形式,目前工程上应用最多的是 Yd 联接,尤其是大容量励磁变压器。究其原因,主要是由于当励磁变压器高压侧采用 Y 接线时,绕组的相电压仅为线电压的 $1/\sqrt{3}$ 倍,相电压较低,可降低为提高绝缘而付出的成本,对降低变压器的造价有利;而低压绕组 d 联接,可为低压侧的三次及其倍数谐波提供环流路径,避免影响主磁通,可保持高压侧电压波形的正弦度,同时相电流为 Y 联接下的 $1/\sqrt{3}$ 倍,相电流较低,可减少绕组线圈的截面,对降低造价也有利。

钟点数一般多采用 11 点,即低压侧线电压在相位上超前高压侧线电压 30°,工程上也有 0 点的情况。

(三)冷却方式

励磁变压器冷却方式的标志代号,如表 6-2-1 所示。

变压器的额定容量与冷却方式(或温升)相关。目前,励磁变压器多采用自然冷却并加装辅助风机的方式。为便于对励磁变压器绕组温度进行测量和监视,应加装温度控制器,在温度过高时报警或跳闸,并控制辅助风机的启停。

表 6-2-1　干式变压器冷却方式

冷却方式	字母代号
自然冷却	AN
强迫风冷	AF

(四)绝缘耐热等级和温升限值

干式励磁变压器的绝缘系统材料,目前工程上主要有以下 4 种类型:

(1)环氧树脂浇注型;

(2)无碱玻璃纤维缠绕浸渍型;

(3)MORA 型;

(4)NOMEX 型。

以上 4 种在工程上均有一定的应用,尤其第 1 种,应用最为普遍。

励磁变压器在正常运行条件下绝缘系统的耐热等级及对应温升可参考标准 GB 1094.11 和 GB/T 1094.12,即如表 6-2-2 所示。目前,工程上励磁变压器一般采用"按 F 级设计,用 B 级考核"的办法来选择励磁变压器的绝缘耐热等级,究其原因将在后面"过载能力(即超铭牌容量能力)"中进行说明。

在高海拔地区下使用时的温升修正办法,依据标准 GB 1094.11 规定,可按照海拔每超过 100 m(以 1 000 m 为起点)温升降低 2.5%(自然冷却)来修正。同样,使用在较高冷却空气温度下时,也应注意温升修正问题,具体修正办法见标准 GB 1094.11,从略。

表 6-2-2　干式变压器绕组温升限值

绝缘耐热等级	绝缘系统温度(℃)	额定电流下绕组的平均温升(K)	绕组热点温度(℃) 额定值(℃)	绕组热点温度(℃) 最高允许值(℃)
A	105	60	95	130
E	120	75	110	145
B	130	80	120	155
F	155	100	145	180
H	180	125	170	205
	200	135	190	225
	220	150	210	245

(五)绝缘水平

变压器绝缘水平与绝缘配合有关,应满足运行中各种过电压与长期最高工作电压的要求。依据标准 DL/T 1628 规定,励磁变压器绝缘水平应满足表 6-2-3 所列要求。应当指出,表中数据同时适应于变压器的高、低压侧。

使用在高海拔地区(1 000～3 000 m)下绝缘水平的修正办法,依据标准 GB 1094.11 规定,可根据海拔每超过 100 m(以 1 000 m 为起点)绝缘水平增加 1% 来修正。

表 6-2-3　励磁变压器绝缘水平(单位:kV)

额定电压	额定短时外施耐受电压(方均根值)	额定雷电冲击耐受电压(峰值)
≤1.2(0.23/0.4/0.69)	5	—
3.15	10	20
6.3	20	40
10.5	35	60
13.8	38	60
15.75	40	75
18	50	125
20	50	125
22	50	125
24	50	125
26	60	150
27	60	150

(六)分接头和短路阻抗

励磁变压器可采用无调压或无励磁调压方式,采用无励磁调压时分接头应布置在高压绕组上,分接范围优先值为:±5%,每分级可为 2.5%(5 个分接位置,对称布置)和 ±5%(3 个分接位置,对称布置)。对于无励磁调压励磁变压器,分接开关多采用连接片来实现。

励磁变压器短路阻抗(对主分接)在选择时,应考虑到对变压器的电压调整率、无功损耗、短路电流大小,以及整流电路外特性、负载损耗、制造成本和磁场断路器的短路分断能力等因素的影响。

当负载功率因数一定时,励磁变压器的电压调整率、无功损耗与短路阻抗基本成正比,从这一角度讲,短路阻抗宜选小。但较低的短路阻抗,在变压器低压侧短路时,会产生较高的短路电流,相应地提高了交流回路中断路器的短路分断能力。而选用较大的短路阻抗,有可能使整流电路工作状态过渡到非正常的第Ⅱ种换相状态(具体分析,详见第三章第五节)。

目前,励磁变的短路阻抗一般在 4%~8% 范围内取值,具体可按照标准 DL/T 1628 进行选择,如表 6-2-4 所示。

表 6-2-4　励磁变压器短路阻抗的选择

额定容量(kVA)	短路阻抗(%)
≤630	4.0
631~1 250	5.0
1 251~2 500	6.0
2 501~6 300	7.0
6 301~16 000	8.0

（七）过载能力（即超铭牌容量能力）[31]

图 6-2-1 示出了一台 ZLSCB9* 型环氧树脂浇注干式变压器的过载能力曲线。图中 P_N、P_V 和 P 分别为额定负荷、起始负荷和过载负荷。

注：* 励磁变压器型号的标记方法，详见标准 DL/T 1628。

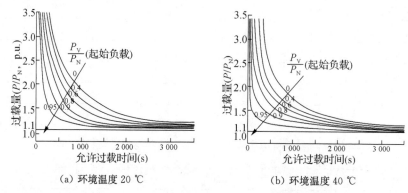

（a）环境温度 20 ℃   （b）环境温度 40 ℃

图 6-2-1 环氧树脂浇注干式变压器的过载特性曲线

从上图可以看出，励磁变的过载能力，与变压器过载时的环境温度和已带负荷（或起始负荷）有关，其过载倍数与允许过载时间呈反比特性。工程上有时需要校验励磁变压器的过载能力是否满足发电机强励（即短时电流过载）工况运行，这就要求励磁变压器制造厂应能够提供变压器的超铭牌容量能力特性曲线。从该特性曲线即可方便地获得变压器在各种环境温度、冷却方式，以及不同的起始负荷和过载倍数条件下的允许超铭牌容量时间。

标准 GB/T 1094.12 仅给出了短时超铭牌容量 50% 条件下绕组热点温升的计算公式，即

$$\Delta\theta_t = (\Delta\theta_U - \Delta\theta_i) \cdot (1 - e^{-\frac{t}{T}}) + \Delta\theta_i$$

$$\theta_{HS} = \Delta\theta_t + \theta_a$$

式中：$\Delta\theta_i$ 为某一负载率（即负载电流与额定电流比值）I_i 开始时的起始热点温升，K；$\Delta\theta_t$ 为负载变化 t 时间后的热点温升，K；$\Delta\theta_U$ 为负载率 I_U 不发生变化情况下的最终热点温升，K；t 为时间，min；T 为给定负载下绕组发热时间常数，min；θ_{HS} 为热点温度，℃；θ_a 为环境温度，℃。

但是，上述标准未对此时绕组的平均温升，以及其他短时超铭牌容量百分数条件下绕组的热点温升和平均温升给出相应的计算公式和规定。

以下给出一个短时超铭牌容量任一百分值时绕组平均温升的计算方法，以供设计选型时参考。

在短时超铭牌容量 S_b 时，励磁变绕组的平均温升 θ_e 可表示为

$$\theta_e = \theta_a + (\theta_b - \theta_a) \cdot (1 - e^{-\frac{t}{T}}) \tag{6-2-7-1}$$

$$\theta_a = \theta_n \left(\frac{S_a}{S_N}\right)^{1.6} \tag{6-2-7-2}$$

$$\theta_b = \theta_n \left(\frac{S_b}{S_N} \right)^{1.6} \qquad (6-2-7-3)$$

$$t = T \ln \frac{\theta_b - \theta_a}{\theta_b - \theta_e} \qquad (6-2-7-4)$$

式中：θ_a——绕组起始稳态温升，K；

θ_b——绕组短时超铭牌容量稳态温升，K；

θ_n——额定运行时绕组平均温升，K；

S_a——短时超铭牌容量的起始容量，kVA；

S_b——短时超铭牌的容量，kVA；

S_N——励磁变额定容量，kVA；

T——绕组发热时间常数，s；

t——短时超铭牌容量的允许时间，s。

据式(6-2-7-1)，可绘得绕组的平均温升曲线，如图6-2-2所示。

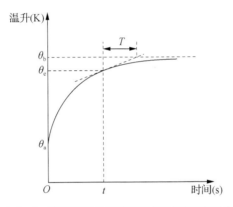

图 6-2-2　励磁变短时过载运行时绕组的平均温升曲线

由式(6-2-7)可知，励磁变压器在超铭牌容量条件下的平均温升 θ_e 与 θ_a、θ_b、θ_n、S_a、S_b、S_N 和 T 均有关。对于铜绕组，则 T 可近似地表示为

$$T = 165 \frac{\theta_b}{j_b^2} \qquad (6-2-8-1)$$

$$j_b = j_n \frac{S_b}{S_N} \qquad (6-2-8-2)$$

式中：j_b——短时超铭牌容量时绕组电流密度，A/mm²；

j_n——绕组额定电流密度，A/mm²；

系数165取决于铜导线的密度、电阻率以及铜导线和树脂绝缘材料的比热容量。

取 $\frac{S_b}{S_N} = k_b$，则式(6-2-8-2)可改写为 $j_b = k_b j_n$，将该式和式(6-2-7-3)一并代入式(6-2-8-1)，则可得

$$T = 165 \frac{\theta_n}{k_b^{0.4} j_n^2} \tag{6-2-9}$$

可以看出,减小绕组额定电流密度 j_n,可增大绕组发热时间常数,或者说可使短时超铭牌容量下绕组的发热速度变慢。一般认为当 $t=(3\sim4)T$ 时,绕组的发热即接近于稳态值 θ_b。

通过以上计算,就可求得励磁变在任一超铭牌容量情况下绕组的平均温升 θ_e 及其允许时间 t。

为说明问题,以某一已知励磁变压器为例,其主要技术参数见表 6-2-5 所示,对其参数进行验算。运行要求为在发电机强励工况下超铭牌容量 100% 条件下,持续 20 s。

表 6-2-5　励磁变压器主要技术参数

名称	技术要求	单位
型号	ZLSCB9-2450/15.75	
额定容量	2 450	kVA
高压侧电压	15.75	kV
联接组别	Yd5	
短路阻抗	6%	
高压绕组额定温升	80.93	K
低压绕组额定温升	第一层:80.41,第二层:79.22,第三层:80.93	K
绕组额定电流密度	高压:1.618	A/mm²
	低压:1.964	

具体验算过程如下:

取低压绕组层温升最大值进行核算,即 $\theta_n = 80.93\ \text{K} \approx 81\ \text{K}$。

起始温升 $\theta_a = \theta_n \left(\dfrac{S_a}{S_N}\right)^{1.6} = 81 \times \left(\dfrac{2\,450}{2\,450}\right)^{1.6} = 81\ \text{K}$

稳态温升 $\theta_b = \theta_n \left(\dfrac{S_b}{S_N}\right)^{1.6} = 81 \times \left(\dfrac{2 \times 2\,450}{2\,450}\right)^{1.6} = 245.5\ \text{K}$

超铭牌容量电流密度 $j_b = j_n \left(\dfrac{S_b}{S_N}\right) = 1.964 \times \dfrac{2 \times 2\,450}{2\,450} = 3.928\ \text{A/mm}^2$

发热时间常数 $T = 165 \dfrac{\theta_b}{j_b^2} = 165 \times \dfrac{245.5}{3.928^2} = 2\,626\ \text{s}$

20 s 绕组温升 $\theta_e = \theta_a + (\theta_b - \theta_a) \times (1 - e^{-\frac{t}{T}}) = 81 + (245.5 - 81) \times (1 - e^{-\frac{20}{2\,626}}) = 82.3\ \text{K}$

由于标准 GB/T 1094.12 未对超铭牌容量 100% 时绕组的平均温升 θ_e 作出规定,但依据德国工业标准 VDE 0532 要求,$\theta_e \leqslant 120\ \text{K}$ 即为合格。因此,由式(6-2-7-4)可知,达到温升 120 K 所用时间为

$$t = T \ln \frac{\theta_b - \theta_a}{\theta_b - \theta_e} = 2\,626 \times \ln \frac{245.5 - 81}{245.5 - 120} = 710.6\ \text{s}$$

经以上计算可知:

（1）励磁变温升仅增加了 1.3 K,即 $\theta_e - \theta_a = 82.3 - 81 = 1.3$。

（2）超铭牌容量 100% 时的允许时间为 710.6 s,远大于 20 s 要求。

也就是说,按 B 级绝缘耐热等级设计的励磁变,通常是满足发电机 2 倍强励运行要求的。因此,目前工程上一般采取"按 F 级设计,用 B 级考核"的办法来对励磁变的绝缘耐热等级进行要求。

（八）损耗和空载电流

励磁变压器损耗包括空载损耗和负载损耗,各种空、负载损耗,具体详见表 6-2-6 所示。励磁变压器损耗选择可参照标准 GB/T 10228。

励磁变压器空载电流的选择,依据标准 DL/T 1628 规定,可按表 6-2-7 进行确定。

表 6-2-6 励磁变压器损耗

损耗类型		说明
空载损耗 （主要是铁芯损耗）	磁滞损耗	与导磁材料(如硅钢、非晶合金)的重量 G 和磁密 B_m 的 n 次方成正比,即 $p_n \propto G \cdot B_m^n$
	涡流损耗	近似与磁密 B_m 的平方、导磁材料厚度 d 的平方、频率 f 的平方和导磁材料的重量 G 成正比,即 $p_w \propto G \cdot B_m^2 \cdot f^2 \cdot d^2$
负载损耗	线圈直流电阻损耗	降低线圈直流电阻损耗的有效办法是增大导线截面积
	导线的涡流损耗	线圈处于漏磁场中,在导线中会产生涡流损耗
	环流损耗	变压器(尤其大型变压器)由多根导线并列绕成,每根导线在漏磁场中所占据的空间位置不同,因此它们各自产生的漏感电动势也不同,漏感电动势之差将引起环流并产生环流损耗
	结构件的杂散损耗	夹件、钢压板、箱壁、螺栓和铁芯拉板等的损耗

注:1. 励磁变压器各种损耗和空载电流,通常均指主分接上的。

2. 励磁变压器空载损耗和负载损耗的定义,分别为空载损耗是指当额定频率下的额定电压施加到一个绕组的端子上,其他绕组开路时,变压器所吸收的有功功率。

负载损耗是指在一对绕组中,当额定电流流经一个绕组的线路端子,而另一个绕组短路时,在额定频率及参考温度下,变压器所吸取的有功功率。

3. 励磁变压器总损耗等于空载损耗(或铁芯损耗)和负载损耗之和。

表 6-2-7 励磁变压器的空载电流

额定容量(kVA)	空载电流(%)
500 及以下	1.4
501～800	1.2
801～1 600	1.0
1 601～2 500	0.9
2 501～4 000	0.8
4 001～6 300	0.7
6 301～10 000	0.6
10 001～16 000	0.5

注:空载电流是指当额定频率下的额定电压施加到一个绕组的端子上,而其他绕组开路时,流经该绕组线路端子的电流均方根值。一般用占该绕组额定电流的百分数来表示。

（九）承受短路的能力

励磁变压器承受外部短路电流的耐热能力的计算方法和动稳定能力的试验方法等,可参考标准 GB 1094.5。

（十）其他有关问题分析

1. 过电压保护[31]

与其他变压器一样,励磁变压器在运行时要承受各种过电压,过电压的危险性在于起始阶段它将在励磁变压器绕组的端部引起很大的过电压梯度,并在其后的过渡过程中引起电压振荡。若没有保护措施,这种振荡电压峰值可达工作电压峰值的 8～10 倍,所以必须给予抑制。

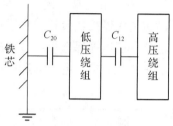

图 6-2-3 励磁变压器高、低压绕组分布电容

励磁变压器高压侧侵入的各种过电压 u_1,将通过变压器高、低压绕组间的分布电容,传递至低压侧,如图 6-2-3 所示。

此时,低压侧的传递过电压 u_2 为

$$u_2 = u_1 \frac{C_{12}}{C_{12} + C_{20}} \tag{6-2-10}$$

式中：u_1——高压侧侵入的过电压,kV;

C_{12}——高、低压绕组之间的电容,μF;

C_{20}——低压侧相对地电容,μF。

从上式可以看出,要降低传递过电压 u_2 大小,可减少 C_{12} 或加大 C_{20},相应地,可采取以下两种措施:

（1）在励磁变压器高、低压绕组之间装设可靠的金属静电屏蔽层,并引出接地。这样可使 C_{12} 接近于零值,u_2 也就接近于零。

（2）在励磁变压器低压侧,每相加装一定电容值的对地电容,即增大 C_{20} 值,也是一种可靠的限制措施。

需要指出的是,第 1 种措施,对以下两类过电压也有很好的抑制效果,分别是:

（1）励磁变压器高压侧发生不对称短路、高压侧装设的熔断器(若有,严格讲是不符合《防止电力生产事故的二十五项重点要求》的)出现一相或两相熔断,以及高压侧装设的断路器(若有)出现三相非同期动作等不对称故障或异常情况下,产生的零序过电压;

（2）励磁变压器低压侧整流电路所产生的高次谐波,耦合传递到高压侧。

2. 谐波分析[31]

目前,谐波分类一般有序分法和奇偶分法两种,如表 6-2-8 所示。

表 6-2-8　谐波分类

分类方法	谐波分量		谐波次数				
序分法	正序	$3n-2$	1	4	7	10	13
	零序	$3n$	3	6	9	12	15
	负序	$3n+2$	5	8	11	14	17
奇偶分法	奇次	$2n-1$	1	3	5	7	9
	偶次	$2n$	2	4	6	8	10

注：$n=1,2,3,\cdots$

同步发电机励磁功率系统由励磁变压器和整流装置组成，其中，采用三相桥式全控型的整流装置所产生的谐波，除 $3n(n=1,2,3,\cdots)$ 次和偶次谐波分量不包括外，其余 $6n\pm1$ 次谐波均有，而且具有较高的幅值，是励磁系统的主要谐波来源。有关整流电路的谐波分析，已在第三章作过讨论，不再重述。

但是，在实际运行中，由于励磁变压器高压侧电压不完全对称、三相漏感不完全相等以及触发角度大小不一致等因素影响，均可能使励磁变压器产生除上述特征谐波外的其他非特征谐波，甚至还可能带来电流直流分量，给变压器铁芯带来直流偏磁的问题。

以上各种谐波，增加了变压器的附加损耗、变压器振动与噪音，最终会影响到变压器的使用寿命。

3. 气候、环境和燃烧性能等级及其试验准则

励磁变压器在选型时，还应注意到应使变压器具有承受一定热冲击、湿度、凝露、污秽和燃烧性能的特性。GB/T 1094.11 对干式变压器的气候、环境和燃烧性能等级及其试验方法和评价准则，均作了详细规定，励磁变压器在设计时应参考。

三、励磁变压器高、低压侧电流互感器选择

（一）励磁变压器高、低压侧电流互感器典型配置

额定容量 660 MW 汽轮发电机自并励静止励磁系统中，励磁变高、低压侧电流互感器的典型配置，如图 6-2-4 和表 6-2-9 所示。

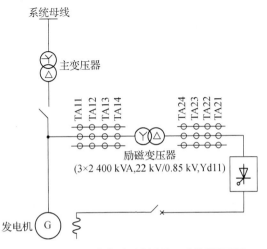

图 6-2-4　励磁变高、低压侧电流互感器典型配置

表 6-2-9　励磁变高、低压侧电流互感器参数表

序号	电流互感器编号	电流比	准确等级及容量	互感器用途
1	励磁变高压侧套管 TA11	300 A/1 A	5P20,30 VA	励磁变保护用
2	励磁变高压侧套管 TA12	300 A/1 A	5P20,30 VA	励磁变保护用
3	励磁变高压侧套管 TA13	300 A/1 A	0.2,30 VA	励磁变测量/计量用
4	励磁变高压侧套管 TA14	300 A/1 A	0.2,30 VA	励磁变测量/计量用
5	励磁变低压侧套管 TA21	6 000 A/1 A	5P20,30 VA	励磁变保护用
6	励磁变低压侧套管 TA22	6000 A/1 A	5P20,30 VA	励磁变保护用
7	励磁变低压侧套管 TA23	6 000 A/1 A	0.2,30 VA	AVR 装置
8	励磁变低压侧套管 TA24	6 000 A/1 A	0.2,30 VA	励磁变测量用

　　励磁变压器高、低压侧电流互感器的选择,应满足继电保护、自动装置和测量仪表的要求。励磁变压器高、低压侧电流互感器通常三相配置,一般采用套管式电流互感器,以利于缩小变压器外形尺寸。

　　(二)电流互感器参数选型计算

　　电流互感器应按表 6-2-10 所列技术条件进行选择,并按表中所列使用环境条件进行校验。

表 6-2-10　电流互感器选择

项目		参数
技术条件	正常工作条件	一次回路电压、一次回路电流、二次回路电流、二次侧负荷、准确级、暂态特性、二次级数量、机械荷载
	短路稳定性	动稳定倍数、热稳定倍数
	承受过电压能力	绝缘水平、泄露比距
	环境条件	环境温度、相对湿度、海拔高度、地震烈度

注意:套管式电流互感器需校验短路动、热稳定性,而母线从窗口穿过且无固定板(即本身不带有一次导体)的电流互感器可不校验动、热稳定性。有关电流互感器的分类,见表 6-2-11 所示。

表 6-2-11　电流互感器分类

安装地点	户内式、户外式
安装方式	套管式、独立式
用途	继电保护用、测量/计量用
结构形式	多匝式、一次贯穿式、母线式、正立式、倒立式
电流变换原理	电磁式、电子式
特性	测量用:一般用途、特殊用途(S类); 保护用:P 级、PR 级、PX 级和 TP 级(具有暂态特性型)
主绝缘介质	油纸、固体、气体、其他

　　1. 一次额定电压、电流计算

　　(1)一次额定电压

励磁变高、低压侧电流互感器额定一次电压不应低于相应所连接回路的额定电压。

（2）一次额定电流

① 保护用电流互感器

励磁变高压侧保护用电流互感器一次额定电流选择，应满足励磁变在正常和短路情况下，使互感器二次电流满足保护装置选择性和准确性的要求。其一次额定电流的选择可参照标准 DL/T 866，即宜根据变压器的额定容量，取变压器容量计算电流值的 150%～200% 来确定。

励磁变低压侧保护用电流互感器（若有）一次额定电流的选择，可取与同侧测量用电流互感器相同值。

② 测量用电流互感器

励磁变高压侧测量用电流互感器一次额定电流的选择可参照标准 GB/T 50063，即宜满足正常运行的实际负荷电流达到额定值的 60%，且不应小于 30%（S 级为 20%）的要求进行确定。

低压侧测量用电流互感器一次额定电流的选择可参照标准 DL/T 583 规定，取 1.5～1.8 倍发电机负载额定励磁电流。

应当指出，在工程实际设计时，无论是励磁变高压侧还是低压侧，通常保护用电流互感器和测量用电流互感器的变比（包括后面将要说到的二次负荷）取相同值，也如表 6-2-9 所示。

2. 二次额定电流选择及二次负荷的计算和校验

电流互感器二次额定电流有 1 A 和 5 A 两种。依据标准 DL/T 866 要求，宜选用 1 A，但如有利于互感器制造或扩建工程中原有互感器采用 5 A，以及某些情况下为降低电流互感器二次开路电压时，也可采用 5 A。

（1）保护用电流互感器二次负荷计算及校验

① 保护用电流互感器二次负荷 Z_2，应按下式计算，即

$$Z_2 = \sum K_{rc} Z_r + K_{lc} R_l + R_c \qquad (6-2-11-1)$$

$$R_l = \frac{L}{\gamma A} \qquad (6-2-11-2)$$

式中：K_{rc}——继电器阻抗换算系数；

$\quad Z_r$——继电器电流线圈阻抗，Ω，对于微机型保护，可忽略电抗，仅计算电阻 R_r；

$\quad K_{lc}$——连接导线阻抗换算系数；

$\quad R_l$——连接导线电阻，Ω；

$\quad R_c$——接触电阻，可取 0.05～0.1 Ω；

$\quad L$——电缆长度，m；

$\quad A$——电缆截面积，mm^2；

$\quad \gamma$——电导系数，铜取 57 $m/(\Omega \cdot mm^2)$。

其中，阻抗换算系数 K_{lc} 和 K_{rc} 可按表 6-2-12 进行取值。

表 6-2-12　保护用电流互感器二次负荷计算用阻抗换算系数 K_{lc} 和 K_{rc} 取值表

电流互感器接线方式		阻抗换算系数							
		三相短路		两相短路		单相短路接地		经 Y,d 变压器两相短路	
		K_{lc}	K_{rc}	K_{lc}	K_{rc}	K_{lc}	K_{rc}	K_{lc}	K_{rc}
单相		2	1	2	1	2	1	—	—
三相星形		1	1	1	1	2	1	1	1
两相星形	$Z_{r0}=Z_r$	$\sqrt{3}$	$\sqrt{3}$	2	2	2	2	3	3
	$Z_{r0}=0$	$\sqrt{3}$	1	2	1	2	1	3	1
两相差接		$2\sqrt{3}$	$\sqrt{3}$	4	2	—	—	—	—
三角形		3	3	3	3	2	2	3	3

从表 6-2-12 可以看出,二次负荷 Z_2 与电流互感器的接线方式、短路故障类型和一次设备的接线方式等均有关。因此,应根据工程实际情况,求出电流互感器二次负荷最重时的 Z_2 值,以作为二次负荷校验值用。

② 保护用电流互感器二次负荷校验

当电力系统发生短路故障引起继电保护动作时,流过电流互感器的电流将可能比其额定电流大许多倍。图 6-2-5 示出了电流互感器二次电流 I_2 随一次电流 I_1 的变化曲线。

从图中可看出,当电流互感器一次流过电流较小时,由于互感器铁芯未饱和,二次电流随着一次电流按线性关系变化。当一次电流增大到一定值时,势必使铁芯饱和,励磁电流迅速增大,使得电流互感器的误差增加,这样有可能影响到继电保护的灵敏性和选择性。因此,在保护用电流互感器选择时,应考虑短路故障对其准确性的影响。

电流互感器允许二次负荷阻抗 $Z_{2.y.x}$ 一般由其 10% 误差曲线决定。所谓 10% 误差曲线,是指在比值误差为 10% 条件下,电流互感器一次电流倍数 m_{js}(即 $m_{js}=I_1/I_{1e}$,I_{1e} 为一次额定值)与允许二次负荷阻抗 $Z_{2.y.x}$ 之间的关系曲线,如图 6-2-6 所示。

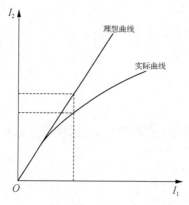

图 6-2-5　电流互感器二次电流与
一次电流间的关系曲线

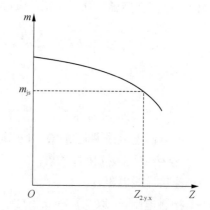

图 6-2-6　电流互感器 10% 误差曲线

不同保护方式下,校验保护用电流互感器计算倍数 m_{js} 的计算,可参阅参考文献[32,33]。但是,应注意到:m_{js} 的计算与 Z_2 的计算应采用相同的短路故障类型。在求出电流计

算倍数 m_{js} 后,即可依据所选用的电流互感器的 10% 误差曲线,查出对应的允许二次负荷阻抗 $Z_{2.y.x}$ 值。只有在由式(6-2-11)计算出的二次负荷 Z_2 小于互感器允许负荷阻抗 $Z_{2.y.x}$ 时,才为满足要求。

(2) 测量用电流互感器二次负荷计算及校验

① 测量用电流互感器二次负荷计算

电流互感器的额定二次负荷,可用欧姆或伏安来表示,二者之间的关系为

$$Z_{2e} = \frac{VA}{I_{2e}^2} \qquad (6-2-12)$$

式中:VA——电流互感器的二次容量,VA;

I_{2e}——电流互感器的二次额定电流,A,如 1 A 或 5 A;

Z_{2e}——电流互感器的二次额定负荷,Ω。

测量用电流互感器二次负荷 Z_2,应按下式计算,即

$$Z_2 = \sum K_{mc} Z_m + K_{lc} R_1 + R_c \qquad (6-2-13)$$

式中:K_{mc}——仪表接线的阻抗换算系数;

Z_m——仪表电流线圈的阻抗,Ω;

K_{lc}——连接线的阻抗换算系数;

Z_1——连接线的单程阻抗,可忽略电抗,仅计入电阻 R_1,Ω;

R_c——接触电阻,可取 $0.05 \sim 0.1$ Ω。

其中,阻抗换算系数 K_{lc} 和 K_{mc} 可按表6-2-13进行取值。

表6-2-13　测量用电流互感器二次负荷计算用阻抗换算系数 K_{lc} 和 K_{mc} 取值表

电流互感器接线方式		阻抗换算系数		说明
		K_{lc}	K_{mc}	
单相		2	1	
三相星形		1	1	
两相星形	$Z_{m0} = Z_m$	$\sqrt{3}$	$\sqrt{3}$	Z_{m0} 为零线回路中的负荷电阻
	$Z_{m0} = 0$	$\sqrt{3}$	1	
两相差接		$2\sqrt{3}$	$\sqrt{3}$	
三角形		3	3	

从上表可以看出,二次负荷 Z_2 与电流互感器的接线方式、短路故障类型和一次设备的接线方式等均有关。因此,应根据工程实际情况,求出电流互感器二次负荷最重时的 Z_2 值,以供二次负荷校验时用。

② 测量用电流互感器校验

当按式(6-2-13)计算出的二次负荷小于式(6-2-12)的额定值时,才为满足要求。

3. 短路动、热稳定校验

短路动、热稳定校验是验算电流互感器承受短路电流产生电动力和发热的能力,应分别

按式(6-2-14)和式(6-2-15)进行计算

$$I_{dyn} \geqslant i_{ch} \text{ 或 } K_r \geqslant \frac{i_{ch}}{\sqrt{2} I_{1e}} \times 10^3 \qquad (6-2-14-1)$$

$$i_{ch} = \sqrt{2} K_{ch} I'' \qquad (6-2-14-2)$$

式中：I_{dyn}——电流互感器额定动稳定电流(峰值)，kA；

$\quad i_{ch}$——短路冲击电流(瞬时值)，kA；

$\quad K_r$——电流互感器动稳定倍数；

$\quad I_{1e}$——电流互感器一次额定电流，A；

$\quad K_{ch}$——冲击系数，可取为1.9；

$\quad I''$——励磁变低压侧三相短路电流周期分量，A。

$$(K_d I_{1e} \times 10^{-3})^2 \cdot t \geqslant Q_d$$

即

$$K_d \geqslant \frac{\sqrt{Q_d/t}}{I_{1e}} \times 10^3 \qquad (6-2-15)$$

式中：K_d——电流互感器额定短时热稳定倍数；

$\quad t$——热稳定计算时间(注意：并非为短路持续时间)，s，可取1 s或5 s；

$\quad Q_d$——短路电流引起的热效应，$kA^2 \cdot s$；其他符号含义同上。

当动、热稳定不够时，例如由于回路中的工作电流较小，互感器按工作电流选择后不能满足系统短路时的动、热稳定要求时，此时可选用一次额定电流较大的电流互感器。

4. 准确级和误差限值

电流互感器的准确级是在额定二次负荷下的准确级次，且误差限值以额定负荷为基准。

(1) P级和PR级保护用电流互感器准确级，以在额定准确限值一次电流下的最大允许复合误差百分数标称，对其具体要求如表6-2-14所示。而TP级电流互感器连接额定电阻性负载时，应满足表6-2-15所示要求。

表6-2-14　P级和PR级电流互感器误差限值

准确级	额定一次电流下的			额定准确限值一次电流下的复合误差(%)
	比值误差 (±%)	相位误差(±)		
		(′)	(crad)	
5P、5PR	1	60	1.8	5
10P、10PR	3	—	—	10

注：

1. 准确级又称准确度；相位误差，又称相角误差。

2. $1' = 0.029 crad$(即1分=0.029厘弧)。

表 6-2-15 TP 级电流互感器误差限值

准确级	在额定一次电流下的			在规定的工作循环条件下的暂态误差(%)
	比值误差(±%)	相位误差(±)		
		(′)	(crad)	
TPX	0.5	30	0.9	10
TPY	1	60	1.8	10
TPZ	1	180±18	5.3±0.6	10

注:TP 级电流互感器,具体有 TPX 级、TPY 级和 TPZ 级 3 种。

对由短路电流非周期分量和互感器剩磁等引起的电流互感器的暂态饱和,为保证不影响保护动作的性能,可选用暂态特性好的电流互感器,如 TP 级。在电流互感器暂态饱和及其影响后果相对较轻时,可按稳态条件进行选择,如选用 P 级。

(2)测量用电流互感器准确级,以该准确级在额定电流下所规定的最大允许电流误差的百分数来标称,对其具体要求如表 6-2-16 和表 6-2-17 所示。

表 6-2-16 测量用电流互感器误差限值(标准准确级)

准确级	在下列额定电流百分数下的											
	比值误差(±%)				相位误差(±)							
					(′)				(crad)			
	5	20	100	120	5	20	100	120	5	20	100	120
0.1	0.4	0.2	0.1	0.1	15	8	5	5	0.45	0.24	0.15	0.15
0.2	0.75	0.35	0.2	0.2	30	15	10	10	0.9	0.45	0.3	0.3
0.5	1.5	0.75	0.5	0.5	90	45	30	30	2.7	1.35	0.9	0.9
1.0	3.0	1.5	1.0	1.0	180	90	60	60	5.4	2.7	1.8	1.8

表 6-2-17 测量用电流互感器误差限值(特殊用途)

准确级	在下列额定电流百分数下的														
	比值误差(±%)					相位误差(±)									
						(′)					(crad)				
	1	5	20	100	120	1	5	20	100	120	1	5	20	100	120
0.2S	0.75	0.35	0.2	0.2	0.2	30	15	10	10	10	0.9	0.45	0.3	0.3	0.3
0.5S	1.5	0.75	0.5	0.5	0.5	90	45	30	30	30	2.7	1.35	0.9	0.9	0.9

注:S 类电流互感器用于回路工作电流变化范围较大情况下的准确计量中。

目前,励磁变压器保护用电流互感器准确级一般选用 5P 级,如 5P20、5P30 等;测量用电流互感器通常采用标准准确级,但要求一般不得低于 0.5 级,在条件允许时,宜选择 S 类。

第三节　晶闸管整流装置

目前，自并励静止励磁系统中晶闸管整流装置，广泛采用半控型晶闸管组成的三相桥式全控整流电路来设计。有关三相桥式全控整流电路的工作原理、定量计算等内容，已在第三章第二节作过介绍，不再重述。以下主要对此类型晶闸管整流装置的设备参数选择计算进行讨论。

一、晶闸管整流装置运行要求

晶闸管整流装置的设计，应满足以下 2 个基本运行要求：

1. 晶闸管整流装置应能满足发电机在一定倍数（如 1.1 倍）负载额定励磁电流条件下的长期连续运行要求。同时，还应保证发电机强励工况下需要的励磁容量及持续时间。

2. 晶闸管整流装置在一整流桥退出时，余下（$N-1$）支整流桥应能满足发电机所有运行工况（包括强励）要求，即"$N-1$"配置。有时也表述为"晶闸管整流装置在一整流桥退出时，余下 N 支整流桥应能满足发电机所有运行工况（包括强励）要求"，即"$N+1$"配置。为避免混淆，后续章节均默认采用前一说法。

二、晶闸管整流装置设计

（一）有关晶闸管的基础知识

晶闸管（Thyristor）是晶体闸流管的简称，又称可控硅整流器（Silicon Controlled Rectifier，SCR）或可控硅。晶闸管这一叫法习惯上专指普通晶闸管。但广义上讲，晶闸管还包括其他许多类型的派生器件，如半控型的快速晶闸管（Fast Switching Thyristor，FST）、双向晶闸管（Triode AC Switch，TRIAC 或 Bidirectional Triode Thyristor）和光控晶闸管（Light Triggered Thyristor，LTT）与全控型的门极可关断晶闸管（Gate-Turn-Off Thyristor，GTO）等。其中，普通型和快速型晶闸管在励磁系统中最为常见，因此，本书中所说的晶闸管也专指这两种类型。

1. 晶闸管的外形、结构和基本特性[18]

晶闸管的外形结构，如图 6-3-1 所示。从外形来看，目前晶闸管主要有螺栓型、平板型和模块型 3 种封装结构，均引出阳极 A、阴极 K 和门极 G 三个接线端子。其中，螺栓型封装的晶闸管，螺栓通常是阳极，其目的是为了能与散热器紧密连接且安装方便，细的为门极；平板型封装的晶闸管由两个散热器将其夹在中间，其两个平面分别是阳极和阴极，引出的细长端子为门极；模块型封装是将多个相同的晶闸管封装在一个模块中，这样可以缩小装置体积，提高可靠性，还可以减小线路电感，降低对保护和缓冲电路的要求，一般多应用于小型整流装置上。

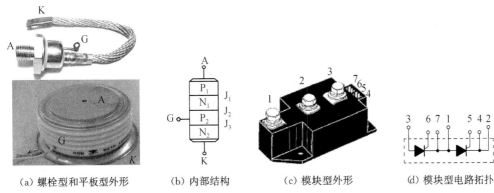

（a）螺栓型和平板型外形　　（b）内部结构　　（c）模块型外形　　（d）模块型电路拓扑

图 6 - 3 - 1　晶闸管的外形、结构和电路拓扑

晶闸管内部是 PNPN 四层半导体结构，如图 6 - 3 - 1(b)所示，分别命名为 P_1、N_1、P_2、N_2 四个区，这四个区形成 J_1、J_2、J_3 三个 PN 结。如果正向电压（即阳极电压高于阴极）加到器件上，则 J_2 处于反向偏置状态，晶闸管 A、K 两极之间处于阻断状态，只能流过很小的漏电流。如果反向电压加到器件上，则 J_1 和 J_3 均为反向偏置状态，仅有极小的反向漏电流通过。晶闸管若要导通，需要有外部门极触发电路，注入门极触发电流，该电流从阴极流出，阴极是晶闸管主电路与触发回路的公共端。

晶闸管的基本特性，可分为静态特性和动态特性。前者是指伏安特性，后者是指晶闸管的导通和关断特性，相应的特性曲线分别如图 6 - 3 - 2(a)和(b)所示。

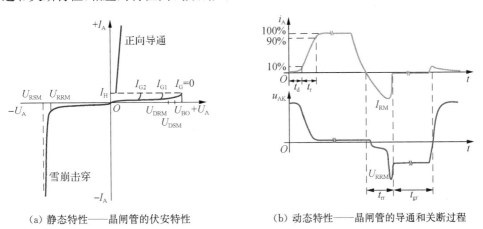

（a）静态特性——晶闸管的伏安特性　　　　（b）动态特性——晶闸管的导通和关断过程

图 6 - 3 - 2　晶闸管的基本特性

在图 6 - 3 - 2(a)中：位于第Ⅰ象限的是正向特性，位于第Ⅲ象限的是反向特性。当 $I_G = 0$ 时，如果在晶闸管两端施加正向电压，则晶闸管处于正向阻断状态，只有很小的正向漏电流流过。当正向电压超过临界极限（即正向转折电压 U_{BO} 时），则漏电流急剧增大，晶闸管导通（即由高阻区经虚线到低阻区）。随着门极电流幅值的增大，正向转折电压降低。导通后的晶闸管特性和二极管的正向特性相近。此时，即使通过较大的阳极电流，晶闸管本身的压降也很小，约 1 V 左右。晶闸管导通期间，如果门极电流为零，并且阳极电流降至接近于零的某一个数值（即维持电流 I_H）以下时，则晶闸管又恢复至正向阻断状态。

当在晶闸管 A、K 两极施加反向电压时,其伏安特性类似二极管的反向特性,晶闸管处于反向阻断状态时,只有极小的反向漏电流通过。但当反向电压超过一定限度(即反向击穿电压)时,在外电路没有限制保护措施情况下,反向漏电流会急剧增大,最终导致晶闸管的发热损坏。

图 6-3-2(b)给出了晶闸管导通和关断过程的波形,分别描述了在坐标原点时刻,给门极触发理想的电流阶跃信号和在某一时刻突然改变已导通的晶闸管 A、K 两极间的电压,使其由正向变为反向的过渡过程。由于晶闸管内部的正反馈过程需要时间,再加上外电路回路电感的限制,晶闸管受到触发后,其阳极电流的增长不可能是瞬时的。从门极电流阶跃时刻开始,到阳极电流上升到稳态值的 10%,这段时间称为延迟时间 t_d,与此同时晶闸管的正向压降也在减少。阳极电流从稳态值的 10% 到稳态值的 90% 所需的时间,称为上升时间 t_r。导通时间 t_{gt} 为以上两者之和,即 $t_{gt} = t_d + t_r$。

由于外电路回路中存在电感,原处于导通状态的晶闸管当外加电压突然由正向变为反向时,其阳极电流在衰减时必然也是有过渡过程的。阳极电流将逐步衰减到零,在反方向会流过反向恢复电流,经过最大值 I_{RM} 后,再反方向衰减。同样,在恢复电流快速衰减时,由于外电路回路电感的作用,会在晶闸管两端引起反向尖峰电压 U_{RRM}。最终反向恢复电流衰减至接近于零,晶闸管恢复其对反向电压的阻断能力。从正向电流降为零,到反向恢复电流衰减至接近于零的时间,称为反向阻断恢复时间 t_{rr}。反向恢复过程结束后,由于载流子复合过程比较慢,晶闸管要恢复其对正向电压的阻断能力还需要一段时间,这段时间称为正向阻断恢复时间 t_{gr}。在正向阻断恢复时间内,如果重新对晶闸管施加正向电压,即使没有门极触发电流,晶闸管也会重新导通,所以应对晶闸管施加足够长时间的反向电压,以使晶闸管充分恢复其对正向电压的阻断能力。晶闸管的电路换相关断时间 t_q 为以上两者之和,即 $t_q = t_{rr} + t_{gr}$。

通过以上分析可得知,晶闸管导通和关断的条件分别为:

在门极有触发脉冲、A 极和 K 极两端承受正向电压,且通过的电流达到擎住电流及以上时,晶闸管即可导通。此时即使去掉门极触发脉冲,晶闸管也可维持导通状态。而在以下几种情况下,晶闸管也可能非正常导通,分别为:

(1)阳极电压升高至相当高的数值,造成雪崩效应。

(2)阳极电压上升率 du/dt 过高。

(3)结温较高。

晶闸管的关断条件为通过晶闸管的电流在维持电流以下,这可通过在晶闸管 A、K 两极两端施加反向电压,或减小流过晶闸管的电流来实现。

2. 晶闸管主要参数

晶闸管元件的电性能参数较多,晶闸管整流装置在设计过程中主要常用到的参数,如表 6-3-1 所示。表中所列晶闸管的各项技术参数都是与其工作温度密切相关的。在不同的工作温度下,晶闸管的参数值相差很大,制造厂给出的参数值通常是在一定的温度条件下测出的。当实际应用环境与给定条件不同时,一定要注意参数修正的问题。

表 6-3-1　晶闸管主要技术参数

参数名称及常用符号			定义	说明
电压参数	反向重复峰值电压	U_{RRM}	门极断路而结温为额定值条件下,在晶闸管阳极与阴极间重复施加而不使晶闸管反向击穿的最大反向电压(峰值)	1. 通常取二者较小的标值作为晶闸管的额定电压。 2. 二者与反向不重复峰值电压、断态不重复峰值电压之间的裕量,由制造厂确定。 3. 制造厂给出的两者电压值,一定要注意其工作条件,如重复频率,详见表 6-3-2 所示,这是晶闸管在选型时应注意到的
	(正向)断态重复峰值电压	U_{DRM}	在正向阻断状态下,在晶闸管阳极与阴极间可重复施加而不使晶闸管导通的最大正向电压(峰值)	
	反向不重复峰值电压	U_{RSM}	门极断路而结温为额定值条件下,在晶闸管阳极与阴极间施加的不可重复的反向电压(峰值)	1. 反向不重复峰值电压应低于反向击穿电压(U_{BR}),所留裕量由制造厂确定。 2. 反向击穿电压是指在晶闸管阳极与阴极间施加的使晶闸管反向雪崩击穿的反向电压。若外加反向电压达到或超过该电压,则造成晶闸管永久性损坏
	断态不重复峰值电压	U_{DSM}	门极断路而结温为额定值条件下,在晶闸管阳极与阴极间施加的不可重复的正向电压(峰值)	1. 断态正向不重复峰值电压应低于正向转折电压,所留裕量由制造厂确定。 2. 正向转折电压 U_{BO} 是指门极开路而结温为额定值条件下,在晶闸管阳极与阴极间施加的使晶闸管从断态进入通态的正向阳极电压。若外加正向电压达到或超过该电压时,正向阻断状态的晶闸管将导通。多次这样的导通,会造成晶闸管永久性损坏
	通态(峰值)压降	U_{TM}	晶闸管正向流过某一通态平均电流时,晶闸管阳极和阴极之间的瞬态峰值电压	是晶闸管正向电压降
	通态门槛电压	U_{T0}	是晶闸管刚导通时的通态峰值电压	类似于硅晶体三极管发射结的门槛电压 0.7 V
电流参数	通态平均电流	$I_{T(AV)}$	在规定的环境温度和晶闸管壳温下,允许流过晶闸管的最大的正弦半波电流在一个周期内的平均值	1. 是标称晶闸管额定电流的参数。 2. 此通态平均电流是假设不出现过载情况下给出的。 3. 应按照实际电流波形与工频正弦半波电流两者所造成的晶闸管发热效应相等的原则来选取该电流。其计算过程,见式(6-3-1)~(6-3-6)
	通态方均根电流	$I_{T(RMS)}$	在规定的环境温度和晶闸管壳温下,允许流过晶闸管的最大的正弦半波电流在一个周期内的方均根值(有效值)	连续工作的极限值

续表

	参数名称及常用符号		定义	说明
电流参数	通态浪涌电流	I_{TSM}	由于电路异常或短路情况引起的并使结温超过额定结温的不重复性最大通态过载电流(峰值)	
	I^2t 值	I^2t	通态浪涌电流的平方在电流浪涌持续时间内的积分,或通态浪涌电流的均方根值与浪涌持续时间的乘积	$I^2t=\int_0^{t_w}i^2\mathrm{d}t$,其中 i 为浪涌电流瞬时值,A;t_w 为电流浪涌持续时间,s
	维持电流	I_H	晶闸管维持导通所必需的最小电流	同一只晶闸管,擎住电流通常为维持电流的2倍以上
	擎住电流	I_L	晶闸管刚从断态转入通态,并移除门极触发信号后,能维持导通所需的最小电流	
	反向恢复峰值电流	I_{RM}	在反向恢复期间产生的反向电流峰值	
动态参数	断态电压临界上升率	$\dfrac{\mathrm{d}u}{\mathrm{d}t}$	在规定条件下,且门极开路时,不导致晶闸管从断态到通态转换的最大正向电压上升率	
	通态电流临界上升率	$\dfrac{\mathrm{d}i}{\mathrm{d}t}$	在规定条件下,不导致晶闸管损坏的最大阳极电流上升率	
	门极控制导通时间	t_{gt}	$t_{gt}=t_d+t_r$	1. 门极控制导通时间和电路换相关断时间,分别又称导通时间和关断时间。 2. 通常同一只晶闸管的 t_q 为 t_{gt} 的几百倍
	电路换相关断时间	t_q	$t_q=t_{rr}+t_{gr}$	
门极参数	门极触发电流	I_{GT}	能使晶闸管由断态转入通态所需要的最小门极电流	
	门极触发电压	U_{GT}	产生门极触发电流所需要的门极电压	
其他参数	通态斜率电阻	r_T	由通态特性近似直线的斜率确定的电阻值	
	结壳热阻	R_{thjc}		是晶闸管管壳与结之间的热阻,它包括硅片、钼片、管壳等材料的热阻
	晶闸管允许最大结温	T_{jm}		其值一般为 125 ℃,但在整流装置设计时应留有一定的裕量,一般取为 110 ℃

3. 晶闸管的反向重复峰值电压

在晶闸管选型时,对所选用的晶闸管一定要注意其反向重复峰值电压 U_{RRM}(包括断态重复峰值电压 U_{DRM})所对应的工作条件。以 ABB 公司生产的 5STP28L4200 和

5STP25L5200 两种型号的晶闸管为例,具体情况如表 6-3-2 所示。

表 6-3-2　晶闸管不同工作条件下额定电压的差异

型号	参数符号及含义		工作条件	电压值
5STP28 L4200	U_{DRM}	Max repetitive peak forward and reverse blocking voltage	$f=50\ Hz, t_p=10\ ms, T_{vj}=5\sim125\ ℃$	4 200 V
	U_{RRM}			
5STP25 L5200	U_{DRM}	Max repetitive peak forward and reverse blocking voltage	$f=50\ Hz, t_p=10\ ms, t_{p1}=250\ \mu s,$ $T_{vj}=5\sim125\ ℃$	5 200 V
	U_{RRM}			
	U_{DWM}	Max crest working forward and reverse voltage		3 470 V
	U_{RWM}			
	U_{DSM}	Max surge peak forward and reverse blocking voltage	$f=5\ Hz, t_p=10\ ms, T_{vj}=5\sim125\ ℃$	5 200 V
	U_{RSM}			

4. 晶闸管(通态)平均电流 $I_{T(AV)}$

从表 6-3-1 可知,晶闸管(通态)平均电流 $I_{T(AV)}$ 的定额是按照最大工频正弦半波电流确定的,取其电流峰值为 I_m,则平均电流 $I_{T(AV)}$ 和有效值 $I_{T(RMS)}$ 的计算式分别为

$$I_{T(AV)} = \frac{1}{2\pi}\int_0^\pi I_m \sin\omega t\, d(\omega t) = \frac{I_m}{\pi} \qquad (6-3-1-1)$$

$$I_{T(RMS)} = \sqrt{\frac{1}{2\pi}\int_0^\pi (I_m \sin\omega t)^2\, d(\omega t)} = \frac{I_m}{2} \qquad (6-3-1-2)$$

相应地,由式(6-3-1),可得平均值 $I_{T(AV)}$ 和有效值 $I_{T(RMS)}$ 之间的关系式为

$$I_{T(RMS)} = \frac{\pi}{2} I_{T(AV)} \qquad (6-3-2)$$

上式可变形为

$$I_{T(AV)} = \frac{I_{T(RMS)}}{1.57} \qquad (6-3-3)$$

在对晶闸管(通态)平均电流 $I_{T(AV)}$ 进行选择时,是按照晶闸管实际通过电流与所允许的最大正弦半波电流所造成的发热效应相等的原则来确定的。据第三章第二节的分析可知,在三相全控整流电路中流过每只晶闸管的电流不再是工频正弦半波,而是一宽度为 120°的

工频方波,幅值记为 I_d,于是在忽略换相过程时,流过每只晶闸管电流的有效值为式(3-2-6-1),即有

$$I_{T(RMS)} = \frac{I_d}{\sqrt{3}} \qquad (6-3-4)$$

将上式代入式(6-3-3),可求得晶闸管在流过上述方波电流条件下的通态平均电流 $I_{T(AV)}$ 为

$$I_{T(AV)} = \frac{I_d}{1.57\sqrt{3}} \qquad (6-3-5)$$

此时,流过每只晶闸管的平均电流(为区分工频正弦半波下的平均值 $I_{T(AV)}$,符号另记作 $\bar{I}_T$)为

$$\bar{I}_T = \frac{1}{2\pi} \int_0^{\frac{2\pi}{3}} I_d \, d(\omega t) = \frac{1}{3} I_d \qquad (6-3-6)$$

(二)晶闸管整流装置典型接线及配置

目前,晶闸管整流装置广泛采用三相桥式全控整流电路。在由多支路整流桥并联组成时,其典型接线及配置,如图6-3-3所示。图中:S_1 和 S_2 分别表示交、直流侧隔离刀闸(俗称刀开关);SCR 和 FU 分别表示晶闸管和快速熔断器。

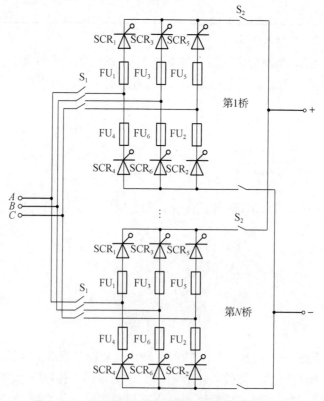

图6-3-3 晶闸管整流装置典型接线及配置(隔离开关)

在小型发电机或三机他励励磁系统中,工程上通常选用塑壳式断路器以替代直流侧隔离刀闸使用,并兼作灭磁开关,图 6-3-4 示出了其中一种常见的接线形式及配置。另外,快速熔断器在主回路中也有多种连接方式,如图 6-3-9 所示。

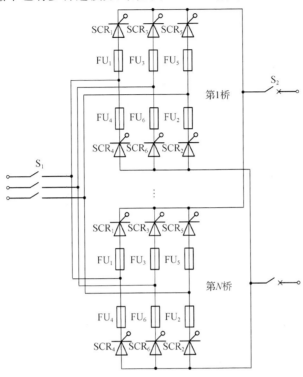

图 6-3-4　晶闸管整流装置典型接线及配置(塑壳式断路器)

（三）晶闸管参数计算及选型

晶闸管参数较多(见表 6-3-1),在晶闸管整流装置设计时,均应给予一定的考虑。以下主要就其中的反向重复峰值电压和通态平均电流的选择计算进行讨论,其他参数(如 I^2t、$\mathrm{d}i/\mathrm{d}t$、T_{jm} 等)的选择,将在后面"晶闸管整流装置的保护及保护电路参数计算""冷却系统设计"等篇幅中分别予以介绍。

1. 反向重复峰值电压 U_{RRM}

晶闸管反向重复峰值电压 U_{RRM} 的具体计算方法较多[28],主要体现在系数取值和考虑的因素等两个方面,其中比较典型的计算公式为

$$U_{\mathrm{RRM}} \geqslant K_{\mathrm{b}} K_{\mathrm{u}} \sqrt{2} U_{2\mathrm{N}} \tag{6-3-7}$$

式中:K_{b}——过电压倍数,可取 $2.4 \sim 2.7$;

　　K_{u}——电压升高系数,考虑了发电机端电压的升高情况,可取 $1.05 \sim 1.1$,也可根据发电机实际运行情况取值;

　　$U_{2\mathrm{N}}$——励磁变压器二次额定电压。

2. 通态平均电流 $I_{\mathrm{T(AV)}}$

取整流装置中一支路整流桥的额定输出电流为 I_{d},则由式(6-3-5)可得,该整流桥中

晶闸管的通态平均电流 $I_{\text{T(AV)}}$ 应满足要求

$$I_{\text{T(AV)}} \geqslant \frac{I_{\text{d}}}{1.57\sqrt{3}} \qquad (6-3-8-1)$$

换个角度讲,在已知整流装置中总并联支路数为 $N(>2)$ 时,若采用"$N-1$"配置,则也可按下式进行计算

$$I_{\text{T(AV)}} \geqslant \frac{K_{\text{i}} I_{\text{fN}}}{1.57\sqrt{3}(N-1)K_{\text{A}}} \qquad (6-3-8-2)$$

式中:I_{fN}——发电机负载额定励磁电流,A;

K_{A}——均流系数,一般要求不低于 0.9;

K_{i}——励磁系统顶值电流倍数,多按 2 倍考虑。

有关晶闸管的选型:

针对交流励磁机励磁系统的情况,晶闸管整流装置的交流输入电源为中频(如 400 Hz)系统,此时在晶闸管选型时,为适应中频电源的频率,应注意采用快速型的管子。对工频(50 Hz)的情况,选用普通型的管子即可。上述这一情况,是在元件选型及参数计算时,应特别注意的。

(四)隔离刀闸参数计算

隔离刀闸的选择应从额定电压、额定电流和绝缘耐受电压(包含主触头对地和主触头断口之间)等 3 个方面进行考虑,分别不得低于所在回路的最高长期运行电压和电流,以及绝缘耐压的要求。具体计算,此处从略。

(五)晶闸管整流装置的保护及保护电路参数计算

根据电力电子理论可知,电力电子器件保护可分为过电压保护、过电流保护、电压和电流的动态上升率保护(分别又称为 du/dt 保护和 di/dt 保护)和过热保护 4 类。其中,du/dt 保护和 di/dt 保护已属于缓冲电路的范畴,du/dt 保护电路,又称关断缓冲电路,用于吸收器件的换相过电压。di/dt 保护电路,又称为 di/dt 开通缓冲电路,用于吸收器件开通时的电流过冲。过热保护通常采用安装足够大的散热器,以及设置温度检测电路等方式来实现,已属于冷却系统设计的范畴,有关该部分内容的讨论,留在后面进行。

由于晶闸管整流装置多采用普通型晶闸管,开关频率不高,所以其保护主要体现为浪涌过电压保护、换相过电压保护和过电流保护 3 种,以下将针对此 3 种保护的设计给予讨论。

1. 晶闸管整流装置的过电压保护

(1)过电压保护措施及其配置

晶闸管整流装置常用的过电压保护措施有采用阻容吸收电路和非线性电阻元件(如压敏电阻)2 种,其典型过电压保护配置位置,如图 6-3-5 所示。

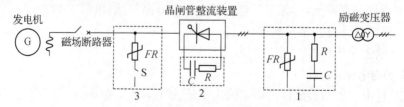

图 6-3-5　晶闸管过电压保护措施及配置位置

图中:虚线框 1 和虚线框 3 均为抑制整流装置外部引入的浪涌过电压;虚线框 2 为抑制晶闸管换相过程中产生的尖峰过电压。也就是说,前、后两者分别属于抑制外因过电压和内因过电压的保护措施。其中的虚线框 1 对抑制晶闸管换相产生的尖峰过电压也有一定的抑制效果[27,28],以保护励磁变压器低压绕组的绝缘性能。

(2) 电路参数计算

① 交流侧保护(虚线框 1)

晶闸管整流装置交流侧保护(虚线框 1)一般有采用 RC 电路(即 RC 过电压保护电路、反向阻断式过电压保护 RC 电路和集中式过电压保护 RC 电路)和压敏电阻(如氧化锌 (ZnO)电阻等)2 种保护方案。以上 2 种保护方案,在工程上又有多种具体接线形式,其中比较典型的形式,如图 6-3-6 所示。

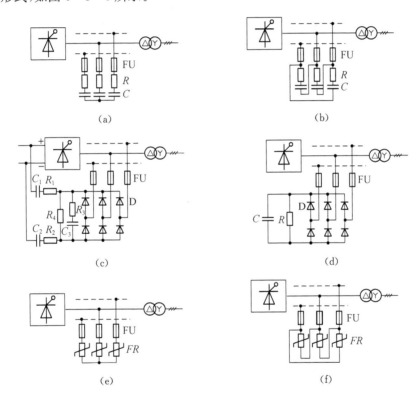

(a)

(b)

(c)

(d)

(e)

(f)

图 6-3-6　晶闸管整流装置交流侧保护接线形式

图中的 RC 过电压保护电路(图 6-3-6(a)星形接法和图 6-3-6(b)三角接法)、反向阻断式过电压保护 RC 电路(图 6-3-6(c))和集中式过电压保护 RC 电路(图 6-3-6(d)),这 4 种 RC 电路接线形式,由于电路中元器件数量较多、接线较复杂等原因,目前在工程上的应用逐渐减少。但该电路中各元器件的参数取值,可通过查找有关工程手册或采用计算机仿真的方法来进行确定。以下给出 2 组典型的组合参数示例,以供设计参考,详见表 6-3-3 所示。

表 6-3-3 *RC* 过电压保护电路和反向阻断式过电压保护 *RC* 电路参数组合示例

序号	交流侧保护方案		电路参数取值
1	*RC* 过电压保护电路	*R*	40 Ω/500 W
		C	4 μF/ 4 000 V(AC,50 Hz)
		快速熔断器 FU	额定电流和电压分别为 35 A 和 4 000 V
2	反向阻断式过电压保护 *RC* 电路	*R*	$R_1=R_2=15$ Ω/600 W,$R_3=1.5$ Ω/600 W,$R_4=12$ kΩ/1 800 W
		C	$C_1=C_2=1$ μF/3 000 V(DC),$C_3=40$ μF/3 000 V(DC)
		快速熔断器 FU	额定电流和额定电压分别为 100 A 和 1 200 V
		二极管 D	额定电流和额定电压分别为 400 A 和 4 000 V

注:1. 以上电阻均为无感型线性电阻,实际选型时可按电感值不高于 10μH(在正弦波频率为 10 kHz 工作条件下测得)进行要求;
   2. 以上电容若用于中频系统(如 400 Hz),应降低额定电压值使用或选用高额定电压值的电容,并注意区分电容的交、直流型式;
   3. 为降低回路电感,阻容吸收电路与主回路间的接线不宜太长。

由于非线性电阻元件压敏电阻(有关压敏电阻的内容,将在本章第四节中介绍),克服了上述 *RC* 电路的缺点,因此在工程上得到了广泛应用。

压敏电阻残压的一般选择原则为:上限应低于所连整流装置中晶闸管的反向不重复峰值电压 U_{RSM},下限不得低于 $K_{\mathrm{u}}\sqrt{2}U_{2\mathrm{N}}$ 的要求(各符号含义同式(6-3-7))。

为说明问题,以图 6-3-6(e)所示接线为例进行说明。已知某一额定容量为 600 MW 的火电机组,采用自并励静止励磁系统,励磁变二次额定电压为 1 170 V,整流装置所选用的晶闸管型号为 5STP25L5200,则压敏电阻如何选型?

具体计算过程为:

依据上述压敏电阻残压的选择原则,电压上限边界值为 5 200 V,下限边界值为 $K_{\mathrm{u}}\cdot\sqrt{2}$ $U_{2\mathrm{N}}=(1.05\sim1.1)\times\sqrt{2}\times1\,170=1\,737\,\text{V}\sim1\,820\,\text{V}$,综合考虑,最终压敏电阻残压取为 2 000 V。

由于过电压保护通常按瞬时过电压进行考虑,因此过压浪涌能量一般不高。压敏电阻的能容量可采用计算机仿真的方法来确定,受条件所限时,也可根据以往的工程设计经验来取值。依据以往经验,可取为 75 kJ×3(相)。

这样,压敏电阻最终可选型为 KPP-15 kJ-2 000 V,每一相 5 只并联使用。

② 元件保护(虚线框 2)

RC 阻容吸收电路参数的选择,应考虑限制晶闸管换相过程中产生的尖峰过电压不得超过晶闸管反向重复峰值电压 U_{RRM} 等的要求。

RC 阻容吸收电路的参数取值,可通过查找有关工程手册,也可采用试验或计算机仿真的方法来进行确定。这里仅给出 2 组工程上典型的组合参数示例,以供设计参考使用,见表 6-3-4 所示。

表6-3-4　晶闸管换相过电压保护RC电路参数示例

序号	电路参数取值
1	$R=20\ \Omega/200\ \mathrm{W}, C=1\ \mu\mathrm{F}/2\ 100\ \mathrm{V}(\mathrm{AC}, 50\ \mathrm{Hz})$
2	$R=50\ \Omega/400\ \mathrm{W}, C=1\ \mu\mathrm{F}/2\ 500\ \mathrm{V}(\mathrm{AC}, 50\ \mathrm{Hz})$

注:相关注意事项,同表6-3-3。

③ 直流侧保护(虚线框3)

可采用与转子过电压保护相同的配置(该部分内容将在本章第四节中详述)。

在晶闸管反向不重复峰值电压U_{RSM}选择较高或已配置了交流侧保护(虚线框1)的情况下,在简化设计时,直流侧保护(虚线框3)通常可予以省略。

2. 晶闸管整流装置的过电流保护

晶闸管整流装置运行不正常或者发生短路时,可能会发生过电流。相应地,过电流保护也分为过载和短路2种情况。

(1)过电流保护措施及其配置

图6-3-7给出了各种过电流的保护措施及其配置位置,分别为采用调节器(虚线框1)、磁场断路器(虚线框2)和快速熔断器(虚线框3)3种。

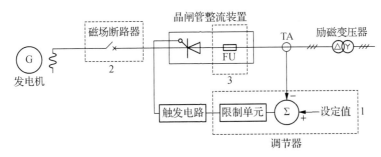

图6-3-7　晶闸管过电流保护措施及配置位置

整流装置一般同时采用几种过电流保护措施,以提高保护的可靠性和合理性,以及在选择各种保护措施时,还应注意之间的相互协调问题。

通常调节器限制单元作为第一保护措施,在限制单元作用失效后,再由磁场断路器实现第二级保护,一般由继电保护装置来进行分断,两者配合的原则为限制单元先于继电保护动作。而快速熔断器仅作为整流装置短路故障(如直流母线侧正负极短路)时的保护。

(2)参数整定和计算

① 调节器过载保护(虚线框1)

目前该保护一般通过调节器的硅柜限制等限制单元来实现。有关限制单元的介绍,将在本章第五节中详述。

② 磁场断路器过载保护(虚线框2)

在工程上,磁场断路器接入整流装置直流母线侧回路的方式有2种,分别为主触头接入一极(如负极)和正、负极同时接入,分别如图6-3-8(a)和(b)所示。

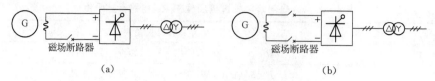

图 6-3-8 磁场断路器接入整流装置直流侧回路的方式

在整流装置出现过载运行时,可由外部继电保护(如励磁变过电流保护)跳磁场断路器来实现保护。

目前的磁场断路器多附加有过电流脱扣线圈,这一功能可用于整流装置直流母线侧正负极短路时的分断保护。但应当指出的是,由于励磁系统属于现地控制单元,采集外围其他设备运行状态信息较少,所以这一保护功能一般不推荐采用。另外,该磁场断路器还兼作发电机励磁电流的正常分断和移能灭磁时使用。有关移能灭磁时磁场断路器的讨论,留在本章第四节中进行。

③ 快速熔断器短路保护(虚线框 3)

快速熔断器与晶闸管一般多采用串联连接方式,如图 6-3-9(a)和(b),但是在一些小型整流装置中也有串接于交流母线或直流母线中的情况,如图 6-3-9(c)和(d)所示。限于篇幅,以下主要就其中的图(a)和(b)连接方式进行讨论。

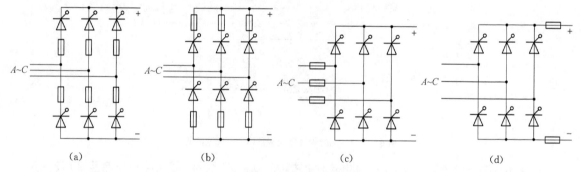

图 6-3-9 快速熔断器的接线形式

熔断器对器件的保护方式可分为全保护和短路保护 2 种。其中,全保护方式是指器件无论正常过载运行,还是短路故障,均由熔断器进行保护;而短路保护方式是指熔断器仅在短路故障时对器件起保护作用。全保护由 g 类熔断器实现,而短路保护由 a 类熔断器实现。a 类熔断器又称为快熔熔断器,简称快熔。晶闸管整流装置中熔断器对晶闸管的保护,普遍采用短路保护方式。

快熔主要技术参数的选择计算,主要有:

a. 额定电压

额定电压(有效值)应根据熔断器熔断后实际承受的电压来选择。不应低于整流桥交流输入电压值,具体计算式为

$$U_N \geqslant K_u U_{2N} \qquad (6-3-9)$$

式中:U_N——快熔额定电压,V;

K_u——电压升高系数,考虑到发电机机端电压的升高情况,可取 $1.05\sim1.1$。

b. 额定电流

快熔额定电流,是指在规定使用条件下熔断体能长期承载而不使性能降低的电流,通常表示为有效值。应按不低于实际流过晶闸管电流(注意考虑强励运行工况)的有效值进行计算,并考虑到经济性,选择不宜过大,于是可按下式进行选择

$$I_{T(RMS)}\leqslant I_N\leqslant\frac{\pi}{2}I_{T(AV)} \qquad (6-3-10-1)$$

式中:$I_{T(RMS)}$——晶闸管流过工频方波 $120°$ 电流条件下的有效值(即式(6-3-4)),A;

$\quad I_{T(AV)}$——晶闸管通态平均电流,A。

换个角度讲,在已知整流装置中总并联支路数为 $N(>2)$ 时,若采用"$N-1$"配置,也可采用下式进行计算

$$\frac{K_i I_{fN}}{(N-1)K_A\sqrt{3}}\leqslant I_N\leqslant\frac{\pi}{2}I_{T(AV)} \qquad (6-3-10-2)$$

式中:各符号含义同式(6-3-8)。

c. 额定分断能力

快熔的外壳强度很大程度上确定了对最大短路电流(有效值)的分断能力。快熔分断能力不足会导致快熔的持续燃弧甚至爆炸,严重时还会导致交直流短路,所以应取流过快熔短路电流为最大值时的情况作为计算条件。

由于整流桥桥臂短路情况的分析和计算较为复杂,为简单起见,可取整流桥直流母线侧正负极短路故障(见附录F中短路点 d_2)作为计算条件,据该故障下流过每桥臂的短路电流(有效值),作为快熔额定分断能力的选择依据,但应注意到整流装置的并联整流桥的支路数、均流系数等问题。

快熔的分断能力除满足短路分断要求外,还应注意在其分断瞬间产出的电弧电压峰值(又称暂态恢复电压)不能过高,应使其低于晶闸管正反向不重复峰值电压。由于快熔在分断燃弧过程中,其两端将产生高于快熔额定电压几倍的电弧电压,在该电弧电压与交流工作电压叠加,一并施加于晶闸管 AK 两极时,有可能造成晶闸管的损坏或误导通。因此,一般要求快熔的电弧电压不应超过故障时峰值电压的 2 倍。以 207RSM1500V/1800A-7 型快熔为例,其弧压特性如表 6-3-5 所示。

表 6-3-5　207RSM1500V/1800A-7 型快熔电弧电压

额定电压(V)	额定电流(A)	预期电压 (有效值,kV)	预期电流 (有效值,kA)	分断瞬间电 弧电压峰值(kV)	分断电流 峰值(kA)
1 500	1 800	1.68	5.63	2.76	12.5
			14.8	2.41	28.8
		1.46	48.8	2.9	44.9

d. I^2t

当快熔的额定分断能力可满足整流桥直流母线侧短路、整流桥桥臂晶闸管短路等故障

情况的分断时,未必能实现对所串联的晶闸管保护,此时需要分析两者的 I^2t 值是否满足配合要求。

由于晶闸管的 I^2t 值是在浪涌电流脉宽为 10 ms 条件下给出的,所以在以时间—电流曲线表示 I^2t 特性时,快熔与晶闸管之间 I^2t 的配合应满足图 6 - 3 - 10 所示的要求。也就是说,某一预期短路电流 I_p 对应快熔熔化特性曲线的时间 t_2 在小于对应晶闸管曲线的时间 t_1 时,快熔才能起到对晶闸管保护的作用,可以看出,此时快熔的 I^2t 是小于晶闸管的 I^2t。于是,在工程实际计算时,也多习惯于直接按照 "快熔的 I^2t 值小于晶闸管的 I^2t 值" 的原则,来选择快熔的 I^2t 或检验两者之间配合的合理性。但应注意到这是一必要条件,未必同时充分。同时,还应注

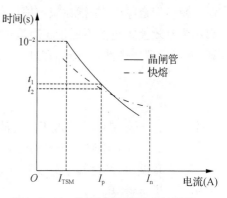

图 6 - 3 - 10　快熔与晶闸管 I^2t 配合原则

意到快熔实际工作电压对其 I^2t 的影响或修正问题。图中,晶闸管曲线取决于其 I^2t 值,I_{TSM} 和 I_n 分别为晶闸管浪涌电流和快熔额定分断电流。

另外,对由多支路整流桥并联运行的情况,在实际运行时,由于有时投入的支路数不同,使得在整流装置直流母线侧正负极短路时,流过晶闸管的短路电流会有多个值的情况,这样使得按某一情况选择计算的快熔,导致在其他情况下出现短路时晶闸管已损坏,但快熔并未动作的现象。这也是快熔在 I^2t 选择时应特别注意的。

e. 快熔分断后绝缘电阻的要求[36]

依据经验,快熔分断后应具有 0.5 MΩ 以上的绝缘电阻值,这样才可以避免在快熔分断后不会出现漏电,甚至在故障切断后经一段时间后又重燃的现象。

（六）冷却系统设计

同其他设备一样,晶闸管整流装置输出电流的定额取决于装置各部件的温升,尤其是晶闸管结温,而晶闸管的结温又与其冷却系统的性能密切相关。目前,行业上普遍采用散热器的方式来降低晶闸管的结温。散热器的基本任务是根据传热学的基本原理,为晶闸管提供一个热阻尽可能低的热流路径,使晶闸管因损耗散发的热量能够尽快地散去,以保证其结温不超过最高允许值。

目前,晶闸管整流装置的已有冷却方式,主要有自然冷却（简称自冷）、强迫风冷（简称风冷）、热管冷却、水冷却和叠堆散热等 5 种方式。其中:

自然冷却方式主要应用于小型整流装置上,直接由散热器表面通过向周围环境以辐射和对流的方式进行散热,不需要其他辅助手段,散热器结构简单,但散热效率差,散发单位晶闸管发热功率所需体积大,同一散热器一般自冷热阻是风冷热阻的 4～6 倍,也就意味着其散热能力仅是风冷散热的 1/4～1/6。

大容量的整流装置一般多采用强迫风冷,强迫风冷散发单位晶闸管发热功率所需体积小,但需要配置风机,噪声大,还须设计风道,相对而言,装置结构要复杂一些。若按照空气流的途径[28],则又可细分为敞开式、封闭室内循环式、由厂房通风系统带走整流装置风道出

风口热风式和柜内密闭式等4种。其中,对前3种方式,只要能够保证满足整流装置进风口对空气温度、湿度和清洁度等要求,从冷却系统设计角度来讲是一样的。

水冷却方式由于需要另外设置冷却器(通常为水冷却器),增加了冷却系统设计的复杂性,也存有一定的安全隐患,因此在工程上并不多见。

实际上,大容量晶闸管整流装置也有采用热管冷却、叠堆散热等方式,但这些冷却方式目前在工程上的应用并不是很多。

限于篇幅,以下主要对上述应用最为广泛的强迫风冷系统设计进行讨论。同时考虑到热管冷却在近几年应用热度的增加,因此在本小节文尾也略作了简单性介绍。

1. 强迫风冷系统设计的一般流程

在晶闸管等元件参数已确定后,强迫风冷系统设计的一般流程,如图6-3-11所示。强迫风冷系统的设计涉及传热学、流体力学等理论和散热器、风机等设备特性的多方面内容。另外,单纯的理论计算又很难做到计算上的准确。因此,是一个"设计→测试→修改设计→再测试……"多次重复的过程,直到满足设计要求为止。

2. 晶闸管功率损耗计算

晶闸管是温度敏感器件,是整流装置中的核心部件。晶闸管的功率损耗(简称功耗)计算,是整流装置强迫风冷系统设计的基础。

晶闸管的功耗具体包含有通态损耗、开关损耗、断态损耗和门极损耗4种,如表6-3-6所示[35]。以下主要对其中的通态损耗和开关损耗计算进行讨论。

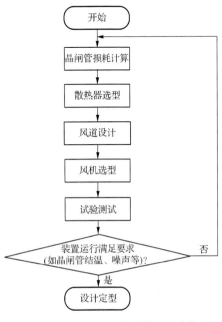

图6-3-11　强迫风冷系统设计一般步骤

表6-3-6　晶闸管的损耗

序号	具体损耗名称		说明
1	通态损耗		1. 通态损耗是晶闸管在导通状态时的稳态损耗。 2. 在低频率($f \leqslant 400$ Hz)工作条件下,通态损耗是晶闸管的主要损耗
2	开关损耗	开通损耗	1. 开关损耗是晶闸管在开通和关断过程中产生的功耗。 2. 晶闸管的关断时间远大于开通时间,所以开通损耗在开关损耗中所占比例很小,开关损耗主要是关断损耗。 3. 在高频率工作条件下,开关损耗会超过通态损耗,成为主要损耗。工作频率较低(如400 Hz及以下)情况下,在简化计算时,开关损耗可忽略不计[35]
		关断损耗	
3	断态损耗		断态损耗是指晶闸管处于阻断状态时,由于存在漏电流导致的损耗,通常忽略不计
4	驱动电路门极注入功率所造成的损耗		驱动电路注入晶闸管门极功率所造成的损耗,即晶闸管开通过程中消耗在门极的功率,通常忽略不计

（1）通态损耗计算

晶闸管的通态平均功耗 $P_{T(AV)}$ 可定义为

$$P_{T(AV)} = \frac{1}{T}\int_0^T i(t)u(t)\mathrm{d}t \tag{6-3-11}$$

式中：T——周期。

晶闸管的通态压降 U_{TM} 可用门槛电压 U_{T0}、斜率电阻 r_T 和通态电流峰值 I_{TM} 来表示，具体表达式为

$$U_{TM} = U_{T0} + r_T I_{TM} \tag{6-3-12}$$

在导通角为 α，晶闸管流过方波电流条件下的平均电流 $\bar{I}_T$ 的计算式为

$$\bar{I}_T = \frac{1}{2\pi}\int_0^\alpha I_m \mathrm{d}t = \frac{\alpha}{2\pi}I_m \tag{6-3-13}$$

式中：I_m——方波电流幅值。

于是，结合定义式（6-3-11），及式（6-3-12）和式（6-3-13），可以得到晶闸管通态平均功耗 $P_{T(AV)}$ 的实用计算式为

$$P_{T(AV)} = U_{TM}\bar{I}_T = U_{T0}\bar{I}_T + \frac{2\pi}{\alpha}r_T\bar{I}_T^2 \tag{6-3-14}$$

当导通角 $\alpha = 2\pi/3$ 时，则上式可写为

$$P_{T(AV)} = U_{T0}\bar{I}_T + 3r_T\bar{I}_T^2 \tag{6-3-15}$$

若再结合式（6-3-6），则式（6-3-15）又可写为

$$P_{T(AV)} = \frac{U_{T0}I_d + r_T I_d^2}{3} \tag{6-3-16}$$

实际上，获得晶闸管通态平均功耗的最简便方法是查看制造厂提供的 $P_{T(AV)}-I_{T(AV)}$ 特性曲线，通过该曲线就可直接查到流过某一通态平均电流下的通态平均损耗。图 6-3-12 示出了 5STP28L4200 型晶闸管的通态平均损耗与通态平均电流间的关系曲线。

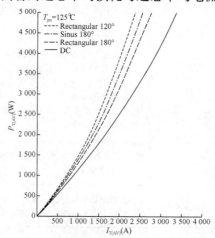

图 6-3-12　5STP28L4200 型晶闸管通态平均损耗与通态平均电流间的关系曲线

从图中很容易看出，在120°方波（Rectangular 120°）条件下，当晶闸管通态平均电流为1 000 A时，晶闸管的平均功耗最大值为1 500 W。

（2）开关损耗计算

晶闸管开关损耗包括开通损耗和关断损耗两种，通常也通过查找制造厂提供的开关损耗曲线求得。图6-3-13示出了5STP28L4200型晶闸管的开关损耗曲线。

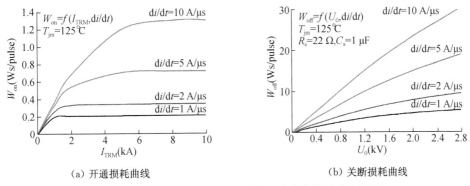

（a）开通损耗曲线　　　　　　　　　（b）关断损耗曲线

图6-3-13　5STP28L4200型晶闸管开关损耗曲线（方波电流下）

图中：I_{TRM}为方波电流幅值；U_0为晶闸管关断时的反相工作电压，其含义如图6-3-14所示。

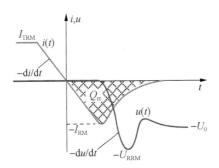

图6-3-14　晶闸管关断时的电压和电流波形

若取$di/dt=10$ A/μs、$U_0=0.91$ kV和$I_{TRM}=3$ kA，则由图6-3-13，可得开通损耗$W_{on}=0.9$ Ws，关断损耗$W_{off}=12$ Ws。

关于di/dt和U_0的取值，可按照下式进行计算（单位分别为A/μs和V），分别为

$$di/dt=\frac{100\pi\sqrt{2}\,S_N\sin(\alpha+\gamma)}{2U_k(\%)U_{2N}N}\qquad(6\text{-}3\text{-}17\text{-}1)$$

$$U_0=\sqrt{2}\,U_{2N}\sin(\alpha+\gamma)\qquad(6\text{-}3\text{-}17\text{-}2)$$

式中：S_N——励磁变额定容量，VA；

　　　U_{2N}——励磁变二次额定电压，V；

　　　$U_k(\%)$——励磁变短路阻抗，%；

　　　α和γ——分别为整流桥触发角和换相角，(°)；

  N——整流装置并联桥支路数。

  上式的具体推导过程,详见第三章第五节,从略。

  (3)总损耗

  在忽略断态损耗和门极注入功率所造成的损耗外,单只晶闸管的总损耗(又称耗散功率)为

$$P_T = P_{T(AV)} + W_{on} \cdot f + W_{off} \cdot f \qquad (6-3-18)$$

式中:f——开关频率,如自并励时,$f=50$ Hz。

  3. 散热器的选型

  (1)散热器的种类

  散热器类型较多,依据加工方法、冷却方式等特点,可分为多个种类,见表 6-3-7 所示。

表 6-3-7 散热器分类

序号	分类方法	类型
1	加工方法	叉指形散热器(板料冲压成型)、型材散热器(挤压成型材)、插片散热器、铸造散热器等
2	冷却方式	自然冷却散热器、风冷散热器、液冷散热器(水冷、油冷)、热管散热器、冷板散热器等
3	用途	功率器件用散热器、模块用散热器、电阻散热器等
4	材料	铝散热器、铜散热器、钢散热器
5	功率	小型功率散热器、大中型功率散热器

  (2)散热器的选配方法

  ① 稳态热阻和瞬态热阻抗

  晶闸管的发热部件是半导体管芯,晶闸管在工作期间产生的热量,由管壳及配套的散热器,通过传导、对流和辐射的方式散发到周围环境中。其中,由于管壳本身面积较小,散热能力差,所以其散热能力与散热器相比通常忽略不计。

  a. 稳态热阻

  晶闸管的散热路径是从管芯开始,经过管壳和散热器,最终由空气冷却介质散发到周围环境。在热平衡(或稳定)条件下,也就构成了如图 6-3-15 所示的等效热路图。

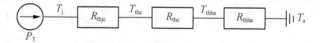

图 6-3-15 热稳定条件下的等效热路图

图中:T_j 为晶闸管最大允许结温,℃,设计时一般要求不高于 110 ℃;T_{thc} 为晶闸管壳温,℃;T_{thha} 为散热器温度,℃;T_a 为环境温度,℃,可取 40 ℃;R_{thjc} 为晶闸管结壳热阻,K/W;R_{thc} 为晶闸管管壳与散热器之间的接触热阻,K/W;R_{thha} 为散热器的热阻,K/W。

  由图 6-3-15,可得散热器热阻 R_{thha} 和温升 ΔT_{thha} 的计算式,分别为

$$R_{thha} = \frac{T_j - T_a}{P_T} - (R_{thjc} + R_{thc}) \qquad (6-3-19)$$

$$\Delta T_{\text{thha}} = R_{\text{thha}} P_{\text{T}} \qquad\qquad (6-3-20)$$

以上分析是在晶闸管单面散热条件下给出的,并忽略了由管壳直接向周围环境散热的因素。

对于采用双面散热的冷却方式,可将晶闸管阴极热阻和阳极热阻分别作为并联的两个分路进行考虑,并近似认为晶闸管两侧的散热器热阻和接触热阻相等,则相应的等效热路图,如图 6-3-16 所示。

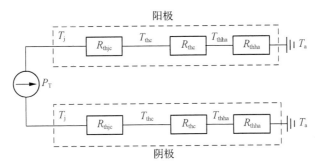

图 6-3-16　双面散热等效热路图

当然,上图也可简化为如图 6-3-17 所示的形式。

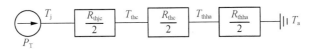

图 6-3-17　双面散热等效热路简化图

b. 瞬态热阻抗[35]

瞬态热阻抗是为了计算晶闸管开通、关断和浪涌等瞬态时的结温或负载能力而引入的概念,具体定义为:在某一时间间隔末,两规定点(或区域)温差变化与引起这一温差变化在该时间间隔初始按阶跃函数变化的耗散功率之比。

从上述瞬态热阻抗定义可得知,它反映的是器件在瞬态过程(即在达到热平衡之前)中的热阻。在此过程中热阻不是一常数,而是随时间变化的。在达到热平衡后,瞬态热阻抗达到了最大值,此值即为稳态热阻。所以,瞬态热阻抗其实也是一种热阻,单位与稳态热阻相同,通常采用如下的模型进行描述:

$$Z_{\text{th}}(t) = R_{\text{th}}(1 - e^{-\frac{t}{T}}) \qquad\qquad (6-3-21)$$

式中:R_{th}——稳态热阻,K/W;

$\quad$ T——器件热时间常数,$T = R_{\text{th}} C_{\text{th}}$,s;

$\quad$ C_{th}——器件热容,J/K。

当 $t \gg T$ 时,可认为器件已达到热平衡,相应的热阻值为 R_{th};若时间较短,则可近似认为等于 0。

这样,基于上述的瞬态热阻抗模型,在瞬态热条件下单面散热的晶闸管及其散热系统的等效热路图,如图 6-3-18 所示。对于双面散热的冷却方式,与前述的稳态情况具有相同的分析过程,从略。

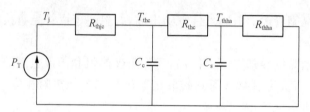

图 6 - 3 - 18   单面散热的晶闸管及其散热系统瞬态热条件下的等效热路图

在工程上,器件的瞬态热阻抗通常通过试验获得,并绘制于产品样本中。图 6 - 3 - 19 示出了 5STP28L4200 型晶闸管的瞬态热阻抗曲线。

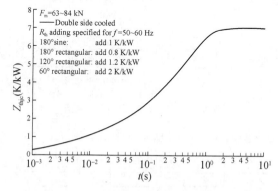

图 6 - 3 - 19   5STP28L4200 型晶闸管的瞬态热阻抗曲线

② 散热器热阻的选择

散热器热阻是选择散热器的主要依据,该值为选择合适的散热器提供了定量依据。散热器热阻的计算,应先依据其等效热路图和相应计算公式,计算出热阻值,再依据实际冷却条件,选择热阻值小于计算值的散热器即可。散热器的热阻通常通过查找制造厂提供的散热器热阻特性曲线来获得。图 6 - 3 - 20 示出了 XF - 88C 型铝型材散热器(6063)的热阻特性曲线。

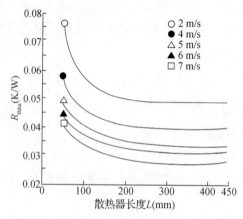

图 6 - 3 - 20   XF - 88C 型散热器热阻特性曲线

在确定具体散热器型号时,仅从热阻参数来看,可能会有几种散热器都满足要求。此时,还应根据实际使用情况,综合考虑晶闸管的要求(如尺寸大小、安装方式等)、冷却、安装和通用互换性,以及经济性等因素,最终选择最适用的散热器型号。

应当指出,散热器的热阻值都是在额定冷却条件下给出的,当实际冷却条件不能达到规定条件时,还应注意热阻值的温度修正问题。

③ 散热器的流阻选择

散热器的选型,除热阻参数外,流阻也是一个需要考虑的重要技术参数。对风冷散热器而言,流阻就是在风道中散热器两侧规定点的压力差,因此,又习惯称之为风阻,通常表示为 Δp,单位为 Pa(帕)。在强迫风冷散热系统中,风阻越大,则风道对风的阻碍作用就越强。图 6-3-21 示出了铸造类平板形 SF15 型风冷散热器的热阻、风阻与风速之间的关系曲线。

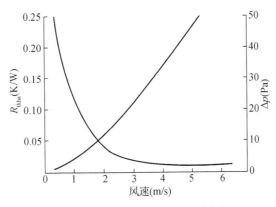

图 6-3-21 SF15 型散热器热阻、风阻与风速之间的关系曲线

从图 6-3-21 可以看到,同散热器热阻一样,散热器的风阻不仅与散热器自身的设计有关(如材质、结构尺寸等),与风速也有着密切的关系。

一般地,散热器热阻随风速增加而减小,所以增大风速对加强散热能力是有效的,但是热阻随风速的增加不是线性的比例关系,在风速大于 6 m/s 时,再增加风速对热阻的影响已不明显。同样,散热器风阻也会随着风速变化而变化,但情况与热阻相反,风阻随着风速增大而增加。也正因为散热器的热阻、风阻与风速之间的这种相反关系,因此,在风速设计时,为同时兼顾到热阻和风阻这两个参量,风速一般取为 5～6 m/s。此时,即使再增大风速,热阻将减小很少,但风阻却会增加很多。

4. 风道设计

在散热器和风机参数一定的条件下,合理的风道设计也是改善散热的有效途径[34]。在风道设计时,至少应考虑到以下几个主要因素:

(1) 风道的结构

依据晶闸管元件的布置方式或散热器的排列顺序,风道结构可分为串联型风道、并联型风道和串并联混合型风道 3 种。图 6-3-22 分别示出了前两种风道结构的一个示例。串并联混合型风道结构主要应用在多桥整流电路组装在 1 面屏柜内的情况中。

（a）串联型风道的正面

（b）串联型风道的侧面

（c）并联型风道的正面

（d）并联型风道的侧面

图6-3-22　晶闸管整流装置风道外观图

（2）散热器的外形尺寸及安装要求

铝型材风冷平板形散热器，由于散热性能好、价格低和耐腐蚀强等优点，在晶闸管整流装置（尤其大容量晶闸管整流装置）上得到了广泛应用。以其中双面散热式 XF-88C 型为例，其断面形状及尺寸，如图6-3-23 所示。

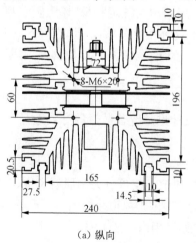

（a）纵向

（b）横向

图6-3-23　XF-88C 型材散热器外形结构及尺寸

应当指出,在选择好散热器型号后,应根据前述的对散热器热阻值和风速的选择计算结果,依据散热器热阻特性曲线来确定其截断长度,以及表面处理方式等后续内容。其中,有关散热器材料的选择和表面处理方式,留在后面专门讨论。

(3)最小安全净距和爬电比距

风道中带电部分之间、带电部分与接地部分(如风道壁)之间的最小安全净距(又称最小电气间隙)应满足电气绝缘的要求。以室内布置的整流装置为例,根据工程实践经验,最小安全净距为 20 mm(空气作为绝缘介质)时,完全可以满足交流母线额定线电压 1 500 V(有效值)、海拔高度 3 000 m 及以下条件下的运行要求。

风道中配套的支持件、紧固件等绝缘结构件的外绝缘爬电比距(即外绝缘爬电距离与最高电压之比)应满足实际运行要求。仍以室内布置的整流装置为例,对易凝露或污秽环境条件下的瓷质绝缘件和有机绝缘件可分别按照不小于 14 mm/kV 和 16 mm/kV 来考虑,其他环境条件下,分别不小于 12 mm/kV 和 14 mm/kV。

应当指出,绝缘结构件在选型时,除考虑上述爬电距离外,还应注意绝缘耐热等级、绝缘电阻等其他电气性能,以及其热学性能(如热变形和热老化)和力学性能(如应力和应变)等特性,以满足整流装置运行对绝缘、发热和结构受力等方面的要求。同时,还应首选具有热过载不炸裂飞溅、无毒性等特点的产品(或材质)。

以上经验数据和注意事项,对励磁系统主回路中其他设备的设计也具有参考性。同时,也应注意借鉴标准 GB/T 3797 对最小安全净距和爬电距离给出的推荐值。

(4)风道的有效截面

由于散热器的热阻与风速有一定的关系,要保证风道内风速满足散热器热阻的要求,风道有效截面应满足以下要求

$$S = \frac{Q}{v}$$

式中:Q——风道中的风量,m^3/s;

S——风道的有效截面积,等于风道总截面积减去散热器和晶闸管等所占有的截面积,m^2;

v——风速,m/s,即散热器热阻、风阻选择时的风速。

5.风机的选型

(1)风机分类

风机是一种用于输送和压缩气体的机械,从能量观点来看,它是把原动机的机械能转变为气体能量的一种机械。

风机的类型和种类较多,按照空气流动的方向进行划分,可分为离心式、轴流式和斜流式 3 大类。各类风机的主要特点,如表 6-3-8 所示。此 3 类风机在晶闸管整流装置冷却系统中均有应用,尤其前 2 种最为常见。

表 6-3-8　风机分类

风机名称	主要特点
离心式风机	气流轴向进入风机叶轮后主要沿径向流动的风机，即离心式。是根据动能转换为势能(压力)的原理，在气流进入旋转的叶片空间后，在叶轮的驱动下一方面随叶轮旋转；另一方面在惯性的作用下提高能量，沿半径方向离开叶轮，使动能转换成势能
轴流式风机	气流轴向进入风机叶轮后，在旋转叶片的流道中沿着轴线方向流动的风机，即轴流式，如电风扇、空调的外机风扇。相对于离心风机，轴流风机具有流量大、体积小、压头低的特点，通常多用在流量要求较高而压力要求较低的场合
混流式风机	又称为斜流式风机，是一种介于轴流式风机和离心风机之间的风机。风机的叶轮让空气既做离心运动又做轴向运动，壳内空气的运动混合了离心与轴流两种运动形式

（2）风机的选配

① 风机风量的计算

晶闸管整流装置风道内通风量的计算，可采用以下公式[27]进行计算

$$Q_\mathrm{f} = \frac{\sum P_\mathrm{T}}{C \rho \Delta T} \qquad (6-3-22)$$

式中：Q_f——通风量，$\mathrm{m^3/h}$；

$\sum P_\mathrm{T}$——所有晶闸管单位时间内的总功耗，$\mathrm{kJ/h}$；

C——空气比热容，$\mathrm{kJ/(kg \cdot K)}$，标准大气压下为 $1\ \mathrm{kJ/(kg \cdot K)}$；

ρ——空气密度，40 ℃时可取 $1.128\ \mathrm{kg/m^3}$；

ΔT——进出口空气温差，K。

但是，在使用上述公式进行计算时，应注意到以下两点问题：

其一，一面整流柜内晶闸管的数量，比如对由一支路三相桥式全控整流电路构成的整流柜时，则 $\sum P_\mathrm{T}$ 等于单只晶闸管总损耗(式(6-3-18))的 6 倍。

其二，由式(6-3-18)计算得到的晶闸管总损耗其单位为 W（瓦），因此存在一个单位换算的问题，即由 W 换算成 kcal/h，具体换算关系为 $1\ \mathrm{W} = 3.58\ \mathrm{kJ/h}$。

在对风机风量进行选择时，应选择风机风量大于上式的计算值。其中，风机的风量可通过查找风机制造厂提供的风机特性曲线获得。以 Rosenberg（洛森）公司生产的离心式 DRAD 279-4 型风机为例，其特性曲线，如图 6-3-24 所示。

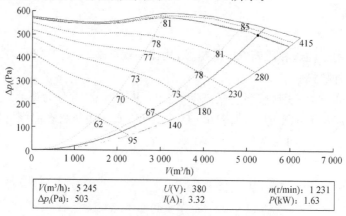

图 6-3-24　DRAD 279-4 型风机特性曲线

此外,还应当指出,式(6-3-22)的基本思想是:在单位时间内,风道内的空气吸收一定的热量后被加热,若要保证风道内温度的不变,则须补给的风量即为风机提供的风量,这样才能实现风道内空气的热交换平衡,以保持散热器周围空气温度的恒定。详细的推导过程,见附录G。

② 风机风压的选择

根据流体力学知识,流体沿着管道流动时,垂直作用在单位面积上的力,称之为压力。按照压力产生原因的不同,压力可分为静压、动压和全压3种。其中,静压是指流体垂直作用于管道内壁所产生的压力;动压是指流体在管道内流动时由于速度原因所产生的压力,故又称为速度压头;全压是指某点上静压和动压的代数和。

为便于理解上述静压、动压和全压的含义及关系,特作一举例说明:流体流过某一管道,在管壁面上开一小孔所测量到的压力为静压,在该小孔处伸进管道一只探头,则所测量到的压力为全压,而以上全压与静压的差值即为动压。

离心式风机风压的选择,习惯上采用全压,一般取风机进、出口截面处的全压差,又称为全压升。仍以 DRAD 279-4 型风机为例,对照图 6-3-24 可知,在全压升 $\Delta p_t = 503\ Pa$、工作电压为 380 V 等条件下,该型号风机的风量可达 5 245 m^3/h。

需要指出的是,当风机使用条件不能满足其规定工作条件时,应根据实际使用情况对风机的风量和风压进行修正。此外,在满足风量和风压要求的前提下,应尽可能地选用效率高、噪声低类型的风机。

6. 晶闸管结温计算

以晶闸管单面散热冷却方式为例,在稳定的连续负荷情况下,假定单只晶闸管的耗散功率 P_T(式(6-3-18))恒定不变,则其结温可按稳态热阻来计算,即有

$$T_j = P_T(R_{thjc} + R_{thc} + R_{thha}) + T_a \qquad (6-3-23)$$

式中:T_j——晶闸管结温,℃,一般按不高于 110 ℃设计;

　　R_{thjc}——晶闸管结壳热阻,K/W;

　　R_{thc}——晶闸管与散热器之间的接触热阻,K/W;

　　R_{thha}——散热器热阻,K/W;

　　T_a——使用环境温度,℃,一般取 40 ℃。

但在实际应用中,负载并不总是稳定连续的,比如发电机的突然强励运行。此情况下,显然已不能够采用(稳态)热阻来进行计算,此时要用到瞬态热阻抗的概念。

由前面分析可知,瞬态热阻抗是以矩形波耗散功率的形式来定义的,这样相应地,晶闸管结温会随着该矩形波脉冲负载而变化,最高温度出现在脉冲负载的下降沿位置,如图 6-3-25 所示。

图中:P_{T0} 和 T_{j0} 分别为发电机稳态运行情况下晶闸管的耗散功率及其对应结温;ΔP_T 和 ΔT_j 分别为发电机强励运行工况下相对于稳态时的晶闸管耗散功率增量及其对应的结温增量;Δt 为发电机强励运行时间。

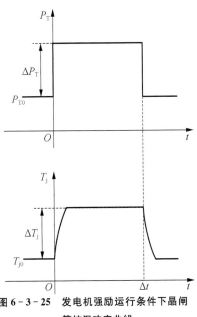

图 6-3-25　发电机强励运行条件下晶闸管结温响应曲线

这样,在发电机强励运行工况下,发电机所引起的晶闸管结温增量计算式为

$$\Delta T_{j} = \Delta P_{T} Z_{th(j-a)}(\Delta t) \tag{6-3-24}$$

式中:$Z_{th(j-a)}$——瞬态热条件下系统等效热路图中的总瞬态热阻抗(见图 6-3-18),K/W,通常情况下强励时间 $\Delta t \geqslant 10$ s,就是说,在 Δt 时刻总瞬时热阻抗已趋于稳态热阻,因此可取 $Z_{th(j-a)} = R_{thjc} + R_{thc} + R_{thha}$。

由此可得,发电机强励工况下的晶闸管结温为

$$T_{j} = \Delta T_{j} + T_{j0} \tag{6-3-25}$$

式中:T_{j0}——发电机强励工况前热稳定条件下的晶闸管结温,即式(6-3-23)中的 T_{j}。

7. 热管冷却

热管最早由美国人于 1963 年发明,随后广泛应用于多个领域,并在 20 世纪 70 年代传入我国。以下主要就在晶闸管整流装置中应用热管冷却技术的基本原理、构成及特点等内容,作一简单性介绍。

热管是利用管内工作液体相变的物理过程传递热量的器件,通常由较高真空度的密封管、管内壁设置的毛细多孔材料构成的吸液芯及芯内的工作液体构成。密封管的一端为蒸发段,另一端为冷凝段。当蒸发段的一端受热时,毛细芯中的工作液蒸发汽化,蒸汽在压差作用下流向另一端释放热量凝结成液体,液体沿多孔材料在毛细力作用下再回流至蒸发段。如此往复,最终实现将接于蒸发段的晶闸管(热源)产生的热量向冷凝段管外的空气散发或传递至与之连接的散热片,以上工作过程,如图 6-3-26。

晶闸管整流装置的热管冷却通常采用晶闸管、热管和散热片整体组装的形式,如图 6-3-27 所示。图 6-3-28 示出了一种整体组装的结构形式。有关热管冷却技术的更多介绍,可参阅参考文献[27,28]等资料。

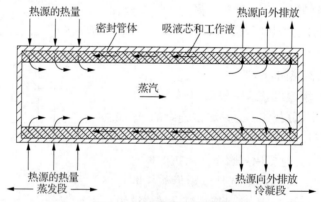

图 6-3-26　热管的工作原理

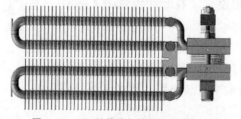

图 6-3-27　热管冷却的整体组装形式

(a) 侧视图　　　　　　　　　　(b) 俯视图

图 6-3-28　整体组装的一种结构形式

（七）其他有关问题的分析

1. 多个晶闸管整流桥的串联和并联运行

针对大中型发电机，有时单支路整流桥的额定输入电压或额定输出电流不能满足运行的要求，往往需要将多个单支路整流桥进行串联或并联使用。励磁系统中励磁变二次额定电压一般不高于 1 500 V，目前单只晶闸管的反向重复峰值电压完全可以适应这一电压水平，因此，通常不存在整流桥的串联问题。但是，发电机的励磁电流较大，比如百万千瓦级汽轮发电机的负载额定励磁电流可高达 6 000 A 以上，此时晶闸管的通态平均电流已难以满足发电机的运行要求，通常需要将多个支路整流桥进行并联使用。因此，以下也是主要针对并联的情况进行讨论的。

（1）整流装置的均流性能分析

标准 DL/T 583 给出了评价多支路整流桥并联构成的晶闸管整流装置的均流性能的考核指标——均流系数，具体定义为，指并联运行各支路电流平均值与支路最大电流之比，可表示为

$$K_A = \frac{\sum\limits_{i=1}^{N} I_i}{N I_{max}}$$

式中：$\dfrac{\sum\limits_{i=1}^{N} I_i}{N}$ ——N 支路并联整流桥输出电流平均值，A；

I_{max} ——N 支路并联整流桥中的最大输出电流，A。

关于该系数，有以下两点需予以说明：

① 该系数用承担负荷最重的那一支路整流桥来表征晶闸管整流装置多桥并联运行时的整体均流性能，但反映不出整流桥内晶闸管之间的均流性能，因此，是一外特性参数。

② 发电机的运行工况［如所带负荷的性质（感性或容性）和大小］、整流装置中并联支路的实际投入数目等因素，均会影响到该系数的大小。

晶闸管整流桥并联运行时，导致均流性能不好的原因，主要是由于整流桥之间的触发信号不一致和电气距离（或阻抗）不相等两个因素引起，具体表现为：

① 晶闸管触发电路工作特性、触发回路导线长度等不一致。

② 整流装置所选用的器件，其之间实际工作特性或参数存在差异。

③ 整流装置交流母线法兰至直流母线法兰之间的导体与导体、导体与器件、器件与器件之间的连接或压接情况不同，导致对应位置上的（总）接触电阻不一致。

④ 整流装置交流母线法兰至各整流桥交流进线处、直流母线法兰至各整流桥直流出线处,对应位置上的导体长度不一致。以两支路并联整流桥为例,如图6-3-29所示,其中图(a)接线合理,图(b)不合理。

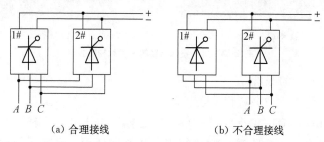

(a) 合理接线　　　　　　　　　(b) 不合理接线

图6-3-29　整流装置交(直)流母线的进(出)线位置图

相应地,解决整流装置均流性能不好的措施也有多种。目前,工程上比较常用的均流措施主要有以下几种,分别为:

① 选择参数实际值尽可能接近的器件和导体。

② 尽量保持整流装置交流母线法兰至每一整流桥交流进线处、直流母线法兰至每一整流桥直流出线处之间导体长度的一致。

③ 紧固整流装置交流母线法兰至直流母线法兰之间导体与导体、导体与器件、器件与器件之间的连接或压接,并保持力矩一致。

④ 加装磁环。针对输出电流最大的整流桥支路,在其交流侧加装磁环,以增加回路阻抗来平衡整流桥之间回路阻抗的差异。

⑤ 脉冲移相。针对输出电流最小(或最大)的整流桥,可通过手动或自动的方式减小(或增大)触发角度,来改变其输出电压的大小,以改变整流电路的外特性,从而实现调整整流桥之间输出电流大小的目的,这就是所谓的脉冲移相。关于脉冲移相的具体实现过程,以两支路并联整流桥为例,如图6-3-30(a)所示,并假定$I_1 < I_2$,相应的等值电路,如图6-3-30(b)所示。具体调整过程为:在保持2♯整流桥触发角度不变的条件下,可通过减小1♯整流桥触发角度来增大其输出电压U_{d1},以减少两桥之间的环流ΔI,从而使得两桥的输出电流I_1和I_2趋于相等。当然,在保持1♯整流桥运行不变的情况下,也可通过增大2♯整流桥触发角度来达到同样的效果。而自动方式下的脉冲移相,目前,工程上习惯称之为智能均流。

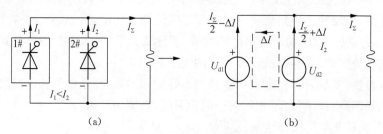

(a)　　　　　　　　　　　　　　(b)

图6-3-30　脉冲移相改善并联整流桥均流问题的工作原理

关于脉冲移相,需要特别指出的是,当并联整流桥均流性能不好时,在并非由触发回路不一致所引起时,该措施只是掩盖了整流桥之间电气距离(或阻抗)不相等导致的整流桥之间均流性能不好的表象,实则并未从根本上消除造成均流问题的"源",尤其是在并联整流桥均流系数偏低情况下,该措施不推荐使用。

(2) 晶闸管整流装置容量校验计算

多支路整流桥并联使用时,要对整流装置的容量进行校验,具体包括每支路整流桥的出力、所选用晶闸管的结温等参量计算,以确保是否满足发电机的运行要求。为说明问题,举一简单示例如下:

已知某一额定容量 1 000 MW 的汽轮发电机,负载额定励磁电流 $I_{fN}=6\ 141$ A,自并励静止励磁系统;晶闸管整流装置由 5 支整流桥并联组成,每支整流桥的标称额定输出电流为 3 000 A,晶闸管最大允许结温为 110 ℃,晶闸管和散热器的型号分别为 5STP28L4200 和 XF－88C(截断长度 $L=300$ mm)。整流装置"$N-1$"配置,并应满足 $1.1I_{fN}$ 时长期连续运行和 $2I_{fN}$ 时短时 20 s 强励运行的要求,均流系数为 0.9。

整流装置容量的校验,具体计算过程如下:

① 当 5 支整流桥并联运行时,负荷最重的整流桥支路实际输出电流 I_{d5} 为

$$1.1I_{fN}连续运行工况:I_{d5}=\frac{1.1I_{fN}}{5K_A}=\frac{1.1\times6\ 141}{5\times0.9}=1\ 501\ \text{A}<3\ 000\ \text{A(额定值)}$$

$$2I_{fN}短时运行工况:I_{d5}=\frac{2I_{fN}}{5K_A}=\frac{2\times6\ 141}{5\times0.9}=2\ 729\ \text{A}<3\ 000\ \text{A(额定值)}$$

此时,在强励工况下,忽略晶闸管的开关损耗,由式(6-3-4)和图 6-3-12,可得出单只晶闸管的耗散功率 $P_T=1\ 500$ W。再结合式(6-3-23)~式(6-3-25)和图 6-3-17,取 $R_{thc}=0.001\ 5$ K/W,即可求得发电机强励时的晶闸管结温为 69 ℃。显然,低于设计时的最大允许结温 110 ℃,满足发电机的强励运行要求。具体计算过程,从略。

② 当退出 1 支整流桥,余下 4 支整流桥并联运行时,负荷最重的整流桥支路实际输出电流 I_{d4} 为

$$1.1I_{fN}连续运行工况:I_{d4}=\frac{1.1I_{fN}}{4K_A}=\frac{1.1\times6\ 141}{4\times0.9}=1\ 876\ \text{A}<3\ 000\ \text{A(额定值)}$$

$$2I_{fN}短时运行工况:I_{d4}=\frac{2I_{fN}}{4K_A}=\frac{2\times6\ 141}{4\times0.9}=3\ 412\ \text{A}>3\ 000\ \text{A(额定值)}$$

可见,整流装置已不能满足发电机的强励运行要求。

2. 晶闸管的触发电路

晶闸管触发电路是晶闸管整流装置与调节器之间的接口,其作用是将调节器送来的控制信号,转换为晶闸管门极和阴极之间的触发信号,使晶闸管由阻断态转为导通态。广义上讲,晶闸管触发电路应包括脉冲移相、放大和输出电路 3 部分,这里仅指输出电路部分,对微机型励磁调节器,脉冲移相和放大通常集成到了调节器内,在本章第五节会谈到这部分的内容,此处从略。

有关触发电路的硬件设计,可参阅相关文献。以下主要就设计应注意的几点问题,作一简单说明,具体为:

① 触发脉冲应有足够的宽度、幅度和前沿陡度,以保证晶闸管的可靠导通。

② 所提供的触发脉冲应不超过晶闸管门极的电压、电流和功率定额,且在门极伏安特性的可靠触发区域以内。

③ 触发电路应具有动态响应快、抗干扰能力强和温度稳定性好等性能。此外,还应满足输出端绝缘强度不低于主回路、输入端与主电路进行电气隔离等要求。其中,电气隔离措施有磁隔离和光隔离两种,磁隔离的元件为脉冲变压器,由于磁隔离容易实现和技术成熟,因此在工程上应用最为广泛。相比而言,光隔离实现较为复杂,但由于具有良好的抗干扰性能,在工程上也有小范围的应用。

图 6-3-31 为南瑞集团有限公司生产的触发电路。其中,图(a)和(b)分别为不可调式和手动可调式。

理想的触发脉冲电流波形,如图 6-3-32 所示。

以 ABB 公司生产的 5STP28L4200 型晶闸管为例,所推荐的触发脉冲波形,如图 6-3-33 所示。

(a) 不可调式

(b) 手动可调式

图 6-3-31　晶闸管触发电路

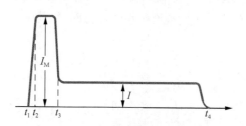

图 6-3-32　理想的触发脉冲电流波形

图 6-3-32 中:$t_1 \sim t_2$ 为脉冲前沿上升时间($<1~\mu s$);$t_1 \sim t_3$ 为强脉冲宽度;$t_1 \sim t_4$ 为脉冲宽度;I_M 为强脉冲幅值;I 为脉冲平顶幅值。

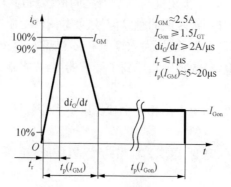

图 6-3-33　5STP28L4200 型晶闸管推荐门极触发电流波形

3. 散热器的材料选择及表面颜色对散热性能的影响

从材料的导热性能看,银最好,铜、铝次之。银的价格相对昂贵,不适宜大量使用。铜的导热性比铝好,但铜的重量(或密度)比铝大,并且加工成形性差,仅适合制作简单的形状。铝的导热性良好、重量轻、价格便宜及耐腐蚀,并可制成各种复杂的形状,因此被业内认为是制作散热器的最佳材料,其中6063铝合金是制作型材散热器的首选材料。

散热器的表面颜色通常制成银白色(铝本色)、黑色、金黄色以及其他鲜艳颜色。在自然对流条件下,由于黑色的热辐射能力最强,因此黑色的散热器比银白色的散热能力强;其他颜色,对增加散热器散热能力的作用不明显,仅对表面起到保护的作用。在强迫冷却(如风冷)条件下,表面颜色对散热器散热性能的影响可忽略不计,此时一般制成银白色(铝本色)。

4. 环境条件对整流装置设计的影响

整流装置在设计时,还应注意考虑装置安装处海拔、湿度、污秽、振动和腐蚀等因素的影响。对已定型的整流装置(海拔按不高于1 000 m设计),海拔对装置额定输出电流的影响,可按每增加1 000 m,额定输出电流降低8%来修正[27]。应当指出,包括后面要谈到的灭磁装置及过电压保护、调节器、母线导体等设备在设计选型时,以上环境条件也是必须要考虑的。

第四节　灭磁装置及过电压保护

灭磁装置及过电压保护是同步发电机励磁系统中不可或缺的一部分。其中,灭磁是实现同步发电机正常或在其内部和定、转子两端发生短路、接地,以及励磁系统失控误强励等故障时,尽快切断励磁源,并将储存在励磁绕组中的磁场能,快速地消耗在灭磁回路的耗能元件中的一个过程。此外,灭磁是发电机内部短路时限制故障扩大的唯一手段。

一、灭磁系统基本理论

发电机灭磁时,最简单的灭磁方法就是跳开提供励磁电流回路中的断路器,但由于回路有很大的电感,会在励磁绕组两端产生很高的过电压,可能造成绕组绝缘的破坏,因此,还应在励磁绕组回路中投入放电电阻或其他产生相反电动势的元件等,以达到励磁电流的快速衰减和抑制过电压的目的。完成这一任务的设备称之为灭磁装置或灭磁系统。

(一)灭磁方法的分类及原理介绍

鉴于灭磁的重要性,世界各国对灭磁进行了长期并深入的研究,产生了很多的灭磁方法,内容极为丰富[27,28,44]。但归纳起来,依据励磁绕组磁场能最终是否消耗在磁场断路器内,可分为耗能型和移能型2大类,而每一类下又有多种具体实现方式,见表6-4-1所示。

表 6-4-1　灭磁方法的分类

分类依据及主要方式			主要构成元件	说明
耗能型	依据磁场断路器接入励磁绕组回路的方式	串联式	短弧灭弧栅式直流断路器	称为灭弧栅灭磁,由苏联学者提出。其中,串联式在我国曾有过较普遍的应用。但由于在励磁电流很小时不能很快断弧等原因,目前已淘汰使用。
		并联式		
移能型[(1)]	依据磁场断路器的设置位置	整流装置直流侧 — 对电阻放电式	有放电触头的直流断路器和放电电阻	1. 称为直流灭磁,由国外学者提出。除表中所列 3 种方式外,还有励磁机反接、离子励磁机反接等灭磁方式,详见参考文献[44]。2. 放电电阻,又称灭磁电阻或耗能电阻,有线性和非线性之分。其投入开关,有电子式和机械式两种。下同。
			直流断路器、放电电阻及其投入用开关	
			直流断路器和放电电阻	
			交流断路器、放电电阻及其投入用开关	
		对电容放电式	直流断路器和放电电容	
		对动态电容放电式	直流断路器和他励直流电动机	
		整流装置交流侧 — 对电阻放电式	交流断路器、放电电阻及其投入用开关	称为交流灭磁,由意大利学者提出。
		整流装置交、直流侧 — 对电阻放电式	交流断路器、直流断路器、放电电阻及其投入用开关	称为交直流灭磁,由我国学者提出。由于交、直流磁场断路器均能够独自承担灭磁任务,因此又称为冗余灭磁。

注[(1)]:此外,移能型灭磁还可依据灭磁装置主要构成元件进行分类,如以灭磁电阻为例,可分为线性电阻灭磁和非线性电阻灭磁两种。

以下主要对上表中曾经和目前在工程上普遍应用的灭弧栅灭磁、对电阻放电的直流灭磁和交流灭磁 3 种方式,加以比较和解释说明。为便于分析,假定发电机空载。

1. 灭弧栅灭磁

试验证明,虽然电流在较大的范围内变化,但金属电极间(长度为 2～3 mm)短弧上的电压实际上保持常数[44]。图 6-4-1 示出了电流从很小的数值变化到 24 kA 时,短弧上的电压仍保持为 25～30 V。这一试验结果表明,等效电弧电阻具有随电流增大而减小的非线性特性。这就是灭弧栅灭磁的理论基础,即利用电弧来灭磁。

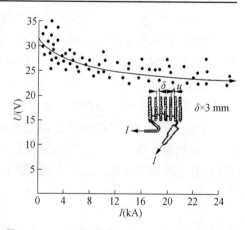

图 6-4-1　灭弧栅栅片间电压和电流的关系曲线

　　串联式和并联式灭弧栅灭磁系统的接线图,分别如图6-4-2(a)和(b)所示。以串联式为例,发电机正常运行时,主触头1闭合,与灭弧栅并联的放电触头2打开,直流电源馈电给励磁绕组。灭磁时,在主触头1打开之前,放电触头2先闭合。随后主触头1打开,经过极短延时后,放电触头2也打开,于是放电触头2上就产生电弧,横向磁场将该电弧吹入灭弧栅3的金属栅片中,从而实现了串联灭弧栅回路的接入。由于电弧被分割成许多短弧,因此灭弧栅上的电压保持恒定。灭弧栅灭磁正是利用短弧特性,将弧电阻作为放电电阻进行灭磁的。图(b)所示的并联式具有上述相同的灭磁过程,但为防止灭磁失败时将直流电源直流侧给短路,通常在灭弧栅回路中串接一限流电阻R。

　　灭弧栅灭磁的主要优点是接近理想灭磁(有关理想灭磁的讨论,留在后面进行),但明显缺点是由于靠自身的栅片来吸收磁场能,故导致栅片烧损严重,维护工作量大,不适应频繁动作和满足大中型发电机灭磁的需要等问题,目前已淘汰使用。应当指出,除上述的采用金属灭弧栅的短弧灭磁原理外。在实际工程中,还有一种采用绝缘灭弧栅的长弧灭磁原理。

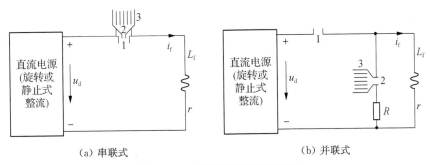

图6-4-2　灭弧栅灭磁系统接线图

2. 对电阻放电的直流灭磁

　　基于耗能型灭磁的上述缺点,目前国内外广泛采用的是移能型灭磁,主要是对电阻放电式,即在灭磁时将励磁电流(或磁场能)迅速转移到放电电阻中进行衰减(或消耗),而磁场断路器本身基本不吸收磁场能。以下首先对电阻放电的直流灭磁进行介绍。

　　该灭磁方式依据放电电阻的伏安特性,可分为线性电阻灭磁和非线性电阻灭磁两种,其原理接线如图6-4-3所示。图中FMK、R和S分别为磁场断路器、灭磁电阻及其投入用开关。依据设计习惯不同,FMK也有接于正极的情况,但两者的灭磁过程无本质的区别。若无特殊说明,后面均按接在负极情况进行讨论。

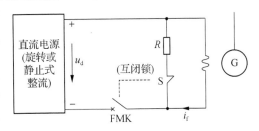

图6-4-3　电阻放电式直流灭磁系统接线图

　　对电阻放电的直流灭磁系统,依据灭磁主要构成元件的不同选择,可有多种具体接线形式。限于篇幅,下面仅对其中应用最为广泛的2种情况进行介绍。由于SiC电阻的伏安特性相比ZnO电阻通常偏软,为便于分析,将SiC与线性电阻放一起讨论。

（1）直流磁场断路器及线性或 SiC 电阻灭磁

以自并励静止励磁系统为例，该灭磁方案的原理接线，如图 6-4-4 所示。图中开关 S 可为直流磁场断路器的放电触头（若有）、电子开关（晶闸管）或机械开关，也可冗余设置；LB 为励磁变。

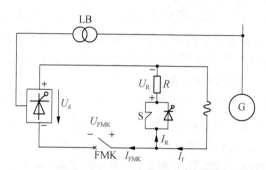

图 6-4-4　直流磁场断路器及线性或 SiC 电阻灭磁方案接线图

发电机正常运行时，FMK 闭合，S 打开。故障时，继电保护启动 FMK 跳闸并灭磁。灭磁时采取切脉冲措施，并认为整流装置输出电压波形在正半波。为简化分析，以开关 S 选为 FMK 的常闭辅助触头或机械开关为例。在 FMK 主触头分离前，先闭合 S，使灭磁电阻 R 与发电机励磁绕组并联，之后，灭磁过程中各量的变化情况，如图 6-4-5（a）所示。R 投入后，两端的电压为 $U_R = U_{FMK} - U_d$。在 FMK 主触头分离前（即 $t < 0^-$），其弧压 $U_{FMK} = 0$，$U_R = -U_d$，U_R 和 I_R 与图示方向相反。显然，流过 FMK 主触头的电流增加了 I_R 量。至 FMK 主触头开始分离，弧压 U_{FMK} 开始出现（$U_{FMK} \neq 0$），反方向的 U_R、I_R 及相应的 I_{FMK} 开始减小，也就是说，FMK 分离瞬间（即 $t = 0^+$），I_{FMK} 有最大值，此时的励磁电流称为灭磁开始时的励磁电流，记为 $I_{f(0)}$。在 FMK 分离后（即 $t > 0^+$），反方向的 U_R 和 I_R 随着弧压 U_{FMK} 的升高而减小，至 t_1 时刻，U_R 和 I_R 均为 0，$I_{FMK} = I_{f(0)}$。之后，随着弧压 U_{FMK} 的继续升高，U_R 和 I_R 变为正方向（即图示方向），并逐渐增大。由于 FMK 分断燃弧时间远小于发电机转子时间常数，因此，在燃弧分断期间可认为励磁电流不变。这样 I_{FMK} 随之减少，$I_{f(0)}$ 也逐渐由完全流经整流装置转移到灭磁电阻回路中。随着弧压 U_{FMK} 继续升高，I_R 继续增大，相应地 I_{FMK} 减少。直至 t_2 时刻，$I_R = I_{f(0)}$，$I_{FMK} = 0$，电流转移完成。FMK 主触头熄弧分断，实现励磁绕组与整流装置的断开，与灭磁电阻 R 形成了闭合回路。之后，励磁绕组中储存的磁场能在闭合回路中的电阻（主要是灭磁电阻 R）上快速消耗，转化为热能，直至 I_f 衰减到（或接近）0，即 t_3 时刻，灭磁结束。

为降低对磁场断路器弧压的要求，灭磁时也可采取先投逆变再切脉冲的措施。相应地，灭磁过程中各量的变化情况，如图 6-4-5（b）所示，具体分析过程，留给读者自行完成。

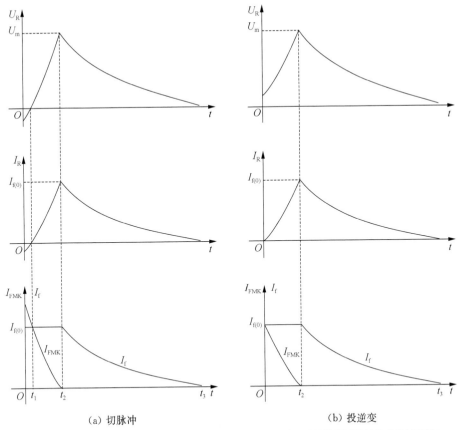

（a）切脉冲　　　　　　　　　　　　（b）投逆变

图 6 - 4 - 5　直流磁场断路器及线性或 SiC 电阻灭磁过程分析（采用常闭辅助触头或机械开关）

灭磁启动后,在磁场断路器主触头分离前,为防止励磁绕组两端产生过电压,并保证励磁电流向灭磁电阻回路的转移,通常的做法是通过磁场断路器的机械设计,在主触头分离前,常闭辅助触头最先动作闭合,投入灭磁电阻,或设置灭磁电阻投入用开关,可为电子式或机械式。在开关选为机械开关时,灭磁启动时,应先发机械开关合闸令,极短延时后,待灭磁电阻投入后,再给出磁场断路器跳闸令。在选为电子开关时,由于其合闸时间通常远小于磁场断路器的分闸时间,因此,电子开关投入令和磁场断路器跳闸令可同时发出。

另外,由前面分析可知,在 FMK 主触头分离前,即 $t<0^-$,流过 FMK 主触头的电流增加了 I_R 量。若在误强励下灭磁,这一增量会更明显。因此,为改善磁场断路器的分断条件,此时可考虑在灭磁电阻 R 回路中再增加反向串联二极管的措施[28]。显然,在用晶闸管式电子开关时,则不需要。

（2）直流磁场断路器及 ZnO 电阻灭磁

以自并励静止励磁系统为例,该灭磁方案的原理接线,如图 6 - 4 - 6 所示。图中开关 S 可为直流磁场断路器的放电触头(若有)、电子开关(可为晶闸管或二极管)或机械开关,也可冗余设置。与图 6 - 4 - 4 具有相同的接线形式。

同样情况,发电机正常运行时,FMK 主触头闭合,S 处于断开状态。故障灭磁时,继电保护启动 FMK 跳闸。以开关 S 选为电子开关为例,灭磁过程中各量的变化情况,如

图 6-4-7 所示。以灭磁时切脉冲为例,ZnO 电阻 R 投入后,有 $U_R = U_{FMK} - U_d$。在 FMK 主触头分离前 $(t < 0^-)$,$U_{FMK} = 0$,$U_R = -U_d$,$I_R = 0$;主触头分离后 $(t > 0^+)$,弧压出现,$U_{FMK} \neq 0$。随着 U_{FMK} 的升高,U_R 逐渐减小至 0,并开始反向(即图示方向)增加。在 U_R 达到 ZnO 压敏电压前,可认为 $I_R = 0$,$I_{FMK} = I_{f(0)}$。至 t_1 时刻,U_R 上升至 ZnO 的压敏电压,ZnO 导通,I_R 开始增加,I_{FMK} 相应地减少。至 t_2 时刻,励磁电流完全由整流装置回路转移到 ZnO 电阻回路,$I_R = I_{f(0)}$,$I_{FMK} = 0$。之后,励磁绕组的磁场能在灭磁电阻回路中快速消耗。至 t_3 时刻,励磁电流衰减到 0,灭磁结束。

应当指出,图 6-4-6 所示电路中,在 ZnO 电阻荷电率小于一定值(如 50%)时,可省略其投入用开关,而将 ZnO 电阻直接与励磁绕组并联起来。

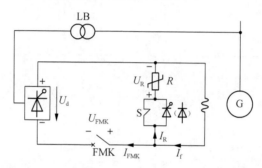

图 6-4-6 直流磁场断路器及 ZnO 电阻灭磁方案接线图

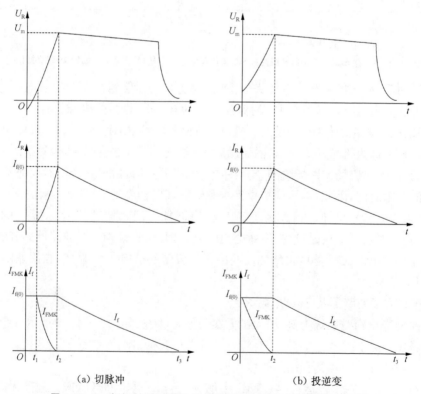

(a) 切脉冲 　　　　　　　　　(b) 投逆变

图 6-4-7 直流磁场断路器及 ZnO 电阻灭磁过程分析(采用电子开关)

上述对电阻放电的直流灭磁分析中,直流磁场断路器按选用的是直流断路器考虑的。实际上,还有一种采用常规中低压交流断路器的情况[27],此时通常将断路器的多个主触头断口串联起来使用。以3极交流断路器及ZnO电阻灭磁为例,其原理接线如图6-4-8所示。断路器分断过程中产生的弧压U_{FMK}近似等于3个断口弧压之和。当然,有时为获得更高的弧压,也可选用4极断路器。灭磁过程的分析,同上,此处从略。

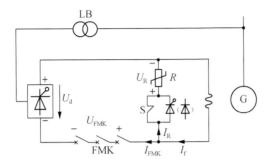

图6-4-8 常规3极交流断路器及ZnO电阻灭磁方案接线图

此外,除上述3种最常见直流灭磁方式外,还有一种接线形式,如图6-4-9所示。图中OVP为转子过电压保护单元。正常运行时,FMK在合闸位置。故障灭磁时,同时发出FMK分闸令和整流装置逆变令,在FMK分断期间,产生的弧压U_{FMK}直接施加于灭磁电阻R两端,随着U_{FMK}升高,弧电阻的增大,励磁电流逐渐转移到灭磁电阻R支路中。FMK在流过电流为零时,弧熄分断。

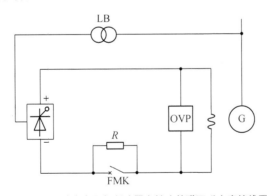

图6-4-9 放电电阻与断路器主触头并联灭磁方案接线图

3. 交流灭磁

相比对电阻放电的直流灭磁,在交流灭磁接线中磁场断路器放在整流装置交流侧,多用于自并励静止励磁系统中,其原理接线,如图6-4-10所示。图中QF、R和S分别为交流断路器、灭磁电阻及投入用开关。其中,灭磁电阻多采用非线性电阻(SiC或ZnO),也可用线性电阻;开关S多为电子开关,也可为机械开关,或冗余配置。

发电机正常运行时,QF主触头闭合,S处于断开状态。故障灭磁时,继电保护启动QF跳闸。同样情况,灭磁电阻R应在交流断路器分闸前投入。以S为电子开关,R为氧化锌为例,由于电子开关S的闭合时间远小于交流断路器的分断时间,因此,灭磁启动时,S闭合令、QF跳闸令和切脉冲令可同时给出。

由第三章对三相桥式全控整流电路的分析可知,除换相期间,其他时间交流侧总有一相电流为0。以脉冲切除瞬间,VT_1和VT_6导通为例,此时的灭磁等效电路,如图6-4-11所示。由于C相电流为0,故交流断路器C相将首相分断,而A、B两相断口将出现弧压。在励磁绕组两端的反向电压高于ZnO压敏电压时,即满足

$$U_2 + U_{QF} \geqslant U_{10\,mA} \tag{6-4-1}$$

条件下,则励磁电流开始从整流装置转移至灭磁电阻回路。式中U_{QF}为交流断路器A、B两相断口弧压之和,即$U_{QF} = U_{QF(A)} + U_{Q(B)}$。随着弧压$U_{QF}$的上升,流过ZnO电阻支路的电流$I_R$相应地增加,$I_{QF}$减少。其后,与对电阻放电的直流灭磁具有相同的工作过程,此处从略。很明显,在线电压U_2处于负半波时,也有利于励磁电流的转移。

从以上分析也可看出,交流灭磁是利用脉冲切除后,首相先分断,在已导通的两相续流作用下,将励磁电流从整流装置转移至ZnO电阻回路的,因此,交流灭磁系统仅适用于三相桥式全控整流电路中。另外,相比直流灭磁,交流灭磁的最大缺点是在交流断路器QF至励磁绕组正负极之间发生短路时,不能实现快速灭磁。

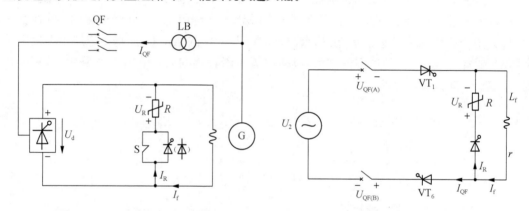

图6-4-10 交流灭磁系统接线图   图6-4-11 脉冲切除后的交流灭磁系统等效电路

最后,应当指出,上述灭磁方式在应用时,应注意以下三点问题:

(1)以上灭磁方式主要应用于电气故障(如机端三相短路)时的灭磁,而在非电气故障(如发生水力机械故障)和正常停机时,为减少灭磁装置的动作次数,延长其使用寿命,建议采用逆变或切脉冲的灭磁方式,有关逆变的工作原理,详见第三章第二节,不再重述。后面若无特殊说明外,所说灭磁均指前者。

(2)在灭磁启动时,无论是采取切脉冲,还是先投逆变后的再切脉冲,均应注意灭磁电阻投入和磁场断路器(FMK或QF)分断,在时间上的配合,或灭磁电阻投入令的时效性。亦或者说,应避免灭磁电阻投入令已失效,磁场断路器还在分断过程中,励磁电流未能实现向灭磁电阻回路的转移,以产生很高的过电压和磁场断路器主触头的烧损。当然,切脉冲的方式可通过软件和(或)硬件的手段来实现。

(3)上述的灭磁方式,实际上仅是衰减发电机的直(d)轴磁场电流,亦或说,励磁电流的快速衰减并不意味着气隙磁通也以同样的速度进行衰减,实际上仅对气隙磁通的直(d)轴分

量产生影响,而交(q)轴分量的衰减取决于交(q)轴回路中的电抗和电阻。

另外,随着发电机运行方式的不同,气隙磁通的直(d)轴分量可在相当大的范围内变化。以某一 400 MVA 汽轮发电机为例[27],如表 6-4-2 所示。可见,在发电机空载时,仅存在直(d)轴分量,交(q)轴分量为零。当发电机负载运行时,随着功率因数的增加,直(d)轴分量逐渐降低,而交(q)轴分量逐渐增加。在功率因数等于 1 时,直(d)轴分量小于交(q)轴分量。

以上结论,结合第二章第二节对同步发电机数学模型的分析,是不难理解的。

表 6-4-2 不同运行方式下的 d、q 轴磁通量

参量	空载	负载	
		$\cos\varphi=0.75$	$\cos\varphi=1$
定子电流(%)	0	100	75
气隙磁通(%,$\Phi_\delta=\sqrt{\Phi_d^2+\Phi_q^2}$)	100	100	100
气隙磁通直轴分量(%,Φ_d)	100	82	48
气隙磁通交轴分量(%,Φ_q)	0	57	87

(二)理想的灭磁条件

为实现对上述的各种灭磁方法进行评价,首先应确定理想的灭磁条件,从而就可根据它们接近理想条件的程度来评价[44]。而理想的灭磁条件应该是灭磁时间尽可能短,同时励磁绕组两端的电压不超过绕组绝缘耐压的最高容许值。结合前面分析可知,这一理想条件,意味着磁场断路器在分断瞬间($t=0^+$)即产生足够高的弧压,并实现了励磁电流向灭磁电阻回路的完全转移,同时励磁绕组两端出现的反向电压保持恒定,也未超过绕组绝缘耐压容许值。以对电阻放电的直流灭磁系统(图 6-4-3)为例,则相应的灭磁方程为

$$\left.\begin{array}{c} L_f \dfrac{\mathrm{d}i_f}{\mathrm{d}t}+Ri_f=0 \\[2mm] Ri_f=U_m \end{array}\right\} \tag{6-4-2}$$

式中:U_m——励磁绕组绝缘耐压容许值,并记为 $U_m=kU_{fN}$。有关系数 k 的取值,留在后面"灭磁装置设计"中讨论。

对上式求解,可得

$$i_f=I_{f(0)}-\frac{U_m}{L_f}t \tag{6-4-3}$$

图 6-4-12 示出了理想灭磁条件下励磁电流和励磁绕组两端的反向电压随时间的变化曲线。

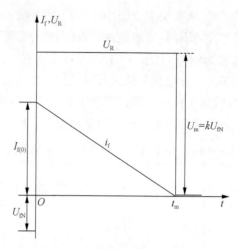

图 6-4-12 理想条件下灭磁过程分析

可见，励磁电流按直线的规律进行衰减，经一定时间后衰减至 0，相应的灭磁时间 t_m 为

$$t_m = I_{f(0)} \frac{L_f}{U_m} \qquad (6-4-4)$$

为补偿灭磁方程式（6-4-2）对励磁绕组电阻 r 的忽略，取 $I_{f(0)} = \dfrac{U_m}{R+r}$。将该关系式代入式（6-4-4），并利用 $\dfrac{U_m}{U_{fN}} = \dfrac{RI_{f(0)}}{rI_{f(0)}} = k$，则有

$$t_m = \frac{T'_{d0}}{k+1} \qquad (6-4-5)$$

可以看出，灭磁时间与灭磁过程中励磁绕组两端的反向过电压成反比。若取 $k=5$，则相应的灭磁时间 $t_m = 0.167 T'_{d0}$。

同理，由于磁场断路器的分断过程较短，在简化分析计算时，可忽略此过程，由此可以得出上述几种灭磁系统的灭磁时间，见表 6-4-3 所示。

表 6-4-3　几种常见灭磁系统的灭磁时间

序号	灭磁方式		灭磁时间		说明
			计算式	$k=5$	
1	理想灭磁条件		$t_m = \dfrac{T'_{d0}}{k+1}$	$t_m = 0.167 T'_{d0}$	
2	灭弧栅灭磁	并联式	$t_m = T'_{d0} \ln \dfrac{k+1}{k}$	$t_m = 0.18 T'_{d0}$	
3	交（或直）流灭磁	非线性电阻灭磁	$t_m = \dfrac{1.5}{k+1} T'_{d0}$	$t_m = 0.25 T'_{d0}$	非线性系数取 0.33
		线性电阻灭磁	$t_m = \dfrac{4.6}{k+1} T'_{d0}$	$t_m = 0.77 T'_{d0}$	发电机额定端电压取 20 kV

（三）磁路饱和与阻尼绕组对灭磁的影响

在上述灭磁分析中,均忽略了励磁绕组回路中的磁路饱和与阻尼绕组的影响,以下分别就两者对灭磁的影响作一简单分析[44]。

在不计磁路饱和(即 L_f 为常数)时所得的以上关系式,已不适用于磁路饱和时的灭磁。尤其在强行励磁时,磁路饱和的影响尤为严重,此时励磁绕组的电感可能会减小到正常时的十到二十几分之一,具体大小与强励倍数有关。因此,在灭磁的开始阶段,电流的衰减速度要比不考虑磁路饱和时快得多,但在灭磁的后一阶段,随着磁路饱和程度的变浅,电流衰减开始变慢,甚至会低于不计饱和时的情况。计算分析表明,在考虑饱和与不考虑饱和条件下,仅是电流的衰减情况不同而已,但总的灭磁时间相差并不是很多。

阻尼绕组对灭磁过程的影响,主要体现在两个方面,一方面是励磁绕组的一部分磁场能传递给阻尼绕组,这当然是有利于灭磁的。此外,对减小励磁绕组在灭磁开始时的过电压也有一定的作用。另一方面,阻尼绕组的存在又带来了增大灭磁系统的时间常数和加长灭磁时间的不利影响。没有阻尼绕组时,灭磁过程与变压器开路时的过渡过程相似,而有阻尼绕组时,与变压器短路时相似。因此,有阻尼绕组时,灭磁系统的灭磁时间常数近似为

$$T \approx T_1 + T_D \tag{6-4-6}$$

式中: T_1 和 T_D 分别为励磁绕组放电回路和阻尼绕组回路的时间常数,计算式分别为

$$\left.\begin{array}{l} T_1 = \dfrac{L_f}{R+r} \\[3mm] T_D = \dfrac{L_D}{R_D} \end{array}\right\}$$

由于阻尼绕组的时间常数一般比励磁绕组放电回路时间常数小得多,因此,阻尼绕组并不使灭磁时间增加很多。

（四）灭磁系统的模型

灭磁是事故时保护发电机的重要手段,其重要性是不言而喻的。通过仿真计算对灭磁系统进行合理设计,是保证发电机及励磁系统安全运行的推荐方法。为方便仿真计算,以下主要就上述的对电阻放电的直流灭磁系统模型进行介绍。

实际上,在灭磁正常情况下,相比整个灭磁过程而言,移能型磁场断路器的断流分断时间(即前述的时间 t_2)极短。此期间,磁场断路器所在回路吸收的磁场能也很小,可忽略这一过程。由此可得灭磁系统的数学模型为

线性灭磁电阻:

$$U_R = RI_R \tag{6-4-7}$$

非线性灭磁电阻:

$$U_R = CI_R^\beta \tag{6-4-8}$$

式中: β 和 C 分别为非线性电阻的非线性系数和常数。

若将灭磁电阻归并到励磁绕组电阻 r 中,并结合关系式 $U_R = U_f$ 和 $I_R = I_f$,则以上两种

情况可统一写为

$$
\left.\begin{array}{l}
U_f = 0 \\
\sum r = R + r
\end{array}\right\} \qquad (6-4-9)
$$

式中:

$$
R = R \quad 或 \quad CI_f^{\beta-1} \qquad (t > 0^+)
$$

这样,相当于对发电机模型添加了上式的约束条件。该模型可用于灭磁装置主要构成元件参数选择的简化计算中。

(五) 有关压敏电阻的介绍

压敏电阻和断路器是灭磁装置的主要构成元件。以下首先对压敏电阻的相关内容进行简单介绍,而断路器留在后面"灭磁装置设计"中进行说明。

压敏电阻是半导体非线性电阻元件(或半导体陶瓷元件)家族成员中的一员,除此之外,还有对温度敏感的热敏电阻(PTC 和 NTC),以及各种湿敏、气敏、光敏、磁敏和力敏等元件。其中,由于压敏电阻是一种电阻值随着外加电压敏感变化的元件,如图 6-4-13 所示,因此,被广泛应用于异常情况下可能出现各种瞬态过电压的抑制和浪涌能量的吸收电路中。

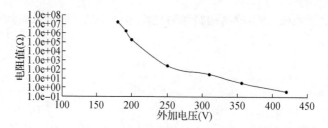

图 6-4-13　压敏电阻电阻值与外加电压的关系曲线

根据用途或特征,压敏电阻可分为多个类型,如表 6-4-4 所示(引自 SJ/T 11167-1998《敏感元器件及传感器型号命名方法》)。而依据工作性能,又可分为高压型和高能型两个常见大类,相应的主要特点如表 6-4-5 所示。

表 6-4-4　压敏电阻的分类(依据用途或特征)

符号	意义	符号	意义	符号	意义
M	敏感元件	Y	压敏电阻	G	过压保护型
				L	防雷型
				Z	消噪型
				N	高能型
				F	复合功能型
				U	组合型
				S	指示型

表 6 - 4 - 5　压敏电阻的分类（依据工作性能）

序号	类型	主要特点
1	高压型	对窄脉宽的过电压和浪涌有着理想的防护能力,如避雷器
2	高能型	对承受长脉宽浪涌能力强。常用于吸收发电机在灭磁及过电压保护过程中的磁场能和瞬时过电压。该类压敏电阻习惯上表示为 MYN,各字母含义见表 6 - 4 - 4 所示

在压敏电阻发展史上,出现过多种具体形式的压敏电阻器,也就是说,除 ZnO 和 SiC(俗称金刚砂)之外,还有过齐纳二极管、硒堆和氧化锡等。但由于多方面的原因,目前已在发电机灭磁及过电压保护中很少采用。以下主要对其中被广泛使用的高能型 ZnO 和 SiC 两类压敏电阻进行介绍。

ZnO 和 SiC 两者的伏安特性相差较大,如图 6 - 4 - 14 所示。相应的伏安特性方程,如式(6 - 4 - 8)所示,有时也常表示为如下形式

$$I = CU^{\beta} \tag{6-4-10}$$

很明显,当 $\alpha = 1$ 时(或 $\beta = 1$),为线性电阻;当 $\alpha \gg 1$(或 $\beta \ll 1$)时,为非线性电阻,比如 ZnO 和 SiC。同时,从图中也可看出,ZnO 相比 SiC,其伏安特性曲线较为平直,因此,具有良好的限压特性。

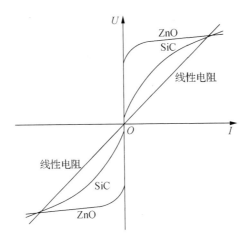

图 6 - 4 - 14　ZnO、SiC 和线性电阻的伏安特性曲线

标准 DL/T 294.2—2011 对用于灭磁及转子过电压保护装置中的 ZnO 和 SiC 两类电阻进行了技术规范,并给出了主要的电性能参数及定义。其中,ZnO 电阻的技术参数较多,为便于查找,将其中在选型时常用到的参数列出,如表 6 - 4 - 6 所示。同样,SiC 电阻的主要电性能参数,如表 6 - 4 - 7 所示。应当指出,图 6 - 4 - 14 所示的各类电阻伏安特性曲线是理解以上表中技术参数含义的关键。

表 6-4-6　ZnO 电阻主要技术参数

名称	符号	定义	说明
压敏电压	$U_{10\text{ mA}}$	在规定条件下,阀片流过 10 mA 直流电流时两端的电压降	又称转折电压,认为是阀片截止和导通的临界值
漏电流	I_L	阀片两端施加 50% 压敏电压时流过的电流	一般不大于 50 μA
荷电率	Q	在规定条件下,阀片长期承受的工作电压峰值与压敏电压之比	又称负荷率。该值越高,漏电流就越大,元件越易老化。一般要求不大于 60%
残压	U_{nA}	在规定条件下,阀片流过 nA 直流电流时两端的电压降	即流过大电流时的电阻压降。由于目前 ZnO 制造厂通常将阀片残压确定(或数据采集)到 200A 以下,因此,在 ZnO 阀片残压选择时,nA 一般取为 60 A 或 100 A
残压比	η	阀片的残压与压敏电压之比	在 nA 不大于 60 A 时,每柱阀片的残压比一般小于 1.35;60 A 以上到 100 A 及以下时,一般小于 1.4
标称能容量	E_n	在一定环境温度下,阀片受到某一浪涌电流冲击后,压敏电压变化率在±10% 范围内的最大容量	1. 每柱阀片的能容量与阀片的体积、配方和工艺等有关。一般通过大电流标称能量冲击试验,由流过的电流及两端电压和相应持续时间的乘积来进行标称。 2. 在没有串联熔断器保护措施下过容量损坏时,阀片除过热导致裂成碎片的极端情况外,一般呈通路状态

注:1. 在后期维护时,可根据本次测得的压敏电压和漏电流,与出厂测试值比较,在变化率均不大于 10% 条件下,可认为电阻特性没有变化,仍可使用。其中,变化率=|出厂测试值-本次测试值|/出厂测试值。

2. 此外,还有非线性系数、均能系数、均流系数和电压温度系数等参数。ZnO 电阻在截止区受温度影响较大,两端电压随温度的上升而下降,即电压温度系数为负值;导通区两端电压随温度上升而上升,即电压温度系数为正,但影响不明显,可忽略不计。灭磁用 ZnO 电阻的非线性系数一般要求小于 0.1,均能系数一般要求不低于 80%。均能保证措施,可参阅参考文献[45]。

表 6-4-7　SiC 电阻主要技术参数

参数名称	符号	定义	说明
额定电流	I_n		在粗选时,可取 3 倍发电机负载额定励磁电流
额定电流时的最大电压	U_{max}		又称残压。目前单只 SiC 阀片的残压通常取在 250 A 电流下,以英国 M&I 公司生产的 METROSIL 600 A 系列 SiC 组件为例,见表 6-4-8 所示
额定能容量	E_n	在一定环境温度下,阀片受到某一浪涌电流冲击后,温升仍在规定范围内的最大容量	1. 应注意额定能容量所对应的放电使用条件,见表 6-4-8 所示。 2. 在过容量或过流损坏时,除过热导致裂成碎片的极端情况外,阀片一般呈通路状态

注:此外,还有非线性系数、均能系数、均流系数和电压温度系数等参数。其中,电压温度系数为负,灭磁用 SiC 电阻的非线性系数一般要求低于 0.4,均能系数一般要求不低于 80%。

表 6 - 4 - 8　METROSIL 600A 系列下几个典型型号(组件)SiC 的技术数据

| Reference[1] | Disc thickness (mm) | Rated Current (A) | Maximum Voltage at Rated Current (V) | Energy Rating[2] (kWs 或 kJ) | | $U=CI^\beta$ | |
				Multiple discharges with cooling between. (Temperature rise per discharge)	Single or rare event. (Temperature rise per discharge)	C	β
600A/US14/ P/Spec 6672	20	3 500	1 400	100 (105 ℃)	1 250 (130 ℃)	65	0. 37
600A/US16/ P/Spec 6298	15	4 000	1 100	880 (105 ℃)	1 050 (125 ℃)	35	0. 40
600A/US16/ P/Spec 6321	11	4 000	800	650 (105 ℃)	820 (128 ℃)	25	0. 40

注[1] 以 600 A/US14/P/Spec 6672 为例,各数字和字母的含义分别为:600 表示单只阀片的外径为 6 in(1 in = 25. 4 mm);A 表示单只阀片的形状为圆形;US14 表示由 14 只阀片组成,片间无间隔(US);P 表示 14 只阀片采用并联方式;Spec 6672 表示订货号。

注[2] 同时,还要求此两种放电使用条件下的最高绝对温度不得超过 160 ℃。

最后,需予以补充说明的是:

(1) 相比 SiC 而言,由于 ZnO 的伏安特性曲线较为平直,因此,灭磁时间较短,而且在发电机灭磁过程中也能够很好地控制励磁绕组两端的反向过电压。但是,由于 ZnO 每柱阀片的能容量偏小,在灭磁容量较大时,需要多柱阀片串并联组合使用,也正因为其伏安特性曲线较为平直,却导致了串并联组合后的均流和均能问题更为突出,也就是说,在多支路并联的情况下,支路之间即使微小的电压差异也会引起较大的电流和能量的分配不均衡,从而容易导致负担最重的支路上的阀片因过热而损坏的问题。此外,多只的串并联使用,也会占用较多的布置空间。在此情况下,应首先考虑选用 SiC。

(2) 在 SiC 使用时,除应注意所吸收的能量不超过额定能容量外,还要使通过的电流也不超过其额定电流。否则,均会引起 SiC 的损坏。此外,还应注意前后两次灭磁时间间隔不少于一定时间的要求(如 M&I 公司生产的 SiC 在额定能容量下放电时间要求为 6 h),以保证阀片有足够的冷却时间,避免可能带来 SiC 易老化或损坏的问题。这对灭磁次数频繁和时间间隔短的抽水蓄能机组而言,更应注意该问题,在额定能容量选择时,裕量不宜太小,或需要另作特殊制造上的考虑。

(3) ZnO 或 SiC 有单只(或单柱、单片)、一组(或组件)和成套(或整组)之分。非线性灭磁电阻在设计选型时,我们更关心的是整组的特性。因此,应注意到多只阀片的串并联组合使用对整组特性的影响问题。以下若无特殊说明,所说 ZnO 或 SiC 均指成套的情况。

二、灭磁装置设计

由前面分析可知,同步发电机灭磁方式较多。限于篇幅,以下主要就在工程上应用最为广泛的对电阻放电的移能型直流灭磁系统设计进行介绍。其他灭磁方式下灭磁装置的设计,可参阅参考文献[27,28,44]等资料。

灭磁系统的设计,除要求熟悉灭磁基本理论和主要构成元件的工作特性外,其中,某些工作特性仍有待进一步的研究和规范。另外,目前工程上灭磁系统的接线(或实现)方式还具有多样性,因此,这是励磁系统主要组成装置中较为复杂的一个部分。

（一）对灭磁装置的基本要求

近年来,随着同步发电机容量的增大,储存在励磁绕组中的磁场能也显著地增加。同时,由于广泛地采用了强行励磁,特别在远距离输电系统中,为提高系统的暂态稳定性,必须强行励磁。以上原因均使得灭磁过程复杂化,灭磁时间延长,对灭磁装置提出了更高的要求。

灭磁装置的设计,必须满足以下2个基本要求：

1. 满足发电机各种故障工况下的灭磁需要,并具有独立性（但不排除采用在励磁调节器故障时的备用方式）。

2. 灭磁时间应尽量短,同时在灭磁过程中,励磁绕组两端电压的最大值不应超过绕组的绝缘耐压容许值（具体数值取决于安全系数或裕度）。

此外,还应秉持简单可靠的设计理念。

（二）灭磁装置的配置

自并励静止励磁系统中对电阻放电的移能型直流灭磁装置的配置,如图 6-4-15 所示的虚线框,图中灭磁控制部分接线未画出。

图中应注意的是：

（1）磁场断路器,又称灭磁开关,一般习惯记为 FMK。由前面分析可知,与灭磁电阻投入用开关,为互闭锁逻辑关系。磁场断路器既作为发电机事故时的灭磁开关,又可切合正常情况下的励磁电流。

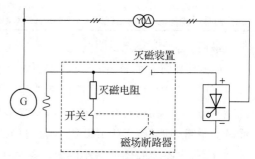

图 6-4-15　自并励静止励磁中灭磁装置的配置

（2）由前面分析可知,灭磁电阻可选用线性电阻,也可选用非线性电阻（如 ZnO 或 SiC）;灭磁电阻投入用开关可为直流磁场断路器的常闭辅助触头（若有）,也可采用电子开关[即由晶闸管（或二极管）及其相应的触发电路组成,习惯上将其称之为电子跨接器或 Crowbar]或机械开关（如断路器或负荷开关,有时也称之为机械跨接器）,还可根据工程需要进行冗余配置。

（3）为便于维护或试验,可在另一极（如图中正极）设置一附加隔离开关或可拆装断点,以将励磁绕组正极与整流装置断开。

对电阻放电的直流灭磁系统,在工程上有多种接线形式,其主要常见的典型接线有如图 6-4-16 所示的几种。其中,图(a)和图(b)中的 R 均为线性电阻,图(c)和图(d)中的 FR 为 SiC 或 ZnO,图(e)和图(f)中的 FR 均为 ZnO。另外,为避免 ZnO 灭磁电阻故障短路时造成转子的短路,通常在其分支回路中串联熔断器（图中未体现出）,但 SiC 灭磁电阻通常没有。

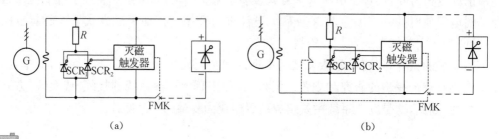

(a)　　　　　　　　　　　　　　　　　　(b)

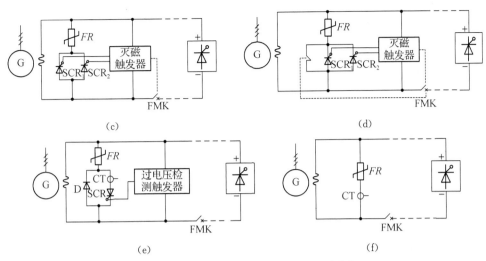

图 6-4-16　自并励静止励磁中的灭磁系统接线

（三）灭磁主要构成元件的选型计算

1. 灭磁工况的选择及相应设备的选择计算方法

发电机在不同的灭磁工况下对灭磁系统的要求是不同的,灭磁工况是灭磁系统主要构成元件选型的重要依据。因此,在讨论灭磁系统设备选择计算之前,必须先对灭磁工况进行明确。原则上,灭磁系统应满足发电机在所有故障工况下对灭磁的要求,但在实际设计时,通常取其中几种最为常见的严重故障作为灭磁系统的设计工况,具体有:

（1）发电机定子短路、接地和绕组严重匝间故障。

（2）发电机转子的接地和滑环短路。

（3）发电机的非同步运行。

（4）励磁系统的闪络、整流装置内部短路和失控。

此时,对上述故障分别进行计算机仿真计算,最终取最大值,以作为相应灭磁主要构成元件参数选择的依据。在所搭建的系统仿真模型具有符合工程实际的准确性,包括对发电机初始运行点和磁路饱和的考虑,以及计入励磁调节器调节作用的影响时,所得计算结果具有很高的准确性,但存在计算过程复杂的问题。

当然,在简化计算时,也可取上述故障中的励磁系统失控引起的发电机空载误强励和机端三相短路两个典型故障,作为灭磁的设计工况,并忽略一些次要因素的影响,采用计算机仿真或手算的方法,来对灭磁主要构成元件的参数进行选择。理论分析和运行实践也证明了这一做法具有可行性,因此,在工程被广泛采用。

为便于体会和掌握灭磁系统主要构成元件选择计算的基本思路,以下主要就上述简化计算中的手算进行介绍。

2. 直流磁场断路器

（1）直流磁场断路器选型的基本要求及其主要技术参数

磁场断路器应满足以下基本要求:

① 应能满足发电机在一定倍数负载额定励磁电流条件下的长期连续运行和强励工况

下短时运行的要求。

② 应具有一定的直流分断能力,包括灭磁分断能力和短路分断能力。

③ 应有足够高的弧压。

④ 为增加分断的可靠性,应配备两个独立的跳闸线圈。

标准 ANSI/IEEE C37.18(1979)、IEEE std 421.6(2017,已代替 C37.18)和 DL/T 294.1—2011对磁场断路器进行了技术规范,并给出了主要的电性能参数及定义,但之间有着不完全相同的要求。为便于对比查看和引用,现集中汇总于表 6-4-9。其中,弧压是断路器的固有特性,为对磁场断路器的弧压有一个直观的认识,图 6-4-17 给出了在某一试验条件(没有灭磁电阻)下 E2N/E MS2000 型断路器的弧压试验波形[46],图中的 U_{K} 和 I_{K} 分别为断路器分断时的断口弧压和流过断口的电流。弧压波形顶部较平坦部位的平均值,可作为磁场断路器的弧压,但具有分散性。从图上可清楚地看到磁场断路器弧压的上升和稳态情况。有关弧压的更多讨论,将在后面作专门讨论。

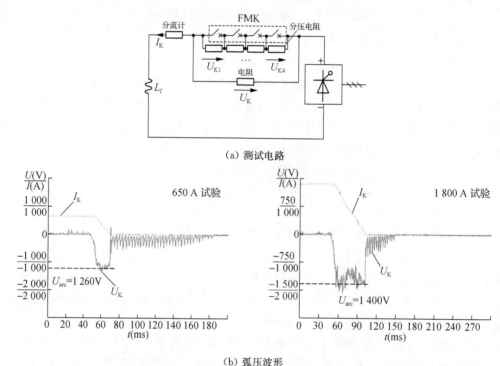

(a) 测试电路

(b) 弧压波形

图 6-4-17 磁场断路器的弧压测量

(2) 直流磁场断路器的选择计算

目前,可选用的国内外生产的磁场断路器型号很多(见附录 H),性能各异,有的关键参数还不明确。另外,上述三个标准所给出的磁场断路器技术参数较多,但断路器制造厂通常未能全部给出。以上这些实际情况,都增加了磁场断路器的选型难度。因此,在对磁场断路器进行选型时,应首先选用应用广泛的、运行故障率低的成熟型产品,并对一些关键技术参数的选择计算给予着重考虑,具体为(为适应国内使用习惯,参数名称按标准 DL/T 294.1—2011 命名):

① 额定电压

依据标准 ANSI/IEEE C37.18(1979)及最新替代标准 IEEE std 421.6(2017),分别要求磁场断路器的额定电压不低于发电机的负载额定励磁电压和顶值电压。在工程实际设计中,也有采用按不低于励磁变二次额定(线)电压峰值来计算的情况。

② 额定电流

同样,依据上述两个标准要求,并结合国内发电机实际运行要求,一般按不低于 1.1 倍发电机负载额定励磁电流进行选择计算。

③ 最大弧压

磁场断路器最大弧压的选择,涉及与灭磁电阻电阻值或残压之间的配合问题。上述两个标准对这一问题有着详尽的说明,但标准 IEEE std 421.6(2017)表述得更为全面。因此,依据标准 IEEE std 421.6(2017)的推荐设计,磁场断路器的最大弧压应满足发电机在空载失控误强励和机端三相短路两个故障下灭磁时对弧压的最大要求,即不低于下式的最大计算值

$$U_{\text{arc}} \geqslant \max(k_{\text{OV}}(U_{\text{FC}} + R_{\text{D}} I_{\text{FC}}), R_{\text{D}} I_{\text{FCT}}) \tag{6-4-11}$$

为便于计算,可采用下列等价形式

$$\left.\begin{array}{ll} U_{\text{arc}} \geqslant \max(k_{\text{OV}}(U_{\text{FC}} + R_{\text{D}} I_{\text{FC}}), R_{\text{D}} I_{\text{FCT}}) & \text{线性灭磁电阻} \\ U_{\text{arc}} \geqslant \max(k_{\text{OV}} U_{\text{FC}} + C(k_{\text{OV}} I_{\text{FC}})^\beta, C I_{\text{FCT}}^\beta) & \text{非线性灭磁电阻} \end{array}\right\} \tag{6-4-12}$$

式中:

$$I_{\text{FCT}} \approx \left(\frac{X_{\text{d}}}{X_{\text{d}}'}\right) \cdot I_{\text{fag}}$$

其中,U_{FC} 和 I_{FC} 分别为励磁系统在额定端电压条件下的顶值电压和电流,U_{FC} 项也有采用 $1.35 U_{2\text{N}}$ 或 $1.35 U_{2\text{N}} \cos\alpha_{\min}$ 的形式,$U_{2\text{N}}$ 为励磁变二次额定电压,$\alpha_{\min}$ 为强励角;I_{FCT} 为发电机机端三相短路后 0.1 s 灭磁开始时励磁电流的直流分量(dc component of field current);R_{D} 为灭磁电阻电阻值;k_{OV} 为误强励后灭磁开始时的过电压系数,可取 $k_{\text{OV}} = 1.4$;I_{fag} 为发电机空载时额定端电压下的气隙励磁电流,在缺少该参数值时,可近似取为发电机空载额定励磁电流;其他符号含义同上。

为降低在发电机空载失控误强励下灭磁时对磁场断路器的弧压要求,可采取在磁场断路器分断前,首先使整流装置工作于逆变状态的办法。相应地,上式(6-4-12)要改写为

$$\left.\begin{array}{ll} U_{\text{arc}} \geqslant \max(k_{\text{OV}}(-1.35 U_{2\text{N}} \cos\beta' + R_{\text{D}} I_{\text{FC}}), R_{\text{D}} I_{\text{FCT}}) & \text{线性灭磁电阻} \\ U_{\text{arc}} \geqslant \max(-1.35 k_{\text{OV}} U_{2\text{N}} \cos\beta' + C(k_{\text{OV}} I_{\text{FC}})^\beta, C I_{\text{FCT}}^\beta) & \text{非线性灭磁电阻} \end{array}\right\} \tag{6-4-13}$$

式中:逆变角表示为 β',以区别于电阻非线性系数 β,$\beta' < 90°$。

实际上,在工程中磁场断路器的最大弧压,也可采用如下的计算形式

$$\left.\begin{array}{ll} U_{\text{arc}} \geqslant \max(k_{\text{OV}}(\sqrt{2} U_{2\text{N}} + R_{\text{D}} I_{\text{FC}}), R_{\text{D}} I_{\text{FCT}}) & \text{线性灭磁电阻} \\ U_{\text{arc}} \geqslant \max(k_{\text{OV}} \sqrt{2} U_{2\text{N}} + C(k_{\text{OV}} I_{\text{FC}})^\beta, C I_{\text{FCT}}^\beta) & \text{非线性灭磁电阻} \end{array}\right\} \tag{6-4-14}$$

式中:各符号含义同上。此时,相当于整流装置输出电压取得瞬时最大值或峰值,而非上述的平均值。

④ 最大分断电流

根据对磁场断路器的灭磁分断要求,除满足上述最大弧压要求外,与此同时,还应满足发电机空载失控误强励和机端三相短路两个故障下灭磁时对励磁电流的分断要求,即不低于下式的最大计算值

$$I_{\mathrm{arc}} \geq \max(k_{\mathrm{OV}} I_{\mathrm{FC}} + I_{\mathrm{R}}, I_{\mathrm{FCT}}) \tag{6-4-15}$$

式中:I_{R} 为灭磁开始时流过灭磁电阻的电流,$I_{\mathrm{R}} = k_{\mathrm{OV}} U_{\mathrm{FC}}/R_{\mathrm{D}}$,对于灭磁电阻采用非线性电阻的情况,$I_{\mathrm{R}}$ 可通过查找非线性电阻伏安特性曲线或方程得出。另外,对灭磁电阻采用电子跨接器投入的情况,则有 $I_{\mathrm{R}} = 0$。

⑤ 短路分断电流

磁场断路器应能分断整流装置输出侧正负极短路时流过的短路电流,该电流取决于励磁电源至短路点间的回路阻抗和励磁电源的电压。在忽略励磁电源影响时,磁场断路器的短路分断电流应不低于附录 F 式(F-5)的计算值,即有

$$I_{\mathrm{cut-off}} \geq 1.35 \frac{\sqrt{3}}{2Z_{\mathrm{k}}} \cdot \frac{S_{\mathrm{N}}}{\sqrt{3} U_{\mathrm{2N}}} \tag{6-4-16}$$

实际上,同磁场断路器对灭磁分断能力的要求一样,同时包括电压和电流两个参量。也就是说,对磁场断路器短路分断能力的要求,除上述的短路分断电流外,还应注意分断短路电流时的电压 $U_{\mathrm{cut-off}}$。依据标准 ANSI/IEEE C37.18(1979)推荐设计,应不低于励磁系统顶值电压,即 $U_{\mathrm{cut-off}} \geq U_{\mathrm{FC}}$。

⑥ 额定绝缘电压

依据标准 DL/T 294.1 要求,直流磁场断路器应具有与发电机转子绕组相同的绝缘耐压水平,即应不低于表 6-4-10 所列要求。

⑦ 其他有关问题的考虑

在高海拔地区下使用时,磁场断路器额定电流和电压的修正办法,应首先根据制造厂给出的意见进行修正。在缺少相关资料时,可参照表 6-4-11(详见标准 ANSI/IEEE C37.18(1979)或 DL/T 294.1(2011))给出的修正办法。此外,也应注意使用在高温、潮湿、污秽、振动和腐蚀等特殊环境条件下时,对磁场断路器正常工作性能的影响问题,此时应作特殊的考虑。最后,在磁场断路器选型时,还应注意对其操作控制回路的一些反措要求,该问题留在后面讨论。

表 6-4-9　ANSI/IEEE C37.18(1979)、IEEE std 421.6(2017)及 DL/T 294.1(2011)对磁场断路器技术参数的定义对比表

序号	ANSI/IEEE C37.18 参数定义及 IEEE std 421.6 参数沿用、修订和废止情况说明				DL/T294.1 参数定义	
	参数名称	参数定义	中译	说明	参数名称	参数定义
1	Rated Nominal Voltage Class	The rated nominal voltage class of a field discharge circuit breaker is the voltage to which operating and Performance characteristics shall be referred, and is the voltage to which dielectric characteristics of the circuit breaker are related	额定电压	沿用	额定电压	在规定使用条件下,保证磁场断路器能够长期连续工作的最大电压值

序号	ANSI/IEEE C37.18 参数定义及 IEEE std 421.6 参数沿用、修订和废止情况说明				DL/T294.1 参数定义	
	参数名称	参数定义	中译	说明	参数名称	参数定义
2	Rated Short-Time Voltage	The rated short-time voltage of a field discharge circuit breaker is the highest dc voltage at which the circuit breaker main contacts shall be required to interrupt exciter short-circuit current	额定短时电压	沿用		
3	Rated Maximum Interrupting Voltage	The rated maximum interrupting voltage of a field discharge circuit breaker is the highest direct component of voltage[2] at which the main contacts of the breaker shall be required to interrupt the dc component of field current produced by a fault on the main machine armature	额定最大分断电压[5]	修订，见下行 3*		
3*	Rated Maximum Interrupting Voltage	Average value of field breaker arcing voltage[1] during the arcing time when interrupting the Rated Interrupting Current of Main Contacts			最大弧压[5]	在规定的条件下，磁场断路器主弧触头在遮断最大分断电流时断口上所产生的最大直流电压分量
4	Rated Continuous Current	The rated continuous current of the main contacts of a field discharge circuit breaker is the current that it shall be required to carry without having the temperature of its parts exceed the values specified and guaranteed by the manufacturer	额定连续电流	沿用	额定电流	在规定的条件下，保证磁场断路器主触头满足规定的温升限值要求下的长期连续工作的电流

Interrupting Current Ratings[3] (5~7)

序号	参数名称	参数定义	中译	说明	参数名称	参数定义
5	Rated Interrupting Current of Main Contacts at Rated Short-Time Voltage	The rated interrupting current at rated short-time voltage is the maximum value of direct-current which the main contacts of the field breaker shall be required to interrupt at rated short-time voltage	在额定短时电压下主触头的额定分断电流	沿用	短路分断电流[6]	指在磁场断路器输出侧发生短路时，能够分断的最大电流值
6	Rated Interrupting Current of Main Contacts at Rated Maximum Interrupting Voltage	The rated interrupting current at rated maximum interrupting voltage is the maximum value of direct current which the field breaker main contacts shall be required to interrupt at rated maximum interrupting voltage	在额定最大分断电压下主触头的额定分断电流	沿用	最大分断电流[7]	指在规定的最大分断弧压条件下，磁场断路器在分断时所能承受的最大电流

序号	ANSI/IEEE C37.18 参数定义及 IEEE std 421.6 参数沿用、修订和废止情况说明				DL/T294.1 参数定义	
	参数名称	参数定义	中译	说明	参数名称	参数定义
7	Rated Interrupting Current of Discharge Contacts at Rated normal voltage	The rated interrupting current of the discharge contacts is the maximum value of direct current that the discharge contacts shall be required to interrupt	在额定电压下放电触头的额定分断电流	沿用		

Short-Time Current Ratings[4] (8~10)

序号	参数名称	参数定义	中译	说明	参数名称	参数定义
8	Rated 0.5 s Short-Time Current of Main Contacts	The rated 0.5 s short-time current of the main contacts of a field discharge circuit breaker is the maximum direct current that the circuit breaker main contacts shall be required to carry for a0.5s period of time	主触头额定 0.5 s 短时电流	废止	主触头额定 0.5 s 短时电流	指磁场断路器主触头允许在 0.5 s 时间内流过的最大直流电流
9	Rated 15 s Short-Time Current of the Discharge Contacts	The rated 15 s short-time current of the discharge contacts is the highest direct-current which the field discharge contacts shall be required to carry for a 15 s period of time	放电触头额定 15 s 短时电流	废止	放电触头额定 15 s 短时电流	指磁场断路器放电触头在 15 s 时间内允许流过的直流平均电流
10	Rated 0.5 s Short-Time Current of the Discharge Contacts	The rated 0.5 s short-time current of the discharge contacts is the highest direct-current that the field discharge contacts shall be required to carry for a 0.5 s period of time	放电触头额定 0.5s 短时电流	废止	放电触头额定 0.5 s 短时电流	指磁场断路器放电触头在 0.5 s 时间内允许流过的最大直流电流
11	Rated Making Current of the Discharge Contacts	The rated making current of the discharge contacts is the peak value of current which the discharge contacts shall be required to close with rated maximum voltage applied across the contacts	放电触头额定闭合电流	沿用		
12	Rated Control Voltage	The rated control voltage is the voltage at which the mechanism of the field breaker is designed to operate when measured at the control power terminals of the operating mechanism with the highest operating current flowing	额定控制电压	沿用		
13					临界分断电流	指在规定的条件下,磁场断路器在分断时能够建立起稳定弧压时的最小工作电流

续表

序号	ANSI/IEEE C37.18 参数定义及 IEEE std 421.6 参数沿用、修订和废止情况说明				DL/T294.1 参数定义	
	参数名称	参数定义	中译	说明	参数名称	参数定义
14					额定绝缘电压	在规定的条件下，保证磁场断路器动合主触头在分断状态下主触头之间、主触头对地、主触头对弧触头和放电触头间不致引起绝缘击穿的电压

注[1] Arcing Voltage is established voltage between breaker main contact(s) during the arcing period. The arcing voltage is an intrinsic characteristic of the circuit breaker and depends on the typical arc admittance and arc current intensity.

注[2] For illustration of direct current component of field current and direct current component of voltage, see Figs 1 and 2.

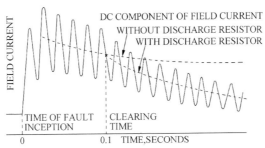

Fig 1　Field Current with 3-Phase Fault on AC Machine Armature Circuit

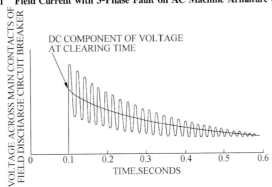

Fig 2　Voltage Across Field Discharge Circuit Breaker Main Contacts Following Interruption of Excitation Source Current

注[3] Interrupting current ratings are based on interrupting requirements of the field discharge circuit breaker for fault conditions in the excitation circuit and fault conditions in the machine armature circuit.

注[4] The short-time current ratings of the field discharge circuit breaker main and discharge contacts are established on the basis that these contacts are required to carry a given direct current for a specified time interval without adversely affecting either the circuit breaker's temperature rise for main contacts, at rated continuous current, or the circuit breaker's interrupting performance.

注[5] 额定最大分断电压和最大弧压，有时又分别称之为最大遮断电压和断口弧压。实际上，在发电机灭磁过程中，磁场断路器主触头能够分断的最大电流与主触头断开时所产生的弧压，是两个不同的电气参量，也就是说，磁场断路器的额定最大分断电压(Rated Maximum Interrupting Voltage)与最大弧压不是同一个概念。相应地，也就要求标准在磁场断路器技术参数定义时，对上述两个电气参量均应予以考虑，并区分进行描述。但目前的实际情况是，C37.18 给出了额定最大分断电压的定义(讨论：除机端三相短路外，是否还需要考虑其他工况呢？比如空载误强励)，但没有定义最大弧压，而 421.6 对 C37.18 所定义的额定最大分断电压进行了修订，但从具体定义来看，也许将其理解并命名为最大弧压(见 294.1)更为合适，此外较为可惜的是没有沿用 C37.18 中额定最大分断电压的原定义，实属遗憾。以上内容仅为个人观点，值得商榷。

注[6] 短路分断电流，表示磁场断路器的短路分断能力。

注[7] 最大分断电流，表示磁场断路器的额定分断能力或灭磁分断能力。

表 6-4-10 磁场断路器的介电性能试验电压

	主电路	控制电路
试验电压(V,有效值)	当 $U_{fN} \leqslant 500$ V 时,为 $10\,U_{fN}$(但不低于 1 500); 当 $U_{fN} > 500$ V 时,为 $2U_{fN} + 4\,000$	2 000

注:U_{fN} 为发电机负载额定励磁电压。

表 6-4-11 海拔修正系数

Altitude[1](海拔,m)	Rating Correction Factor(额定修正系数)	
	Continuous Current (持续电流,即额定电流[2])	Voltage(电压)
2 000	1.00	1.00
2 600	0.99	0.95
3 900	0.96	0.80

注[1] 中间海拔高度的修正系数可通过线性插值法得到。

注[2] 可以看出,海拔对额定电流的影响是不明显的,也就是说,在高海拔地区(>1 000 m),由于气温降低足够补偿海拔对温升的影响,因此,在使用时额定电流可不作修正。另外,应当补充的是 Short-Time Current(短时电流)和 Interrupting Current(分断电流)不受海拔影响。

3. 灭磁电阻

(1) 灭磁电阻选型的基本要求

灭磁电阻应满足以下基本要求:

① 为减小灭磁时间,灭磁电阻的电阻值或残压应尽量大。但应注意与磁场断路器的最大弧压、励磁绕组的绝缘耐压容许值,以及整流桥内晶闸管的正、反向重复峰值电压等之间的配合。

② 灭磁电阻的耐受冲击能量(或能容量)应能满足在灭磁过程中吸收总磁场能的要求。

(2) 灭磁电阻的选择计算

灭磁电阻可选用线性电阻或非线性电阻。为便于讨论,以下分开进行。

① 非线性电阻

目前,工程上非线性灭磁电阻普遍采用 ZnO 和 SiC 两种类型,并由前面的分析可知,两者的伏安特性有较大的差异,前者较为平直,后者偏陡,因此,在对两者参数(见表 6-4-6 和表 6-4-7)进行选择计算时,所提出的要求也是不同的,标准 DL/T 843、DL/T 583 和 DL/T 294.2 等作了详细的规定,限于篇幅,不再重述。以下主要就两者残压和能容量的计算进行讨论。

标准 DL/T 843 和 DL/T 583 对灭磁过程中励磁绕组两端反向电压上限值的规定略有区别,即反向电压不应超过转子出厂交流工频耐压试验电压幅值的百分数上,前者要求为 60%,后者为 50%。实际上,两者没有本质上的不同。为简单起见,在设计时可统一取为 50%。另外,DL/T 583 还对反向电压的下限值也作了规定,即不低于转子出厂交流工频耐压试验电压幅值的 30%。此外,还应注意到磁场断路器的最大弧压[式(6-4-12)～式(6-4-14)],以及低于整流桥内晶闸管的正(反)重复峰值电压的要求。综合考虑,即可求得非线性灭磁电阻残压的取值范围。为减小灭磁时间,残压尽可能地向上取值。

非线性灭磁电阻能容量的选择,涉及发电机在灭磁过程中灭磁电阻的耗能计算,推荐采用计算机仿真,最终选择能容量不低于耗能计算值的非线性电阻。在手算时,可按下式进行估算,并在考虑一定安全裕度后,作为灭磁电阻能容量的选择依据,具体为

$$\left. \begin{aligned} W &= \frac{1}{2}k_{\mathrm{S}} \cdot k_{\mathrm{R}} \cdot L_{\mathrm{f}} \cdot I_{\mathrm{f}(0)}^2 = \frac{1}{2}k_{\mathrm{S}} \cdot k_{\mathrm{R}} \cdot (T_{\mathrm{d}}'R_{\mathrm{f}}) \cdot (K_{\mathrm{dc}}I_{\mathrm{fN}})^2 \\ E_{\mathrm{n}} &= kW \end{aligned} \right\} \quad (6\text{-}4\text{-}17)$$

式中:W——分别为非线性灭磁电阻的耗能计算值;

　　　k_{S}、k_{R}——分别为考虑励磁绕组的磁路饱和与灭磁电阻耗能占励磁绕组总磁场能的比例两个因素时的系数,一般可取 $k_{\mathrm{S}}=0.4$(水电取 $k_{\mathrm{S}}=0.6$),$k_{\mathrm{R}}=0.7$;

　　　K_{dc}——励磁电流直流分量与负载额定励磁电流之比(具体含义详见标准 ANSI/IEEE C37.18(1979)),可取 $K_{\mathrm{dc}}=3$;

　　　R_{f}——励磁绕组热态电阻值(如 75 ℃);

　　　k——安全裕度,可取 1.2;其他符号含义,同上。

在非线性灭磁电阻能容量选择时,也有按空载误强励工况(相应地,时间常数取为 T_{d0}')或取以上两个工况下的最大计算值的情况,但一般均存在计算选择结果偏大的问题。

非线性电阻使用在高环境温度和高海拔地区,在对其能容量进行选择时,应注意上述两个因素的影响。首先应按照制造厂给出的意见进行修正,在缺少相关资料数据时,能容量的修正方法,可参照图 6-4-18 和表 6-4-12(分别详见标准 CB 1187 和 DL/T 294.2)进行。另据了解,高环境温度和高海拔对非线性电阻元件的残压不产生明显影响,可不予以考虑修正,但在整组阀片设计制造时,应注意到最小安全净距、爬电比距等有关绝缘问题。在高海拔地区下使用时,出于发电机转子绝缘的考虑,残压不宜取得太高。

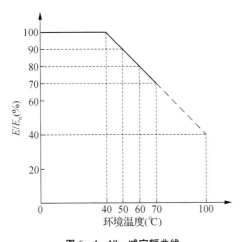

图 6-4-18　减定额曲线

表 6-4-12　能容量海拔修正系数

海拔(m)	额定修正系数
2 000	1.00
2 600	0.94
3 900	0.768

② 线性电阻

线性电阻灭磁系统是一种传统的、可靠的灭磁方式,线性电阻多采用耐高温金属材料制成,因此,在伏安特性曲线变化、老化等问题上,没有 ZnO 和 SiC 那么突出。用于灭磁的线性电阻属于大功率特殊用电阻,在对其进行技术规范时,有别于常规用线性电阻。灭磁用线

性电阻的主要技术参数，如表 6 - 4 - 13 所示。以下主要对其电阻值和耐受冲击能量的计算进行讨论。

标准 DL/T 843 和 DL/T 583 对线性灭磁电阻电阻值的规定略有差异，前者要求为励磁绕组热态电阻值的 1～3 倍，后者为 2～3 倍。同样，为简单起见，可统一为 2～3 倍，并为减小灭磁时间，在考虑磁场断路器的最大弧压和励磁绕组的绝缘耐压容许值要求的情况下，电阻值也应尽可能向上取值。

线性电阻作为灭磁电阻时，同样也涉及发电机在灭磁过程中的耗能计算。计算方法同上述的非线性电阻，从略。

表 6 - 4 - 13　灭磁用线性电阻主要技术参数

序号	参数名称	典型值
1	电阻值(20 ℃)	0.14Ω±5%
2	耐受冲击能量	3MJ，第二次冲击时间间隔为 30 min
3	温升	≤250 K，但最高绝对温度不超过 300 ℃
4	额定电压	1 000 V(DC)
5	电阻温度系数	0.00105 Ω/℃(材质为 SUS304)或 0.00145 Ω/℃(材质为 SUS430)
6	绝缘电压	5 000 V(AC,50 Hz,1 min)

4. 灭磁电阻投入用开关

由前面分析可知，灭磁电阻投入用开关(S)可选为直流磁场断路器的常闭辅助触头(若有)、电子跨接器或机械跨接器，也可冗余设置，设计形式较为多样，这一情况多见于国产灭磁装置中。国外灭磁装置的设计情况相对要简单一些，主要有直流磁场断路器的常闭辅助触头或电子跨接器两种形式，在后一种形式中，广泛采用与转子过电压保护合并设计(图 6 - 4 - 26(a))，并统称为电子跨接器，详细内容留在后面专门介绍，此处仍按分开设计进行讨论。实际上，在交流灭磁系统中也有合并设计的情况。

无论上述的哪种形式，灭磁电阻投入用开关 S 在参数选择计算时，均应从闭合电流(Making Current)或接通电流(Switch-On Current)、短时电流和绝缘耐压水平等角度进行考虑。对采用直流磁场断路器常闭辅助触头的情况，标准 ANSI/IEEE C37. 18(1979)在"使用导则(Application Guide)"条款中有详细的说明，限于篇幅，不再重述。以下主要就工程上应用最为广泛的电子跨接器情况进行介绍。

电子跨接器中的晶闸管或二极管(图 6 - 4 - 16 中的 $SCR_{1(2)}$、SCR 或 D)在参数选择计算时，除满足上述几项要求外，还应注意以下两个特殊情况，分别为

(1) 在灭磁时间内，对流过晶闸管或二极管励磁电流的平方进行积分。所选用管子的 I^2t 应高于上述计算值。

(2) 另外，应选用断态电压临界上升率和通态电流临界上升率高于回路作用于管子阳极 du/dt 和 di/dt 的晶闸管或二极管。

很明显，以上参数在选择计算时，采用计算机仿真是方便的。

最后，应当指出的是，在磁场断路器选型时，为了适应于目前行业内的通用型断路器，以降低设备造价和方便布置等原因，采用电子跨接器替代磁场断路器放电触头的设计思想，是

一种很好的解决办法。据报道,早在 20 世纪 70 年代末 ABB 公司为伊泰普水电站 18 台发电机提供的灭磁系统就已应用了这一技术。

（四）其他有关问题的分析

1. 灭磁控制(或灭磁时序)

有关灭磁控制或灭磁时序的问题,抑或说,在灭磁时,对磁场断路器及灭磁电阻投入用开关的操作、逆变及切脉冲的投入之间需进行合理的先后控制。在前面对灭磁方式的介绍时,已作过分析。归纳起来,主要体现为:

（1）磁场断路器在分断前,为防止转子回路开路产生过电压,应先使灭磁电阻回路投入。

（2）在灭磁电阻投入开关为电子跨接器时,由于其动作快,则可同时给出磁场断路器分闸和电子跨接器投入命令。

（3）另外,对电阻放电的直流灭磁而言,可在给出磁场断路器分闸令的同时,投入整流装置逆变令,以降低对磁场断路器的弧压要求。

2. 灭磁时间和灭磁时间常数

在本节前面的分析中,灭磁时间理想化地采取了从磁场断路器在分断瞬间($t=0^+$)至励磁电流衰减到 0 时所用的时间作为灭磁时间。事实上,对灭磁时间的定义,工程上方法较多,至今国际上也未达成一个共识。但是,归纳起来,可分为从发电机转子侧(励磁电流)和从定子侧(端电压)的两种情况[27,28],而每一情况下又有多种具体定义形式。我国惯于采用前者,并在标准 DL/T 583 中给出了灭磁时间的具体定义,即"指从施加灭磁信号起,发电机励磁电流从空载额定励磁电流衰减到 10% 空载额定励磁电流的时间"。显然,在励磁电流大于空载额定励磁电流时(如发电机的空载误强励)的那一段衰减时间,该定义不包含。

实际上,由于构成发电机气隙磁通的因素比较复杂,不仅仅是励磁电流,还有阻尼绕组、剩磁等的综合作用,并结合前面就发电机运行方式对直轴磁通影响的分析,可以得知,仅以励磁电流的衰减(无论到 0 还是 10% 空载额定励磁电流等)作为灭磁系统灭磁时间性能的评价依据,显然是不够全面的。于是,工程上也就出现了采用端电压进行定义的方法。以其中的一种典型定义形式为例,具体情况为:

基于试验研究表明,在发电机定子电压下降到 500 V 以下时,发电机内部的交流电弧会自然熄灭,因此,可认为此时灭磁已结束,那么就可将从灭磁开始到灭磁结束所历经的时间,定义为灭磁时间。

另外,应补充的是,考虑到发电机的残压通常不大于 300 V,因此,也可采用使发电机定子产生 200 V 电压所对应的励磁电流,作为以励磁电流来定义灭磁时间的灭磁结束时的电流。

最后,还要注意与"灭磁时间常数"一概念区分开。前面已对灭磁时间常数进行过简单的讨论。但是,在实测时,考虑到反映定子电压和定子电流的转子回路磁链也按同样的规律变化,在计入定子绕组残压影响时,则灭磁时间常数等于发电机定子电压(定子绕组开路时)或定子电流(定子绕组短路时)从起始值衰减到 36.8% 起始值时所用的时间。相应地,计算式分别为

$$U_G(t) = (U_{G0} - U_z)e^{-t/T} + U_z \\ I_G(t) = I_{G0}e^{-t/T} \Big\} \tag{6-4-18}$$

式中：T——灭磁时间常数；

U_{G0} 和 U_z——分别为灭磁开始时的发电机定子电压起始值和灭磁结束后的残压。

3. 磁场断路器弧压

弧压是磁场断路器一个极为重要的技术参数。图 6-4-17 示出了在某一测试条件（没有灭磁电阻）下磁场断路器弧压的试验波形。实际上，在同样的测试条件下重作上述试验，会得到不同的弧压波形或弧压值。也就是说，弧压具有较大的分散性[46]，其原因主要与下列因素有关：

（1）与断路器结构有关，如灭弧罩结构（尺寸、长弧/短弧、栅片数目等）、吹弧措施（气吹/磁吹）和引弧系统。

（2）与电流大小有关，特别是用吹弧线圈磁吹时，电流太小会使吹弧磁场过弱，导致弧压降低；但有的断路器在电流过大时，弧压也会降低。

（3）与回路电感有关，回路电感太小使感应电势减小，弧压也会降低。

（4）即使以上条件不变时，弧压也会有变化，具有随机性。

另外，还有如下的一些特点：

（1）在安装调整不当时，如使得吹弧方向相反或引弧不良，电弧不能正确、迅速地进入全部灭弧栅片时，会造成弧压的降低。

（2）对短弧栅结构的断路器，弧压与灭弧罩内金属栅片的间隔数成正比，近似关系为：弧压（V）＝间隔数×35（V，确切讲，该数值取决于金属栅片间距等因素）。可用于估算断路器的弧压，示意图如图 6-4-19 所示。

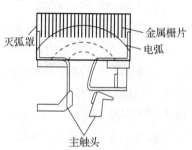

图 6-4-19　短弧栅结构式断路器的弧压估算

（3）对于多断口串联的断路器，总弧压等于各单断口弧压之和，再乘以一个小于 1 的"重叠系数"。重叠系数是考虑到单断口弧压具有随机性，峰值不会同时出现，取值一般约为 0.85～0.98，另外，串联的断口越多，该系数越小。

既然磁场断路器的弧压具有分散性，但在磁场断路器选择计算时，又需要知道最大弧压，那么该如何标定这一参数呢？参考文献[46]给出了一种处理办法（或思路），具体为：

（1）在每一次试验的弧压曲线上，舍弃个别"冒尖"的毛刺尖峰，取比较平稳的一段最高弧压曲线段的平均值，作为此次实测的最高平均弧压。

（2）在每一型号产品的大量试验数据中，取在正常工况下能够保证达到的、保底的实测最高平均弧压，作为断路器的标定最大弧压。

目前，在没有相关标准对最大弧压的标定问题作出明确规定之前，是可以借鉴这一做法的。另外，有关电弧产生和熄灭的物理过程等更多问题的讨论，可参阅参考文献[47]。

弧压的以上特征，也给非线性灭磁电阻残压的最终取值带来了困难。

4. 有关磁场断路器控制回路的反措

考虑到励磁系统现行的主要技术标准和管理规定的要求，并结合磁场断路器的技术性能特点，在磁场断路器操作控制回路设计及设备选型时，应注意以下几点问题（U_c 为磁场断路器的额定控制电压）：

（1）外部操作电源电压在（80%～110%）U_e 范围内时，磁场断路器应可靠合闸；在（60%～75%）U_e 范围内时，应能可靠分闸。另外，要求在低于 30%U_e 时应不跳闸。

（2）由于磁场断路器的合闸功率比较大，甚至可达几千瓦，远大于磁保持时的分闸功率，因此，在选择合闸控制回路中的导线和中间继电器的辅助触点时，应注意使其载流量和通断能力满足合闸要求。

（3）磁场断路器的跳闸控制回路（即继电保护直跳回路），应在启动开入端（即第一级）采用动作电压在（55%～70%）U_e（注：也有（55%～65%）U_e 一说）范围以内的中间继电器，并要求其动作功率不低于 5 W。

5. 组合灭磁原理简析

近几年还出现一种灭磁的新提法，即组合灭磁[48]，又称线性加非线性灭磁，其原理接线方式，如图 6 - 4 - 20 所示。其基本工作过程（暂不考虑转子过电压保护 BOD 动作）为，进行灭磁时，灭磁系统将励磁绕组所储存的磁场能，经由励磁绕组 L→机械跨接器 S→线性电阻 R 和（或）非线性电阻 ZnO→励磁绕组 L 回路，最终转化为线性电阻 R 和（或）非线

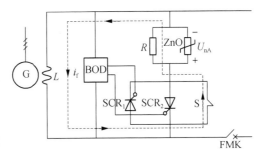

图 6 - 4 - 20　组合灭磁原理接线图（SCR_1 也可设置为二极管 D）

性电阻 ZnO 的热能。在这一能量转化过程中，在非严重灭磁工况下，即励磁绕组两端的电压没有达到非线性电阻 ZnO 两端的残压 U_{nA} 时，励磁绕组的磁场能主要由线性电阻 R 消耗。但在严重灭磁条件下，励磁绕组的磁场能将由线性电阻 R 和非线性电阻 ZnO 共同消耗，即 ZnO 起到分担灭磁的作用，同时 ZnO 两端的残压 U_{nA}，也可加速这一消耗过程，减小了灭磁时间，这就是组合灭磁的基本思想。但是，这涉及如何控制通过线性电阻 R 和非线性电阻 ZnO 之间磁场能分配或者两者性能参数如何设定的问题。由于受成套组装（串并联组合）、温度、接线等因素的影响，显然，这一问题是不容易很好解决的。

三、过电压及保护

（一）过电压的产生

励磁系统在运行中可能承受的过电压，种类较多。从励磁系统角度讲，可分为外部过电压和内部过电压 2 大类。其中，常见的外部过电压主要有以下几种：

（1）雷击过电压，由雷击引起。

（2）外部系统中的断路器分、合闸操作会引起过电压，该过电压会由励磁变通过电磁感应耦合或高、低压侧绕组之间存在的分布电容静电感应耦合传递至励磁系统。

（3）发电机的非对称短路、非全相运行、非同步运行（又称异步运行或滑差运行），以及非同期合闸等情况，均会产生过电压。

内部过电压，常见的主要有以下几种：

（1）换相过电压。晶闸管在换相结束后，不能立刻恢复阻断能力，因而有较大的反向电

流流过,使残存的载流子恢复。在晶闸管恢复阻断能力过程中,反向电流会急剧减少,这样的电流突变会因所在回路中存在一定数值的电感,而在晶闸管 A、K 极两端产生过电压。

(2) 磁场断路器的分断。由于励磁回路(励磁绕组本身就是一大电感)存在一定的电感,励磁电流的突变将产生过电压。

(3) 励磁变压器漏感与回路中的电容(如分布电容、晶闸管整流装置中阻容 RC 过电压保护电路中的电容)之间可能出现谐振,所形成的谐振过电压。

(4) 励磁系统故障、误操作等,产生的过电压,比如调节器失控等。

(二) 过电压保护设计

励磁系统过电压保护设计应从系统的角度进行考虑,正确处理上述各种过电压、各种限压措施和设备绝缘耐受能力三者之间的配合关系。依照保护对象的不同,可分为励磁变压器过电压保护、晶闸管整流装置过电压保护、发电机转子过电压保护和发电机定子过电压保护 4 大类。

1. 过电压保护措施及其配置

以自并励静止励磁系统为例,典型的过电压保护措施及其配置,如图 6 - 4 - 21 所示的虚线框。过电压保护设计时,应视具体情况,选择其中的几处,以简单可靠、吸收浪涌能量大和抑制过电压能力强等作为一般性原则,并且通常仅考虑瞬时过电压。

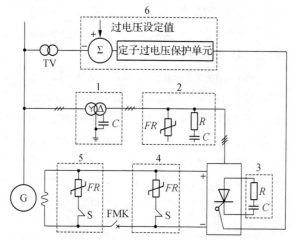

图 6 - 4 - 21　自并励静止励磁系统过电压保护措施及配置

图中应注意的是:

(1) 为防止励磁变压器耦合传递过电压,可通过静电屏蔽层并接地,或每相加装一定电容值的对地电容(C)措施来实现,即虚线框 1。其过电压产生机理及保护措施,已在本章第二节中作过讨论,不再重述。

(2) 晶闸管整流装置过电压保护,一般配置在整流装置交流侧(虚线框 2)、晶闸管元件两端(虚线框 3)以及直流侧(虚线框 4)。以上 3 种过电压保护原理及参数计算,已在本章第三节中作过讨论,不再重述。

(3) 发电机转子过电压保护(虚线框 5),通常由非线性电阻 FR(可选用 ZnO 或 SiC)和电子开关 S(如晶闸管(或二极管)及其触发电路)构成,该保护在工程上又有多种接线形式,比较典型的有以下 3 种,如图 6-4-22 所示。

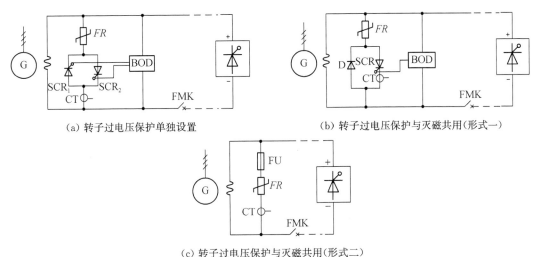

　　(a) 转子过电压保护单独设置　　　　　　　　(b) 转子过电压保护与灭磁共用(形式一)

　　　　　　　　(c) 转子过电压保护与灭磁共用(形式二)

图 6-4-22　发电机转子回路过电压保护典型接线

需要指出的是:

① 转子过电压保护主要用于防止晶闸管整流装置侧引入的过电压(如晶闸管的换相、磁场断路器分闸)和发电机侧引入的过电压(如发电机的非同步运行),以保护发电机转子和励磁装置本身。

② 由于 ZnO 具有良好的限压伏安特性,漏电流较小,所以上图中的非线性电阻 FR 均可选用 ZnO。而 SiC 由于漏电流较大,仅能应用于图(a)所示的单独设置的保护接线方式中。

③ 上图中的晶闸管(或二极管)及其过电压检测触发器(BOD),也习惯称之为电子跨接器或 Crowbar。在电子跨接器设计时,应注意与非线性电阻 FR 参数之间的配合、过电压消失后回路的及时断开或自复归等问题。在 ZnO 电阻的荷电率小于 50% 时,也可取消电子跨接器,即采用如图(c)所示接线形式,在小型发电机转子过电压保护回路中多采用这一方式。

④ 转子过电压保护可单独设置,有时出于简化回路设计和降低制造成本等考虑,工程上也普遍采用与发电机灭磁装置中的非线性电阻共用的设计方案。以图(b)和图(c)为例,图(b)中非线性电阻 FR 与晶闸管 SCR、过电压检测触发器 BOD 一起构成转子正向过电压保护电路,又与二极管 D 构成灭磁电路,同时还可兼作反向过电压保护用。很明显,图(c)中的非线性电阻 FR 作为发电机转子过电压保护和灭磁的共用电阻。

⑤ 图中 CT 用于过电压动作信号输出,在过电压消失后应能够自动复归。

(4) 发电机机端通常设置了金属氧化物避雷器 MOA(Metal Oxide Arreste,MOA),所以励磁变压器高压侧可不用另配置过电压保护元件。但为避免发电机在起励和空载运行时,由于调节器失控、参数设置不当或误操作等原因导致的发电机端电压过高,一般要配置定子过电压保护功能(虚线框 6),通常由调节器的定子过电压保护单元来实现,在高于设定值时,降低励磁电流或闭锁触发脉冲的输出。

2. 转子过电压保护动作值的设定

根据前面分析可知,转子过电压保护非线性电阻可单独配置,也可与灭磁共用,其中共用配置方案在工程中又有多种接线形式,在接下来会讲到。由于以上两种保护方案各有特点,又略有区别。为便于叙述和理解,以下分开讨论。

(1) 转子过电压保护单独配置方案,即图 6-4-22(a),其保护工作特性,以正弦波过电压为例,如图 6-4-23 所示。

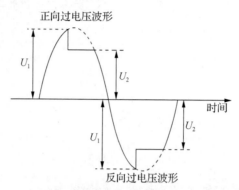

图 6-4-23 发电机转子过电压保护工作特性(单独配置,双向触发)

图中:U_1 为转子过电压保护动作值,V;U_2 为非线性电阻残压,V,应按照过电压保护要求进行设定,但不得高于 U_1。

该方案中转子正、反向(positive/negative)过电压保护动作值的设定,应同时考虑到以下几点要求:

① 应高于晶闸管整流装置输出电压峰值,即

$$U_{\text{p}}(\text{或}\ U_{\text{n}}) > K_{\text{u}}\sqrt{2}U_{2\text{N}} \qquad (6-4-19)$$

式中:U_{p} 为转子正向过电压保护动作值,V;U_{n} 为转子反向过电压保护动作值,V;$U_{2\text{N}}$ 为励磁变二次额定电压,V;K_{u} 为过电压倍数,考虑整流装置输出电压的尖峰,可取 1.4~1.5。

② 应低于整流装置中晶闸管的正、反向重复峰值电压,即

$$\left.\begin{array}{l} U_{\text{p}} < U_{\text{RRM}} \\ U_{\text{n}} < U_{\text{DRM}} \end{array}\right\} \qquad (6-4-20)$$

式中:U_{RRM}——晶闸管反向重复峰值电压,V;

U_{DRM}——晶闸管断态重复峰值电压,V。

③ 应低于励磁绕组出厂交流工频耐压试验电压(正弦波)幅值的 70%

根据标准 GB/T 7409.3(或同步发电机有关标准)对励磁绕组出厂交流工频耐电压试验的要求,并结合标准 DL/T 583 和 DL/T 843 对转子过电压上限值的规定,应满足表 6-4-14 所列要求。

表 6-4-14 发电机转子过电压保护动作值

发电机负载额定励磁电压 U_{fN}(V)	工频耐压试验电压 U_{ft}(V,有效值)	转子正、反向过电压保护动作值(V)
≤500	$10U_{\text{fN}}$(但不低于 1 500)	$U_{\text{p}}(\text{或}\ U_{\text{n}}) < \sqrt{2}U_{\text{ft}} \times 70\%$
>500	$2U_{\text{fN}} + 4\ 000$	

④ 应高于发电机在灭磁过程中励磁绕组两端出现的反向电压(有时又习惯称之为灭磁控制电压或灭磁电压)。

⑤ 应高于整流装置中晶闸管换相引起的过电压。

⑥ 此外,在发电机有异步运行要求时,还应高于异步运行时产生的过电压。

(2) 对转子过电压保护与灭磁共用配置方案,即图 6-4-22(b)和(c)两种形式,分别为:

① 图 6-4-22(b)方案

该方案的工作过程为转子过电压保护(BOD)动作后触发晶闸管,转子正、反向过电压被非线性电阻所抑制,因此,此时非线性电阻残压和能容量等参数应按照发电机灭磁要求进行选择。转子正向过电压保护动作值的设定应按照单独设置方案计算,反向过电压保护动作值等于非线性电阻的残压。相应的过电压保护工作特性,以正弦波过电压为例,如图 6-4-24 所示。

② 图 6-4-22(c)方案

为满足标准对灭磁时反向电压的限制要求,该方案中非线性电阻残压和能容量等参数可按照发电机灭磁要求进行选择。显然,此时的转子正、反向过电压保护动作值即为非线性电阻的残压。相应的工作特性,仍以正弦波过电压为例,如图 6-4-25 所示。

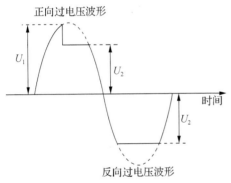

图 6-4-24 发电机转子过电压保护工作特性
(共用配置,正向触发)

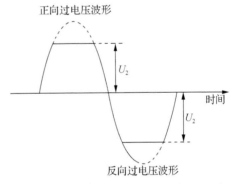

图 6-4-25 发电机转子过电压保护工作特性
(共用配置,无触发)

四、一种灭磁与转子过电压保护合并设计的讨论

在三峡、溪洛渡等一批巨型水轮发电机(600~1 000 MW)灭磁及转子过电压保护系统中,普遍采用一种共用 SiC 的接线方式,具体有两种形式,其原理接线分别如图 6-4-26(a)和(b)所示。

以图(a)为例,发电机灭磁时,电子跨接器动作,SCR$_1$ 被触发导通,SiC 投入,吸收励磁绕组的磁场能。同样,在转子出现正向瞬时过电压,且达到过电压保护动作设定值时,电子跨接器动作,相应地 SCR$_2$ 被触发导通,吸收出现的正向过电压,并在整流装置输出电压波形中负波作用下,实现关断。倘若在过电压消失后 SCR$_2$ 不能自行关断,并使流过过流继电器的电流达到保护设定值(一般为 300 A)时,过流继电器动作,发出信号,启动励磁系统事故停机流程。

相比图(a)所示接线,图(b)主要区别于灭磁和转子过电压保护的控制回路分开设计,就是说,灭磁时,开关S(电子开关和/或机械开关)闭合,SiC投入。在转子出现正向瞬时过电压,且达到过电压动作设定值时,SCR_2被触发导通。

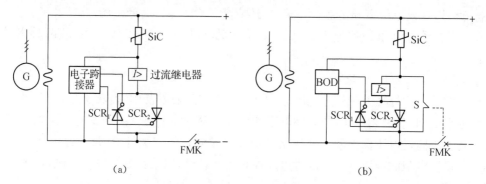

(a)   (b)

图6-4-26 一种灭磁与转子过电压保护共用SiC接线方式原理图

但以上接线方式在使用时,应注意到以下几点问题:

(1) 设计过程中应配合好正向晶闸管SCR_2关断时间和整流装置输出电压波形中负波时间的关系,使前者小于后者,以免已导通的晶闸管无法实现关断,造成SiC的过热损坏。这样也就要求,励磁变二次额定电压选择不能太低,以免在正常励磁时,使得整流装置输出电压波形中负波时间偏短,不利于SCR_2的关断。另外,SCR_2也应选用快速关断型的管子。

(2) 在发电机强励运行等工况下,出现的转子正向过电压,可能会使得已导通的SCR_2无法实现关断。这样在发电机的长期运行中,可能带来SiC易老化或损坏的问题。此外,过流继电器动作启动的机组停机设计,也会影响到励磁系统的正常强励性能。

(3) 图6-4-26(a)所示接线即为前面"灭磁装置设计"小节中所讲到的灭磁与转子过电压保护合并设计,该设计方案多见于国外励磁设备中。而国产设备多习惯于采用分开设计,即如图(b)所示的接线形式。当然,这一情况并非仅局限于SiC电阻,ZnO和线性电阻也有同样的情况。实际上,两种设计没有本质上的区别,可理解为仅是设计习惯上的不同。有关灭磁与转子过电压保护合并设计的推荐设计,详见标准IEEE 421.6,此处从略。

综上可得,过电流继电器是该接线方式应用的关键,在没有过电流继电器或类似保护设置措施条件下,该方式不推荐使用。但是,由于ZnO的伏安特性曲线相比SiC较为平直,就是说,在同样电压作用条件下,漏电流较小,因此可替代上述没有保护措施条件下的SiC,或采用灭磁与转子过电压保护分开设计方案(如图6-4-27所示)。

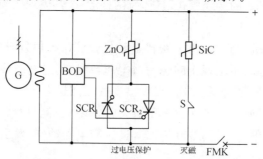

图6-4-27 一种灭磁与转子过电压保护分开设计接线

第五节　调节器

目前,数字式(或微机型)励磁调节器已成为主流配置。因此,本章节主要对该类型调节器的设计进行讨论。

一、调节器系统构成

任何计算机控制系统都由硬件和软件两部分构成,之间相互配合共同完成某一特定的任务。显然,同步发电机励磁调节器也不例外,它是一台应用于调节同步发电机励磁电压的专用计算机控制系统,本质上为一嵌入式系统(Embedded system),其原理框图,如图 6 - 5 - 1 所示(虚线框内)。

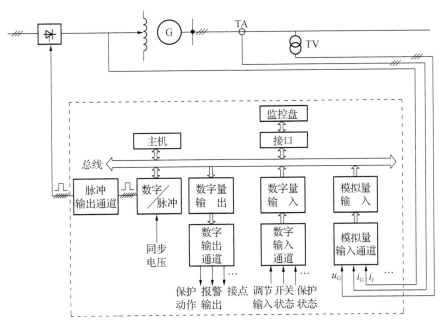

图 6 - 5 - 1　数字式励磁调节器原理框图

(一)调节器硬件系统

目前,调节器硬件系统设计,主要具有以下两个共性特征:

(1)调节器采用整体面板、全封闭机箱设计。机箱通常采用背板结构,背板上配有若干插槽和系统总线(BUS)(即地址线、数据线和命令线)。

(2)调节器硬件单元采用模块化设计,由各个功能插件(或板卡)完成。主要有系统电源、模拟量采样(A/D)、主机(CPU)、开入和开出(I/O)与触发脉冲输出等插件,每个插件具有相对独立的功能,之间通过背板的插槽和系统总线实现交互。

有关调节器硬件系统的设计,限于篇幅,这里不作详细介绍,可参阅厂家提供的产品说明书等相关文献。图 6 - 5 - 2 为南瑞集团有限公司生产的基于 VxWorks 操作系统的

NES6100 型调节器硬件架构和机箱外观。

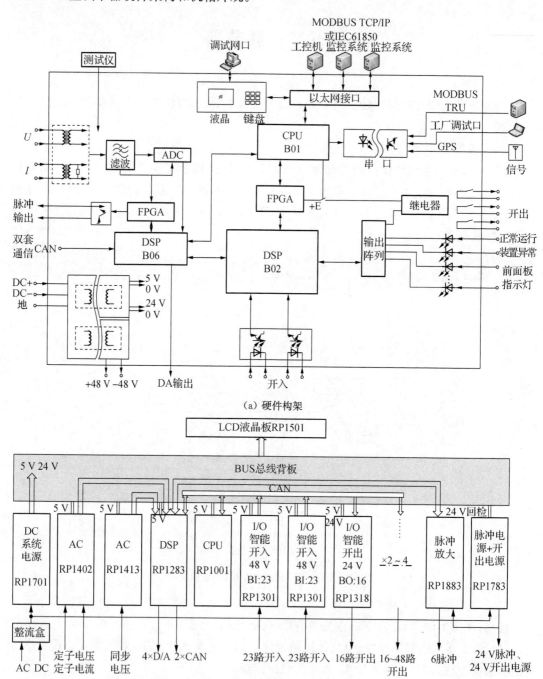

（a）硬件构架

（b）各类插件及其连接

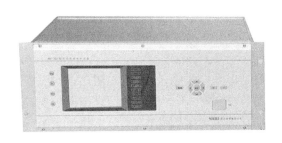

（c）机箱外观

图 6-5-2　基于 VxWorks 操作系统的 NES6100 型调节器硬件结构图

（二）调节器软件系统

调节器软件系统可分为嵌入式操作系统（如 VxWorks、Linux 和 WinCE）和应用软件等 2 大类。这里所说的应用软件，是指调节器为实现同步发电机励磁控制所编写的程序，励磁控制的算法将在后面"调节器的调节和控制单元"中讨论。有关嵌入式操作系统的介绍，可参阅相关文献。此外，还附带一些人机界面（HMI）、配套调试工具等软件。

二、调节器的调节和控制单元

（一）调节器组成单元

图 6-5-3 示出了调节器的各基本组成单元及其相互连接关系。其中，电压测量单元、串联校正单元、余弦波移相单元、限制单元（如欠励限制单元、过励限制单元、定子电流限制单元、伏/赫限制单元等）、调差单元、励磁系统稳定器（ESS）和电力系统稳定器（PSS）等构成了调节器的自动通道（虚线框内）。

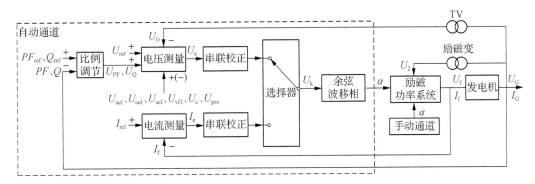

图 6-5-3　调节器基本组成单元及其逻辑关系图

图中：除时间常数外，其他参量若未作特殊说明均为标幺值，以下调节器部分均作相同规定；U_{ref} 为电压给定值；U_{uel}、U_{oel}、U_{scl}、U_{vfl}、U_c 和 U_{pss} 分别为欠励限制、过励限制、定子电流限制、伏/赫限制、调差和 PSS 等单元输出值；PF_{ref} 和 Q_{ref} 分别为功率因数闭环控制和无功功率闭环控制的给定值；U_{PF} 和 U_Q 分别为功率因数闭环控制单元和无功功率闭环控制单元的输出值；U_e 为电压偏差；U_k 为校正单元输出值；α 为移相触发单元输出角；U_f、I_f 和 U_G 分别为发电机励磁电压、励磁电流和机端电压；U_2 为励磁变二次电压；"选择器"实现电压闭环控制方式和电流闭环控制方式间的选择切换。

需要特别说明的是：

（1）工程上一般习惯将电压测量单元、串联校正单元、余弦波脉冲移相单元等，合称为主控制环节，简称主环。各类限制单元、调差单元、ESS 单元和 PSS 等，合称为辅助控制环节，简称辅环。

（2）目前，调节器的一些组成单元，尤其是限制单元。类型较多，就其叫法、特性、模型及其参数整定、输出介入主环的位置和方式、启动值整定等，不同的制造厂有不同的实现方式，行业上还未达成一个共识，没有形成一个标准化的方案。因此，该部分工作还须亟待进行规范。

（3）目前，主流的调节器一般均配有多种控制方式供电厂运行人员选择，如电压闭环控制、电流闭环控制、无功功率闭环控制（简称 Q 控制）和功率因数闭环控制（简称 PF 控制），以及定角度控制（又称开环控制或 OL 控制）5 种。其中：

① 电压闭环控制作为调节器的默认控制方式，因此励磁调节器又称为自动电压调节器（Automatic Voltage Regulator），简称 AVR。

② 电流闭环控制，简称为 FCR（Field Current Regulator），作为电压闭环控制故障时的热备用，目前，一般取发电机励磁电流或励磁机励磁电流作为被控量（或反馈量）。此时，调节器的某些限制单元（如欠励限制、伏/赫限制等）、调差单元、ESS 单元和 PSS 等均不参与调节，仅保留最基本的测量单元、校正单元、脉冲移相触发单元和过励限制单元等。

（4）目前，主流的调节器一般故障率很低，所以在双自动通道配置条件下，为简化结构设计、接线及造价等，通常没有必要再设置独立的手动通道。对的确需要配置手动通道的，其软硬件设计，应做到简单、可靠，自动跟踪自动通道，并在双自动通道故障时，能够自动无扰动地切换至手动通道。另外，应当指出，在双自动通道配置时，两个通道是互为热备用的运行方式。

（5）限幅单元也属于调节器的基本组成单元，但在图 6-5-3 中未体现出来，这是应注意的。这将在后面对每个单元（或环节）介绍时进行说明。

（6）图 6-5-3 所示的励磁调节方式，即"PID+PSS"方式，实际上为一种单变量反馈控制，是目前励磁调节器的主流选择方式。除此之外，在工程上，还有两种具有代表性的多变量反馈控制的强力式调节器[28]和线性最优励磁控制器[27]等。前者由苏联提出，20 世纪 80 年代在我国有过小范围的应用，目前已很少采用；后者由我国提出，并在国内有过工程示范应用。若无特殊说明，本书所说的励磁调节器均是指"PID+PSS"方式。

（二）电压测量及比较单元

发电机端电压经电压互感器（TV）降压和模数（A/D）转换单元后，得到数字量（或码值，即离散信号），再经计算环节，得到电压有效值，以供调节器调节和控制使用。比较单元是一加法器，因此，电压测量及比较单元的模型，如图 6-5-4 所示。

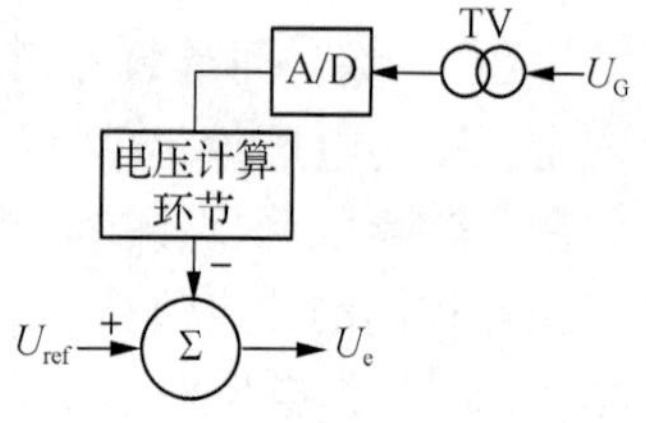

电压测量，即交流信号的测量，一般有两种方法：一种是先将交流信号通过整流电路转换成直流信号，利用直流信号与交流信号有效值成正比的关系，以得出交流信号有效值[23]；另一

图 6-5-4　电压测量及比较单元模型

种,即是图 6-5-4 所示的方法。前者多用于模拟式调节器,数字式调节器多采用后一种方法。有关第 2 种方法中离散电压、电流有效值计算等内容的介绍,详见附录 I。

（三）串联校正单元及其模型

伴随控制理论的发展,传统经典控制、线性最优控制、自适应控制、非线性控制和智能控制等理论,相继被引入励磁调节器设计中[23,27]。目前,在工程上超前-滞后校正(又称 PID 调节)应用最为广泛。基于线性最优控制理论的励磁调节器,曾于 1986 年在甘肃碧口水电厂有过示范应用外,其他几种现代控制理论,目前还未见有工程应用的报道。

超前-滞后环节(PID)通过参数设置,可实现超前环节(PD)或滞后环节(PI)。目前,调节器中的串联校正单元通常被设计成超前-滞后环节(PID),并有串联型和并联型两种可供选择,其模型分别如图 6-5-5(a)和(b)所示。有关系统校正的内容,已在第四章作过介绍,此处从略。

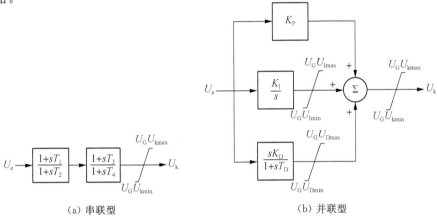

（a）串联型　　　　　　　　　　　　（b）并联型

图 6-5-5　超前-滞后环节(PID)校正单元模型

图中:K_P、K_I、K_D 和 K_V 均为放大倍数;T_1、T_2、T_3、T_4 和 T_D 均为时间常数;U_{Imax}、U_{Imin}、U_{Dmax}、U_{Dmin} 和 U_{kmax}、U_{kmin} 为相应量的输出最大值和最小值,又称限幅单元。图中限幅单元考虑了发电机端电压波动的影响。

（四）余弦波移相单元

在采用余弦波移相方式,且考虑发电机端电压频率(f)波动对触发角的影响时,可得余弦波移相单元的模型,如图 6-5-6 所示。有关余弦波脉冲移相的内容,已在第四章第一节中作过介绍,不再重述。

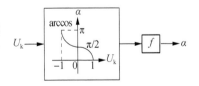

图 6-5-6　余弦波移相单元

（五）限 制 单 元

目前,励磁系统限制种类繁多,模型也不统一。主流的调节器一般配有欠励限制、过励限制、定子电流限制和伏/赫限制等基本限制单元。以下主要就上述限制单元的特性[37]、典型模型、介入主环的位置和方式(即叠加方式或比较门方式),以及与对应保护的配合等有关问题,进行详细的讨论。

（1）欠励限制单元

又称欠励限制器(Under Excitation Limiter,UEL)或低励限制器,简称 UEL,其特性为,在发电机进相(或超前)运行时,为防止系统静态稳定失稳(或功角超过静态稳定极限角)、发电机定子端部铁芯局部过热和厂用电电压低于允许值及系统其他要求,将发电机运行点,限制在由以上四个因素所决定的临界 PQ 曲线以内。能够准确反映该单元动作特性的电气量是发电机输出的无功功率 Q。

欠励限制器模型,如图 6-5-7 所示(暂不考虑虚线框部分)。

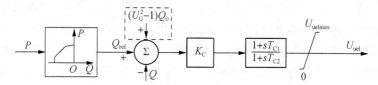

图 6-5-7　欠励限制器模型

图中:P 和 Q 分别为发电机输出的有功和无功功率;K_C 为放大倍数;T_{C1} 和 T_{C2} 分别为超前、滞后时间常数;U_{uelmax} 为欠励限制单元最大输出值;U_{uel} 为欠励限制单元输出。

关于欠励限制需要补充的是:

① 标准 GB/T 7064 给出了隐极发电机的典型出力图,如图 6-5-8 所示。

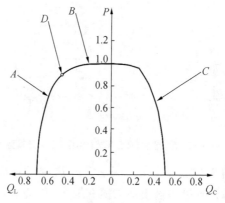

图 6-5-8　隐极发电机典型出力图

图中:A 由励磁绕组发热限制;B 由定子绕组发热限制;C 由端部发热或静态稳定限制;D 为额定出力点;P 为标幺值或 kW;Q_L 为标幺值或 kVar(滞后);Q_C 为标幺值或 kVar(超前)。

标准 GB/T 7894 对水轮发电机出力特性和标准 GB/T 20834 对发电电动机出力特性,均暂未有明确地说明。

② 第一章第三节在分析励磁对电力系统静态稳定的影响时,导出了式(1-3-10)。为便于分析,现重写如下

$$P_{emax}^2 + \left[Q - \frac{U_G^2}{2} \left(\frac{1}{X_s} - \frac{1}{X_d} \right) \right]^2 = \left[\frac{U_G^2}{2} \left(\frac{1}{X_s} + \frac{1}{X_d} \right) \right]^2$$

可见,影响静稳极限的主要因素为发电机端电压,或者说,在端电压变化时,静稳边界也相应地发生变化,如图 6-5-9 所示。图中的圆 1 和圆 $1'$ 分别是端电压等于和低于额定值时的静稳边界曲线。

因此,相应地,在欠励限制器设计时,应考虑到端电压变化对无功功率给定值的影响。

目前,工程上欠励限制器的模型主要有以下 2 种形式,分别为:

　　a. 直线型(或分段直线型):$Q+(aU_G^2+b)Q_0=kP$

　　b. 圆型:$P^2+(Q+aU_G^2Q_0)^2=bU_G^4$

式中:k、a、b 和 Q_0 均为常数,其中 Q_0 为某一进相无功值。

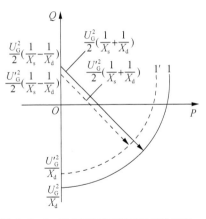

图 6-5-9　端电压变化对静稳边界的影响

　　若为直线型欠励限制器,则具体实现方法,如图 6-5-7 中虚线框所示。

　　③ 欠励限制单元,是针对发电机进相(或超前)运行工况,避免发电机吸收的容性无功功率越限而设计的。而发电机在滞相(或滞后)运行工况下避免输出的感性无功功率的越限,将由后面要介绍的过无功限制单元来完成。

　　④ 欠励限制输出 U_{uel},一般以叠加的方式介入主环,叠加到电压给定值 U_{ref} 上。工程上也有采用以比较门的方式介入主环,与主环输出 U_k 作比较,取较大值,即高值门输出的情况。

　　⑤ 目前,发电机保护装置多采用微机保护,除配置常规针对发电机本身故障(如机端短路、匝间短路、绕组接地等)的主保护功能外,通常还配置有失磁保护、转子过负荷保护、定子过负荷保护和过激磁保护等功能。其中,失磁保护与励磁系统欠励磁有关外,其他 3 个保护均与过励磁有关。这就要求调节器也应具有对应的限制功能,并与之相配合。

　　在进行调节器限制功能与保护的配合设计时,应遵循以下三个原则[38]:

　　a. 限值类型与相应的保护功能,应一一对应。

　　b. 在机理或特性上,两者应完全相同。

　　c. 限制在动作时间上应先于对应的保护。

　　当然,欠励限制与失磁保护的配合也不例外,也应严格按照上述三个原则进行设计。欠励限制是调节器限制功能中较为复杂的一个单元,有关与失磁保护配合的更多讨论,可参阅参考文献[39],从略。

　　(2) 过励限制单元

　　又称过励限制器(Over Excitation Limiter,OEL),简称 OEL,其特性应符合(或匹配)同步发电机规定的励磁过电流特性或反时限特性,在达到允许发热量时,将励磁电流限制到额定值附近。能够准确反映该单元动作特性的电气量是发电机励磁电流 I_f 或励磁机励磁电流 I_{Lf}。

　　过励限制器模型,如图 6-5-10 所示。图中:I_f 和 I_{fN} 分别为发电机励磁电流和负载额定励磁电流;K_h 和 K_c 分别为热量积累系数和消退系数,一般取为 1;C 和 C_Σ 分别为发电机允许发热常数和计算发热值;U_{oel} 为过励限制输出;en 表示使能信号。

　　关于过励限制需要补充的是:

　　① 对隐极同步发电机的励磁过电流特性,标准 GB/T 7064 给出了明确的规定,即应满足

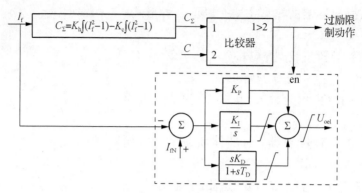

图 6 - 5 - 10　过励限制器模型

$$(I_f^{*2} - 1) \cdot t = 33.75$$

式中：I_f^*——发电机励磁电流对负载额定励磁电流 I_{fN} 的标幺值；

　　t——许可的过电流持续时间，适用范围 10～120 s。

标准 GB/T 7894 对水轮发电机转子仅有承受 2 倍 I_{fN} 持续时间的描述，即空气冷却的水轮发电机不少于 50 s，水直接冷却或加强空气冷却的水轮发电机不少于 20 s。

标准 GB/T 20834 对发电电动机的励磁过电流特性，指出应满足标准 GB/T 7894 规定的相同要求。

② 目前，国际上有 3 种标准反时限特性曲线，分别为

a. 一般反时限曲线：$t = \dfrac{0.14}{\left(\dfrac{I}{I_p}\right)^{0.02} - 1} \cdot T_p$

b. 特殊反时限曲线：$t = \dfrac{13.5}{\dfrac{I}{I_p} - 1} \cdot T_p$

c. 极端反时限曲线：$t = \dfrac{80}{\left(\dfrac{I}{I_p}\right)^2 - 1} \cdot T_p$

式中：t——反时限保护动作时间，s；

　　I——采样值（标幺值）；

　　I_p——设定限制值（标幺值）；

　　T_p——时间常数。

以上三个公式，可统一表示为

$$\left(\left(\frac{I}{I_p}\right)^{\alpha} - 1\right) \cdot t = C$$

式中：C——允许值；

　　α——反时限曲线指数，可取 0.02、1 或 2；其他符号含义同上。

③ 静止励磁系统和有刷交流励磁机励磁系统，通常采用发电机励磁电流作为过励限制的电气量，而无刷交流励磁机励磁系统通常采用励磁机励磁电流作为过励限制的电气量。

④ 对于无刷交流励磁机励磁系统,随着励磁机饱和系数的增大,将极大地减少了其顶值电流的持续时间,致使励磁机由于饱和难以与发电机励磁过电流特性相匹配,此时以励磁机励磁电流作为电气量的过励限制单元,可采用非函数形式的多点法,来描述其反时限特性[40]。

⑤ 关于过热量的释放和再次过励问题的处理[40]

一次过电流带来的过热量经电流小于额定值而得到逐步释放,热量释放的计算公式同上述②中的公式,过热量最小等于 0。再次过热的能力等于设定的允许过热量 C 减去剩余的过热量。不过在两次强励时间间隔较长时,前一次热累计不影响后一次热累计,仅在两次强励时间间隔较短、转子未得到充分散热的情况下,后一次热积累时才要考虑前一次热累计的影响。

⑥ 从标准 GB/T 7409.1 来看,在过励限制设计时,还应注意以下两点问题[40],分别为:

其一,过励限制应包含过励反时限限制和顶值电流瞬时限制 2 种(即 2 段),这是在过励限制器设计时应注意的。其中,顶值电流瞬时限制即为后面要讲的最大励磁电流瞬时限制。

其二,还应存在一个过励保护设计的问题,即在过励限制单元无法将励磁系统输出的电流限制在允许值之内时,发出保护信号。依据参考文献[40]给出的观点,过励保护应包含过励反时限保护和顶值电流保护 2 种(即 2 段)。过励保护主要用于完成通道的切换,保持调节器的闭环控制运行。在一定程度上,过励保护起后备保护的功能。

⑦ 过励限制器的输出 U_{oel},一般以比较门的方式介入主环,与主环输出 U_k 作比较,取较小值,即低值门输出。但在工程上也有一些调节器,在过励限制动作时,采取将控制方式从电压闭环控制切换到电流闭环控制,即取消图 6-5-10 中虚线框部分的功能,电流给定值设定为强励限制值(如 2 倍 I_{fN})。

⑧ 在过励限制器设计和参数整定时,还应注意考虑与发电机转子过负荷保护的配合及级差[40]等有关问题。

(3)定子电流限制单元

又称定子电流限制器(Stator Current Limiter,SCL),简称 SCL,其特性为将同步发电机定子电流限制在允许值范围内。能够准确反映该单元动作特性的电气量是发电机定子电流 I_G。

定子电流限制器模型,如图 6-5-11 所示。

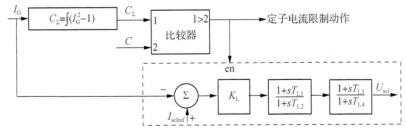

图 6-5-11　定子电流限制器模型

图中:I_{sclref} 为定子电流限制给定值;K_L 为放大倍数;T_{L1}、T_{L2} 和 T_{L3}、T_{L4} 分别为超前、滞

后时间常数；U_{scl} 为定子电流限制输出。

关于定子电流限制需要补充的是：

① 定子电流限制器设计时，一定要注意区分发电机是超前运行，还是滞后运行。

② 为了充分发挥发电机转子过电流的能力，需要合理地设计定子电流限制器。由于发电机定子绕组的过流能力略高于转子绕组，所以定子过电流限制的允许发热常数也应略大于过励限制的允许发热常数。

标准 GB/T 7064 对隐极同步发电机定子过电流特性，在不同额定容量下，作出了不同的规定，具体情况为

a. 额定容量在 1 200MVA 及以下的发电机，应能承受 1.5 倍的额定定子电流，历时 30 s 而无损伤，并应满足下式要求，即

$$(I_G^{*2}-1) \cdot t = 37.5$$

式中：I_G^* 为发电机定子电流对额定定子电流的标幺值；t 为许可的过电流持续时间，适用范围 10~60 s。

b. 额定容量大于 1 200 MVA 的发电机，应能承受 1.5 倍的额定定子电流，允许的过电流时间可小于 30 s，但最小为 15 s。

标准 GB/T 7894 对水轮发电机定子过电流特性，以表格的形式，作了详细的规定，详见表 6-5-1 所示。

表 6-5-1　定子允许过电流倍数与时间的关系

定子过电流倍数或标幺值 （定子电流/定子额定电流）	允许持续时间(s)	
	定子绕组空气冷却	定子绕组水直接冷却
1.10	1 800	
1.15	900	
1.20	360	
1.25	300	
1.30	240	
1.40	180	120
1.50	120	60

从表中数据可以看出，水轮发电机的定子过电流能力是强于隐极同步发电机的。

标准 GB/T 20834 对发电电动机的定子过电流特性，指出应满足标准 GB/T 7894 规定的相同要求。

③ 定子电流限制器的输出 U_{scl}，一般以叠加的方式介入主环，叠加到电压给定值 U_{ref} 上。

④ 在定子电流限制器的设计和参数整定时，还应注意考虑与发电机定子过负荷保护间的配合。

⑤ 目前，行业内对该限制还存有一些争议，不少人认为没有必要设置该限制单元，因为发电机并网后，机端电压变化范围有限，据有功和无功功率计算式 $P = \sqrt{3} U_G I_G \cos\varphi$ 和 $Q = \sqrt{3} U_G I_G \sin\varphi$ 可知，定子电流的变化最终会反映在有功和无功功率上，因此，可通

过已有的欠励限制器和过无功限制器（后面会讲到）来实现，没必要另设置新的定子电流限制器。

定子电流限制器的实现源于发电机的定子过电流特性，但理论基础是同步发电机的调整特性（见图 2-3-6 所示），所以，从这一角度讲，上述观点是值得参考的。对要求设置定子电流限制器时，一定要注意考虑与已有的欠励限制器和过无功限制器之间如何协调的问题。

（4）伏/赫限制单元

又称伏/赫限制器（Volts per Hertz Limiter）或压/频限制器，简称 VFL，其特性为防止同步发电机或与其连接的变压器出现过激磁。

伏/赫限制器模型，如图 6-5-12 所示。

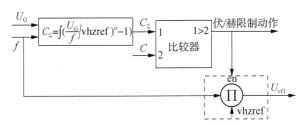

图 6-5-12　伏/赫限制器模型

图中：未考虑其他辅环的作用；vhzref 为伏/赫限制恒比例给定值，一般取为 1.06；U_{vfl} 为伏/赫限制输出；α 和 C 的取值，要根据与过激磁保护间的配合要求进行整定。

关于伏/赫限制需要补充的是：

① 同步发电机在运行期间端电压和频率的综合变化关系，标准针对不同类型的同步电机，规定略有区别，具体情况为：

标准 GB/T 7894 对水轮发电机，在运行期间电压和频率的综合变化，给出了如图 6-5-13 所示的要求。也就是说，水轮发电机电压和频率的综合变化范围，可分为 A 和 B 两个区域，在区域 A 内应能连续运行，在区域 B 内能够运行，并实现基本功能，但不推荐在区域 B 的边界上持续运行。

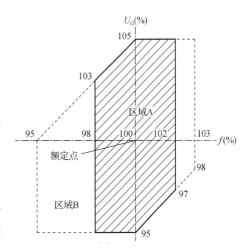

图 6-5-13　水轮发电机电压和频率的限值

标准 GB/T 7064 对隐极发电机，在运行期间电压和频率的综合变化，作了与水轮发电机基本相同的要求。并指出在进相运行时，发电机端电压短时允许降至 92％。

标准 GB/T 20834 给出的发电电动机电压和频率的综合变化要求，如图 6-5-14 所示。

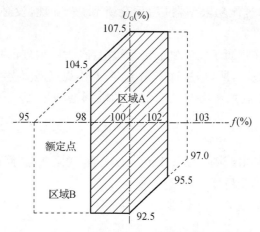

图 6-5-14　发电电动机电压和频率的限值

很明显,以上两图示出了两个方面的含义:其一是频率固定时不允许端电压过高;其二是端电压固定时不允许过低频率运行。也就是说,发电机的端电压和频率之比呈现一定的反时限特性,因此伏/赫限制单元可采用具有反时限特性的模型,以与发电机在运行期间端电压和频率的综合变化特性相匹配。应当指出的是,工程上伏/赫限制单元模型除有上述的函数法反时限外,还有非函数形式的多点法反时限,以及定时限。

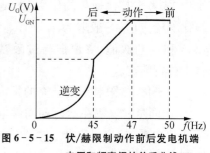

图 6-5-15　伏/赫限制动作前后发电机端电压和频率间的关系曲线

② 伏/赫限制器的输出 U_{vfl},一般以比较门的方式介入主环,与某一电压给定值 U_{ref} 作比较,取较小值,即低值门输出。伏/赫限制动作后,发电机端电压和频率间的关系曲线,如图 6-5-15 所示。

③ 在伏/赫限制器设计和参数整定时,还应注意与发电机过激磁保护间的配合。

④ 目前,伏/赫限制器一般仅是在发电机空载状态下才起作用。但也有人认为,在发电机负载状态下也是有必要的,因为发电机在负载状态下出现定子过电压时,在达到定子过电压保护整定值之前,伏/赫限制器可以首先动作,将励磁电流进行降低,这样在一定程度上,也就避免了因定子过电压保护动作,造成的发电机跳闸问题。这一观点是值得考虑的。

(5) 过无功限制单元

目前,有些制造厂还配置了过无功限制单元,又称过无功限制器(Over Reactive Power Limiter,OQL),简称 OQL,其特性为,在发电机滞后运行时,为防止发电机输出的感性无功功率超过在某一有功功率下允许的无功功率最大值,以将发电机运行点限制在允许的 PQ 曲线范围内。能够准确反映该单元动作特性的电气量是发电机输出的无功功率 Q。

过无功限制器模型,如图 6-5-16 所示。

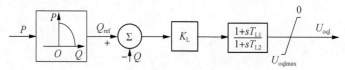

图 6-5-16　过无功限制器模型

图中：K_L 为放大倍数；T_{L1} 和 T_{L2} 分别为超前、滞后时间常数；U_{oqlmax} 为过无功限制单元最大输出值；U_{oql} 为过无功限制单元输出。

关于过无功限制需要补充的是：

① 发电机的出力图，已在欠励限制单元中作过介绍，并可知欠励限制单元是针对发电机进相（或超前）运行而设计的。

但是，过无功限制单元是针对发电机滞后运行设计的，也就是说，其作用是为了限制发电机输出的感性无功功率超过在某一有功功率下所允许的无功功率最大值，所以说，过无功限制也应是励磁调节器所必备的基本功能。

② 过无功限制器的输出 U_{oql}，一般以叠加的方式介入主环，叠加到电压给定值 U_{ref} 上。

③ 该限制器，没有直接对应的发电机保护类型。

（6）其他限制单元

除以上典型限制单元外，有时为适应发电机的运行需要，还配置了一些其他限制功能，主要有：

① 硅柜限制，即在某一支或两支路整流桥退出（如故障）时，为防止余下整流桥支路过载的限制器。

依据整流装置的配置和运行要求，一般设为 2 段，分别对应于整流装置中一支路整流桥退出和两支路整流桥退出的情况。前者一般对励磁电流不加以限制，可满足发电机所有工况（包括强励）下的运行要求，后者一般将励磁电流上限值设定为 1.1 倍负载额定励磁电流，即仅能满足发电机在某一倍数负载额定励磁电流下的长期连续运行要求。

硅柜限制单元的输出一般以比较门的方式介入主环，与 U_k 比较后，低值门输出。

② 最大励磁电流瞬时限制，即顶值电流瞬时限制，或发电机在空/负载工况下的最大励磁电流瞬时限制。

最大励磁电流瞬时限制可分为Ⅰ段、Ⅱ段和Ⅲ段，设定值一般分别为负载额定励磁电流的 2.1 倍、2.2 倍和 2.3 倍，其输出一般以比较门的方式介入主环，与 U_k 比较后，低值门输出。

③ 负载最小励磁电流限制，即发电机在负载工况下的最小励磁电流限制。

其输出一般以比较门的方式介入主环，与 U_k 比较后，高值门输出。

（六）调差单元

有关调差的构成原理、设置等内容的介绍，详见第四章第二节，不再重述。

工程上，调差单元的输出 U_c，一般以叠加的方式介入主环，并叠加到电压采样值 U_G 上。此外，还应注意到，调差有可能给系统引入负阻尼，导致系统功率振荡的问题。

（七）励磁系统稳定器（Excitation System Stabilizer，ESS）

有关 ESS 的工作原理和作用等内容，已在第四章第三节作过详述，此处从略。ESS 的输出 U_{ess}，一般以叠加的方式介入主环。

（八）电力系统稳定器 PSS 和附加励磁阻尼控制器 SEDC

在第一章第三节和第五章第三节中已对 PSS 和 SEDC 的有关基本内容作过介绍，不再重述。

PSS 的输出 U_{pss}，一般以叠加的方式介入主环，叠加到电压给定值 U_{ref} 上。并和其他控制单元一样，一般普遍采用软件的方式来实现，并集成到励磁调节器应用软件系统中。

SEDC 的输出 U_{sedc}，一般以叠加的方式介入主环，叠加到 U_k 上。而 SEDC 机柜通常另外单独设置，其输出通过硬布线的方式，送到励磁调节器机柜的相应输入端子上。

（九）电力系统电压调节器（Power System Voltage Regulation，PSVR）

近十几年来，采用发电机主变压器高压侧电压作为参与量或控制量的励磁控制方式得到了重视，归其原因，不外乎以下几点[42,43]：

（1）与常规取发电机端电压作为控制量的 AVR 比较，该控制方式能够对发电机的直轴电抗和升压变压器的短路电抗同时进行补偿，提高了系统的静态稳定性。

（2）一般认为负阻尼是产生系统低频振荡，导致系统失去动态稳定的根本原因。理论研究和实践均表明，当功角较大时，在该控制方式下的附加阻尼变负的程度，比 AVR 有所降低，这是有利于系统的动态稳定性的。

（3）可以借助系统中已有的设备，如励磁系统，将发电机潜在的、允许的无功功率给挖掘出来，对系统无功功率提供支撑，以提高系统的电压稳定性。

这一励磁控制方式的原理性框图，可表示为如图 6-5-17 所示。

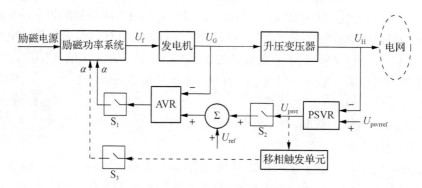

图 6-5-17　采用发电机主变压器高压侧电压作为参与量或控制量的励磁控制原理框图

图中：S_1、S_2 和 S_3 均示意为软开关；U_H 为升压变压器的高压侧电压；$U_{psvrref}$ 为 PSVR 给定值。

并且，通常可有两种实现方式，结合图 6-5-17，可得其控制方式列表，如表 6-5-2 所示。显然，当 S_1＝ON，S_2＝OFF 和 S_3＝OFF 时，为 AVR 控制方式，即表中斜体字一行。

表 6-5-2　HSVC 控制方式

序号	开关状态			控制方式
	S_1	S_2	S_3	
1	ON	ON	OFF	PSVR
2	OFF	OFF	ON	HSVC
	ON	*OFF*	*OFF*	*AVR*

以下主要就表 6-5-2 中最为常用的 PSVR 控制方式进行介绍。PSVR 的常用模型，如图 6-5-18 所示。

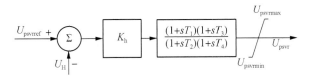

图 6 - 5 - 18　PSVR 控制模型

图中：$U_{psvrmax}$、$U_{psvrmin}$ 和 U_{psvr} 分别为 PSVR 输出最大值、最小值和输出值；K_h 为放大倍数；T_1、T_2 和 T_3、T_4 分别为超前、滞后时间常数。

需要补充的是：

① PSVR 的输出 U_{psvr}，一般以叠加的方式介入主环，叠加到电压给定值 U_{ref} 上。

② PSVR 与电力系统二级电压控制（又称为电力系统电压自动控制，或 Automatic Voltage Control，AVC）之间的协调问题，也是 PSVR 在应用过程中需要进行研究的一个问题。

目前，发电厂 AVC 的控制路径一般为：省调 AVC 软件→省调 SCDAD 系统→下行通道→电厂当地功能→(DCS/CCS)→无功调节装置（电厂 AVC）→发电机励磁调节器（AVR），以上调节控制过程，如图 6 - 5 - 19 所示。

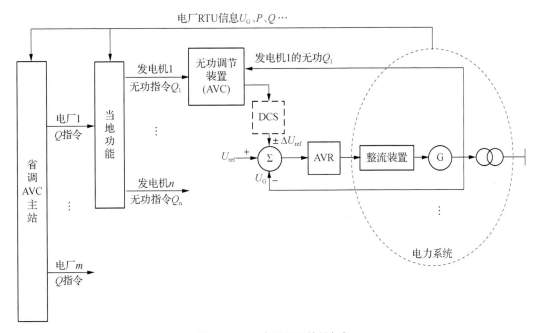

图 6 - 5 - 19　电厂 AVC 控制方式

（十）无功功率闭环控制单元和功率因数闭环控制单元

这两个闭环控制单元，习惯上分别简称为 Q 控制和 PF 控制，工程上一般采用比例（P）的调节方式，其模型分别如图 6 - 5 - 20（a）和（b）所示。

两个单元的输出值 U_Q 和 U_{PF} 一般以叠加的方式介入主环，叠加到电压给定值 U_{ref} 上。

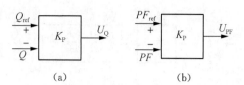

图 6-5-20　无功功率闭环控制单元和功率因数闭环控制单元模型

（十一）典型励磁调节和控制程序举例

目前,励磁系统制造厂较多,据不完全统计,国内外常见报道的厂家就达上百家,其中最具代表性的一些制造厂,见附表 J-1 所示。限于篇幅,以下取表中国内、国外制造厂各一家为例,对其典型励磁调节器产品型号的模型总体结构进行简单介绍,以供设计和学习参考之用。

（1）南瑞集团有限公司生产的 NES6100 型和 RCS9410 型励磁调节器,其模型总体结构框图,分别如图 6-5-21 和图 6-5-22 所示。

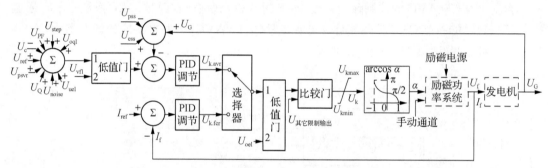

图 6-5-21　NES6100 型励磁调节器模型

图中:U_{step} 和 U_{noise} 分别为电压阶跃量和噪声输入量;$U_{k.avr}$ 和 $U_{k.fcr}$ 分别为电压闭环控制 PID 调节后输出和电流闭环控制 PID 调节后输出;$U_{其他限制输出}$ 为其他限制单元输出,如硅柜限制、负载最小励磁电流限制;"比较门"指高值门或低值门。

注意:图中虚线框内部分,不含在 AVR 模型中。

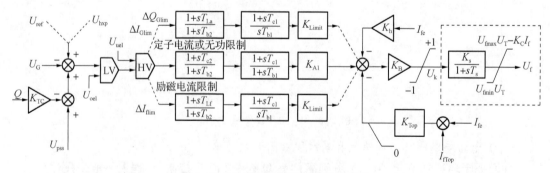

图 6-5-22　RCS9410 型励磁调节器模型

注意:如果应用于自并励静止励磁系统或没有励磁机电流负反馈系统中,则 $K_h = 0$,$K_B = 10$;虚线框内为晶闸管整流桥模型,不含在 AVR 模型中,K_s 为顶值电压倍数。

（2）ABB 公司生产的 UNITROL5000 型励磁调节器,其模型总体结构框图,如图 6-5-23

所示。

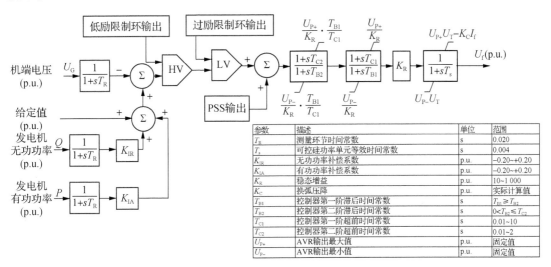

图 6-5-23　UNITROL5000 型励磁调节器模型

（十二）专题讨论

1. 有关励磁调节器限制单元和附加控制单元的进一步研究

调节器限制和附加控制单元较多，它们特性的定义、数学模型、对电力系统稳定性的影响，以及其之间的协调控制等问题，是一个需要进行深入研究的系统专题。只有将这些内容梳理清楚了，才能够更好地应用这些单元，发挥其应有的作用。

曾有不少文献对该专题也进行过相关报道，但要么以偏概全，不具有一般性，要么讨论得不够深入，缺乏系统性，总之所得结论仍不尽如人意。因此，对该专题仍需进一步地研究。

对该专题的研究，可以从以下的 3 个角度进行考虑，分别为：

（1）各单元的规范

各单元，尤其是限制单元，种类繁多，就其叫法、定义、特性、数学模型及其参数整定、输出介入主环的位置和方式（即瞬间给出或经过校正给出、叠加或比较门）、启动值和返回值整定、具体实现（如 A/D 采样精度、采样周期）等方面，不同的制造厂有不同的处理和实现方式。而且，目前行业内也缺少一个统一的标准化技术方案，这样也就增加了调节器应用的复杂性，使得在网源协调中调节器限制与相应继电保护之间难以实现精确的配合，最终给电力系统的安全稳定运行埋下隐患。

（2）各单元对励磁控制系统或电力系统稳定性的影响

① 各限制单元对电力系统稳定性的影响。参考文献[41]对该问题进行了部分研究工作。

② 附件控制单元对电力系统稳定性的影响。比如：

a. PSS 对系统稳定性的影响。该部分已产生很多的研究成果，尤其对单机系统，理论研究和实践应用均已趋于成熟。

b. 调差单元对系统稳定性的影响。该单元可能会给系统引入负阻尼，导致系统功率振荡的问题。

（3）各单元之间的协调控制

应注意以下 3 种情况：

① 限制单元之间的协调控制。

② 附件控制单元之间的协调控制。

③ 限制单元与附件控制单元之间的协调控制。

2. 发电机孤岛运行对调节器的影响

IEEE Std 1547.1 给出了孤岛的定义：A condition in which a portion of an area electric power system (EPS) is energized solely by one or more local EPSs through the associated points of common coupling while that portion of the area EPS is electrically separated from the rest of the area EPS。

相对于发电机接入传统的大容量系统的运行方式而言，发电机的孤岛运行是一种接入区域性小容量供电系统的特殊运行方式，比如自备电厂。又习惯将其称之为发电机孤网运行。其主要特点是电压和频率的波动范围较大，受负荷运行情况的影响较为明显。

在发电机孤岛运行下，一旦出现设备故障的问题，将有可能引起区域电网供电系统的电力中断，造成严重的后果。因此，这也就要求励磁调节器在设计时应对发电机的孤岛运行，做出一定的特殊考虑。概括起来，至少应注意到以下几点问题，分别为：

（1）电压、电流和频率等电气量的采样及计算。

（2）伏/赫限制、定子电流限制、欠励限制和过无功限制等限制单元的模型、参数整定等。

（3）PSS 的适应性。

（4）此外，还有调节器交流工作电压、有关操作控制逻辑的设计等。

三、TV 断线、发电机负载状态判断和触发脉冲异常检测等辅助功能设计

1. TV 断线设计

TV 断线的设计，涉及 TV 断线的检测和检测后的处理两个方面的内容。

（1）TV 断线检测与处理

在发电机出现 TV 断线时，为防止造成励磁系统误强励等事故，应对 TV 断线有相应的检测和处理措施。目前，不同的制造厂有不同的检测判据和处理办法。其中，TV 断线检测判据，归纳起来主要有以下 3 种，分别为：

判据 1：比较两路 TV 采样值，在两者差值高于某一动作阈值时，延迟一定时间后，报 TV 断线信号。

判据 2：当负序电压高于某一动作阈值，并且负序电流低于某一动作阈值（以便区分 TV 断线和机端短路两种情况）时，延迟一定时间后，报 TV 断线信号。

判据 3：在两路 TV 采样值均低于某一动作阈值，并且励磁电流高于某一动作阈值和定子电流低于某一动作阈值（以便于区分 TV 断线和机端短路两种情况）时，延迟一定时间后，报 TV 断线信号。

在检测出 TV 断线时，调节器该如何处理呢？目前，比较典型的处理方式是：调节器首先切换至备用通道，以保持电压闭环控制运行。此后，若备用通道也检测出 TV 断线，在先

前通道 TV 断线未复归时,备用通道将由电压闭环控制切换到电流闭环控制运行。

应当指出,TV 断线检测判据中的"判据 1",涉及一个机端两路 TV 到调节器输入端子的交叉接线问题,如图 6-5-24 所示,这样就实现了两路 TV 相互校验和检查的目的。

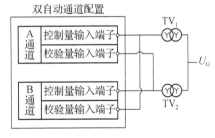

图 6-5-24　调节器两路 TV 的交叉接线

（2）还应注意的有关问题

在 TV 断线设计时,还应注意以下几点问题,分别为:

① 调节器外部 TV 回路断线和调节器内部 A/D 采样回路故障均会引起 TV 断线现象,因此,这是在调节器 TV 断线设计时,应注意区分的。

② TV 高压熔断器的慢熔（简称 TV 慢熔）

当高压熔断器未在规定时间内完全熔断时,会引起熔管电阻不断增加,最终导致 TV 二次侧电压不断降低。此时,在未达到 TV 断线判据之前,调节器会误认为发电机端电压在下降而不断增磁,直至引起发电机过电压等保护动作问题,最终导致跳机。

目前,工程上防范 TV 慢熔的措施较多,但从励磁系统角度来讲,检测方法并不成熟,其中比较典型的检测判据有以下 3 种:

判据 1：在 TV 一次回路（熔断器后）负序电压高于某一动作阈值时,延迟一定时间后,报 TV 一次慢熔信号。

判据 2：在 TV 二次回路负序电压高于某一动作阈值,且其开口三角绕组零序电压高于某一动作阈值时,延迟一定时间后,报 TV 一次慢熔信号。

判据 3：TV 一次回路（熔断器前）采样标幺值和二次回路采样值标幺值相比较,在两者差值高于某一动作阈值时,延迟一定时间后,报 TV 一次慢熔信号。

③ TV 慢熔与 TV 断线的关系

实际上,TV 慢熔和上述的 TV 断线可视为一类问题,即端电压的非正常下降。因此,就有人提议,可将 TV 慢熔和 TV 断线分别作为端电压降低（或广义上的 TV 断线）的 I 段和 II 段来处理。这一观点,是有道理的。

④ 此外,在一些工程中,也发现了 TV 二次回路中装置有低压熔断器的情况。此时,为避免低压熔断器慢熔的问题,应作定期检查或建议更换为空气开关。

2. 发电机负载状态的判断

为规避采用负荷开关辅助接点,带来的对调节器就发电机负载状态的误判,可以采用定子电流高于某一最小设定阈值来冗余负荷开关的辅助接点,并辅以一定值的端电压,来判断发电机的负载状态。

3. 触发脉冲异常的检测

触发脉冲的异常（如错误、丢失等）,可以采取脉冲计数、回读和比较等方式,来保证触发脉冲输出的正确性。

第六节 其他装置

励磁系统装置除励磁变压器、晶闸管整流装置、灭磁装置及过电压保护外,还有起励装置、电气制动装置,以及一些扩展功能,如轴电压抑制和轴电流保护、发电机转子绝缘在线监测和接地保护、转子绕组温度测量、无刷交流励磁机中旋转二极管在线监测等。限于篇幅,以下将对其中部分装置的设计进行简单介绍。

一、起励装置设计

对自并励静止励磁系统而言,发电机的起励方式有交流起励、直流起励和残压起励3种,其中前2种起励方式属于他励式。发电机起励之前,机端残压很低,一般不超过300 V。在一些情况下(如机组大修后),残压起励可能无法实现正常的起励建压,因此不推荐单独使用,必须另设置交流起励和(或)直流起励。

以交流起励为例,其典型的主回路接线原理图,如图 6-1-1(a)所示。可见,主要由起励变压器、二极管整流装置、续流电阻和接触器等构成。此外,为便于起励装置的检修,厂用母线与起励变一次接线端子之间还装设有断点,如设置隔离开关或空开。

相应地,起励控制过程为:在发电机起励之前,调节器首先将起励信号给起励装置,起励装置收到起励信号后,开始提供励磁电流。待发电机机端电压上升至某一设定值(一般不低于10%额定值,如取20%)时,调节器给出起励闭锁信号,起励装置被闭锁。此后,励磁电源由发电机机端供电,恢复到了正常的励磁接线方式。

起励装置的设计,涉及发电机的空载特性。以起励变参数选择计算为例,二极管整流装置选用三相桥式,并忽略起励变的阻抗压降和损耗,可得二次额定(线)电压计算式为

$$U_{2N} = \frac{I_{f0}R_{\Sigma} + \Delta U}{1.35} \tag{6-6-1}$$

式中:I_{f0}——发电机空载特性曲线上某一端电压下的励磁电流,一般取20%额定电压下的励磁电流,但为减小起励建压时间,可适当增加该电流值;

R_{Σ}——发电机励磁回路中的总电阻;

ΔU——附加压降,如取 4 V。

相应地,二次额定电流和额定容量计算式分别为

$$\left. \begin{array}{l} I_{2N} = 0.816 I_{f0} \\ S_2 = \sqrt{3} U_{2N} I_{2N} \end{array} \right\} \tag{6-6-2}$$

式中各符号含义同上。

应当指出,由于起励过程很短(一般不超过 10 s),同时,变压器一般具有一定的短时过载能力,因此,最终确定的额定容量,可低于上式的计算容量。比如,已知起励变在超铭牌容量 100％时能够持续 1 min,则可按上式计算容量的 50％来选择额定容量。

二、电气制动装置设计

电气制动的基本原理和特点等内容,已在第二章第四节作过介绍,不再重述。其典型原理接线图,如图 6-6-1 所示。可见,电气制动装置一般由短路开关(FDK)、制动变、交流开关(S_2)、晶闸管整流装置和灭磁开关(FMK)以及励磁调节器(AVR)(注:工程上也有采用独立于 AVR 的 PLC 控制器的实现方式)构成。在不增加额外装置和回路条件下,晶闸管整流装置可采用正常励磁下的整流装置。

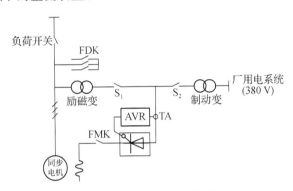

图 6-6-1　电气制动原理接线图

据第二章第四节对同步电机电气制动的分析可知,同步发电机的电气制动过程是一种三相短路运行,因此,电气制动装置的设计应基于这一工况来考虑。

以制动变参数计算为例[27],晶闸管整流装置选用三相桥式整流电路,并忽略变压器的阻抗压降和损耗,可得二次额定(线)电压计算式为

$$U_{2N} = \frac{I_{fk}R_f + \Delta U}{1.35\cos\alpha_{min}} \qquad (6-6-3)$$

式中:I_{fk}——发电机短路特性曲线上某一短路电流下的励磁电流,一般取额定(短路)电流下的励磁电流,即 $I_{fk} = I_{f0}/K_c$,其中 K_c 和 I_{f0} 分别为发电机的短路比和空载额定励磁电流;R_f 为发电机励磁绕组热态电阻值(如 75 ℃);

α_{min} 和 ΔU——分别为最小触发角度和附加压降,如分别取 10°和 4 V。

相应地,二次额定电流和额定容量计算式分别为

$$\left.\begin{array}{l} I_{2N} = 0.816 I_{fk} \\ S_N = \sqrt{3} U_{2N} I_{2N} \end{array}\right\} \qquad (6-6-4)$$

式中各符号含义同上。

同样,考虑到电气制动过程时间较短(一般小于 10 min),根据制动变的短时过载能力,

最终确定的额定容量也可为上式计算容量的某一百分数。

另外,电气制动的控制流程,如图 6-6-2 所示。图 6-6-3 也示出了一个基于 FX2N 型 PLC 平台的控制流程范例,以供电气制动流程设计时参考。应当指出,有时出于简化计算的考虑,一般取空载额定励磁作为电气制动工况下电流闭环的给定值。当然,为减少停机时间,也可适当增大该给定值,但应在相应电气制动设备额定值范围以内。

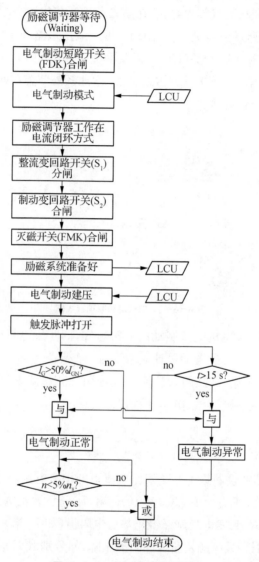

图 6-6-2　电气制动控制流程图

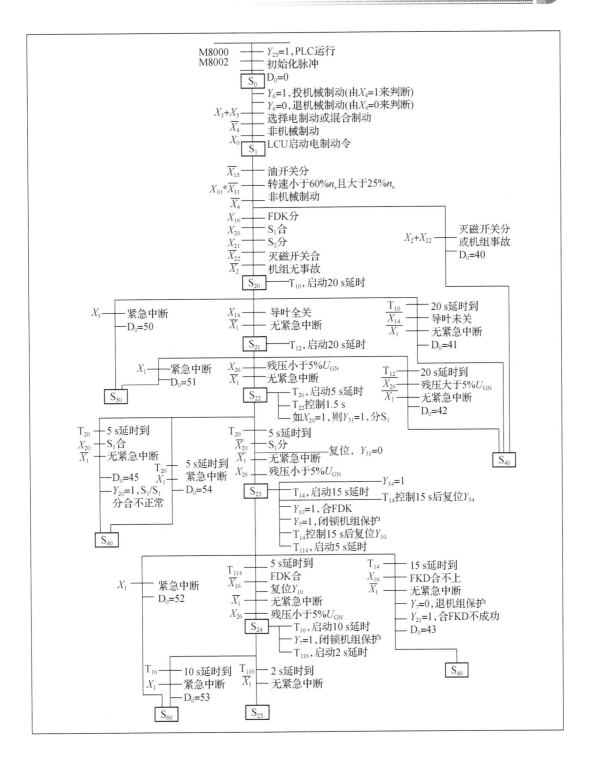

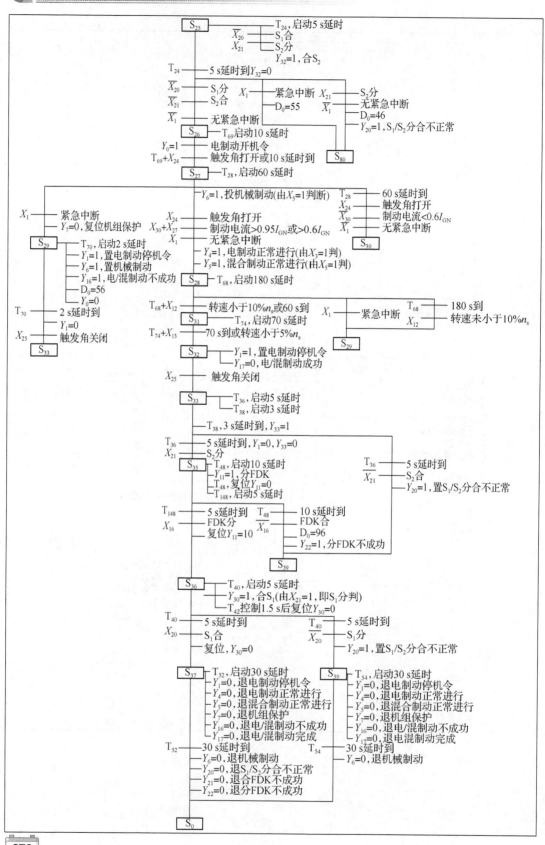

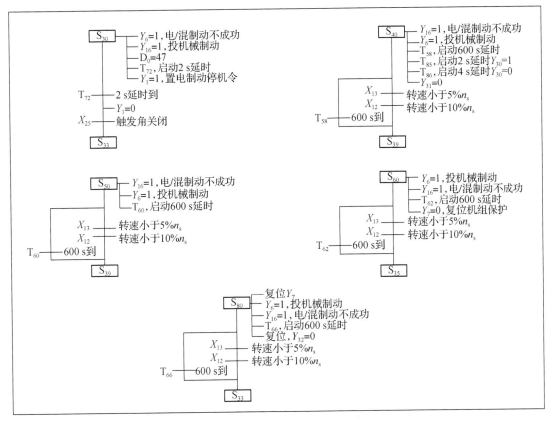

图 6 - 6 - 3　电气制动控制流程范例

三、轴电压分析及抑制器设计

轴电压是指运行中的发电机在轴两端(即汽/水轮机端和励磁端)出现的电位差。随着单机容量的增大和硅整流励磁(尤其是自并励静止励磁)的广泛应用,轴电压较高成为一个较为突出的问题,也逐步引起了行业上的关注。

轴电压具有复杂的谐波分量,对轴承油膜绝缘特别有害。当轴电压幅值过高时,轴承油膜绝缘会被破坏。若轴承对地绝缘不良,则会产生很大的轴电流,造成电流流过的轴径、轴瓦等相关部件的电烧伤。因此,分析轴电压的产生机理及防护措施、对轴电压进行测量(或检测)、检查油膜电压及轴承对地绝缘等均有着重要的现实意义,以下将对以上内容予以介绍。应当指出,由于受油膜厚度、油质等因素的影响,轴承油膜的击穿电压实际上是很难确定的。

　　轴电压的产生与很多因素有关,涉及多个专业,因此分析轴电压的产生机理较为复杂,仍是一个亟待进一步研究的问题。但总结起来,主要有磁路不对称、轴向磁通、静电效应和硅整流励磁等4个方面的原因[50,51],并相应地有多种防护措施,详见表6-6-1所示。

表 6-6-1　轴电压分析

轴电压种类	产出原因及主要特征	防护措施
磁路不对称引起的轴电压	主要由定子分瓣接缝铁芯的不对称、转子几何偏心、转子绕组分布的不对称、定(转)子不圆和发电机的非全相运行等因素造成,以轴、轴承和机架(或底座)构成回路。若回路中出现低电阻闭合点,则轴电流可达百安级。具有能量较强和低频的特点。	加强发电机励磁端的轴承、励磁机和副励磁机的落地式轴承对地绝缘,以隔断轴电流回路,见图6-6-4中的1。具体有外绝缘法和内绝缘法2种,前者指在轴承座对地之间以及与这些轴承座连接的油管路的法兰盘之间安装绝缘垫,后者指采用带绝缘层的轴瓦。
轴向磁通引起的轴电压	主要由剩磁、转子绕组匝间短路等因素造成。其构成回路及特点同磁路不对称引起的轴电压。	
静电效应引起的轴电压	在汽轮机低压缸内,高速喷射的蒸汽和汽轮机叶片之间摩擦而产生的静电荷,在轴承油膜两端聚集,形成较高的轴电压。一旦提供了合适的回路使电荷释放,电压会迅速衰减。能量较微弱,轴电流为百毫安级。	在发电机汽轮机端安装轴接地刷,以释放静电荷,见图6-6-4中的2。
硅整流励磁引起的轴电压	硅整流励磁系统输出电压中有脉动量,该脉动电压通过发电机的励磁绕组和铁芯之间的电容耦合而在轴对地之间产生交流电压,即轴电压。具有能量较低和高频的特点,轴电流为百毫安级的容性电流。	在发电机励磁端由轴接地刷通过 RC 装置接地或在硅整流励磁系统直流输出端配置对称 RC 接地滤波器,以提供该类高频轴电压的通道,分别见图6-6-4中的3和4。另外,保证励磁变高压侧对地电容值的稳定不变,对防范该类轴电压也有很好的效果,见图6-6-4中的5。

注:对于水轮发电机组,则没有上述的静电效应引起的轴电压。

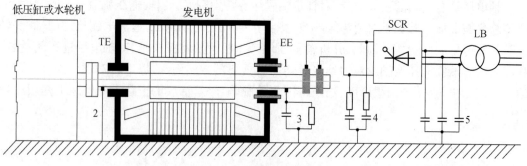

图 6-6-4　轴电压的防护措施

　　上图中的4,即对称 RC 接地滤波器,在励磁行业上又称为轴电压抑制器。图6-6-5给出了一种在工程上被广泛采用的轴电压抑制器接线方式,以供设计参考。

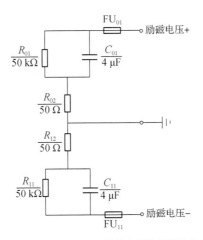

图6-6-5 一种广泛采用的轴电压抑制器接线方式

以上对轴电压的产生机理及防范措施作了简单介绍。但如何依据轴电压大小来判断励磁端轴承对地绝缘（或轴瓦绝缘垫块）好坏呢？下面介绍一种简单易行的判别方法。

测量时必须采用高内阻的交流电压表（>100 kΩ/V），首先测量发电机轴两端的电压 U_1，然后将发电机励磁轴瓦与轴短接（图中虚线），以消除油膜压降，再测量励磁端轴承支座与地之间的电压 U_2，测量方法如图6-6-6所示。具体判断依据为：

（1）当 $U_1 \approx U_2$ 时，说明绝缘垫的绝缘情况较好；

（2）当 $U_1 > U_2$ 时（通常取 $U_2 < 10\% U_1$），说明绝缘垫的绝缘不好，存在轴电流；

（3）当 $U_1 < U_2$ 时，说明测量不准，应检查测量方法及仪表，重新测量。

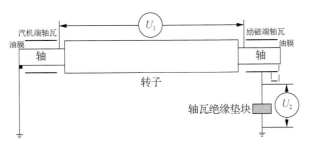

图6-6-6 轴电压的测量

但是，同时应注意以下两个问题：

（1）严格上，上述测量应在发电机多种工况下进行，如无励磁空转、空载额定、负载以及短路等情况，这样才能反映出绝缘的真实情况。表6-6-2示出了某一600 MW汽轮发电机轴电压的测量情况。

表6-6-2 某600 MW汽轮发电机轴电压测量值

有功功率（MW）	0.0	45.9	60.5	279.0
无功功率（MVar）	0.0	116.0	117.0	54.8
U_1(V)	3.04	4.57	4.25	4.70
U_2(V)	3.04	4.56	4.25	4.68

（2）上述的测量值 U_1，应在制造厂规定的范围以内，且与历史数据比较不应有较大的变化。在缺少制造厂数据要求时，也可参考标准要求，汽轮发电机一般小于 20 V，水轮发电机暂未规定。

应当指出，由前面分析可以看到，产生轴电压的因素较多，轴电压抑制器仅是一种抑制硅整流励磁引起轴电压的措施之一。并且图 6-6-5 所示的接线方式还会引起现有保护原理转子接地保护装置的误动（讨论：保护的电阻整定值一般设定为几个到几十个 $k\Omega$，那么能否通过降低整定值的办法，来消除轴电压抑制器的影响呢？），所以对这一抑制措施，还有待进一步地研究和完善。但从电厂角度而言，在尽量避免产生轴电压因素的情况下，轴电压仍然较高时，加强轴承对地绝缘应是首先要考虑的。

除上述 3 种装置外，还有轴电流保护、发电机转子绝缘在线监测和接地保护、转子绕组温度测量，以及无刷交流励磁机中旋转二极管在线监测等装置设计。限于篇幅，不再一一介绍，可参阅参考文献[27]等资料。

第七节　母线导体

上述"第二节～第四节、第六节"对励磁功率部分各装置的设计进行了介绍，下面将对用于连接上述各装置的母线导体的设计选型进行讨论。

目前，共箱母线、硬导体铜排、电缆、全绝缘浇注母线、封闭式母线槽（简称母线槽）等在励磁系统母线导体中均有一定的工程应用，其中前 3 种母线导体最为常见。以下主要对其中的硬导体铜排母线（简称铜排母线）和电缆母线的设计选型进行简单讨论。有关其他几种母线导体的介绍，可参阅参考文献[32]等资料。

一、铜排母线

（一）铜排母线的材料及表示方法

按照色泽（或主要合金成分）来分，铜有紫铜、黄铜、白铜和青铜 4 大类，其中后 3 类属于铜合金，而每个大类下又分多个品种（或牌号）。铜排母线的材料多采用紫铜和黄铜，其常用牌号及特点，见表 6-7-1 所示。

表 6-7-1　铜排母线的材料、常用牌号及特点

材料	常用牌号	特点
紫铜	T1、T2、T3、TU1、TU2，其中，前三种为纯铜，后两种为无氧铜	因其颜色为紫红色而得名，又名红铜、纯铜。具有良好的导电性、导热性，以及耐腐蚀性和成形性，但强度和硬度比黄铜差，价格也偏贵
黄铜	H62、H65、H68、HPb59-1	属于铜锌合金。导电性不如紫铜，但具有较高的强度、硬度和冷（热）加工性，价格适中

注：1. 在满足载流量要求条件下，尽可能选用黄铜代替紫铜，以降低造价成本。
　　2. 依据标准 GB/T 5585.1 要求，两种材料的电阻率（20℃）均应不大于 0.017 77（$\Omega \cdot mm^2$）/m。

铜排母线的表示方法，以圆角（又称倒角）、硬态型为例，其截面形状，如图 6-7-1 所示。对紫铜和铜合金材料的母线，习惯上分别表示为 TMY-$b×a$ 和 THMY-$b×a$。应当指出，铜排母线的截面有矩形或圆角矩形两种，为避免产生尖端放电的问题，目前多采用圆角矩形。

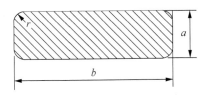

图 6-7-1　圆角型铜排母线的截面形状

a—厚度，mm；b—宽度，mm；r—圆角半径，mm

（二）铜排母线的设计

实际上，铜排母线的设计应从电气性能、机械性能等 2 个方面进行综合考虑。其中，机械性能通常由结构设计来完成，限于篇幅，不作介绍。以下主要从电气设计角度进行讨论，应考虑的主要技术条件有以下几点：

1. 载流量

铜排母线的载流量应能满足发电机在一定倍数（如 1.1 倍）负载额定励磁电流条件下的长期连续运行和强励工况下的短时运行（如 2 倍 10 s）要求。铜排母线的载流量应以所用铜排制造厂给出的数据为准，在数据缺失时，可参考表 6-7-2 和表 6-7-3 给出的数值。

表 6-7-2　单条铜排母线 TMY 的载流量（立放）　　　　　　　　单位：A

截面尺寸 $b×a$（mm×mm）	交流				直流			
	25 ℃	30 ℃	35 ℃	40 ℃	25 ℃	30 ℃	35 ℃	40 ℃
15×3	210	197	185	170	210	197	185	170
20×3	275	258	242	223	275	258	242	223
25×3	340	320	299	276	340	320	299	276
30×4	475	446	418	385	475	446	418	385
40×4	625	587	550	506	625	587	550	506
40×5	700	659	615	567	705	664	620	571
50×5	860	809	756	697	870	818	765	705
50×6	955	898	840	774	960	902	845	778
63×6	1 125	1 056	990	912	1 145	1 079	1 010	929
80×6	1 480	1 390	1 300	1 200	1 510	1 420	1 330	1 225
100×6	1 810	1 700	1 590	1 470	1 875	1 760	1 650	1 520
60×8	1 320	1 240	1 160	1 070	1 345	1 265	1 185	1 090
80×8	1 690	1 590	1 490	1 370	1 755	1 650	1 545	1 420
100×8	2 080	1 955	1 830	1 685	2 180	2 050	1 920	1 770
125×8	2 400	2 255	2 110	1 945	2 600	2 445	2 290	2 105
60×10	1 475	1 388	1 300	1 195	1 525	1 432	1 340	1 235
80×10	1 900	1 786	1 670	1 540	1 990	1 870	1 750	1 610
100×10	2 310	2 170	2 030	1 870	2 470	2 320	2 175	2 000
125×10	2 650	2 490	2 330	2 150	2 950	2 770	2 595	2 390

注：表中数据系按环境温度 25 ℃，最高允许温度为 70 ℃，海拔高度 1 000 m 及以下，无日照、铜排母线立放条件下给出的。当铜排母线平放且宽度≤63 mm 时，表中数据应乘以 0.95；>63 mm 时，应乘以 0.92。

表 6-7-3　2~3 条铜排母线 TMY 叠加时的载流量(立放)　　　单位:A

截面尺寸 b×a (mm×mm)	交流		直流	
	2条	3条	2条	3条
40×4			1 090	
40×5			1 250	
50×5			1 525	
50×6.3			1 700	
63×6.3	1 740	2 240	1 990	2 495
80×6.3	2 110	2 720	2 630	3 220
100×6.3	2 470	3 170	3 245	3 940
63×8	2 160	2 790	2 485	3 020
80×8	2 620	3 370	3 095	3 850
100×8	3 060	3 930	3 810	4 690
125×8	3 400	4 340	4 400	5 600
63×10	2 560	3 300	2 725	3 530
80×10	3 100	3 990	3 510	4 450
100×10	3 610	4 650	4 325	5 385
125×10	4 100	5 200	5 000	6 250

注:表中数据系按环境温度 25 ℃、最高允许温度为 70 ℃、海拔高度 1 000 m 及以下、无日照、铜排母线立放且间距等于厚度条件下给出的。其他环境温度时载流量的校正系数,见表 6-7-4 所示。

表 6-7-4　铜排母线在不同环境温度下的校正系数

实际环境温度(℃)	20	25	30	35	40	45	50
校正系数	1.05	1.00	0.94	0.88	0.81	0.74	0.67

2. 绝缘水平和动热稳定性

铜排母线在设计时,还应注意对回路绝缘(如绝缘电阻、短时交流工频耐受电压)和动、热稳定性的要求。以上两个因素涉及铜排的相对地和相间距离,以及配套支撑绝缘件的选型等问题。

3. 还应注意的其他问题

铜排的表面处理,工程上有多种工艺,见表 6-7-5 所示。在设计时,应根据工程实际情况,采取表中的一种或几种措施。

表 6-7-5　铜排的表面处理工艺

序号	目的及主要措施	缺点
1	为防止外部环境对铜排的腐蚀,主要有镀锡(或镍、银、锌)和涂漆以及套防护套管等措施	除镀银外,其他几种电镀层均会引起铜排搭接处接触电阻增大,温升增加,使得铜排导电性能变差
2	为增加绝缘性能、防止触及带电体,主要有套绝缘套管(冷/热缩绝缘套管)和套接头套管等措施	影响铜排散热
3	为增加导电性能,表面镀银	造价高
4	为增加散热性能,表面涂黑漆	属于淘汰落后工艺,现已很少采用

注:常见金属导电性能的强弱,依次为银、铜、铝、锌、镍、铁、锡等。另外,金属材料的导电性能强弱与导热性能是相一致的。

另外,还应注意铜排开孔对铜排截面的影响,如适当增加开孔处铜排的截面积,以及铜排与外部母线的连接(或接口)等问题。

有关铜排母线的更多讨论,可参阅参考文献[32,52]等资料。

二、电缆母线

(一)电缆的分类、型号标记及结构

电缆的种类繁多,可从电压等级、用途、绝缘和缆芯材料等多个方面进行分类,并体现在其型号标记中。电缆型号由字母和数字组成[32]。其中,字母表示电缆的用途、绝缘及缆芯材料等;数字表示铠装及外护层材料等。具体形式为:

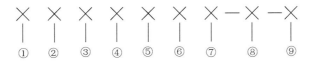

其中:

① 用途:电力电缆不表示,控制电缆为 K,信号电缆为 P。

② 绝缘:纸绝缘为 Z,聚氯乙烯为 V,聚乙烯为 Y,交联聚乙烯为 YJ,橡皮为 X。

③ 缆芯:铜芯不表示,铝芯为 L。

④ 内护层:铝为 Q,聚氯乙烯为 V,聚乙烯为 Y。

⑤ 特征:不滴流为 D,屏蔽为 P,无特征不表示。

⑥ 铠装层:分五种,以 0~4 标记,含义见表 6-7-6。

⑦ 外护层:分五种,以 0~4 标记,含义见表 6-7-6。

⑧ 额定电压:以数字表示,单位为 kV。

⑨ 芯数及截面积:如三芯截面积为 120 mm²,表示为 3×120,若另带 70 mm² 零线,则表示为 3×120+1×70。

应当指出,工程上有时为强调电缆的某种特殊性,比如阻燃、耐火和无卤低烟(或低卤低烟)等,常在其型号标记前面分别冠以字母 ZR、NH 和 WD(或 DD)等字样,WDZ(或 DDZ)表示无卤低烟(或低卤低烟)阻燃特性。

以 NH/ZR-YJV22-0.6/1-1×185 为例,表示单芯交联聚乙烯绝缘钢带铠装聚氯乙烯护套耐火、阻燃型电力电缆,额定电压 U_0/U 为 0.6/1 kV,截面为 185 mm²。

表 6-7-6　铠装层及外被层标记

标记	铠装层	外护层
0	无	无
1	—	纤维绕包(麻被)
2	双钢带	聚氯乙烯护套
3	细圆钢丝	聚乙烯护套
4	粗圆钢丝	—

电力电缆主要由线芯(又称导体)、绝缘层、屏蔽层、保护层等 4 部分组成。以 YJV22 - 0.6/1 - 3×120 和 YJV22 - 0.6/1 - 1×185 两个型号电缆为例,其结构示意图,分别如图 6 - 7 - 2(a)和(b)所示。

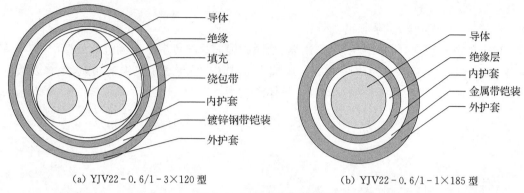

(a) YJV22 - 0.6/1 - 3×120 型   (b) YJV22 - 0.6/1 - 1×185 型

图 6 - 7 - 2   电缆结构示意图

(二)电缆的选型及截面计算

1. 电缆的选型

励磁主回路用电缆母线,通常选用铜芯电缆。在电缆长度较长时,出于降低成本的考虑,应优先选用多芯(如三芯)电缆。电缆的额定电压不得低于使用回路的最高长期运行电压。

在有低毒阻燃性防火要求,以及明确需要与环境保护协调等场合下,应优先选用聚乙烯绝缘及外护层电缆。空气中固定敷设在桥架等支承较密集的电缆,外护层可不含铠装。

其他相关要求,详见标准 GB 50217,从略。

2. 电缆导体截面计算

在电缆导体截面选择时,应按满足发电机在一定倍数(如 1.1 倍)负载额定励磁电流条件下的长期连续运行和强励工况下的短时运行(如 2 倍 10 s)要求进行计算。电缆的 100% 持续允许载流量应以制造厂给出的数据为准。同时,还应注意到,在不同环境温度、不同敷设方式,以及高海拔地区下使用时的修正问题。励磁用电缆母线多敷设于空气中,相应的修正办法,如表 6 - 7 - 7～表 6 - 7 - 9 所示(见标准 GB 50217)。

应当指出,应用于交流系统和直流系统的电缆,一般在技术上和制造厂在制造时,是有区分的,但是这一情况对低压型电缆而言,影响不是很明显,所以在励磁用电缆母线选型时,可不予以区分考虑,或者说,电缆制造厂给出的交流电缆的额定载流量,可视为直流载流量。另据了解,同一型号的低压交流电缆,在用于直流回路中时,长期允许通过的直流载流量可能还要略高于交流标称值。

有关电缆母线的更多讨论,可参阅参考文献[32]、[52]等资料。

表6-7-7　在不同环境温度时的载流量校正系数

环境温度(℃)		30	35	40	45
电缆导体最高工作温度(℃)	60	1.22	1.11	1.0	0.86
	65	1.18	1.09	1.0	0.89
	70	1.15	1.08	1.0	0.91
	80	1.11	1.06	1.0	0.93
	90	1.09	1.05	1.0	0.94

表6-7-8　空气中单层多根并行敷设时的载流量校正系数

并列根数		1	2	3	4	5	6
电缆中心距	$s=d$	1.00	0.90	0.85	0.82	0.81	0.80
	$s=2d$	1.00	1.00	0.98	0.95	0.93	0.90
	$s=3d$	1.00	1.00	1.00	0.98	0.97	0.96

注:1. s 和 d 分别为电缆中心间距和电缆外径。
　2. 本表不适用于交流系统中使用的单芯电力电缆。

表6-7-9　电缆桥架上无间距多层并列时的载流量校正系数

叠置电缆层数		1	2	3	4
桥架类型	梯架	0.80	0.65	0.55	0.50
	托盘	0.70	0.55	0.50	0.45

注:呈水平状并列电缆数不少于7根。

第八节　二次接线设计

二次接线设计是指励磁系统二次回路中控制、保护、测量和信号等类的接线设计,属于励磁系统控制部分设计内容之一。相关标准对每类至少应包含的项目,均作了明确的规定,限于篇幅,不再重述。以下主要就设计应遵循的一般性原则,作一概括性地说明,具体如下:

(1) 励磁系统与外部其他系统(或装置)的接口问题。比如对信号的定义、通信协议、硬件输出类型和方式等之间要保持严格的一致。

(2) 屏柜内(或间)的电源线与信号(即控制、保护、测量和信号)线,或者说强电和弱电应分开设计,分别布置和走线,不推荐合用一根多芯电缆。

(3) 导体选择要求。屏柜内(或间)电缆及绝缘导线的芯线截面面积应按载流量进行选择,并满足对绝缘、散热等性能的要求。优先选用低烟无卤阻燃型的铜芯导体,并应具有一定的阻燃等级。对电缆,还应带屏蔽层。有关导体的更多讨论,可参阅参考文献[33,52]等资料。

(4) 屏柜内接线端子(排)应保证足够的绝缘强度、电流容量等性能,以满足实际接线需要,并优先选用无卤阻燃防尘型。

(5) 屏柜内(或间)接线(包括螺栓连接、插接、焊接等)均应牢固可靠,线束应横平竖直,层次分明,整齐美观,并远离飞弧元件(如断路器、接触器等),靠近发热元件的导体还应有隔热措施。标记每根芯线"源−目标"的白头,应字迹清晰,不易褪色和脱落。所有的连接导体中间不应有接头或接头仅能够出现在元件的接线端子和接线端子排位置。带屏蔽层的电缆,还应作单端接地防屏蔽措施。

(6) 屏柜内可采用设置一根具有一定截面(不小于 100 mm²),并与柜体非绝缘的接地铜排设计方案。屏内所有装置(或元件)的壳体接地端子、电缆屏蔽层、电压(或电流)互感器的二次回路等,分别通过专用接地线(截面不小于 4 mm²的多股铜线)连接至上述非绝缘接地铜排。

最后,需要再特别强调以下两点问题:

(1) 二次接线设计中的布线工艺

二次回路是电气设备不可或缺的重要组成部分,除其电气性能直接影响到整套电气设备的性能、可靠性和安全性外,回路中元件的装配、导体的敷设和压接等所构成的二次回路的布线工艺,同样也将对电气设备产生直接的影响。

也就是说,对励磁系统设备而言,一定要避免以往过多地关注设备电气性能和结构的设计及改进,而忽略了对二次回路布线工艺重视不足的问题。

性能、结构和外观是设备的 3 个重要方面,其中外观也正在向着家具化、装饰化的方向发展。因此,采用新工艺、新技术,以及使用新型的电气附件等,也是励磁系统设备二次接线设计中的重要内容。有关该部分内容的更多介绍,请另参阅其他文献。

(2) 励磁屏柜内接地铜排设置问题的讨论

电磁干扰是导致电气装置损坏或不正确动作的最为常见原因之一,而接地是抗电磁干扰的有效措施之一。因此,除了防止设备因绝缘损坏带电而危及人身安全所设的安全接地外,《火力发电厂、变电站二次接线设计技术规程》(DL/T 5136,2012 版)和《国家电网公司十八项电网重大反事故措施》(修订版)(以下简称《反措》)等,还增加了对等电位接地的要求。其中,《反措》第 15.6.2.3 条的具体要求为"微机保护和控制装置的屏柜下部应设有截面积不小于 100 mm²的铜排(不要求与保护屏绝缘),屏柜内所有装置、电缆屏蔽层、屏柜门体的接地端应用截面积不小于 4 mm²的多股铜线与其相连,铜排应用截面不小于 50 mm²的铜缆接至保护室内的等电位接地网"。

对励磁系统屏柜而言,上述问题就要复杂一些。目前,励磁屏的布置方式主要有集中布置(如火电厂的励磁小间)和分开布置(调节器屏与其他励磁屏分开,单独布置在保护室或集装箱内)等两种常见情况。对前述的励磁屏内设置一根非绝缘接地铜排的设计方案,在集中布置时,采取各屏内的接地铜排首末相连,并在铜排上一点用电缆接至电厂主接地网的设计方案,应是合适的。对于分开布置的调节器置于保护室内的情况,调节器屏内的接地铜排应按照上述的《反措》要求,与保护室的等电位接地网相连,而其余励磁屏的接地铜排与电厂主接地网相连。但是,无论上述的哪一种情况,将柜体与接地铜排进行可靠电气连接,可使柜体,以及屏内装置(或元件)、电缆屏蔽层、电压或电流互感器的二次回路等均实现接地,同时考虑到励磁屏集中布置已成为主流设计方案,以及励磁屏的实际接线情况等,前述的励磁屏内设置一根非绝缘接地铜排的设计,可能是一种比较适宜的设计方案。也就是,未必非要套用上述对布置于保护室内二次机柜的《反措》要求。

当然,励磁屏采取柜内设置两根接地铜排,即一根与柜体非绝缘(即保护地),另一根与柜体绝缘(即工作地)的设计方案,也未尝不可。同时,这也符合标准 DL/T 5136 对二次回路抗干扰接地的设计思路。此时,可将屏内所有装置(或元件)的壳体地和柜体地,即传统意义上的安全地,与柜体非绝缘的接地铜排相连,再将该铜排连接到保护室的安全接地网(而不是等电位接地网);而将电缆的屏蔽层、电压或电流互感器的二次回路等与柜体绝缘的接地铜排相连接,再将该铜排与保护室的等电位接地网相连,以防止外部干扰对屏内装置产生影响。

最后,应特别指出,接地并非仅局限于励磁系统的控制回路,主回路同样也存在接地的问题,如励磁变压器的铁芯及高低压绕组之间装设的金属静电屏蔽层、磁场断路器的壳体和电缆母线的屏蔽层等,这也是励磁系统在(接地)设计时应有的概念。但在多数情况下,对主回路的接地一般没有特别的考虑,通常习惯于经专用接地线均直接连接到与柜体或外壳非绝缘的接地铜排上,再接至电厂主接地网。

实际上,凡是电气系统及设备均涉及接地问题,接地就是要描述和说明电气系统及设备的某些导电部分与地之间的电气连接关系,通常分为保护接地(即安全接地)、工作接地、防雷接地(即雷电保护接地)、防静电接地和抗干扰接地(即屏蔽接地)等 5 种常见接地类型。电力系统的接地与过电压保护一样,也是一个系统的、复杂的和发展中的问题。有关该部分内容的更多介绍,请另参阅其他文献。

第七章　其他类型同步电机励磁系统设计

常规同步发电机励磁系统设计是发电电动机、燃气轮发电机和同步调相机等其他类型同步电机励磁系统设计的基础。在设计上，两者之间既有共性，又有一些各自独特的特点或特殊性。以下将对这一类同步电机励磁系统的设计进行讨论。

第一节　抽水蓄能发电电动机励磁系统设计

一、抽水蓄能电站的工作过程

100多年来，人类发明了多种储存电能的方式。但理论研究和实践均表明，抽水蓄能电站是其中目前唯一一种既经济又可靠，并可超大规模储存电能的方式，被业内誉为"巨型蓄电池"。

与常规电站仅有发电运行工况相比，抽水蓄能电站有发电和抽水两种运行工况，且之间转换频繁，相应的工作过程，如图7-1-1所示。可以看出，在发电工况下，运行情况与常规水电站相同，而在抽水工况下，发电机就变成了一台同步电动机，水轮机也成了水泵。发电和抽水工况下相应的功角特性，如图7-1-2所示。

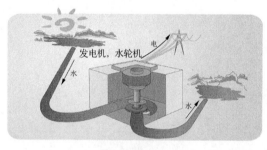
（a）发电工况*

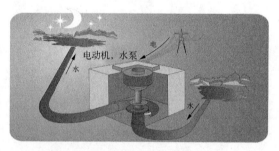
（b）抽水工况*

图7-1-1　抽水蓄能电站的工作过程

注：*图片来源于互联网，感谢作者。

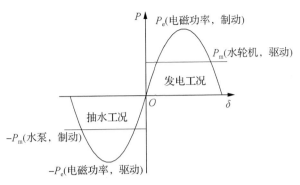

图 7-1-2　发电和抽水工况下的功角特性

二、励磁系统设计

(一)典型接线及构成

目前,抽水蓄能电站励磁系统的主要励磁方式有自并励静止励磁和恒电压源静止励磁2种,其典型接线分别如图 7-1-3(a)和(b)所示。其中,恒电压源静止励磁系统由于具有接线简单、设备少,以及机组工况转换时操作控制流程简单等优点,在工程上应用最为广泛。

从图中可以看出,抽水蓄能发电电动机励磁系统主要由励磁变压器、晶闸管整流装置、灭磁及转子过电压保护装置、调节器和起励装置等构成。与常规水轮发电机励磁系统在主要组成上是相同的。

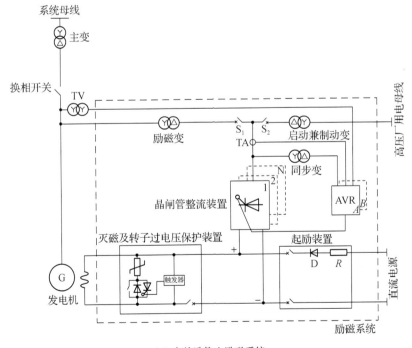

(a) 自并励静止励磁系统

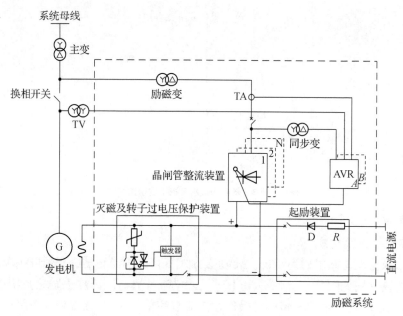

（b）恒电压源静止励磁系统

图 7-1-3　抽水蓄能电站励磁系统典型接线及构成

（二）设计条件

抽水蓄能发电电动机虽有发电机和电动机两个运行工况，但在励磁系统设计时，通常是取两个工况下对励磁系统要求最高的情况，作为设计条件。

以哈尔滨电机厂制造的 300 MW 级抽水蓄能发电电动机为例，发电和电动两工况下的主要电气参数，如表 7-1-1 所示。可以看出，在发电机工况下，对励磁电压和励磁电流有较高的要求，因此，在励磁系统设计时，应取发电机参数作为励磁系统主要设备参数选择计算的依据。

表 7-1-1　300 MW 级发电电动机主要电气参数

发电机参数		电动机参数	
额定功率（MW）	250	额定功率（MW）	268
额定定子电压（kV）	15.75	额定定子电压（kV）	15.75
额定功率因数	0.9	额定功率因数	0.98
负载额定励磁电压（V）	233.8	负载额定励磁电压（V）	208.5
负载额定励磁电流（A）	1 824.1	负载额定励磁电流（A）	1 624.6
空载额定励磁电压（V）	91.5	空载额定励磁电压（V）	91.5
空载额定励磁电流（A）	1 008.6	空载额定励磁电流（A）	1 008.4
下列参数适用于发电机和电动机两种情况：			
电阻	每相定子绕组电阻值（Ω）：0.001249（20 ℃）/0.001715（115 ℃）； 励磁绕组电阻值（Ω）：0.0888（20 ℃）/0.1219（130 ℃）		

续表

电抗(p. u.)	X_d(不饱和)＝1.098;X_d(饱和)＝1.029;X_d'(不饱和)＝0.283;X_d'(饱和)＝0.267;X_d''(不饱和)＝0.22;X_d''(饱和)＝0.209;X_q(不饱和)＝0.709;X_q''(不饱和)＝0.211;X_2＝0.215;X_0＝0.114
时间常数	T_{d0}'＝12.065 s;T_d'＝3.049 s;T_{d0}''＝0.189 s;T_a＝0.403 s

（三）控制流程设计

从前面分析可以看到,在励磁系统构成上,抽水蓄能发电电动机与常规水轮发电机没有太多区别,因此,励磁功率部分主要设备的参数选择计算,可参照第六章常规水轮发电机进行,不再重述。以下主要对励磁控制部分的设计予以讨论。

为突出重点和简化叙述,这里采用差异化的做法,主要就不同于常规水轮发电机的部分,或常规水轮发电机励磁控制部分不涉及的内容进行介绍。相同的内容,从略。其中,不同的部分主要体现在励磁控制流程和四象限运行的设计上,具体为:

1. 运行模式的控制

励磁系统投入前,计算机监控系统 LCU(Local Control Unit)首先应给出励磁调节器运行模式的控制指令。调节器收到该指令后,切换至需要的运行模式,以进行相应的调节和控制。图 7-1-4 给出了一种励磁系统运行模式的控制流程范例,可供设计参考。其中,启动工况下的励磁控制流程,留在后面讨论。

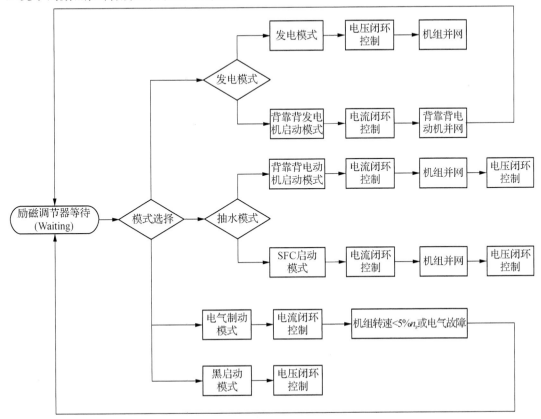

图 7-1-4　运行模式控制

2. 启动工况下的励磁控制

目前，抽水蓄能发电电动机的启动方式主要有 SFC 启动和背靠背启动 2 种。两种启动方式的基本工作原理和特点等内容，已在第二章第四节作过讨论，不再重述。两种启动方式下的励磁控制范例，分别如图 7-1-5 和图 7-1-6 所示。表 7-1-2 给出了几种常见同步电机启动过程的特点。

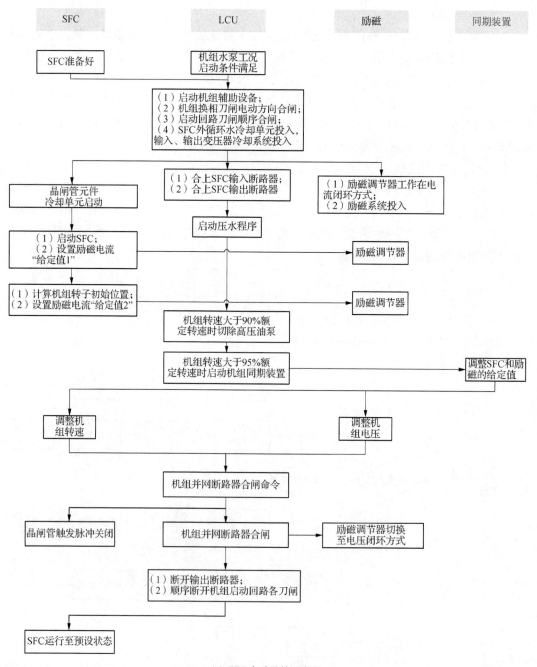

(a) SFC 启动及并网流程

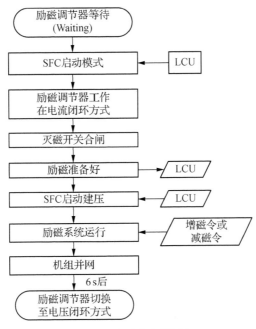

（b）SFC 启动的励磁控制

图 7 - 1 - 5　SFC 启动及并网流程范例

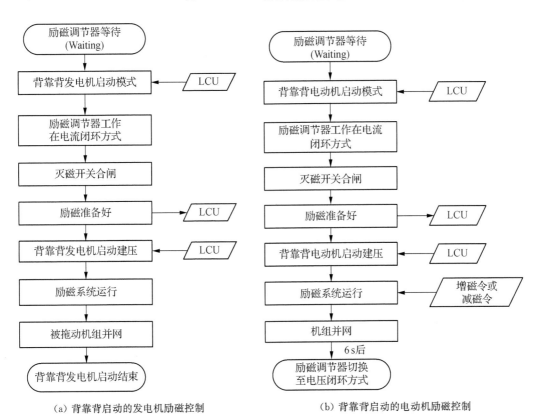

（a）背靠背启动的发电机励磁控制　　　　　（b）背靠背启动的电动机励磁控制

图 7 - 1 - 6　背靠背启动的励磁控制范例

表7-1-2　同步电机的启动特点

序号	电机类型	启动特点
1	抽水蓄能发电电动机	目前,工程上主要有SFC启动和背靠背启动两种启动方式。须拖动到额定转速
2	同步调相机	目前,工程上多采用SFC启动。须拖动到额定转速,此期间,在转速上升到20%额定转速时,启动励磁切换至主励磁
3	燃气轮发电机	目前,工程上主要有同轴电动机启动和SFC启动两种启动方式。一般将机组转速拖动到80%额定转速或以下。较上述两类同步电机的启动过程而言,燃气轮发电机的启动过程要复杂得多,具体包含有要完成机组的冷拖、吹扫清洗、点火和加速等4个阶段。其中,在点火阶段,待机组转速上升到脱扣转速(如80%额定转速)为止,启动装置才退出

3. 四象限运行的设计

由于抽水蓄能发电电动机有发电机和电动机两个运行工况,即四象限运行,但励磁电压和励磁电流的极性是不变的,唯一变化的是机端的电压和电流量,或功率的流向。因此,在调节器的采样、限制、调差和PSS等单元设计时,一定要注意机组四象限运行的适用性问题。

第二节　燃气轮发电机和核电汽轮发电机励磁系统设计

随着煤炭储存量的逐渐减少、空气污染治理措施的落实等,采用燃气、核能等进行发电,逐渐被提上了日程,也开始走向人们的生活。

一、燃气轮发电机

目前,燃气轮发电机励磁系统主要有三机无刷他励励磁(单相最为常见)、恒电压源静止励磁和自并励静止励磁3种方式。以前两种励磁系统为例,其典型接线及构成,分别如图7-2-1(a)和(b)所示。可见,在系统组成上,与常规汽轮发电机励磁系统没有不同,并且其中的三机无刷他励励磁系统与后面将要讲到的同步调相机励磁系统具有相似性。

因此,励磁功率部分主要设备的参数选择计算,可参照常规汽轮发电机进行,不再重述。励磁控制部分的主要区别是,在机组启动阶段,励磁调节器采用电流闭环控制或定角度控制,而非电压闭环。

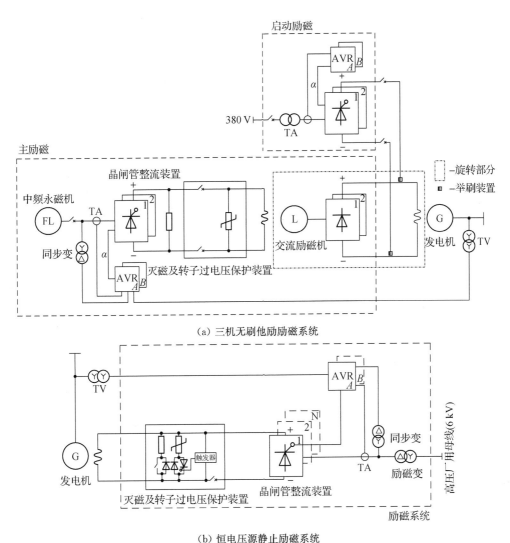

（a）三机无刷他励励磁系统

（b）恒电压源静止励磁系统

图 7 - 2 - 1 燃气轮发电机励磁系统部分典型接线及构成

二、核电汽轮发电机

核电厂中的汽轮发电机与常规汽轮发电机没有本质上的区别，但有全速（3 000 r/min，50 Hz）和半速（1 500 r/min，50 Hz）之分。据相关资料统计，国外大型核电汽轮机普遍采用半速型设计，相应地，汽轮发电机转子磁极数为 4 极。

核电汽轮发电机传统的励磁方式主要是三机无刷他励式励磁。但是，由于同一轴系上副励磁机端轴径偏细，在机组产生扭振时，出现过断轴的情况，因此，一些核电汽轮发电机在后续改造时一般取消了副励磁机，代以由发电机机端或厂用电不同段供电的励磁变供电方式。显然，变为了一种两机一变无刷他励式励磁。

后来，随着自并励静止励磁技术的发展和成熟，也逐渐被引入到核电汽轮发电机励磁系统中。也就是说，目前，核电汽轮发电机励磁系统主要有三机无刷他励励磁、两机一变无刷他励励磁和自并励静止励磁 3 种方式。

由于对核电厂的安全运行要求较高,以及核电厂自身的一些运行特点,使得核电汽轮发电机励磁系统设计与常规汽轮发电机相比,除在某些细节要求上有所不同外,实则也没有本质上的不同,可参照常规汽轮发电机进行设计。具体内容,从略。

第三节 同步调相机励磁系统设计

近年来,为应对高压直流输电和新能源接入电网,带来的系统无功功率的不足,以及电压稳定性的问题,大容量(达 350 MVA)的同步调相机(Synchronous Condenser,SC)开始在国内规模地兴建,是我国电网目前首选的无功补偿设备。

从第二章第四节分析可知,同步调相机,又称同步补偿机,可视作没有原动机的无功发电机或空载运行的同步电动机。在结构上,与常规汽轮发电机相似,转子磁极数也为 2 极。

目前,同步调相机励磁系统多采用自并励静止励磁方式,一般由启动励磁和主励磁两部分构成,其典型接线及构成,如图 7-3-1 所示。可以看到:

(1)主励磁部分主要由励磁变压器、晶闸管整流装置、灭磁及转子过电压保护装置和调节器等构成。

(2)从功能上讲,启动励磁部分类似于常规的交流起励装置。为适应同步调相机的启动要求,启动励磁的容量(如启动变)一般选择得偏大。

综上考虑可知:同步调相机励磁系统设计与常规汽轮发电机没有本质上的不同。其中,励磁功率部分可参照常规汽轮发电机励磁系统进行设计;在同步调相机启动阶段,启动励磁调节器应采用电流闭环控制或定角度控制,而非电压闭环控制,其余部分也不用调整太多。

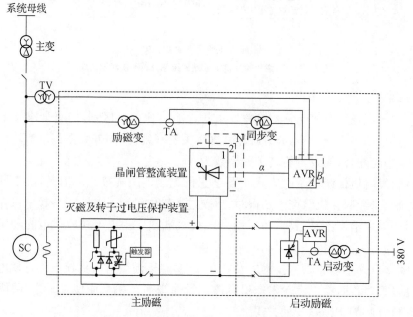

图 7-3-1 同步调相机励磁系统典型接线及构成

第四节　应急柴油发电机和同步电动机励磁系统设计

除上述的几种类型的同步发电机外,还有一类发电机——应急柴油发电机。

目前,应急柴油发电机组的单台额定功率最大可达 2 500 kW,主要包含有柴油发动机、交流发电机和控制系统等 3 大部分,基本控制原理,如图 7-4-1 所示。具体由柴油机、发电机、控制箱、燃油箱、启动和控制用蓄电瓶,以及保护装置、应急柜等部件组成,以某一国产额定功率 2 000 kW 柴油发电机组为例,实物外形图,如图 7-4-2 所示。可以看出,应急柴油发电机组实质上是一个完整的发电系统或微型电厂。

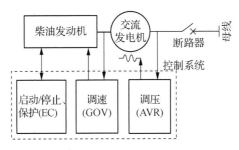

图 7-4-1　应急柴油发电机组的控制原理

图 7-4-2　额定功率 2 000 kW 柴油发电机组实物外形图(不含出线断路器)

根据励磁系统的构成特点,柴油发电机励磁系统可分为交流励磁机励磁和静止励磁 2 大类型,而每一类型下又有多种励磁方式,见表 7-4-1 所示,其中交流励磁机励磁在工程中最为常见。

表 7-4-1　柴油发电机的主要励磁方式

励磁类型	主要励磁方式	说明
交流励磁机励磁	无刷他励励磁 *(即两机无刷励磁)	通用技术
	永磁机无刷他励励磁(即三机无刷励磁)	通用技术
静止励磁	自并励励磁(即自并励静止励磁)	通用技术
	附加绕组励磁	意大利美奥迪专利技术
	三次谐波励磁	康富专利技术

注 * 在柴油发电机行业,习惯于从发电机角度进行命名,将其称之为无刷自励励磁。

应急柴油发电机组可作为电厂中的保安电源,通常由一家制造厂整套设计和供货。柴油发电机一般为多极式。在柴油发电机励磁系统设计时,应注意与常规同步发电机间的相互借鉴。

以上讨论的同步电机均是发电机。在实际生产中,还有一类同步电机,如鼓风机、水泵、球磨机、空气压缩机和轧钢机等负荷端的同步电动机,一般为多极式。

作为使用在电力系统负荷端的同步电动机,在不同的行业内,对其具体工作性能的要求,差异性也较大。另外,从第二章第四节对同步电动机异步启动的基本理论介绍中,也可以看出,相比同步发电机而言,两者之间有些相通之处,但区别也是明显的。由于本书主要侧重于"发电机"的讨论,有关同步电动机励磁系统的设计,可参阅参考文献[23]等资料,不再一一介绍。

有关同步电动机需要补充说明的是:

随着变频调速技术的发展,调节和控制同步电动机的转速已成为可能,同时也解决了同步电动机的启动困难、重载时容易振荡或失步等难题,已经成为交流调速领域中的一个重要的分支。

同步电动机依据励磁的实现情况,可分为电励磁、永磁体和无励磁 3 个类型。其中,电励磁方式下又有隐极式和凸极式、有刷和无刷结构形式之分。电励磁的同步电动机(或直流励磁的同步电动机)的变频调速方法,主要有他控式、自控式和矢量控制 3 种。

同步电动机变频调速的相关内容也极为丰富,但已属于电力拖动专业的范畴。有关这一部分内容的详细介绍,可参阅电气传动方面的文献。

第八章 智能电厂(站)中的励磁系统设计简述

智能电网已成为世界未来电力系统的发展方向。2009 年国家电网公司专门制定了"统一坚强智能电网关键设备(系统)研制规划",提出了智能电网发电、输电、变电、配电、用电、调度环节及通信信息平台的关键设备分阶段研制的目标。可见,智能化电厂(站)的建设也是构成智能电网体系的必要组成部分。

目前,有关发电厂(站)智能化的定义,行业内还未形成一个完全统一的认知。已公开的官方技术标准,并不是很多,主要有《智能水电厂技术导则》(DL/T 1547 - 2016)、《智能抽水蓄能电站技术导则》(2015 年,国家电网公司企业标准 Q/GDW 报批稿)等,具体定义分别为:

《智能水电厂技术导则》(DL/T 1547 - 2016)对智能水电厂有这样的定义,即适应智能电网源网协调要求,以信息数字化、通信网络化、集成标准化、运管一体化、业务互动化、运行最优化、决策智能化为特征,采用智能电力装置(IED)及智能设备,自动完成采集、测量、控制、保护等基本功能,具备基于一体化平台的经济运行、在线分析评估决策支持、安全防护多系统联动等智能应用组件,实现生产运行安全可靠、经济高效、友好互动和绿色环保目标的水电厂。

《智能抽水蓄能电站技术导则》中对智能抽水蓄能电站的定义为:智能抽水蓄能电站是一种基于一体化平台运行,支持智能应用组件,以信息数字化、通信网络化、集成标准化、运管一体化、业务互动化、运行最优化、决策智能化为特征,采用智能电子装置(IED)及智能设备,自动完成采集、测量、控制、保护等基本功能,满足智能电网网源协调要求的抽水蓄能电站。

实际上,我国发电领域的智能化起源于水电厂。具体分为厂站级和流域梯级 2 个层面。以厂站级为例,标准 DL/T 1547 - 2016 提出了基于"纵向分层、横向分区"思想的智能化水电厂的体系结构,如图 8 - 1 所示。很明显,信息数字化的网络通信是水电厂智能化的最主要特征之一。

发电厂作为智能电网中的一个重要环节,而发电机励磁系统又是发电厂中的一个重要设备,所以励磁系统的智能化也是势在必行。那么,励磁系统的智能化又该如何匹配或实现呢? 同样,对智能励磁系统的定义,也未达成一个共识。

当然,作为电厂现地控制单元的励磁系统,其智能化不能仅仅体现在支持与外围装置多协议网络通信的层面上。对励磁系统内部的调节和控制、状态监测和诊断等算法上的智能化,也必须同时予以考虑的。

以下给出一些励磁系统智能化的思路,以供设计参考之用,具体有:

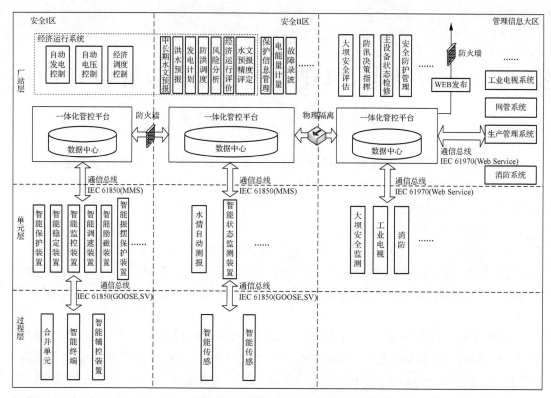

图 8-1 智能化水电厂的体系结构

（1）为克服目前"PID＋PSS"励磁调节方式，难以兼顾对其快速、高放大倍数调节性能的要求和引入负阻尼带来系统低频振荡之间的矛盾，应结合现代控制理论，提出新型的励磁调节方式。

（2）现有固定参数 PID 模型的参数整定，是系统或发电机在某一条件或工况下，根据一定整定原则确定的，这样就导致所整定的参数难以最优地适应系统的全工况运行，如增益对系统稳态、动态和暂态的不适应性。也就要求应能够根据系统的实际运行情况，在线自动地调整 PID 参数，以使系统的工作性能实现全工况下最优。

自适应 PID 控制是解决这一问题的有效方法之一，它具有自动辨识被控过程参数、适应被控过程的状态量变化，实时地调整 PID 参数，使系统性能达到最优。

（3）针对目前 PSS 模型不能很好地抗反调和在系统超低频振荡下提供正阻尼等问题，应对现有的 PSS 模型进行优化、改进，或提出新的模型结构，以提高 PSS 在系统全低频段振荡下的适应性。

（4）设备的可利用率和维护成本直接关系到电厂的经济效益，因此，设备的状态监测和诊断也越来越受到电厂的重视。并随着电厂设备的检修体制从预防性计划检修向状态检修的转变，显然励磁系统也应适应这一发展趋势。

目前，励磁系统设备的诊断，主要是通过人工提取故障特征信息，以人员经验作指导进行故障分析和定位的，存在对维护人员技术要求较高、离线诊断等缺点，严重影响了诊断的准确性和实时性。随着数字式励磁调节器的普遍应用，励磁系统虽然也具备了一些基本的状态监测和故障诊断功能,如过励限制、欠励限制和 TV 断线检测等,但仅在设备故障事后给出报警信号,显然不能满足未来对设备检修的发展需要。

励磁设备状态监测和诊断单元是电站状态监测和诊断系统的重要组成部分[53]。为此,应在控制、维护和技术管理综合集成及信息共享的框架下,开发励磁设备的监测和诊断系统,以实现准确地判断设备的健康状况、性能劣化情况及其发展趋势,并辅以专家知识库作出正确的决策,从而实现励磁设备维修的自动化。另外,同时还应将这一功能直接集成到励磁系统设计中,以便更好地适应电厂未来对设备检修的发展趋势。

由此可以看出,励磁设备状态监测和诊断单元,实际上是人工智能技术在励磁故障诊断领域上的应用。

(5) 为适应未来的技术发展,励磁设备应具有可通过蓝牙和 NFC,与外部移动或手持设备的无线连接,以实现点对点非接触式地对励磁相应设备的状态检测、操作和管理等任务。

(6) 此外,近几年提出的励磁系统光纤通信分布式设计,也应是智能化的一种体现。比如,励磁系统主要屏柜内均设置有(智能)监测或控制装置,之间信息交互,即使调节器故障退出运行后,在整流装置内监控装置控制下,励磁系统仍可以维持继续运行。

电厂包括励磁系统的智能化,是一个持续创新的过程。随着大数据、云计算和人工智能等新兴技术的发展,并依托于互联网,则电厂及励磁系统智能化的理念、内涵和技术内容等也将会随之变化,是一个发展的问题。国内在理论、技术、产品,以及工程实践等方面仍处于起步阶段,任重而道远。

第九章 励磁系统试验

前八章对励磁系统基本理论与设计的相关内容,进行了较为详尽的介绍。实际上,励磁系统还有一个重要的分支——励磁系统试验。设计预期性能指标是否满足、目标是否实现等一系列问题,均须通过试验来予以验证。因此,励磁系统试验可视为设计工作的进一步延伸。

同样,励磁系统试验对励磁系统基本理论和工程实践经验的要求也很高,目前属于一个专门的工种,通常由电力试验研究单位来完成。为使本书保持对励磁系统主要内容的完整性,以下对励磁系统试验也作一初步性介绍。详细地讨论,可参阅参考文献[54],该书可作为本书励磁系统试验部分的很好补充。

由于抽水蓄能发电电动机有发电机和电动机两个运行工况,具有普遍的代表性。因此,这里以 300 MW 级抽水蓄能发电电动机为例,来对励磁系统试验进行简单介绍。

第一节 分类及试验

依据装置的制造和使用过程,励磁系统试验可分为型式试验、出厂(验收)试验、现场(交接)试验和定期检修试验等 4 个种类。每类试验的具体试验项目及方法、要求等,应满足现行的技术标准和管理规定要求,详见附录 E。其中,伴随机组检修的试验,可根据现场励磁装置的实际运行情况和要求,取出厂试验和(或)现场试验中的部分试验项目进行。

为便于学习和了解,现将抽水蓄能发电电动机励磁系统试验中的型式试验、出厂试验和现场试验中的常见试验项目,列于表 9-1-1 所示。以下以其中的现场试验为例,针对发电电动机在发电和抽水两个工况下的部分试验项目情况[55]进行简单介绍。

表 9-1-1 发电电动机励磁系统试验分类及具体试验项目

序号	试验项目	型式试验	出厂试验	现场试验	说明
通用试验					
1	励磁变压器试验	a			△
1.1	绝缘和耐压试验	√	√	√	
1.2	三相不对称试验	√	√	√	
1.3	温升试验	√	√		

序号	试验项目	型式试验	出厂试验	现场试验	说明
1.4	1.3倍工频感应耐压试验	√	√		
2	晶闸管整流装置试验				△
2.1	绝缘和耐压试验	√	√	√	
2.2	功率元件试验	b	b		
2.3	脉冲变压器试验	√	√		
2.4	电气二次回路试验	√	√		
3	磁场断路器试验	a			△
3.1	绝缘和耐压试验	√	√	√	
3.2	导电性能检查	√	√	√	
3.3	操作性能试验	√	√	√	
3.4	同步性能测试	√	√	√	
3.5	分断电流试验	√	√	√	
4	非线性电阻及过电压保护器部件试验	a			△
4.1	绝缘和耐压试验	√	√	√	
4.2	灭磁电阻试验	√	√	b	
4.3	跨接器试验	√	√	√	
5	自动励磁调节器试验				△
5.1	绝缘和耐压试验	√	√	√	
5.2	电气调整试验	√	√		
5.3	振动和环境试验	√			
5.4	电磁兼容试验	√			
6	励磁系统联调				
6.1	小电流试验	√	√	√	

发电工况

1	开环高压小电流试验	√	√		△
2	开环低压大电流试验	√	√		△
3	零起升压、自动升压和软起励试验	√		√	△
4	升降压及逆变灭磁特性试验	√		√	△
5	自动/手动及两套独立调节通道的切换试验	√	√	√	△
6	空载状态下10%阶跃响应试验	√		√	△
7	调压精度测试	√		c	△
8	电压给定值整定范围及变化速度测试	√	√	√	△
9	测试自动励磁调节器的电压-频率特性	√		√	△
10	电压/频率限制试验	√		√	△
11	TV断线模拟试验	√	√	√	△

序号	试验项目	型式试验	出厂试验	现场试验	说明
12	功率柜整流的噪声试验	√	√		△
13	功率整流柜的均流试验	√		√	△
14	发电机电压调差率的测定	√		√	△
15	发电机无功负荷调整及甩负荷试验	√		√	△
16	发电机在空载和负载工况下灭磁试验	√		√	△
17	励磁系统顶值电压及电压响应时间的测定	√		d	△
18	过励磁限制功能试验	√		√	△
19	欠励磁限制功能试验	√		√	△
20	电力系统稳定器 PSS 试验	√		√	△
21	电气制动试验	√		√	
22	背靠背发电机启动试验	√		√	
23	发电调相工况试验	√		√	
24	励磁系统各部分温升试验	√		√	△
抽水工况					
1	背靠背电动机启动试验	√		√	
2	SFC 启动试验	√		√	
3	抽水调相工况试验	√		√	
4	励磁调节器限制和保护功能试验(过励限制、欠励限制、TV 断线模拟试验)	√		√	
5	电气制动试验	√		√	
6	抽水调相工况转换至抽水工况试验	√		√	
7	抽水工况下 PSS 试验	√		√	
8	发电工况与抽水工况之间转换试验	√		√	
9	其他试验	√		d	
励磁系统 15 天试运行		√		√	

注:a. 每一型号产品由制造厂提供有关按照国家和行业标准所进行的型式试验和出厂试验文件。

b. 出具有关元件参数文件和功率组件全动态试验报告。

c. 出具新产品测试报告或在用户特别要求下做。

d. 可选项。

△ 可参照 DL/T 489《大中型水轮发电机静止整流励磁系统试验规程》规定执行。

一、发电工况试验

发电工况下的部分试验项目及录波,见表 9-1-2 所示。

表 9-1-2　发电工况试验

序号	试验项目	录波
1	零起升压试验	图 9-1-1
2	空载 15% 电压阶跃试验	图 9-1-2

序号	试验项目	录波
3	PSS 投/退试验	图 9-1-3
4	跳灭磁开关试验	图 9-1-4
5	电气制动试验	图 9-1-5
6	背靠背启动试验（发电机运行）	图 9-1-6

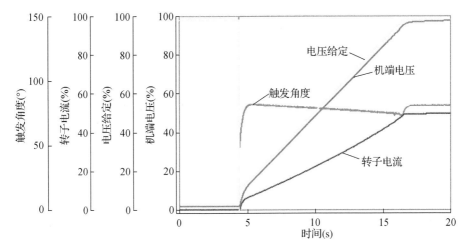

图 9-1-1 零起升压试验

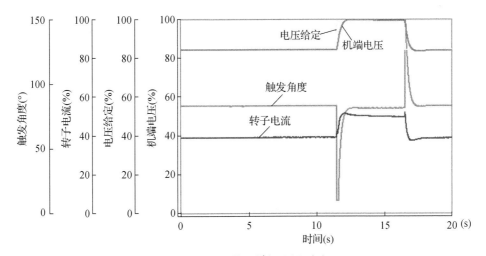

图 9-1-2 空载 15%电压阶跃试验

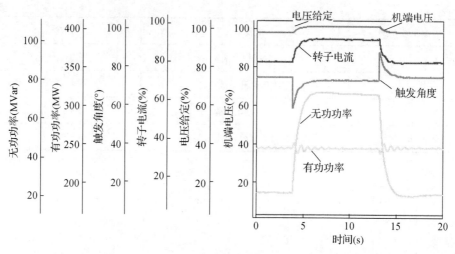

(a) PSS 退出(电压阶跃 3%)

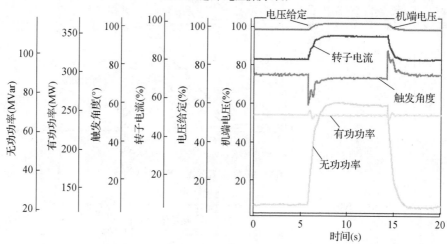

(b) PSS 投入(电压阶跃 3%)

图 9-1-3　PSS 投/退试验

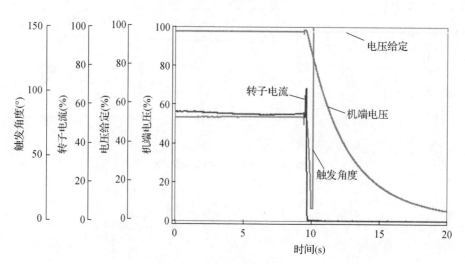

图 9-1-4　跳灭磁开关试验

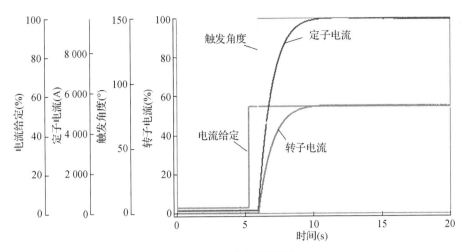

图 9 - 1 - 5　电气制动试验

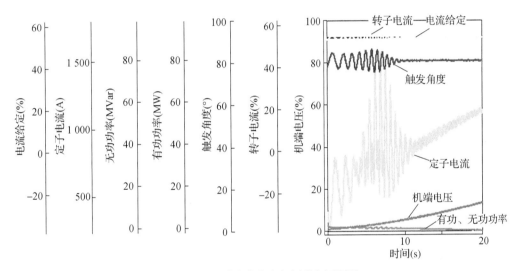

图 9 - 1 - 6　背靠背启动试验(发电机运行)

二、抽水工况试验

抽水工况下的部分试验项目及录波,见表 9 - 1 - 3 所示。

表 9 - 1 - 3　抽水工况试验

序号	试验项目	录波
1	SFC 启动试验	图 9 - 1 - 7
2	背靠背启动试验(电动机运行)	图 9 - 1 - 8
3	PSS 投/退试验	图 9 - 1 - 9

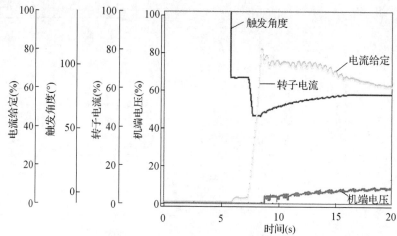

图 9 - 1 - 7　SFC 启动试验(10％额定转速以下)

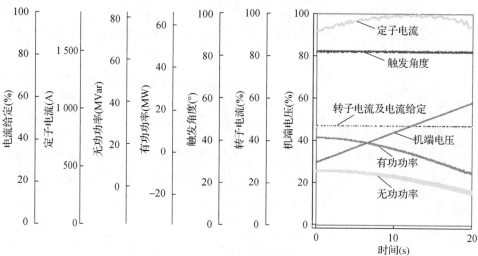

图 9 - 1 - 8　背靠背启动试验(电动机运行)

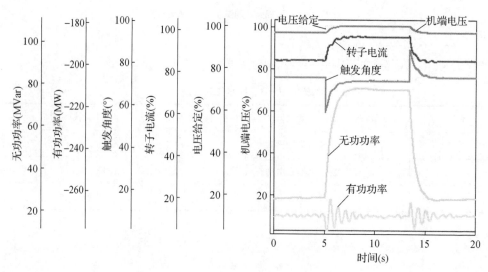

(a) PSS 退出

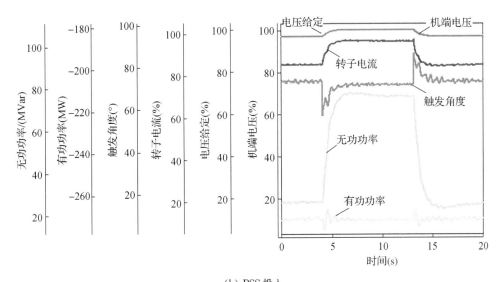

(b) PSS 投入

图 9 - 1 - 9 PSS 投/退试验

为便于交流,表 9 - 1 - 4 给出了几组行业内常用技术术语的缩写(引自标准 GB/T 32894)。

表 9 - 1 - 4 常用技术术语的缩写

名称	缩写	说明
发电	G	全称 Generator,有时也缩写为 Gen
抽水	P	全称 Pump,有时也缩写为 Po
发电调相	GC	全称 Generator Condenser,有时也缩写为 SCT
抽水调相	PC	全称 Pump Condenser,有时也缩写为 SCP
变频器启动	SFC	全称 Static Frequency Converter startup,有时也缩写为 FC
背靠背启动	BTB	全称 Back to Back startup
黑启动	BS	全称 Black Start

第二节 常见故障及处理

励磁系统由多个装置或设备构成,自然影响其安全运行的因素也较多,当然故障情况也是多样的。表 9 - 2 - 1 给出了抽水蓄能发电电动机励磁系统的一些常见故障及处理措施,可供设备维护等参考之用。

表 9－2－1　励磁系统常见故障及处理

序号	故障现象	处理措施
1	机组运行工况（发电、抽水、调相、发电启动、停机、黑启动、拖动、被拖动、电制动）与励磁运行控制模式不一致	若发现励磁运行工况与实际不符，上报值守长，待机组停机后，再检查通讯与接线是否正常
2	励磁调节器报 GPS 通信告警	首先检查 GPS 通信回路接线是否松动，若非接线问题，再确定是软件设计缺陷还是硬件故障所引起，停机后检查。若运行确认属于软硬件设计缺陷问题，则机组应立即停机处理
3	励磁调节器报限制、告警信号	首先检查确认限制、告警信号属于哪一种，再根据具体限制、告警信号情况，有针对性地进行检查，停机后检查
4	励磁调节器报故障信号	机组应立即停机处理。须及时进行检查，判断属于哪一种故障，再根据具体故障情况，有针对性地进行检查，停机后检查
5	励磁调节器报同步电压故障	机组应立即停机处理。首先检查同步电压回路接线是否松动、励磁调节器触发脉冲模块是否损坏，停机后检查
6	励磁调节器报触发脉冲故障	机组应立即停机处理。首先检查触发脉冲回路接线是否松动、励磁调节器触发脉冲回读模块是否损坏，停机后检查
7	励磁调节器由主通道切换至备用通道	及时检查确认切换原因（软件故障还是硬件故障），再依据故障类型，进行针对性分析，停机后检查
8	整流柜报故障信号	机组应立即停机处理。首先对冷却系统进行检查，确认冷却风机、风压检测器件、可控硅保护快速熔断器等装置和元器件是否良好，冷却风机工作电源有无掉电，停机后检查
9	整流柜均流系数低于 0.9	对低电流输出整流柜进行检查，确认触发脉冲接线、主回路固定螺丝是否松动，晶闸管元件是否良好，停机后检查。运行确认发生以上故障，则机组停机处理
10	交流断路器、灭磁开关主触头出现过热或烧损严重，超出制造厂所规定的允许运行情况	运行确认故障严重时，则机组应停机处理，核实断路器最大断流能力设计值是否偏小，停机后检查
11	转子灭磁回路出现部分非线性灭磁电阻组件损坏	机组应立即停机处理
12	转子过压保护回路故障	机组应立即停机处理。首先检查确认转子过压保护回路接线是否有误，若非接线问题，须核实转子过电压保护回路设计是否满足 DL/T 583 的规定要求，停机后检查
13	励磁变压器报温度高告警信号	首先对冷却系统进行检查，确认冷却系统电源有无掉电，装置和元器件是否有损坏等情况，停机后检查。运行确认故障严重时，则机组应立即停机处理

附录 A　同步发电机定、转子各绕组自感及互感的计算

由于转子的旋转使得磁链方程式(2-2-17)中一些绕组之间的相对位置和气隙中各点的磁阻随时间变化，从而使得绕组的自感和一些绕组间的互感也随时间变化。为便于理解，据图 2-2-1(a)，将 A 相(即图中的 a 相，下同)绕组轴线与定子内圆的交点作为坐标原点，沿内圆逆时针展开，如图 A 所示。

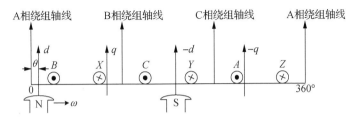

图 A　沿定子内圆周的平面展开图

A.1　定子绕组的自感和定子绕组间的互感

以 A 相绕组 X-A 为例，当转子旋转(即图 A 中主磁极向右平移)时，使得 A 相绕组磁路的磁阻随主磁极的位置呈周期性变化。当转子 d 轴与 A 相绕组轴线重合时，磁阻最小，q 轴与 A 相绕组轴线重合时，则磁阻最大。另外，由于 A 相绕组磁路的磁阻与转子主磁极的极性无关，因此其磁阻的变化将随转子每旋转一周而重复两次。B、C 两相绕组磁阻的情况与 A 相相同。于是定子 ABC 三相绕组的自感可表示为

$$\left.\begin{aligned}
L_{aa} &= l_0 + l_2\cos2\theta \\
L_{bb} &= l_0 + l_2\cos[2(\theta-120°)] \\
L_{cc} &= l_0 + l_2\cos[2(\theta+120°)]
\end{aligned}\right\} \tag{A-1}$$

式中：θ——转子 d 轴超前 A 相绕组磁轴的电角度。

同理，转子的旋转也会使得定子相绕组间互磁通路径的磁阻，也发生相同性质的变化，于是定子绕组间的互感可表示为

$$
\left.\begin{array}{l}
M_{ab}=M_{ba}=-[m_0+m_2\cos2(\theta+30°)] \\
M_{bc}=M_{cb}=-[m_0+m_2\cos2(\theta-90°)] \\
M_{ca}=M_{ac}=-[m_0+m_2\cos2(\theta+150°)]
\end{array}\right\} \tag{A-2}
$$

显然,对隐极机,则有 $l_2=m_2=0$,即定子绕组的自感和互感均为常数。

A.2　定子绕组与转子绕组间的互感

同样,由于转子的选择,定子绕组与转子绕组间互磁通路径的磁阻也是周期性变化的,但与转子主磁极的极性有关,即转子每旋转一周,其磁阻重复一次,所以定子绕组与转子各绕组(f、D、g 和 Q)间的互感分别为

$$
\left.\begin{array}{l}
M_{af}=M_{fa}=m_{af}\cos\theta \\
M_{bf}=M_{fb}=m_{af}\cos(\theta-120°) \\
M_{cf}=M_{fc}=m_{af}\cos(\theta+120°)
\end{array}\right\} \tag{A-3}
$$

$$
\left.\begin{array}{l}
M_{aD}=M_{Da}=m_{aD}\cos\theta \\
M_{bD}=M_{Db}=m_{aD}\cos(\theta-120°) \\
M_{cD}=M_{Dc}=m_{aD}\cos(\theta+120°)
\end{array}\right\} \tag{A-4}
$$

$$
\left.\begin{array}{l}
M_{ag}=M_{ga}=-m_{ag}\sin\theta \\
M_{bg}=M_{gb}=-m_{ag}\sin(\theta-120°) \\
M_{cg}=M_{gc}=-m_{ag}\sin(\theta+120°)
\end{array}\right\} \tag{A-5}
$$

$$
\left.\begin{array}{l}
M_{aQ}=M_{Qa}=-m_{aQ}\sin\theta \\
M_{bQ}=M_{Qb}=-m_{aQ}\sin(\theta-120°) \\
M_{cQ}=M_{Qc}=-m_{aQ}\sin(\theta+120°)
\end{array}\right\} \tag{A-6}
$$

A.3　转子绕组的自感和转子绕组间的互感

由于转子各绕组随转子一同旋转,因此这些绕组本身磁路的磁阻和绕组间互磁通路径的磁阻均不受转子旋转的影响,也就是说,转子各绕组的自感和绕组间的互感均为常数。另外,由于 d 轴上的 f、D 绕组与 q 轴上的 g、Q 绕组正交,因此它们之间的互感为零,即有

$$
M_{fg}=M_{gf}=M_{fQ}=M_{Qf}=M_{Dg}=M_{gD}=M_{DQ}=M_{QD}=0 \tag{A-7}
$$

有关同步发电机定、转子各绕组自感及互感计算的更多详细的讨论,可参阅参考文献[12]。

附录 B　励磁控制系统稳态误差计算

由"自动控制原理"课程可知,稳态误差是系统控制精度的一种度量,是衡量系统最终控制精度的重要的性能指标。其大小与系统本身的结构参数和外作用的形式密切相关。

B.1　误差及稳态误差的定义

系统的误差一般定义为期望值与实际值之差,即

$$系统误差＝期望值－实际值$$

相应地,对于图 B-1 所示典型结构的系统,其误差的具体定义形式有两种,分别为

$$\left.\begin{array}{l} e(t)＝r(t)－c(t) \\ e(t)＝r(t)－b(t) \end{array}\right\} \tag{B-1}$$

式中:$r(t)$、$c(t)$ 和 $b(t)$——分别为期望值、实际值(即系统的输出)和反馈量。

在图中反馈量 $H(s)＝1$(即单位反馈)时,以上两种定义形式是一致的。

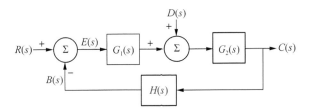

图 B-1　控制系统的典型结构

稳态误差的定义:稳定系统的误差终值称之为稳态误差。将其表述为数学的形式,则为:当时间 t 趋于无穷大时,系统误差 $e(t)$ 的极限存在,则系统的稳态误差 e_{ss} 为

$$e_{ss} = \lim_{t \to \infty} e(t) \tag{B-2}$$

B. 2　稳态误差的计算

为便于计算励磁控制系统的稳态误差,将图 B-1 中的期望值 $R(s)$、扰动量 $D(s)$ 和输出值 $C(s)$ 分别取为电压给定值 $U_{\mathrm{ref}}(s)$、无功电流 $I_{\mathrm{Q\,G}}(s)$ 和端电压 $U_{\mathrm{G}}(s)$,并增加环节 $G_3(s)$,则可得到图 B-2。图中虚线框部分(即环节 $G_{\mathrm{c}}(s)$)为无功电流补偿单元或调差单元,先暂不考虑。

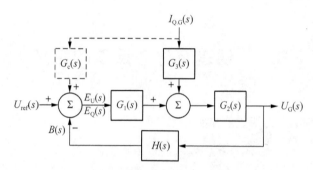

图 B-2　励磁控制系统结构框图

再根据式(B-1)中误差的第二种定义形式,并进行拉氏变换,则有

$$E(s)=U_{\mathrm{ref}}(s)-B(s) \tag{B-3}$$

由图 B-2,并依据叠加原理,则可得到

$$B(s)=\phi_{\mathrm{B\,U}}(s)\cdot U_{\mathrm{ref}}(s)+\phi_{\mathrm{B\,Q}}(s)\cdot I_{\mathrm{Q\,G}}(s) \tag{B-4}$$

式中:$\phi_{\mathrm{B\,U}}(s)$ 和 $\phi_{\mathrm{B\,Q}}(s)$ 分别为反馈量 $B(s)$ 对电压给定值 $U_{\mathrm{ref}}(s)$ 和无功电流 $I_{\mathrm{Q\,G}}(s)$ 的闭环传递函数。

再由图 B-2,可求得 $\phi_{\mathrm{B\,U}}(s)$ 和 $\phi_{\mathrm{B\,Q}}(s)$ 分别为

$$\left.\begin{aligned} \phi_{\mathrm{B\,U}}(s)&=\frac{G_1(s)G_2(s)H(s)}{1+G_1(s)G_2(s)H(s)} \\ \phi_{\mathrm{B\,Q}}(s)&=\frac{G_2(s)G_3(s)H(s)}{1+G_1(s)G_2(s)H(s)} \end{aligned}\right\} \tag{B-5}$$

将式(B-4)和式(B-5)一并代入式(B-3),经整理,可得

$$E(s)=\frac{1}{1+G_1(s)G_2(s)H(s)}\cdot U_{\mathrm{ref}}(s)-\frac{G_2(s)G_3(s)H(s)}{1+G_1(s)G_2(s)H(s)}\cdot I_{\mathrm{Q\,G}}(s)$$

即

$$E(s)=E_{\mathrm{U}}(s)+E_{\mathrm{Q}}(s) \tag{B-6}$$

式中:$E_{\mathrm{U}}(s)$ 和 $E_{\mathrm{Q}}(s)$——分别为在电压给定值 $U_{\mathrm{ref}}(s)$ 和无功电流 $I_{\mathrm{Q\,G}}(s)$ 作用下的误差。

最后,依据终值定理(见附录 D),则可求得系统在给定输入 $U_{ref}(s)$ 和无功电流 $I_{QG}(s)$ 作用下的稳态误差,分别为

$$
\left.
\begin{aligned}
e_{ss.U} &= \lim_{s \to 0} s \cdot E_U(s) = \lim_{s \to 0} s \cdot \frac{1}{1 + G_1(s)G_2(s)H(s)} \cdot U_{ref}(s) \\
e_{ss.Q} &= \lim_{s \to 0} s \cdot E_Q(s) = -\lim_{s \to 0} s \cdot \frac{G_2(s)G_3(s)H(s)}{1 + G_1(s)G_2(s)H(s)} \cdot I_{QG}(s)
\end{aligned}
\right\} \tag{B-7}
$$

若考虑图中虚线框部分的无功电流补偿单元,可知:$\phi_{B.U}(s)$ 形式不变,而 $\phi_{B.Q}(s)$ 的形式应修改为

$$
\phi_{B.Q}(s) = \frac{G_1(s)G_2(s)G_c(s)H(s) + G_2(s)G_3(s)H(s)}{1 + G_1(s)G_2(s)H(s)} \tag{B-8}
$$

由此可得出:$e_{ss.U}$ 形式不变,而 $e_{ss.Q}$ 应为

$$
e_{ss.Q} = \lim_{s \to 0} s \cdot E_Q(s) = -\lim_{s \to 0} s \cdot \frac{G_1(s)G_2(s)G_c(s)H(s) + G_2(s)G_3(s)H(s)}{1 + G_1(s)G_2(s)H(s)} \cdot I_{QG}(s)
$$

$$\tag{B-9}$$

倘若再将 $I_{QG}(s)$ 经环节 $G_3(s)$ 至加法器前的"+"变为"−",则式(B-7)和(B-9)中的 $e_{ss.Q}$ 应分别修改为

$$
e_{ss.Q} = \lim_{s \to 0} s \cdot E_Q(s) = \lim_{s \to 0} s \cdot \frac{G_2(s)G_3(s)H(s)}{1 + G_1(s)G_2(s)H(s)} \cdot I_{QG}(s) \tag{B-10}
$$

$$
e_{ss.Q} = \lim_{s \to 0} s \cdot E_Q(s) = -\lim_{s \to 0} s \cdot \frac{G_1(s)G_2(s)G_c(s)H(s) - G_2(s)G_3(s)H(s)}{1 + G_1(s)G_2(s)H(s)} \cdot I_{QG}(s)
$$

$$\tag{B-11}$$

而 $e_{ss.U}$ 形式仍不变。

附录 C 励磁控制系统动态性能分析法

    励磁控制系统经过结构图的等效变换后,均可等效为如图 C-1 所示的典型结构形式。以下将在该结构框图的基础上,就励磁控制系统性能分析的主要常用分析方法作一简单介绍。

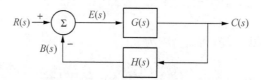

图 C-1 励磁控制系统典型结构框图

    励磁控制系统动态性能分析法主要有直接求解微分方程的时域分析法与间接图解的根轨迹法和频率法两类。以下主要对其中的时域分析法和根轨迹法进行说明。

C.1 时域分析法

    时域分析法是通过直接求解系统在典型输入信号作用下的时间响应,来分析系统的控制性能,并采用超调量、调节时间和稳态误差等性能指标,来评价系统单位阶跃响应下的平稳性、快速性和稳态精度。此外,在忽略一些次要因素影响条件下,励磁控制系统总可以近似简化为一个二阶或一阶系统。

C.1.1 二阶系统分析

    由二阶微分方程描述的系统,称为二阶系统。在一定简化处理下,单机运行的励磁控制系统总可简化为一个二阶系统,如图 C-2 所示。

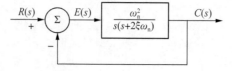

图 C-2 二阶励磁控制系统框图

    图 C-2 所示系统的闭环传递函数 $\phi(s)$ 为

$$\phi(s) = \frac{\omega_n^2}{s^2 + 2\xi\omega_n s + \omega_n^2} \tag{C-1}$$

式中:ξ 和 ω_n 分别称为阻尼比和零阻尼自然振荡频率。

其特征方程为

$$D(s)=s^2+2\xi\omega_n s+\omega_n^2=0 \tag{C-2}$$

对上述方程求解,可得其特征根 s_1 和 s_2(即闭环传递函数的极点)分别为

$$s_{1,2}=-\xi\omega_n\pm\omega_n\sqrt{\xi^2-1}$$

即

$$s_{1,2}=-\sigma\pm j\omega_d \tag{C-3}$$

式中:$\sigma=\xi\omega_n$——特征根实部之模值,反映系统响应幅值衰减的快慢,称之为衰减系数;

$\omega_d=\omega_n\sqrt{1-\xi^2}$,反映系统响应交变的快慢,称为阻尼振荡频率。

式(C-3)表明,二阶励磁控制系统的时间响应特性完全由 ξ 和 ω_n 两个参数来决定。

取不同 ξ 值时,方程的特征根在复平面(或 s 平面)上的分布,以及系统在单位阶跃下的时间响应特性均不同,具体情况如表 C-1 所示。

表 C-1 不同 ξ 下的二阶励磁控制系统特征根分布和阶跃时间响应曲线

阻尼比	特征根及分布		时间响应曲线	说明
$\xi=0$ 零阻尼	$s_{1,2}=\pm j\omega_n$			不稳定,等幅振荡
$0<\xi<1$ 欠阻尼	$s_{1,2}=-\xi\omega_n\pm j\omega_n\sqrt{1-\xi^2}$			稳定,衰减振荡
$\xi=1$ 临界阻尼	$s_{1,2}=-\omega_n$			稳定,单调按指数衰减
$\xi>1$ 过阻尼	$s_{1,2}=-\xi\omega_n\pm\omega_n\sqrt{\xi^2-1}$			稳定,单调按指数衰减
$-1<\xi<0$ 负阻尼	$s_{1,2}=\xi\omega_n\pm j\omega_n\sqrt{1-\xi^2}$			不稳定,增幅振荡
$\xi<-1$ 负阻尼	$s_{1,2}=\xi\omega_n\pm\omega_n\sqrt{\xi^2-1}$			不稳定,单调按指数增长

图 C-3(a)和(b)也分别示出了阻尼比对二阶系统单位阶跃响应和超调量的影响情况。图 C-3(c)为对应于不同误差值(Δ)时的调节时间与阻尼比间的关系曲线。

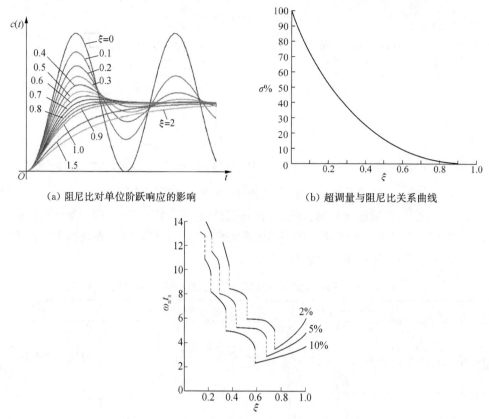

(a) 阻尼比对单位阶跃响应的影响 (b) 超调量与阻尼比关系曲线

(c) 不同允许误差值下的调节时间与阻尼比关系曲线

图 C-3 阻尼比对二阶系统响应性能的影响

从上图可以看出：阻尼比越大，则调节时间越长，超调量越小，系统响应的振荡倾向越弱。当 $\xi=0.707$ 时，调节时间和超调量是令人满意的，此时系统同时具有良好的快速性和平稳性，工程上习惯称之为最佳阻尼比。

另经计算可知，当 $\xi>1$ 时，系统在单位阶跃响应下的稳态值 $c(t)|_{t\to\infty}=1$，就是说，$\xi>1$ 的系统不存在稳态误差，即稳态误差 $e_{ss}=0$。

二阶系统中欠阻尼的情况最为常见，此时在单位阶跃响应下系统的动态性能指标计算式为

$$
\left.
\begin{aligned}
t_r &= \frac{\pi-\beta}{\omega_d} \\[6pt]
t_p &= \frac{\pi}{\omega_d} \\[6pt]
t_s &= \frac{3}{\xi\omega_n}(\text{取 }\Delta=5\%)\text{ 或 }\frac{4}{\xi\omega_n}(\text{取 }\Delta=2\%) \\[6pt]
\sigma\% &= e^{-\pi\xi/\sqrt{1-\xi^2}}\times100\%
\end{aligned}
\right\}
\tag{C-4}
$$

式中：t_r、t_p 和 t_s——分别为上升、峰值和调节时间；

　　　$\sigma\%$——超调量；

　　　Δ——允许误差值；

　　　β——阻尼角，其定义如图 C-4 所示，则有 $\beta=\arccos\xi$。

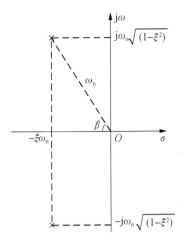

图 C-4　阻尼角 β 的定义

　　由此可得，二阶励磁控制系统性能分析的一般流程为：首先对系统的闭环特征方程进行求解，将计算结果与表 C-1 进行对照，便可对系统的响应情况包括稳定性作出判断。对欠阻尼系统而言，再结合式(C-4)，即可求出系统各项动态性能指标的具体数值。

C.1.2　一阶系统分析

　　由一阶微分方程描述的系统，称为一阶系统，又称惯性环节，如图 C-5 所示。

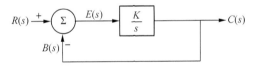

图 C-5　一阶励磁控制系统框图

闭环传递函数 $\phi(s)$ 为

$$\phi(s)=\frac{1}{1+Ts} \tag{C-5}$$

式中：T——时间常数，$T=\dfrac{1}{K}$；

　　系统单位阶跃响应为

$$C(s)=\phi(s)\cdot R(s)=\frac{1}{s}-\frac{1}{s+\dfrac{1}{T}} \tag{C-6}$$

对上式进行拉氏反变换，则有

$$c(t) = 1 - e^{-\frac{t}{T}} \tag{C-7}$$

由此可得,系统的时间响应曲线如图 C-6 所示。

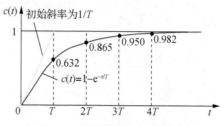

图 C-6 一阶系统单位阶跃响应曲线

上图表明:

(1) 一阶系统的单位阶跃响应以初始速度$\left(\text{即} \dfrac{\mathrm{d}c(t)}{\mathrm{d}t}\Big|_{t=0}\right)$等速上升至稳态值 1 时所用时间,即为时间常数($T$),这是一个重要的结论。

(2) 一阶系统的阶跃响应没有超调量,且稳态误差 $e_{ss} = 0$,因此描述其动态性能的指标主要是调节时间 t_s,其计算式为

$$t_s = 3T(\text{取 } \Delta = 5\%) \text{ 或 } 4T(\text{取 } \Delta = 2\%) \tag{C-8}$$

C.1.3 一般性系统分析

以上讨论了一、二阶系统闭环极点分布与系统动态性能的关系。下面将对一般性系统进行分析,并将图 C-1 所示系统的闭环传递函数以零、极点形式表示为

$$\phi(s) = \frac{C(s)}{R(s)} = \frac{b_0 s^m + b_1 s^{m-1} + \cdots + b_m}{a_0 s^n + a_1 s^{n-1} + \cdots + a_n} = \frac{K_\phi^* \prod\limits_{i=1}^{m}(s - z_i)}{\prod\limits_{i=1}^{n}(s - s_i)} \tag{C-9}$$

式中:z_i 和 s_i 分别为闭环传递函数的零点和极点。

取输入为单位阶跃信号 $r(t) = 1$ 即 $R(s) = \dfrac{1}{s}$,则有

$$C(s) = \frac{K_\phi^* \prod\limits_{i=1}^{m}(s - z_i)}{\prod\limits_{i=1}^{n}(s - s_i)} \cdot \frac{1}{s} \tag{C-10}$$

对上式进行因式分解,可得

$$C(s) = \frac{A_0}{s} + \frac{A_1}{s - s_1} + \cdots + \frac{A_n}{s - s_n} = \frac{A_0}{s} + \sum_{k=1}^{n} \frac{A_k}{s - s_k} \tag{C-11}$$

式中:$A_0 = \dfrac{K_\phi^* \prod\limits_{i=1}^{m}(s - z_i)}{\prod\limits_{i=1}^{n}(s - s_i)}\Bigg|_{s=0} = \dfrac{K_\phi^* \prod\limits_{i=1}^{m} z_i}{\prod\limits_{i=1}^{n} s_i} = \phi(0)$;

$$A_k = \frac{K_\phi^* \prod\limits_{i=1}^{m}(s-z_i)}{s\prod\limits_{\substack{i=1\\i\neq k}}^{n}(s-s_i)}\Bigg|_{s=s_k} = \frac{K_\phi^* \prod\limits_{i=1}^{m}(s_k-z_i)}{s_k\prod\limits_{\substack{i=1\\i\neq k}}^{n}(s_k-s_i)}\, 。$$

上式经拉氏反变换为

$$c(t) = A_0 + \sum_{k=1}^{n} A_k e^{s_k t} \tag{C-12}$$

式(C-11)和式(C-12)表明:

(1) 若要求系统稳定,则必须使所有的闭环极点 s_i 均位于 s 平面虚轴的左侧。

(2) 若要求系统平稳性好,则系统闭环极点最好设置在与 s 平面负实轴成 $\pm 45°$ 夹角线附近,即取最佳阻尼比 $\xi=0.707$。

(3) 若要求系统快速性好,则应使式(C-12)中暂态分量 $A_k e^{s_k t}$ 衰减得快,即闭环极点 s_k 应远离虚轴(对应 $e^{s_k t}$ 项)和闭环极点之间的间距要远(即 (s_k-s_i) 要大,对应 A_k 项),零点 z_i 应靠近极点 s_k(即 (s_k-z_i) 要小,对应 A_k 项)。

(4) 离虚轴最近的极点所对应的暂态分量 $A_k e^{s_k t}$ 衰减最慢,对系统的动态性能起主导作用,若使某一零点 z_i 靠近甚至等于极点 s_k,则系统的 A_k 值将很小甚至等于零,相应地 $A_k e^{s_k t}$ 分量可忽略不计,从而对系统动态性能起主导作用的极点,将让位于离虚轴次近的极点,相应地系统的快速性可得以提高。

以上 4 条结论,为利用闭环零、极点直接对系统动态性能进行分析提供了理论依据,也是系统闭环零、极点合理分布的基本原则。

此外,还应当指出的是:

(1) 时域分析法通常用于一、二阶系统的分析,二阶以上的高阶系统需借助于计算机仿真计算,否则应采用根轨迹法和频率法,该内容将在后面进行介绍。

(2) 虽然一般系统为高阶的,但是从动态响应的主要特征来看,往往与二阶系统相类似。另外,由前面的分析可知,对系统动态性能起决定影响作用的是其主导极点。因此,在简化分析时,以二阶系统作为实际系统的近似模型,这在理论和实践上是可行的,这是一个重要的结论。

C.1.4 劳斯判据

对二阶以上高阶系统,采用代数法的劳斯判据,相比对闭环特征方程求解以对系统稳定性进行判断的方法,显然是方便的。仍以图 C-1 系统为例,其闭环传递函数 $\phi(s)$ 为

$$\phi(s) = \frac{G(s)}{1+G(s)H(s)} \tag{C-13}$$

则系统的特征方程为

$$D(s) = 1+G(s)H(s) = a_0 s^n + a_1 s^{n-1} + \cdots + a_{n-1} s + a_n = 0 \tag{C-14}$$

将上述方程系数列成劳斯表,如表 C-2 所示。

表 C-2 劳斯判据表

s^n	a_0	a_2	a_4	a_6	$\cdots$
s^{n-1}	a_1	a_3	a_5	a_7	$\cdots$
s^{n-2}	$c_{31}=\dfrac{a_1a_2-a_0a_3}{a_1}$	$c_{32}=\dfrac{a_1a_4-a_0a_5}{a_1}$	$c_{33}=\dfrac{a_1a_6-a_0a_7}{a_1}$	c_{34}	$\cdots$
s^{n-3}	$c_{41}=\dfrac{c_{31}a_3-a_1c_{32}}{c_{31}}$	$c_{42}=\dfrac{c_{31}a_5-a_1c_{33}}{c_{31}}$	$c_{43}=\dfrac{c_{31}a_7-a_1c_{34}}{c_{31}}$	c_{44}	$\cdots$
$\vdots$	$\vdots$	$\vdots$	$\vdots$	$\vdots$	$\cdots$
s^2	$c_{n-1,1}$	$c_{n-1,2}$			
s^1	$c_{n,1}$				
s^0	$c_{n+1,1}=a_n$				

劳斯判据的主要内容为：

（1）若表 C-2 中第一列所有元素的计算值均大于零，则系统是稳定的。反之，若系统是稳定的，则表中第一列的计算值肯定都是大于零的。

（2）若第一列中出现小于零的数值，则系统就不稳定，并且该列中数值符号改变的次数等于系统特征方程正实部根的数目。

C.2　根轨迹法

有时求解高阶系统特征方程的根是困难的，这也限制了时域分析法在二阶以上系统中的应用。另外，劳斯判据对系统的稳定性仅能作出定性判断和保证系统稳定的某一参数的变化范围，比如系统某一参数变化下闭环极点如何分布，但是，对系统的性能指标是多少？等等，此类定量问题，显然是给不出答案的。这样也就要求必须另采取其他办法，广泛应用的主要有根轨迹法和频率法两种，这类方法不仅能对系统稳定性作出判断，也可对系统的性能给出定量评估，是一种全面的分析方法。其中，由于根轨迹法与时域的动态性能指标相对应，比较直观，易于理解，限于篇幅，以下主要对该分析方法进行介绍。

以图 C-1 所示系统为例，据式（C-13），则系统的闭环特征方程可变形为

$$G(s)H(s)=-1 \tag{C-15}$$

并可知，满足该式的 s 值，都必定是系统的闭环极点或特征根，因此，上式又被称之为根轨迹方程。

将上式写成零、极点形式，即

$$G(s)H(s)=\frac{K^*\prod\limits_{i=1}^{m}(s-z_i)}{\prod\limits_{i=1}^{n}(s-p_i)}=-1 \tag{C-16}$$

式中:K^*——开环系统根轨迹增益,但一定要注意与开环增益(或开环放大倍数)K 在定义上的区分,前者对应于传递函数的零、极点形式,后者对应"$\dfrac{K(\tau_1 s+1)(\tau_2^2 s^2+2\xi\tau_2 s+1)\cdots}{s^v(T_1 s+1)(T_2^2 s^2+2\zeta T_2 s+1)\cdots}$",形式,可以看出两者之间具有简单的倍数关系;

z_i 和 p_i——分别为开环传递函数的零点和极点。

式(C-16)实则为一向量方程,将其以模值和相角的形式表示,则为

$$\left.\begin{array}{l}\dfrac{K^*\prod\limits_{i=1}^{m}|s-z_i|}{\prod\limits_{i=1}^{n}|s-p_i|}=1 \\[4mm] \sum\limits_{i=1}^{m}\underline{/(s-z_i)}-\sum\limits_{i=1}^{n}\underline{/(s-p_i)}=(2k+1)\pi\end{array}\right\} \tag{C-17}$$

式中:$k=0,\pm1,\pm2,\cdots$。

上式表明:

(1) 复平面上的 s 点如果是闭环极点,则它与开环零、极点所组成的向量(向量指向被减数 s 点)必满足式(C-17)中的模值方程和相角方程(即系统极点与开环零、极点所组成向量的合成角位于负实轴)。

(2) 模值方程和增益 K^* 有关,而相角方程和 K^* 无关,因此,满足相角方程的 s 值代入模值方程中,总可求得一个对应的 K^* 值,亦即若 s 值满足相角方程,则必定也同时满足模值方程,故相角方程才是决定闭环系统根轨迹的充要条件,模值方程可用来计算根轨迹上各点对应的 K^* 值。

以上内容,就是根轨迹法的理论基础,可见绘制系统的根轨迹本质上还是寻求系统闭环特征方程的根。那么,如何根据开环系统的零、极点,绘制出闭环系统的根轨迹呢? 这就涉及以根轨迹方程为基础建立起来的根轨迹绘制法则。限于篇幅,这里不作详细介绍,可参阅参考文献[24]。

此外,还有主导极点和偶极子两个概念。离虚轴最近的闭环极点对系统动态性能的影响最大,起着主要的决定性的作用,我们称之为主导极点。在其他极点的实部绝对值比主导极点的实部绝对值大 6 倍以上时,就可忽略其影响。这样,在工程实际计算时,就可只用主导极点来估算系统的动态性能,即将系统近似地看成一个二阶系统。偶极子是指一对靠得很近的闭环零、极点。若某一零点与某一极点之间的距离比它们的模值小一个数量级时,就可认为这对零、极点为偶极子。在控制系统设计时可有意识地加入适当的零点,以抵消对系统动态性能影响较大的不利极点,以改善系统的动态性能。

由以上分析可得,根轨迹法分析的一般流程是:在已知系统开环零、极点分布的基础上,依据根轨迹绘制法则,确定系统闭环零、极点的分布。再利用主导极点和偶极子的概念,对系统进行降阶处理,最后分析该系统的各项动态性能指标。

为说明问题,特举例说明[24]:

已知某一系统开环传递函数 $G(s)H(s)=\dfrac{K}{s(s+1)(0.5s+1)}$,请应用根轨迹法分析系统

的稳定性,并计算闭环主导极点具有阻尼比 $\xi=0.5$ 时的各项动态性能指标。

(1)作根轨迹图并判断系统稳定性

将已知的系统开环传递函数 $G(s)H(s)$ 表示为零、极点的形式,则为

$$G(s)H(s)=\frac{K^*}{s(s+1)(s+2)}$$

式中:$K^*=2K$。

开环系统没有零点;极点有三个,分别为 $p_1=0$、$p_2=-1$、$p_3=-2$。极点分布,如图 C-7 中"×"位置。依据根轨迹绘制法则,可得闭环系统的根轨迹,如图 C-7 所示。图中分离点 $d=-0.42$,渐近线与实轴夹角分别为 $60°$ 和 $-60°$。

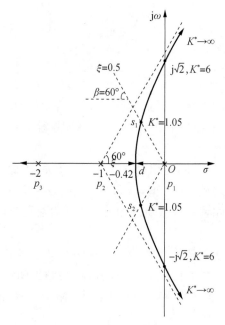

图 C-7 闭环系统的根轨迹图

由图可知:当开环系统根轨迹增益 $K^*>6$,即开环增益 $K>3$ 时,根轨迹将有两条分支伸向 s 平面的右半部,此时系统将不稳定,于是可得系统稳定的开环增益范围为 $0<K<3$。

(2)计算动态性能指标

据图 C-4,画出 $\xi=0.5$ 时的阻尼线,与根轨迹的交点,经计算可知,分别为 $s_1=-0.33+j0.58$ 和 $s_2=-0.33-j0.58$。将 s_1 值代入模值方程(C-17),可求得 s_1 点对应的开环系统根轨迹增益 $K^*=1.05$。再将 s_1 和 s_2 值代入闭环特征方程 $D(s)=s^3+3s^2+2s+1.05=0$,可求得系统的另一极点 $s_3=-2.34$。显然,s_3 点到虚轴的距离是点 s_1 和 s_2 相应距离的 7 倍多,故 s_1 和 s_2 为系统的主导极点。于是就可根据系统的主导极点 s_1 和 s_2,来计算系统的性能指标,这样原系统就可简化为一个二阶系统,相应地其闭环传递函数为

$$\phi(s)=\frac{0.445}{s^2+0.66s+0.45}$$

据式(C-4),可得系统在单位阶跃下的部分性能指标为

$$\sigma\% = e^{-\pi\xi/\sqrt{1-\xi^2}} \times 100\% = e^{-0.5\times3.14/\sqrt{1-0.5^2}} \times 100\% = 16.3\%$$

$$t_s = \frac{3}{\xi\omega_n} = \frac{3}{0.5\times0.66} = 9.1 \text{ s}$$

文尾略说下频率法。在思路上,频率法和根轨迹法一样,均是不必直接求解微分方程,间接地采用系统的开环特性来分析系统的响应,也是一种图解法。由于频率特性(是指线性系统在正弦输入下的稳态响应)有着确切的物理意义,可将理论分析和试验相结合起来,因此在工程上也得以广泛地应用。有关频率法的详细介绍,可参阅参考文献[24],从略。

附录 D 拉氏变换及反变换

拉氏变换、傅氏变换和 Z 变换是具有内在联系的三种重要的数学变换。其中,拉氏变换是经典控制理论的核心,对控制系统的分析和综合,都是建立在拉氏变换的基础上进行的。以下主要就拉氏变换的一些基本内容,作一简单介绍。

D.1 拉氏变换的基本定理和常用函数的拉氏变换

拉氏变换的基本定理和常用函数的拉氏变换,分别详见表 D-1 和表 D-2 所示。

表 D-1 拉氏变换的基本定理

线性定理	齐次性	$L[af(t)] = aF(s)$
	叠加性	$L[f_1(t) + f_2(t)] = F_1(s) + F_2(s)$
微分定理	一般形式	$L\left[\dfrac{\mathrm{d}f(t)}{\mathrm{d}t}\right] = sF(s) - f(0)$ $L\left[\dfrac{\mathrm{d}^2 f(t)}{\mathrm{d}t^2}\right] = s^2 F(s) - sf(0) - f'(0)$ $\vdots$ $L\left[\dfrac{\mathrm{d}^n f(t)}{\mathrm{d}t^n}\right] = s^n F(s) - \sum_{k=1}^{n} s^{n-k} f^{(k-1)}(0)$
	若初始状态为 0	$L\left[\dfrac{\mathrm{d}^n f(t)}{\mathrm{d}t^n}\right] = s^n F(s)$
积分定理	一般形式	$L\left[\int f(t)\,\mathrm{d}t\right] = \dfrac{F(s)}{s} + \dfrac{\left[\int f(t)\,\mathrm{d}t\right]_{t=0}}{s}$ $L\left[\iint f(t)\,\mathrm{d}t^2\right] = \dfrac{F(s)}{s^2} + \dfrac{\left[\int f(t)\,\mathrm{d}t\right]_{t=0}}{s^2} + \dfrac{\left[\iint f(t)\,\mathrm{d}t^2\right]_{t=0}}{s}$ $\vdots$ $L\left[\overbrace{\int \cdots \int}^{n} f(t)\,\mathrm{d}t^n\right] = \dfrac{F(s)}{s^n} + \sum_{k=1}^{n} \dfrac{1}{s^{n-k+1}} \cdot \left[\overbrace{\int \cdots \int}^{k} f(t)\,\mathrm{d}t^k\right]_{t=0}$
	若初始状态为 0	$L\left[\overbrace{\int \cdots \int}^{n} f(t)\,\mathrm{d}t^n\right] = \dfrac{F(s)}{s^n}$
位移定理		$L[f(t-\tau_0)] = \mathrm{e}^{-\tau_0 s} F(s)$ 和 $L[\mathrm{e}^{at} f(t)] = F(s-a)$
终值定理		$\lim_{t \to \infty} f(t) = \lim_{s \to 0} sF(s)$

表 D‑2　常用函数的拉氏变换对照表

原函数 $f(t)$	象函数(或拉氏变换形式)$F(s)$
$\delta(t)$	1
$1(t)$	$\dfrac{1}{s}$
$\dfrac{t^{n-1}}{(n-1)!}$	$\dfrac{1}{s^n}$
e^{-at}	$\dfrac{1}{s+a}$
$\dfrac{1}{(n-1)!}t^{n-1}\mathrm{e}^{-at}$	$\dfrac{1}{(s+a)^n}$
$\sin\omega t$	$\dfrac{\omega}{s^2+\omega^2}$
$\cos\omega t$	$\dfrac{s}{s^2+\omega^2}$
$\mathrm{e}^{-at}\sin\omega t$	$\dfrac{\omega}{(s+a)^2+\omega^2}$
$\mathrm{e}^{-at}\cos\omega t$	$\dfrac{s+a}{(s+a)^2+\omega^2}$

D.2　用查表法进行拉氏反变换

将 $F(s)$ 取为一般形式($n>m$),即

$$F(s)=\frac{B(s)}{A(s)}=\frac{b_0 s^m+b_1 s^{m-1}+\cdots+b_{m-1}s+b_m}{s^n+a_1 s^{n-1}+\cdots+a_{n-1}s+a_n} \tag{D-1}$$

用查表法进行拉氏反变换的思路是:首先将 $F(s)$ 分解成一些简单的有理分式函数之和,然后分别对照拉氏变换表 D‑2,即可求出 $F(s)$ 的原函数 $f(t)$。以下分有、无重根的两种情况进行说明。

D.2.1　$A(s)=0$ 无重根

此时,可将 $F(s)$ 展开为多个简单的部分分式之和的形式,即有

$$F(s)=\frac{c_1}{s-s_1}+\frac{c_2}{s-s_2}+\cdots+\frac{c_n}{s-s_n}=\sum_{i=1}^{n}\frac{c_i}{s-s_i} \tag{D-2}$$

式中:s_i 均为方程 $A(s)=0$ 的根;c_i 为 $F(s)$ 在 s_i 的留数,可按下式求得,即

$$c_i=\lim_{s\to s_i}(s-s_i)F(s) \tag{D-3}$$

由此可得,$F(s)$ 的原函数 $f(t)$ 为

$$f(t)=L^{-1}\big[F(s)\big]=\sum_{i=1}^{n}c_i\,\mathrm{e}^{s_i t} \tag{D-4}$$

D.2.2　$A(s) = 0$ 有重根

设 s_1 为 m 阶重根,s_{m+1}、s_{m+2}、$\cdots$、s_n 为单根,则 $F(s)$ 可展开为

$$F(s) = \overbrace{\frac{c_m}{(s-s_1)^m} + \frac{c_{m-1}}{(s-s_1)^{m-1}} + \cdots + \frac{c_1}{s-s_1}}^{m} + \overbrace{\frac{c_{m+1}}{s-s_{m+1}} + \frac{c_{m+2}}{s-s_{m+2}} + \cdots + \frac{c_n}{s-s_n}}^{n-m}$$

$$(D\text{-}5)$$

式中:单根部分分式中的 $c_{m+1} \sim c_n$,可按照式(D-3)计算,而重根项中的 $c_m \sim c_1$ 应按下式进行计算,分别为

$$\left.\begin{aligned}
c_m &= \lim_{s \to s_1}(s-s_1)^m \cdot F(s) \\
c_{m-1} &= \lim_{s \to s_1}\frac{\mathrm{d}}{\mathrm{d}s}\big[(s-s_1)^m \cdot F(s)\big] \\
&\ \vdots \\
c_{m-j} &= \frac{1}{j!} \cdot \lim_{s \to s_1}\frac{\mathrm{d}^j}{\mathrm{d}s^j}\big[(s-s_1)^m \cdot F(s)\big] \\
&\ \vdots \\
c_1 &= \frac{1}{(m-1)!} \cdot \lim_{s \to s_1}\frac{\mathrm{d}^{m-1}}{\mathrm{d}s^{m-1}}\big[(s-s_1)^m \cdot F(s)\big]
\end{aligned}\right\}$$

$$(D\text{-}6)$$

由此可得,$F(s)$ 的原函数 $f(t)$ 为

$$f(t) = L^{-1}[F(s)] = \Big[\frac{c_m}{(m-1)!}t^{m-1} + \frac{c_{m-1}}{(m-2)!}t^{m-2} + \cdots + c_2 t + c_1\Big]e^{s_1 t} + \sum_{i=m+1}^{n} c_i e^{s_i t}$$

$$(D\text{-}7)$$

附录 E 励磁系统设计所引用的主要技术标准和管理规定

同步发电机励磁系统的设计（包括试验、维护和施工等），应满足现行的主要技术标准和管理规定，详见列表 E-1、E-2 所示。

表 E-1 技术标准和管理规定

标准代号	标准及管理规定名称	年代号[1]
同步电机		
GB 755	旋转电机 定额和性能	2008
GB/T 7064	隐极同步发电机技术要求	2017
GB/T 7894	水轮发电机基本技术条件	2009
GB/T 20834	发电电动机基本技术条件	2014
GB/T 1029	三相同步电机试验方法	2005
DL/T 1523	同步发电机进相试验导则	2016
励磁系统		
GB/T 7409.1	同步电机励磁系统 定义	2008
GB/T 7409.2	同步电机励磁系统 电力系统研究用模型	2008
GB/T 7409.3	同步电机励磁系统 大、中型同步发电机励磁系统技术要求	2007
GB 10585	中小型同步电机励磁系统基本技术要求	1989
GB/T 12667	同步电动机半导体励磁装置总技术条件	2012
GB 50150[2]	电气装置安装工程 电气设备交接试验标准	2016
GB/T 11805	水轮发电机组自动化元件（装置）及其系统基本技术条件	2008
GB/T 3797	电气控制设备	2016
GB/T 32894	抽水蓄能机组工况转换技术导则	2016
GB/T 32506	抽水蓄能机组励磁系统运行检修规程	2016
DL/T 295	抽水蓄能机组自动控制系统技术条件	2011
DL/T 489	大中型水轮发电机静止整流励磁系统试验规程	2018
DL/T 490	发电机励磁系统及装置安装、验收规程	2011
DL/T 491	大中型水轮发电机自并励磁系统及装置运行和检修规程	2008
DL/T 583	大中型水轮发电机静止整流励磁系统技术条件	2018
DL/T 843	大型汽轮发电机励磁系统技术条件	2010
DL/T 1049	发电机励磁系统技术监督规程	2007

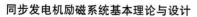
续表

标准代号	标准及管理规定名称	年代号[1]
DL/T 1166	大型发电机励磁系统现场试验导则	2012
DL/T 1231	电力系统稳定器整定试验导则	2018
DL/T 1167	同步发电机励磁系统建模导则	2012
DL/T 279	发电机励磁系统调度管理规程	2012
DL/T 1547	智能水电厂技术导则	2016
DL/T 5136	火力发电厂、变电站二次接线设计技术规程	2012
DL/T 1870	电力系统网源协调技术规范	2018
NB/T 35076	水力发电厂二次接线设计规范	2016
IEEE std 421.2	IEEE Guide for Identification, Testing, and Evaluation of the Dynamic Performance of Excitation Control Systems	2014
IEEE Std 421.5	IEEE Recommended Practice for Excitation System Models for Power System Stability Studies	2016
Q/GDW 11538	同步发电机组源网动态性能在线监测技术规范	2016
Q/GDW	智能抽水蓄能机组励磁系统及装置设计规范	报批稿
Q/GDW	智能抽水蓄能机组励磁系统及装置试验规范	报批稿
Q/GDW	智能抽水蓄能机组励磁系统及装置运行与维护规范	报批稿
励磁变压器及附属设备		
GB 1094.1	电力变压器 第1部分:总则	2013
GB 1094.2	电力变压器 第2部分:液浸式变压器的温升	2013
GB 1094.3	电力变压器 第3部分:绝缘水平、绝缘试验和外绝缘空气间隙	2017
GB 1094.5	电力变压器 第5部分:承受短路的能力	2008
GB/T 1094.7	电力变压器 第7部分:油浸式电力变压器负载导则	2008
GB1094.11	电力变压器 第11部分:干式变压器	2007
GB/T 1094.12	电力变压器 第12部分:干式电力变压器负载导则	2013
GB/T 6451	油浸式电力变压器技术参数和要求	2015
GB/T 10228	干式电力变压器技术参数和要求	2015
GB/T 17468	电力变压器选用导则	2008
GB/T 18494.1	变流变压器 第1部分:工业用变流变压器	2014
GB/T 50063	电力装置电测量仪表装置设计规范	2017
DL/T 1628	水轮发电机励磁变压器技术条件	2016
DL/T 866	电流互感器和电压互感器选择及计算规程	2015
晶闸管整流装置		
GB/T 15291	半导体器件 第6部分:晶闸管	2015
DL/T 1627	水轮发电机励磁系统晶闸管整流桥技术条件	2016
灭磁装置及过电压保护		
GB 14048.2	低压开关设备和控制设备 第2部分:断路器	2008

标准代号	标准及管理规定名称	年代号[1]
DL/T 294.1	发电机灭磁及转子过电压保护装置技术条件 第1部分:磁场断路器	2011
DL/T 294.2	发电机灭磁及转子过电压保护装置技术条件 第2部分:非线性电阻	2011
CB 1187	MYN 型高能氧化锌压敏电阻器	1988
IEEE Std 421.6[3]	IEEE Recommended Practice for the Specification and Design of Field Discharge Equipment for Synchronous Machines	2017
DL/T 294.3	发电机灭磁及转子过电压保护装置技术条件 第3部分:转子过电压保护	送审稿
DL/T 294.4	发电机灭磁及转子过电压保护装置技术条件 第4部分:灭磁容量计算	送审稿
调节器		
DL/T 1013	大中型水轮发电机微机励磁调节器试验导则	2018
DL/T 1391	数字式自动电压调节器涉网性能检测导则	2014
DL/T 1767	数字式励磁调节器辅助控制技术要求	2017
DL/T 1309	大型发电机组涉网保护技术规范	2013
母线导体		
GB 50217	电力工程电缆设计标准	2018
GB 7251.6	低压成套开关设备和控制设备 第6部分:母线干线系统(母线槽)	2015
GB/T 5585.1	电工用铜、铝及其合金母线 第1部分:铜和铜合金母线	2005
NB/T 25076	压水堆核电厂常规岛用全绝缘中压浇注母线技术要求	2017
有关管理规定		
国能安全〔2014〕161号	防止电力生产事故的二十五项重点要求	2014
国家电网设备〔2018〕979号	国家电网公司十八项电网重大反事故措施(修订版)	2018
国网〔调/4〕457	国家电网公司网源协调管理规定	2014

注[1]:表中所列各项标准和管理规定对应的年代号,时间统计截止于2018年12月31日。

注[2]:关于电气装置安装工程,国家针对不同的设备和工作,对交接试验、施工及验收进行了技术规范,颁布了十几项强制性的技术标准,形成了体系规范。其中与励磁系统有关的规范,为便于查找和学习,一并汇总于表 E-2 中。

注[3]:该标准代替了 ANSI/IEEE C37.18(1979) Enclosed Field Discharge Circuit Breakers for Rotating Electric Machinery。

表 E-2　与励磁系统有关的电气装置安装工程技术标准

标准代号	标准及管理规定名称	年代号
GB 50148	电气装置安装工程 电力变压器、油浸电抗器、互感器施工及验收规范	2010
GB 50149	电气装置安装工程 母线装置施工及验收规范	2010
GB 50150	电气装置安装工程 电气设备交接试验标准	2016
GB 50168	电气装置安装工程 电缆线路施工及验收标准	2018
GB 50171	电气装置安装工程 盘、柜及二次回路接线施工及验收规范	2012
GB 50255	电气装置安装工程 电力变流设备施工及验收规范	2014

附录 F　励磁系统中的短路电流计算

下列短路电流计算,采用以下假设条件和原则:

(1) 计入励磁电源的影响,包括电压和内阻抗。

(2) 励磁变压器短路阻抗仅考虑主分接(若有),并忽略各种损耗。

(3) 仅考虑励磁电源和励磁变的阻抗,晶闸管元件、回路导体及设备连接接触处的阻抗等均不予以考虑。

(4) 为简化分析,整流装置的并联整流桥数按 1 支路进行考虑。

(5) 基准电压和基准容量分别取励磁变压器二次额定电压 U_{2N} 和额定容量 S_N,即 $U_B = U_{2N}$,$S_B = S_N$。

励磁系统主回路原理接线图和相应的等值电路,分别如图 F-1(a) 和(b) 所示。

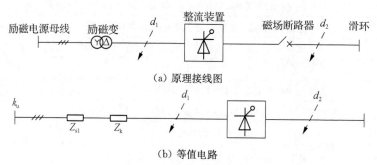

(a) 原理接线图

(b) 等值电路

图 F-1　励磁系统主回路原理接线图及等值电路

F.1　晶闸管整流装置交流母线侧短路,即短路点 d_1

F.1.1　两相短路

依据电力系统分析中短路电流计算理论可知,励磁变压器低压侧两相金属性短路时,短路电流 $I_{d1}^{(2)}$ 为

$$I_{d1}^{(2)} = \frac{k_u \sqrt{3}}{\sum Z_1 + \sum Z_2} \cdot \frac{S_N}{\sqrt{3} U_{2N}} \tag{F-1}$$

式中:

$$\left.\begin{array}{l} \sum Z_1 = Z'_{s1} + Z_k \\ \sum Z_2 = Z'_{s2} + Z_k \end{array}\right\}$$

其中：$\sum Z_1$ 和 $\sum Z_2$ 分别为总的正序和负序阻抗标幺值（基准电压和基准容量分别为 U_{2N} 和 S_N，kVA 和 MVA）；Z_k 为励磁变压器的正序（或负序）短路阻抗标幺值；Z'_{s1} 和 Z'_{s2} 分别为励磁电源系统正序和负序阻抗折算至励磁变压器低压侧的标幺值；k_u 为系统短路前的实际电压相对于额定电压的倍数或标幺值。

若忽略励磁电源的影响（即 $Z'_{s1} = Z'_{s2} = 0$，$k_u = 1$），则式（F-1）可简化为

$$I_{d1}^{(2)} = \frac{\sqrt{3}}{2Z_k} \cdot \frac{S_N}{\sqrt{3}U_{2N}} \tag{F-2}$$

F.1.2　三相短路

励磁变压器低压侧三相金属性短路时，可得短路电流 $I_{d1}^{(3)}$ 为

$$I_{d1}^{(3)} = \frac{k_u}{\sum Z_1} \cdot \frac{S_N}{\sqrt{3}U_{2N}} \tag{F-3}$$

若忽略励磁电源的影响（即 $Z'_{s1} = 0$，$k_u = 1$），则上式可简化为

$$I_{d1}^{(3)} = \frac{1}{Z_k} \cdot \frac{S_N}{\sqrt{3}U_{2N}} \tag{F-4}$$

很明显，在忽略励磁电源影响时，有 $I_{d1}^{(3)} > I_{d1}^{(2)}$。也就是说，励磁变低压侧三相短路电流比两相短路电流要大。

F.2　晶闸管整流装置直流母线侧正负极金属性短路，即短路点 d_2

d_2 点处短路，相当于整流装置带电阻负载的情况。若触发角按 0° 考虑，则在一个 2π 周期内输出电流的波形，如图 F-2 所示。

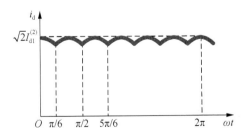

图 F-2　整流装置直流母线侧正负极金属性短路时输出电流波形

由图 F-2 可得，整流装置输出短路电流的平均值 I_d 和有效值 $I_{有效值}$ 分别为

$$I_{\mathrm{d}} = \frac{1}{\frac{\pi}{3}} \int_{\frac{\pi}{6}}^{\frac{\pi}{2}} \sqrt{2}\, I_{\mathrm{d1}}^{(2)} \sin\left(\omega t + \frac{\pi}{6}\right) \mathrm{d}(\omega t) = \frac{3\sqrt{2}}{\pi} I_{\mathrm{d1}}^{(2)} = 1.35 I_{\mathrm{d1}}^{(2)} \tag{F-5}$$

$$I_{\text{有效值}} = \sqrt{\frac{1}{\frac{\pi}{3}} \int_{\frac{\pi}{6}}^{\frac{\pi}{2}} \left[\sqrt{2}\, I_{\mathrm{d1}}^{(2)} \sin\left(\omega t + \frac{\pi}{6}\right)\right]^2 \mathrm{d}(\omega t)} = \sqrt{1 + \frac{3\sqrt{3}}{2\pi}}\, I_{\mathrm{d1}}^{(2)} = 1.35 I_{\mathrm{d1}}^{(2)} \tag{F-6}$$

相应地,此时流过整流桥每一桥臂短路电流的有效值 I_{SCR} 为

$$I_{\mathrm{SCR}} = \sqrt{\frac{1}{2\pi} \left\{ \int_{\frac{\pi}{6}}^{\frac{\pi}{2}} \left[\sqrt{2}\, I_{\mathrm{d1}}^{(2)} \sin\left(\omega t + \frac{\pi}{6}\right)\right]^2 \mathrm{d}(\omega t) + \int_{\frac{\pi}{2}}^{\frac{5\pi}{6}} \left[\sqrt{2}\, I_{\mathrm{d1}}^{(2)} \sin\left(\omega t - \frac{\pi}{6}\right)\right]^2 \mathrm{d}(\omega t) \right\}}$$

$$= \sqrt{\frac{1}{3} + \frac{\sqrt{3}}{2\pi}}\, I_{\mathrm{d1}}^{(2)} = 0.78 I_{\mathrm{d1}}^{(2)} \tag{F-7}$$

根据第三章对三相桥式全控整流电路的分析可知,此时励磁变低压侧每相流过的短路电流是整流装置每一桥臂流过电流的两倍,所以相应地短路电流的有效值为 $\sqrt{2}\, I_{\mathrm{SCR}} = 1.1 I_{\mathrm{d1}}^{(2)}$。

附录 G 晶闸管整流装置风道通风量计算

依据传热学理论可知,空气吸收的热量与其温升的关系为

$$Q = C\rho V \Delta T \qquad (G-1)$$

式中:Q——吸收的热量,kJ;

C——空气比热容,kJ/(kg·K),标准大气压下为 1 kJ/(kg·K);

ρ——空气密度,kg/m³,40 ℃ 时为 1.128 kg/m³;

V——空气体积,m³;

ΔT——进出口空气温差,K。

若将上式等号两边同时除以时间(t),即单位时间内,则上式可变形为

$$\frac{Q}{t} = C\rho V \frac{\Delta T}{t} \qquad (G-2)$$

再将式(G-2)进行等价变换,则有

$$\frac{V}{t} = \frac{Q}{t} \cdot \frac{1}{C\rho \Delta T} \qquad (G-3)$$

很明显,式中的 $\frac{V}{t}$ 和 $\frac{Q}{t}$ 两项分别表示了空气体积的变化量(即通风量,单位为 m³/h) 和所吸收热量的变化量(即功率,单位为 kJ/h。抑或说,上式所显示出来的物理含义为"通风量 = 功率 /(空气比热容×空气密度×温升)",即有

$$Q_f = \frac{\sum P_T}{C\rho \Delta T} \qquad (G-4)$$

式中:Q_f——通风量,m³/h;

$\sum P_T$——单位时间内空气吸收的热量,kJ/h。

式(G-4)可应用于晶闸管整流装置风道内通风量的计算,并作为冷却风机风量选择的依据。相应地,$\sum P_T$ 则为单位时间内风道内所有晶闸管的总功耗,kcal/h,在风道中还布置了其他元件(如快熔) 时,也应计入这部分元件的发热量。

附录 H   常用直流磁场断路器简介

目前,工程上用作直流磁场断路器的型号很多。限于篇幅,以下仅给出在大中型同步发电机励磁系统中被广泛选用的几种典型型号,以供学习和了解断路器之用。但在断路器具体选型时,应以实际选用的断路器制造厂所提供的最新各项技术参数数据为准。

H.1   DMX 系列

DMX 系列直流磁场断路器,属于国产断路器,国内制造厂较多。积木组合式结构,多断口同轴操作,有辅助触头(或放电触头,动断触头,常闭)。灭弧室采用永久磁场吹弧和短弧原理,这样既保证了小电流下的可靠分断,又能建立恒定的弧压。其外观和基本参数,分别如图 H-1 和表 H-1 所示。此外,国产直流磁场断路器还有采用长弧原理的 DM4、DM8 等系列,但目前已很少选用,限于篇幅,不予介绍,可参阅相关文献。

图 H-1   DMX 系列断路器外观

表 H-1   DMX 系列断路器基本参数表

型号[1]	250-2/1	400-2/1	630-2/1	800-2/1	1000-2/1	1250-2/1
额定电压(V)	600	1 000				
额定电流(A)	250	400	630	800	1 000	1 250
强励分断电压(V)	800	1 000				
最大分断电流(A)	1 000	1 500	2 000	3 000		4 000
临界分断电流(A)	20	30		50		
断口分断弧压(V)	1 800	2 200			2 400	
弧室能容量(kJ)	≤100	≤150			≤200	
常开触头同步接触时间差(ms)	<1					
常闭触头接通电流(A)	1 500		2 000	3 000		4 000

型号[1]		250—2/1	400—2/1	630—2/1	800—2/1	1000—2/1	1250—2/1
工频 1 min 试验电压(kV)	主电路对底架(或外壳)	4			5		
	主电路两极	4			5		
	控制电路对底架(或外壳)	2			2		
电寿命(次)		1 750			500		
机械寿命(次)		>20 000			>10 000		
合闸功率(W)		<1 000		<1 500			
合闸时间(ms)		<80					
分闸时间(ms)		<60					
常开触头开距(mm)		12～14	13～15	15～17	10～12	9～10	
常闭触头开距(mm)		≥5					
控制电路电压(V)		DC 110 或 220					
辅助触点	数量	6a(NO)+6b(NC)					
	额定电压、电流及分断电流	DC 110 V、10 A 和 6 A 或 DC 220 V、10 A 和 3 A, $\tau = 20$ ms;AC 220 V、10 A 和 10 A, $\cos\varphi = 0.4$					
运行条件[2]		环境温度(℃):-5～+40;海拔(m):≤2 000					

制造厂:沈阳市永兴电器研究所。

注[1] 以 DMX—630—2/1 为例,表示额定电流为 630A,常开触头(即主触头)2 个,常闭触头(即放电触头)1 个。

注[2] 在高于上述环境温度和海拔条件下使用时,应注意降容使用问题。

H.2 CEX 系列

CEX 系列为接触器形式的直流磁场断路器,是由法国勒诺(LENOIR)公司专为放电电阻(线性及非线性)灭磁系统研制的直流磁场断路器,结构上类似于国产的 DMX 系列断路器,主触头断口可有 1～4 个,带辅助触头(或放电触头,动断触头,常闭)。以 CEX-98 型为例,其外观和基本参数,分别如图 H-2 和表 H-2 所示。但由于该系列断路器存在水平尺寸偏大、布置困难及合闸时触头有弹跳等问题,这在一定程度上也限制了它的使用范围。

图 H-2 CEX-98-3200-4/2 系列断路器外观

表 H‐2　CEX 系列断路器基本参数表

型号[1]			CEX-98		
额定发热电流(A)			2 560	3 200	5 500
主触头	额定电压(V)	单极(1/1)和两极(2/1)	600		
		三极(3/1)	1 000		—
		两极串联(4/2)	1 500		
	短时电流 (≤40 ℃,kA)	1 s	43	—	—
		5 s	21.6	43	27
		10 s	15.7	30	22
		15 s	12.5	25.7	16.5
		30 s	8.6	17.3	12
		1 min	6.5	12.2	9
		3 min	4.3	7.2	7
		10 min	3.1	4.6	6
	最大分断电压 (V)	单极(1/1)	700		600
		两极(2/1)	1 500		1 200
		三极(3/1)	1 500/2 100		—
		两极串联(4/2)	3 000		2 400
	在给定电压条件下的额定分断电流(τ=15 ms,kA)	单极(1/1) 500 V	—		
		单极(1/1) 550 V	23		35
		单极(1/1) 700 V	15		—
		两极(2/1) 500 V	32		55
		两极(2/1) 700 V	23		35
		两极(2/1) 1 000 V	19		35
		两极(2/1) 1 500 V	6.6		—
		三极(3/1) 1 000 V	23		35
		三极(3/1) 1 500 V	19		24
		三极(3/1) 1 800 V	14		20
		三极(3/1) 2 000 V	8		—
		两极串联(4/2) 1 000 V	30		55
		两极串联(4/2) 2 000 V	19		35
		两极串联(4/2) 3 000 V	5		—
	绝缘电压(V)	单极(1/1)和两极(2/1)	5 000		
		三极(3/1)	6 250		—
		两极串联(4/2)	7 500		

型号[1]			CEX-98	
辅助触头	额定发热电流(A)		500/800	800
	额定接通电流(kA)		8/10	10
	15 s允许通过电流(kA)		5/9.5	9.5
	0.5 s允许通过电流(kA)		6.5/12	12
	额定分断电阻性电流(kA)		8/10	10
控制回路	标称电压(V)		24、48、110、125/127、220、440	
	合闸功率	起动(W)	单极(1/1)和两极(2/1)	3 145	2 600
			三极(3/1)	—	
			两极串联(4/2)	3 370	5 200
		保持(W)	单极(1/1)和两极(2/1)	225	145
			三极(3/1)	—	
			两极串联(4/2)	350	290
	分闸功率(W)		单极(1/1)、两极(2/1)和三极(3/1)	—	220
			两极串联(4/2)	—	440
	合闸时间(ms)		300	
	分闸时间(ms)		90	60
运行条件[2]				
周围环境温度(℃)			−10～+70	
海拔(m)			≤1 000	

注[1] 以 CEX-98-3200-4/2 为例,表示序列号为 98,额定电流为 3 200 A,常开触头(即主触头)4 个,常闭触头(即辅助触头)2 个。

注[2] 在高于上述环境温度和海拔条件下使用时,应注意降容使用问题。

H.3　GE Rapid 系列

　　美国 GE 公司生产的 GE Rapid 系列单极高性能快速直流空气断路器,相比 DMX、CEX 等励磁专用系列,属于常规型(或通用型),无放电触头。最早主要应用于轨道交通行业,后来被逐渐引入到发电机励磁系统中。其外观和基本参数分别如图 H-3 和表 H-3 所示。

图 H-3　GE Rapid 系列断路器外观

表 H-3　GE Rapid 系列断路器基本参数表

型号	2607					4207					6007					8007	
灭弧罩类型	1×2	1×4	2×2	2×3	2×4	1×2	1×4	2×2	2×3	2×4	1×2	1×4	2×2	2×3	2×4	1×2	2×2
高压主电路																	
约定发热电流 I_{th}(A)(IEC/EN)	2 600					4 200					6 000					8 000	
额定电流 I_e(A)(ANSI/IEEE C37.14)	2 600					4 150					—					6 000	
额定电压 U_e(V)	1 000	2 000	2 000	3 000	3 600	1 000	2 000	2 000	3 000	3 600	1 000	2 000	2 000	3 000	3 600	1 000	2 000
额定绝缘电压 U_i(V)	2 000	2 000	2 000	3 000	4 000	2 000	2 000	2 000	3 000	4 000	1 000	2 000	2 000	3 000	4 000	1 000	2 000
短时电流 120 min(A)	3 150					5 000					7 200					9 600	
短时电流 2 min(A)	5 200					8 500					12 000					16 000	
短时电流 20 s(A)	7 800					12 600					18 000					24 000	
冲击耐受电压 1.2/50 μs U_i(kV)(EN 50124-1:1997)	18	18	18	30	30	18	18	18	30	30	18	18	18	30	—	18	—
工频耐受电压 U_a(kV,有效值)(EN 50124-1:1997)	10	10	10	15	15	10	10	10	15	15	10	10	10	15	—	10	—
额定短路闭合能力 $\hat{I}_{Nss}$(kA)(EN 50123-2)	70	50	100	50	42	70	50	100	50	42	70	50	80	50	—	70	—
额定短路分断能力 I_{Nss}(kA)(EN 50123-2)	50	35	71	35	30	50	35	71	35	30	50	35	56	35	—	50	50
额定运行短路分断电流 I_{cs}(kA)(IEC 947-2)	60	40	50	40	40	60	40	50	40	40	40	40	50	40	—	60	—
短路电流(kA)(IEEE C37.14)	120	—	—	—	—	120	—	60	—	—	—	—	—	—	—	120	—
短路电流峰值(kA)(IEEE C37.14)	200	—	—	—	—	200	—	100	—	—	—	—	—	—	—	200	—
最大短路电流(kA)	244	120	100	—	52	244	120	100	—	52	200	—	—	—	—	240	—
最大弧压 U_{arc}(kV)	2	4	4	5.6	7	2	4	4	5.6	7	2	4	4	5.6	7	2	4
低压辅助电路																	
合闸驱动 额定电压	AC 48 V ~ 230 V 和 DC 48 V ~ 220 V																
合闸驱动 工作范围	额定电压的 80%~115%																
合闸驱动 功耗	1 750 W					2 000 W					2 600 W						
合闸驱动 合闸指令最短持续时间	100 ms																
辅助触点																	
触点组数	3、5 和 10																
额定工作电压/额定工作电流(EN 60947)	230V/1A(AC-15)/10A(AC-12);110V/0.5A(DC-13)																

型号	2607					4207					6007					8007	
灭弧罩类型	1×2	1×4	2×2	2×3	2×4	1×2	1×4	2×2	2×3	2×4	1×2	1×4	2×2	2×3	2×4	1×2	2×2
标准分励脱扣器 额定电压/功率	24 V/100 W																
标准分励脱扣器 分闸电压范围	21.6～26.4 V																
双线圈分励脱扣器 额定电压	DC 110V/DC 125V/DC 220V																
双线圈分励脱扣器 单线圈功率	230W																
合闸时间	约 150 ms																
分闸时间	慢速(分励脱扣和失压脱扣)为 20～40 ms;快速(ED 脱扣和 OCT 脱扣)约为 3～5 ms																
运行条件[1]																	
周围环境温度 T_{amb}(℃)	－25～+40																
海拔(m)	≤ 2 000																

注[1] 在高于上述环境温度和海拔条件下使用时,应注意降容使用问题。

H.4 UR 系列和 HPB 系列

两系列均为瑞士赛雪龙(Sécheron)公司生产的单极高性能快速直流空气断路器,属于常规型(或通用型),无放电触头。与 GE Rapid 系列断路器一样,最早也主要应用于轨道交通行业,后来也被逐渐引入到了发电机励磁中。两系列产品外观有些相近,分别如图 H-4(a)和(b)所示,其基本参数分别见表 H-4 和 H-5 所示。

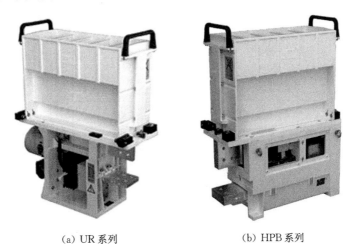

(a) UR 系列　　　　　　　　　(b) HPB 系列

图 H-4　UR/HPB 系列断路器外观

表 H - 4　UR26/36/40/46/60/80 型断路器基本参数表

型号	UR26	UR36	UR40	UR46	UR60	UR80
高压主电路						
额定电压 U_{Ne}(V,DC)						
81 型灭弧罩	900	900	900	900	900	900
82 型灭弧罩	1 800	1 800	1 800	1 800	1 800	—
64 型灭弧罩	3 600	3 600	3 600	—	—	—
额定绝缘电压 U_{Nm}(V,DC)						
81 型灭弧罩	3 000	3 000	3 000	3 000	1 800	1 800
82 型灭弧罩	3 000	3 000	3 000	3 000	3 000	—
64 型灭弧罩	4 800	4 800	4 800	—	—	—
约定发热电流(T_{amb}=+40℃) I_{th}(A)[1]	2 600	3 600	4 000	4 600	6 000	8 000
额定短路接通和开断容量 I_{NSS}/T_{Nc}(kA/ms)						
81 型灭弧罩	125/100	125/100	125/100	125/100	125/100	125/100
82 型灭弧罩	80/31.5	80/31.5	80/31.5	80/31.5	80/31.5	—
64 型灭弧罩	40/31.5	40/31.5	40/31.5	—	—	—
额定短时耐受电流(250 ms) I_{Ncw}(kA/ kA)(单向型)	—	—	—	—	53	53
直接过电流瞬时脱扣设定范围(kA)						
(双向型)	1.4～8.0	2～15	2～15	2～15	6～18	8～24
(单向型)	—	—	—	—	6	6
工频耐受电压 U_a(kV,1min)						
81 型灭弧罩	15	15	15	15	15	15
82 型灭弧罩	12	12	12	12	15	—
64 型灭弧罩	15	15	15	—	—	—
额定冲击耐受电压 U_{Ni}(kV,DC)						
81 型灭弧罩	18	18	18	18	15	15
82 型灭弧罩	18	18	18	18	18	—
64 型灭弧罩	30	30	30	—	—	—
最大电弧电压(U_{arc},V)						
81 型灭弧罩	≤2 500	≤2 500	≤2 500	≤2 500	≤2 500	≤2 500
82 型灭弧罩	≤4 000	≤4 000	≤4 000	≤4 000	≤4 000	≤4 000

型号	UR26	UR36	UR40	UR46	UR60	UR80
64 型灭弧罩	$\leqslant 8\,000$	$\leqslant 8\,000$	$\leqslant 8\,000$	—	—	—

低压辅助电路

<table>
<tr><td rowspan="8">控制电路</td><td>标称电压 U_n(V,DC)</td><td colspan="2">24、36、48、64、72、110、125、200、220</td></tr>
<tr><td>电压范围</td><td>$(0.7 \sim 1.25)U_n$</td><td>$(0.8 \sim 1.1)U_n$</td></tr>
<tr><td>合闸功率(W/s)</td><td>1 300/1</td><td>2 800/1</td></tr>
<tr><td>电保持时的保持功率(W)</td><td>2.3</td><td>30</td></tr>
<tr><td>磁保持时的保持功率(W)</td><td>0</td><td>0</td></tr>
<tr><td>磁保持时的分闸功率(W/s)</td><td>25/1</td><td>170/1</td></tr>
<tr><td>机械分闸时间[2] t_o(ms)</td><td colspan="2">15 ～ 30(配置间接快速脱扣器 CID－3,可达 4 ～ 6 ms)</td></tr>
<tr><td>机械合闸时间[2] t_c(ms)</td><td colspan="2">～ 150</td></tr>
<tr><td rowspan="5">辅助触点</td><td>触点类型</td><td colspan="2">干接点或转换触点</td></tr>
<tr><td>辅助触点数量</td><td colspan="2">5a(NO)＋5b(NC)</td></tr>
<tr><td>额定电压(V,DC)</td><td colspan="2">24 ～ 220</td></tr>
<tr><td>约定发热电流 I_{th}(A)</td><td colspan="2">10</td></tr>
<tr><td>根据 EN 60947</td><td colspan="2">230V/1A(AC－15);110V/0.5A(DC－13)</td></tr>
</table>

运行条件[3]

周围环境温度 T_{amb}(℃)	－5 ～＋40
海拔(m)	＜ 1 400

注[1] 依照标准 EN 50123－2/IEC 61992－2。
注[2] 指从线圈收到信号时开始计时。
注[3] 在高于上述环境温度和海拔条件下使用时,应注意降容使用问题。

表 H－5　HPB45/60 型断路器基本参数表

型号	HPB45	HPB60
高压主电路		
约定发热电流(T_{amb}＝＋40℃)I_{th}(A)[1]		
依照标准 EN 50123－2/IEC 61992－2	4 500	6 000
依照标准 IEEE(ANSI)C37.14－2002)	3 600	4 600
依照标准 IEC 60947	4 500	6 000
额定工作电流 I_{Ne}(A)	4 500	6 000
额定工作电压 U_{Ne}(V,DC)		
81 型灭弧罩	900	900
82 型灭弧罩	1 800	1 800
额定绝缘电压 U_{Nm}(V,DC)	3 000	3 000
额定冲击耐压 U_{Ni}(kV,DC)	20	20
额定短路接通和开断容量／时间常数 I_{NSS}/T_{Nc}(kA/ms)		

型号		HPB45	HPB60
$U_e = 900$ V		125/100	
$U_e = 1\ 800$ V		80/31.5	
直接过电流瞬时脱扣整定范围(kA)		3 ～ 7	
		6 ～ 12	
		9 ～ 15	
		—	12 ～ 18
工频耐受电压 U_a(1min，kV)		12	

低压辅助电路

控制电路	标称电压 U_n(V,DC)	24、36、48、72、96、110、220	
	标称合闸功率 P_c(W/s)	1600/1	
	电保持时标称保持功率(W)	12	
	磁保持时标称保持功率(W)	0	
	磁保持时标称分闸功率(W/s)	50/1	
	机械分闸时间 t_o(ms)[2]	电保持	8 ～ 15
		磁保持	20(配置间接快速脱扣器 CID－3,可达 2.6 ～ 3.9ms)
	机械合闸时间 t_c(ms)[2]	108±20	
辅助触点	触头数量	6a(NO)＋6b(NC)	
	额定电压(干接点)(V,DC)	24 ～ 110	
	额定电流(A)	10	
	最大分断电流(A,在电压 DC 110 V 下)	电阻性负载时为 1 A;感性负载 且 $\tau = 15$ ms 时为 0.3 A	

运行条件[3]

	HPB45	HPB60
周围环境温度 T_{amb}(℃)	－ 25 ～＋40	
海拔(m)	＜ 1400	

注[1] ～ 注[3] 含义同上表。

H.5　Emax 系列

　　ABB 公司生产的 Emax/E MS 系列隔离开关,有交流型和直流型两种,属于常规型(或通用型)产品。其中,直流型可应用于直流电压高达 1 000 V 的直流系统中,该型号下又有多个产品类型,有固定式和抽出式、三极和四极之分,无辅助触头,将三极或四极进行串联,可分别用于 750 V 或 1 000 V 及以下直流系统中,其外观和基本参数,分别如图 H - 5 和表 H - 6 所示。

图 H - 5 Emax/E MS 系列直流型隔离开关外观

表 H - 6 Emax/E MS 系列直流型隔离开关基本参数表

型号	E1B/E MS		E2N/E MS		E3H/E MS		E4H/E MS		E6H/E MS	
额定不间断工作电流 I_u(40 ℃)	800		1 250		1 250		3 200		4 000	
	1 250		1 600		1 600		4 000		5 000	
	—		2 000		2 000		—		6 300	
	—		—		2 500		—		—	
	—		—		3 200		—		—	
极数(P)	3	4	3	4	3	4	3	4	3	4
额定工作电压U_e(V)	750	1 000	750	1 000	750	1 000	750	1 000	750	1 000
额定绝缘电压 U_i = 1 000 V(适用于以上所有型号)										
额定冲击耐受电压 U_{imp} = 12 kV(适用于以上所有型号)										
额定短时耐受电流 I_{cw}(1 s)(kA)										
	25	20	40	25	50	40	65		65	
额定短路接通能力 I_{cm}(kA)										
750 V(3P)	42		52.5		105		143		143	
1 000 V(4P)	—	42	—	52.5	—	105	—	143	—	143
运行条件	周围环境温度为 — 10 ～+ 40 ℃,海拔低于 2 000 m									

注:1. 在高于上述环境温度和海拔条件下使用时,应注意降容使用问题。

2. 在最大额定工作电压时,通过一个外部带最大 500 ms 的延时继电器,分断能力 I_{cu} 可达到相应断路器的 I_{cw} 值。

附录 I 交流信号采样离散的计算

根据电路理论,是很容易计算得出周期性的交流连续电压、电流的有效值和相应的有功功率的。为不失一般性,以周期性的非正弦单相电压、电流为例,即

$$
\left.\begin{aligned}
u(t) &= \sum_{m=1}^{k_1} \sqrt{2}\,U_m \sin(m\omega t + \phi_m) \\
i(t) &= \sum_{n=1}^{k_2} \sqrt{2}\,I_n \sin(n\omega t + \varphi_n)
\end{aligned}\right\}
\tag{I-1}
$$

于是可得电压、电流的有效值和有功功率的计算式,分别为

$$
\left.\begin{aligned}
U &= \sqrt{\frac{1}{T}\int_0^T u^2(t)\,\mathrm{d}t} = \sqrt{\sum_{m=1}^{k_1} U_m^2} \\
I &= \sqrt{\frac{1}{T}\int_0^T i^2(t)\,\mathrm{d}t} = \sqrt{\sum_{n=1}^{k_2} I_n^2}
\end{aligned}\right\}
\tag{I-2}
$$

$$
P = \frac{1}{T}\int_0^T u(t)i(t)\,\mathrm{d}t = \sum_{i=1}^{k} U_i I_i \cos(\phi_i - \varphi_i)
\tag{I-3}
$$

式中:T——基波周期;$k = \min(k_1, k_2)$,其中 k_1 和 k_2 分别为电压、电流所含最高频率分量的频次。上式说明:电压、电流的有效值和有功功率分别为相应瞬时值的均方根值和平均值。

以上为连续信号的情况。那么,当以上连续量经 A/D 转换后成为离散信号时,则相应的电压、电流有效值和有功功率又该如何计算呢?

由自动控制原理中的采样定理可知:只有在采样频率大于连续信号所含最高频率分量频率的 2 倍以上时,才能从采样信号中不失真地再现原连续信号。限于篇幅,此处不作理论上的推导,直接给出离散信号电压、电流有效值和有功功率的计算式[49]。并为简单起见,假定为均匀采样,即 $\Delta T = \dfrac{T}{n}$,则相应地电压、电流的有效值计算式为

$$
F = \sqrt{\frac{1}{n}\sum_{i=1}^{n} F_i^2}
\tag{I-4}
$$

式中:F——电压或电流;

n——一个周期内的采样点数,对电压和电流,则分别要求 $n > 2k_1$ 和 $n > 2k_2$。

相应地,有功功率计算式为

$$P = \frac{1}{n} \sum_{k=1}^{n} u(k)i(k) \tag{I-5}$$

式中:$n > k_1 + k_2$,各符号含义同上。

为说明问题,以某一简单交流电压 $u(t) = \sqrt{2}\sin(\omega t + 10°)$、电流 $i(t) = \sqrt{2}\sin(\omega t - 50°) + \sqrt{2}\sin(2\omega t + 30°)$ 为例,具体计算过程为:

由式(I-2)和(I-3),经计算可知,电压、电流的有效值分别为 1 和 1.414 2,有功功率为 0.5。

在电压、电流采样离散后,则由式(I-4)和(I-5),可得相应的计算结果,如表 I 所示。可以看出,在采样点数至少 $n = 5$,即大于连续信号所含最高频率分量频次的 2 倍以上时,对电压、电流有效值和有功功率的计算结果,才均能够做到准确。

表 I　电压、电流有效值和有功功率计算结果(均为十进制)

采样点数		离散采样值					有效值	有功功率
3	电压	0.245 6	1.083 4	−1.328 9			1.000 0	−0.266 0
	电流	−0.376 2	−0.085 3	0.461 5			0.347 3	
4	电压	0.245 6	1.392 7	−0.245 6	−1.392 7		1.000 0	0.500 0
	电流	−0.376 2	0.201 9	1.790 5	−1.616 2		1.224 8	
5	电压	0.245 6	1.400 5	0.620 0	−1.017 3	−1.248 7	1.000 0	0.500 0
	电流	−0.376 2	0.677 6	0.464 5	1.725 4	−2.491 3	1.414 2	

在实际工程中,除要计算电压、电流有效值和有功功率外,有时还需知无功功率。但是,无功功率的计算要复杂得多[18]。对于周期性的非正弦交流信号,无功功率的定义有多种形式,其中被广泛接受的为

$$Q = \sqrt{S^2 - P^2} \tag{I-6}$$

式中:S——视在功率,$S = UI$。

这样就可利用前面已计算出的电压、电流有效值和有功功率,方便地求得无功功率。当然,在实际计算时还应注意对无功功率的流向(或感性、容性)进行判定。

相应地,功率因数计算式为

$$\cos\varphi = \frac{P}{S} \tag{I-7}$$

实际上,对于数字式(或微机型)励磁调节器,交流离散信号的计算,远非上述的几个量。电压、电流平均值、正(负)序分量,以及功角(或转速)、空载电动势等的计算,都是不可或缺的。

交流信号的测量是励磁调节器实现一切功能的基础,但实现全工况下的准确计算是一个难点。有关交流离散信号计算的更多讨论,可参阅相关文献,从略。

附录 J　与励磁系统有关的主要组织、网站及制造厂名录

为便于励磁交流、学习及资料查找等，现将与励磁系统有关的主要组织、网站及一些代表性制造厂名录，一并汇总如下：

J.1　组织

中国电机工程学会http://www.csee.org.cn/
电机专业委员会
继电保护专业委员会
电力系统自动化专业委员会
中国水力发电工程学会http://www.hydropower.org.cn/
继电保护专业委员会
电力系统自动化专业委员会

J.2　网站

中国励磁专业网http://www.lici.com.cn/

J.3　主要制造厂名录

世界上，著名的励磁系统制造厂很多。目前，在我国励磁系统行业内仍有着广泛影响力的制造厂及其代表性产品，如表 J 所示。

表 J　主要励磁系统制造厂及其代表性产品型号

序号	制造厂名称		国家	典型型号
1	南瑞集团有限公司	电气控制分公司	中国	SVR2000、NES5100、NES6100
		南京南瑞继保电气有限公司	中国	RCS9410、PCS9400I
2	广州擎天实业有限公司		中国	EXC6000、EXC9000
3	长江三峡能事达电气股份有限公司		中国	IAEC2000、IAEC6000
4	北京四方继保自动化股份有限公司		中国	GEC300
5	ABB		瑞士	UNITROL5000、UNITROL6000
6	西门子		德国	THYRIPOL
7	阿尔斯通		法国	P320
8	通用电气公司(GE)		美国	EX2100
9	西屋电气公司		美国	WDR2000
10	安德里茨		奥地利	GMR3
11	Rolls－Royce(简称 R－R)		英国	TMR300、TMR800
12	三菱		日本	MEC5000、MEC7000

参考文献

[1]　丁尔谋.发电厂励磁调节[M].北京:中国电力出版社,1998.

[2]　杨冠城.电力系统自动装置原理[M].5版.北京:中国电力出版社,2012.

[3]　林瑞光.电机与拖动基础[M].杭州:浙江大学出版社,2002.

[4]　汤蕴璆,史乃,沈文豹.电机理论与运行[M].北京:水利电力出版社,1983.

[5]　辜承林,陈乔夫,熊永前.电机学[M].3版.武汉:华中科技大学出版社,2010.

[6]　李发海,朱东起.电机学[M].4版.北京:科学出版社,2007.

[7]　何仰赞,温增银.电力系统分析[M].3版.武汉:华中科技大学出版社,2002.

[8]　陈珩.电力系统稳态分析[M].3版.北京:中国电力出版社,2007.

[9]　李光琦.电力系统暂态分析[M].3版.北京:中国电力出版社,2007.

[10]　夏道止.电力系统分析[M].2版.北京:中国电力出版社,2011.

[11]　王锡凡.现代电力系统分析[M].北京:科学出版社,2003.

[12]　倪以信.动态电力系统的理论和分析[M].北京:清华大学出版社,2002.

[13]　(日本)关根泰次.电力系统暂态解析论[M].蒋建民,金基望,王仁洲,译.北京:机械工业出版社,1989.

[14]　刘取.电力系统稳定性及发电机励磁控制[M].北京:中国电力出版社,2007.

[15]　高景德,王祥珩,李发海.交流电机及其系统的分析[M].2版.北京:清华大学出版社,2005.

[16]　王德顺,杨波,李官军,等.抽水蓄能机组无位置传感器静止变频器启动控制策略[J].电力系统自动化,2012,36(23):114-119.

[17]　王自涛,戈宝军,黄晓瑞.抽水蓄能电机背靠背启动过程的计算机仿真[J].哈尔滨理工大学学报,1999,4(3):41-45.

[18]　王兆安,黄俊.电力电子技术[M].4版.北京:机械工业出版社,2006.

[19]　丁道宏.电力电子技术(修订版)[M].北京:航空工业出版社,1999.

[20]　浙江大学发电教研组直流输电科研组.直流输电[M].北京:水利电力出版社,1985.

[21]　朱振青.励磁控制与电力系统稳定[M].北京:中国电力出版社,1994.

[22]　励磁系统数学模型专家组.计算电力系统稳定用励磁系统数学模型[J].中国电机工程学报,1991,11(5):65-71.

[23]　黄耀群,李兴源.同步电机现代励磁系统及其控制[M].成都:成都科技大学出版社,1993.

[24]　孙虎章.自动控制原理[M].北京:中央广播电视大学出版社,1984.

[25]　鞠平.电力系统建模理论与方法[M].北京:科学出版社,2010.

[26]　樊俊,陈忠,涂光瑜.同步发电机半导体励磁原理及应用[M].2版.北京:水利电力出版社,1991.

[27]　李基成.现代同步发电机励磁系统设计及应用[M].2版.北京:中国电力出版社,2009.

[28]　梁建行,梁波,陈红君,邹来勇.水电厂发电机励磁系统设计[M].北京:中国电力出版社,2015.

[29]　曾庆赣.励磁整流变压器理论与设计[C].2001励磁年会论文集,北京:中国电机工程学会,2001.

[30] 谢天舒,卢嘉宇.三峡工程励磁变压器的设计[J].机电工程技术,2002,31(2):24-25.

[31] 张宏.HTC树脂绝缘励磁变压器的设计与分析[C].2001励磁年会论文集,北京:中国电机工程学会,2001.

[32] 电力工程电气设计手册 电气一次部分[M].北京:中国电力出版社,1989.

[33] 电力工程电气设计手册 电气二次部分[M].北京:中国电力出版社,1991.

[34] 杨旭,马静,张新武,等.电力电子装置强制风冷散热方式的研究[J].电力电子技术,2000(4):36-38.

[35] 钱照明,汪槱生,徐德鸿,等.中国电气工程大典 第2卷 电力电子技术[M].北京:中国电力出版社,2009.

[36] 谭天驹.快熔熔断器的特性与应用[J].电源技术应用,2000(3):120-124.

[37] 苏为民,谢欢,吴涛,等.励磁调节器辅助限制特性及技术指标探讨[J].中国电力,2010,45(12):52-56.

[38] 吴龙,牟伟,娄季献,等.大型发电机励磁限制与发电机保护配合研究综述[C].宜昌:中国水力发电工程学会电力系统自动化专业委员会2012年发电机励磁系统学术年会暨技术研讨会,2012.

[39] 郭春平,余振,殷修涛.发电机低励限制与失磁保护的配合整定计算[J].中国电机工程学报,2012,32(28):129-132.

[40] 竺士章,陈新琪.励磁系统的过励限制和过励保护[J].电力系统自动化,2010,34(5):112-115.

[41] 竺士章.发电机励磁限制对小扰动稳定性的影响[J].浙江电力,2007,6:5-8,69.

[42] 陈新琪,陈皓,竺士章.电力系统电压调节器参数整定[J].中国电力,2003,37(7):12-15.

[43] 周晓渊,邱家驹,陈新琪.高压侧电压控制对单机-无穷大系统稳定性的影响[J].中国电机工程学报,电力系统自动化,2003,23(1):60-63.

[44] (苏联)勃隆.自动灭磁开关[M].刘炳彰,贺相福,林紫箫,等译.上海:上海科学技术出版社,1964.

[45] 冯士芬,符仲恩,彭辉,等.SiC与高能型ZnO非线性电阻在灭磁与过电压保护方面的应用[J].大电机技术,2005(5):54-60.

[46] 陈子明,胡晓东,余前军,等.磁场断路器的弧压试验[J].大电机技术,2009(6):53-56,60.

[47] 张琳.牵引电器[M].成都:西南交通大学出版社,2008.

[48] 许其品,孙素娟,程小勇.大型发电机组合灭磁方式[J].电力系统自动化,2007,31(15):70-73.

[49] 赵永胜,丛培建,赵正聪.交流信号采样离散计算公式[J].电子技术应用,2007,10:75-77.

[50] 王成亮,王宏华.大型发电机轴电压研究现状及展望[C].杭州:2008中国电工技术学会电力电子学会第十一届学术年会,2008.

[51] 黄大可,黄一申.水电机组静止励磁装置产生高频轴电压问题的研究探讨——国内外相关研究现状与我们的思考[C]//全国大中型水电厂技术协作网技术交流文集(十三)水电厂改造专集,2010.

[52] 李金伴.常用电线电缆选用手册[M].北京:化学工业出版社,2011.

[53] 姜琳,李朝晖.面向维护的励磁系统状态监测和诊断[J].水电自动化与大坝监测,2003,27(2):14-18.

[54] 竺士章.发电机励磁系统试验[M].北京:中国电力出版社,2005.

[55] 郭春平.大型抽水蓄能电机启动过程的励磁控制策略[J].电气传动自动化,2016,38(3):21-23,26.